建筑与市政工程施工现场专业人员职业标准培训教材

施工员岗位知识与专业技能（装饰方向）

（第三版）

中国建设教育协会　组织编写

朱吉顶　主　编

中国建筑工业出版社

图书在版编目（CIP）数据

施工员岗位知识与专业技能. 装饰方向 / 中国建设
教育协会组织编写；朱吉顶主编. — 3 版. — 北京：
中国建筑工业出版社，2023.3
建筑与市政工程施工现场专业人员职业标准培训教材
ISBN 978-7-112-28336-1

Ⅰ. ①施… Ⅱ. ①中… ②朱… Ⅲ. ①建筑装饰—工
程施工—职业培训—教材 Ⅳ. ①TU7

中国国家版本馆 CIP 数据核字（2023）第 017613 号

本教材主要以装饰施工员岗位知识为基础，以施工员的岗位技能为主线。全书内容分为二十部分，包括：装饰装修相关的管理规定和标准；施工组织设计及专项施工方案的内容和编制方法；施工进度计划的编制方法；职业健康安全管理与环境管理的基本知识；工程质量管理的基本知识；工程成本管理的基本知识；常用施工机械机具的性能；编制施工组织设计和专项施工方案；识读装饰装修工程施工图；编写技术交底文件，实施技术交底；施工现场测量放线；划分施工区段，确定施工顺序；进行资源平衡计算，编制施工进度计划及资源需求计划，控制调整计划；进行工程量计算及初步的工程清单计价；确定施工质量控制点，参与编制质量控制文件，实施质量交底；确定施工安全防范重点，参与编制职业健康安全与环境技术文件，实施安全和环境交底；识别、分析施工质量缺陷和危险源；调查分析施工质量、职业健康安全与环境问题；记录施工情况，编制相关工程技术资料；利用专业软件对工程信息资料进行处理。整合了装饰施工员的基本岗位要求和必备技能，构建教材结构体系。教材内容与行业需求紧密联系，每一个环节都突出了岗位需求，落实岗位技能。本教材着重培养和提高装饰施工员的实际运用能力，图文对照，新颖直观，通俗易懂，流程清晰，便于学习。

本教材可作为职业院校相关专业的学生、相关岗位的在职人员、转入相关岗位的从业人员的学习培训用书。

责任编辑：葛又畅　李　明　李　杰
责任校对：赵　菲

建筑与市政工程施工现场专业人员职业标准培训教材
施工员岗位知识与专业技能（装饰方向）
（第三版）
中国建设教育协会　组织编写
朱吉顶　主　编

＊

中国建筑工业出版社出版、发行（北京海淀三里河路9号）
各地新华书店、建筑书店经销
北京红光制版公司制版
北京同文印刷有限责任公司印刷

＊

开本：787 毫米×1092 毫米　1/16　印张：19¾　字数：491 千字
2023 年 3 月第三版　　2023 年 3 月第一次印刷
定价：**59.00** 元
ISBN 978-7-112-28336-1
（40660）

建筑与市政工程施工现场专业人员职业标准培训教材

编 审 委 员 会

主　任：赵　琦　李竹成

副主任：沈元勤　张鲁风　何志方　胡兴福　危道军
　　　　尤　完　赵　研　邵　华

委　员：（按姓氏笔画为序）

王兰英　王国梁　孔庆璐　邓明胜　艾永祥

艾伟杰　吕国辉　朱吉顶　刘尧增　刘哲生

孙沛平　李　平　李　光　李　奇　李　健

李大伟　杨　苗　时　炜　余　萍　沈　汛

宋岩丽　张　晶　张　颖　张亚庆　张晓艳

张悠荣　张燕娜　陈　曦　陈再杰　金　虹

郑华孚　胡晓光　侯洪涛　贾宏俊　钱大治

徐家华　郭庆阳　韩炳甲　鲁　麟　魏鸿汉

　　建筑与市政工程施工现场专业人员队伍素质是影响工程质量和安全生产的关键因素。我国从 20 世纪 80 年代开始，在建设行业开展关键岗位培训考核和持证上岗工作。对于提高建设行业从业人员的素质起到了积极的作用。进入 21 世纪，在改革行政审批制度和转变政府职能的背景下，建设行业教育主管部门转变行业人才工作思路，积极规划和组织职业标准的研发。在住房和城乡建设部人事司的主持下，由中国建设教育协会、苏州二建建筑集团有限公司等单位主编了建设行业的第一部职业标准——《建筑与市政工程施工现场专业人员职业标准》，已由住房和城乡建设部发布，作为行业标准于 2012 年 1 月 1 日起实施。为推动该标准的贯彻落实，进一步编写了配套的 14 个考核评价大纲。

　　该职业标准及考核评价大纲有以下特点：（1）系统分析各类建筑施工企业现场专业人员岗位设置情况，总结归纳了 8 个岗位专业人员核心工作职责，这些职业分类和岗位职责具有普遍性、通用性。（2）突出职业能力本位原则，工作岗位职责与专业技能相互对应，通过技能训练能够提高专业人员的岗位履职能力。（3）注重专业知识的完整性、系统性，基本覆盖各岗位专业人员的知识要求，通用知识具有各岗位的一致性，基础知识、岗位知识能够体现本岗位的知识结构要求。（4）适应行业发展和行业管理的现实需要，岗位设置、专业技能和专业知识要求具有一定的前瞻性、引导性，能够满足专业人员提高综合素质和适应岗位变化的需要。

　　为落实职业标准，规范建设行业现场专业人员岗位培训工作，我们依据与职业标准相配套的考核评价大纲，组织编写了《建筑与市政工程施工现场专业人员职业标准培训教材》。

　　本套教材覆盖《建筑与市政工程施工现场专业人员职业标准》涉及的施工员、质量员、安全员、标准员、材料员、机械员、劳务员、资料员 8 个岗位 14 个考核评价大纲。每个岗位、专业，根据其职业工作的需要，注意精选教学内容、优化知识结构、突出能力要求，对知识、技能经过合理归纳，编写为《通用与基础知识》和《岗位知识与专业技能》两本，供培训配套使用。本套教材共 28 本，作者基本都参与了《建筑与市政工程施工现场专业人员职业标准》的编写，使本套教材的内容能充分体现《建筑与市政工程施工现场专业人员职业标准》的要求，促进现场专业人员专业学习和能力的提高。

　　第三版教材在上版教材基础上，依据考核评价大纲，总结使用过程中发现的不足之处，参照最新法律法规及现行标准规范，结合"四新"内容，对教材内容进行了调整、修改、补充，使之更加贴近学员需求，方便学员顺利通过培训测试。

　　我们的编写工作难免存在不足，因此，我们恳请使用本套教材的培训机构、教师和广大学员多提宝贵意见，以便进一步的修订，使其不断完善。

建筑与市政工程施工现场专业人员职业标准培训教材编审委员会

　　本教材是参照《建筑与市政工程施工现场专业人员职业标准》JGJ/T 250—2011，结合建筑装饰装修工程技术应用型人才培养规格的要求，总结编者多年来从事建筑装饰装修工程的经验，结合行业培训需求和应用型人才培养目标而编写的。本教材选择以建筑装饰施工员基本的岗位知识和必备的岗位技能为重点，着重对施工员在生产过程中的专业技术和管理要求进行讲解。相信本教材能成为职业院校相关专业的学生、相关岗位的在职人员的理想参考书。

　　本教材由中山职业技术学院朱吉顶任主编，负责全书的统稿、修改、定稿，并编写了第五章；河南工业职业技术学院姚源渊任副主编，并编写了第一章、第二章第三节、第十一章、第十五章；郭红编写了第二章第一二节、第三章、第八章、第十章、第十二章、第十三章；卢扬编写了第九章；冯桂云编写了第十四章；李果编写了第四章、第七章、第十六章、第十七章、第十八章；许琳编写了第六章；孙荣荣编写了第十九章、第二十章。

　　由于编者水平有限，书中缺点和错误在所难免，敬请有关专家、同行和广大读者批评指正，以期进一步修改与完善。

　　本教材是参照《建筑与市政工程施工现场专业人员职业标准》JGJ/T 250—2011，按照《施工员（装饰装修）考核评价大纲》，结合建筑装饰装修工程技术应用型人才培养规格的要求，总结编者多年来从事建筑装饰装修工程的经验，结合行业资格培训需求和应用型人才培养目标而编写的。本教材选择了建筑装饰施工员基本的岗位知识和必备的岗位技能为重点，着重对施工员在生产过程中的专业技术和管理要求进行讲解。在第一版的基础上补充了专业技能部分内容。相信本教材能成为职业院校相关专业的学生、相关岗位的在职人员的理想参考书。

　　本书由中山职业技术学院朱吉顶任主编，负责全书的统稿、修改、定稿，河南工业职业技术学院范国辉任副主编，许志中、冯桂云、郭红、卢扬参加了编写。

　　由于编者水平有限，书中缺点和错误在所难免，敬请有关专家、同行和广大读者批评指正，以期进一步修改与完善。

　　本教材是参照《建筑与市政工程施工现场专业人员职业标准》JGJ/T 250—2011，按照《施工员（装饰装修）考核评价大纲》，结合建筑装饰装修工程技术应用型人才培养规格的要求，总结编者多年来从事建筑装饰装修工程的经验，结合行业资格培训需求和应用型人才培养目标而编写的。本教材选择了建筑装饰施工员基本的岗位知识和必备的岗位技能为重点，着重对施工员在生产过程中的专业技术和管理要求进行讲解。相信本教材能成为参加现场施工专业人员职业资格考核培训的必备学习用书，同时是相关院校学生进行上岗培训的一本理想参考书。

　　本教材由中山职业技术学院朱吉顶任主编并负责全书的统稿、修改、定稿，河南工业职业技术学院范国辉任副主编，许志中、冯桂云、郭红、卢扬参加了编写。

　　本教材由中国建筑装饰协会培训中心组织审稿，由朱红教授主审。

　　由于编者水平有限，书中缺点和错误在所难免，敬请有关专家、同行和广大读者批评指正，以期进一步修改与完善。

上 篇 岗位知识 **1**

上篇 岗位知识

一、装饰装修相关的管理规定和标准

（一）施工现场安全生产的管理规定

1. 施工作业人员安全生产权利和义务的有关规定

（1）施工作业人员安全生产权利

作业人员有权对施工现场的作业条件、作业程序和作业方式中存在的安全问题提出批评、检举和控告；有权对不安全作业提出整改意见；有权拒绝违章指挥和强令冒险作业；在施工中发生危及人身安全的紧急情况时，作业人员有权立即停止作业或者在采取必要的应急措施后撤离危险区域。

（2）施工作业人员安全生产义务

作业人员应当遵守安全施工的强制性标准、规章制度和操作规程。

正确使用安全防护用具、机械设备等。

进场前，应当接受安全生产教育培训，合格后方准上岗。

（3）建筑装饰装修工程的质量与安全

1）《住宅室内装饰装修管理办法》（2011 年修正）关于工程质量和安全的要求

住宅室内装饰装修应当保证工程质量和安全，符合工程建设强制性标准。装饰装修企业必须按照工程建设强制性标准和其他技术标准施工，不得偷工减料，确保装饰装修工程质量。

装饰装修企业从事住宅室内装饰装修活动，应当遵守施工安全操作规程，按照规定采取必要的安全防护和消防措施，不得擅自动用明火和进行焊接作业，保证作业人员和周围住房及财产的安全。

装饰装修企业违反国家有关安全生产规定和安全生产技术规程，不按照规定采取必要的安全防护和消防措施，擅自动用明火作业和进行焊接作业的，或者对建筑安全事故隐患不采取措施予以消除的，由建设行政主管部门责令改正，并处 1 千元以上 1 万元以下的罚款；情节严重的，责令停业整顿，并处 1 万元以上 3 万元以下的罚款；造成重大安全事故的，降低资质等级或者吊销资质证书。

任何单位和个人对住宅室内装饰装修中出现的影响公众利益的质量事故、质量缺陷以及其他影响周围住户正常生活的行为，都有权检举、控告、投诉。住宅室内装饰装修合同应当包括住宅室内装饰装修的房屋间数、建筑面积，装饰装修的项目、方式、规格、质量要求以及质量验收方式。

2)《建筑工程施工质量验收统一标准》GB 50300—2013 关于工程质量的要求

施工现场应具有健全的质量管理体系、相应的施工技术标准、施工质量检验制度和综合施工质量水平评定考核制度。建筑工程的施工质量控制应符合下列规定：

① 建筑工程采用的主要材料、半成品、成品、建筑构配件、器具和设备应进行进场检验。凡涉及安全、节能、环境保护和主要使用功能的重要材料、产品，应按各专业工程施工规范、验收规范和设计文件等规定进行复验，并应经监理工程师检查认可。

② 各施工工序应按施工技术标准进行质量控制，每道施工工序完成后，经施工单位自检符合规定后，才能进行下道工序施工。各专业工种之间的相关工序应进行交接检验，并应记录。

③ 对于监理单位提出检查要求的重要工序，应经监理工程师检查认可，才能进行下道工序施工。

3)《施工企业安全生产管理规范》GB 50656—2011 关于建筑工程安全生产管理的要求

施工企业必须依法取得安全生产许可证，并应在资质等级许可的范围内承揽工程。施工企业的工程项目部应根据企业安全生产管理制度，实施施工现场安全生产管理，应包括下列内容：

① 制定项目安全管理目标，建立安全生产组织与责任体系，明确安全生产管理职责，实施责任考核。

② 配置满足安全生产、文明施工要求的费用，从业人员、设施、劳动防护用品及相关的检测器具。

③ 编制安全技术措施、方案、应急预案。

④ 落实施工过程的安全生产措施，组织安全检测，整改安全隐患。

⑤ 组织施工现场厂容厂貌、作业环境和生活设施安全文明达标。

⑥ 确定消防安全责任人，制订用火、用电、使用易燃易爆材料等各项消防安全管理制度和操作规程，设置消防通道、消防水源，配备消防设施和灭火器材，并在施工现场入口处设置明显标志。

⑦ 组织事故应急救援抢险。

⑧ 对施工安全生产管理活动进行必要的记录，保存应有的资料。

2. 安全技术措施、专项施工方案和安全技术交底的规定

项目部负责人在生产作业前对直接生产作业人员进行该作业的安全操作规程和注意事项的培训，并通过书面文件方式予以确认。

工程项目施工前，应组织编制施工组织设计、专项施工方案（措施），内容应包括工程概况、编制依据、工程计划、施工工艺、施工安全技术措施、检查验收内容及标准、计算书及附图等，并应按规定进行审批、论证、交底、验收、检查。

建设项目中，分部（分项）工程在施工前，项目部应按批准的施工组织设计或专项安全技术措施方案，向有关人员进行安全技术交底。安全技术交底主要包括两个方面的内容：一是在施工方案的基础上按照施工的要求，对施工方案进行细化和补充；二是要将操作者的安全注意事项讲清楚，保证作业人员的人身安全。安全技术交底工作完毕后，所有

参加交底的人员必须履行签字手续，班组、交底人、资料保管员三方各留执一份，并记录存档。

(1) 安全技术措施的有关规定

1) 单位工程负责人按施工组织设计中有关脚手架的要求，向架设和使用人员进行技术交底。按规范的规定和施工组织设计的要求对钢管、扣件、脚手板等进行检查验收，不合格产品不得使用。经检验合格的构配件应按品种、规格分类，堆放整齐、平稳，堆放场地不得有积水。

2) 凡进入施工现场人员必须戴安全帽。

3) 架子工必须有培训合格证方可上岗施工。

4) 脚手架工程大多是高空作业，操作人员必须系好安全带，并严格按操作规程进行操作，有高血压、心脏病及病后未愈等人员不得上架操作。

5) 脚手架搭设完毕后，必须经过有关人员验收，方可使用，在使用过程中，应随时注意检查，发现问题应及时处理，不准马虎大意。

6) 严格控制脚手架上荷载，绝对禁止在架子上堆放过多的材料，脚手架上人员不要过多集中。

7) 架设安全网时，其伸出的水平投影宽度不得小于2m，并应外高里低，向外的网搭接应搭紧，并互相绑牢。

8) 在施工过程中，对安全网要经常进行检查和维修，严禁向网内扔杂物，如发现有杂物时，必须及时进行清理。

9) 不得在脚手架基础及邻近处进行挖掘作业，否则应采取安全措施，并报主管部门批准。

10) 临街搭设脚手架时，外侧应有防止坠物伤人的防护措施。

11) 在脚手架上进行电、气焊作业时，必须有防火措施和专人看守。

12) 脚手架应在靠近电线、设备一侧用木板遮挡，以防运输物体时触电。

13) 搭设脚手架时，地面应设围栏和警戒标志，并派专人看守，严禁非操作人员入内。

14) 拆除脚手架时，拆除的材料应向下传递或系绳吊下，严禁向下投扔。

15) 脚手架安、拆时要设专人看护。

16) 吊、挑、挂等特种脚手架其结构形式、受力结点、允许荷载必须经过设计，绘制图纸并进行计算再确定。

17) 在架体上施工的人员，不得打闹，并且要保存好自己的工具，严防坠物伤人，高空作业人员严禁酒后施工。

18) 雨天进行高处作业时必须采取可靠的防潮措施。

19) 对进行高处作业的高耸建筑物，应先设置避雷设施。遇有六级以上强风、浓雾等恶劣气候，不得进行露天攀登与悬空高处作业，大风、暴雨后，应对高处作业安全设施逐一加以检查，发现有松动、变形、损坏或脱落等现象，应立即修理完善。

20) 因作业必需，临时拆除或变动安全防护设施时，必须经施工负责人同意，并采取相应的可靠措施，作业后应立即恢复。

21) 防护棚搭设与拆除时，应设警戒区，并设专人监护，严禁上下同时拆除。

（2）专项施工方案的有关规定

1）具体实施的构造措施，应符合有关规范、标准的规定要求。

2）方案的安全技术措施必须要有针对性，应针对不同的工程结构、施工方法、选用的各类机械设备、施工场地及周围环境等特点编写。

3）方案必须要有设计计算书，内容应包括：施工荷载计算，计算简图，构件的内力、强度、刚度、稳定性、抗倾覆计算，地基承载力计算以及支承层地面的承载力的验算。设计计算书中应绘制相应的平面图、立面图、剖面图及节点大样施工图。对需要有变形、位移监测的项目，应有相应的监测技术措施和方案。

4）方案编制必须要有应急预案，内容应包括：各方主体的职责、针对各种突发情况的应急处理方案、异常情况报告制度等。

（3）安全技术交底的有关规定

通过安全技术交底，使参与施工的人员熟悉和了解所承担工程的特点、技术要求、施工工艺、质量及安全应注意的问题，以加强施工管理，使施工全过程始终按一定的技术要求和规定进行，从而保证施工质量。

（4）安全技术交底的主要内容

1）一级安全技术交底由公司质量安全部向项目经理、副经理、技术负责人、质安组以及安装有关技术人员进行一级安全技术交底。交底的内容一般包括（可根据工程具体实际取舍）：

A 工程内容和施工范围。

B 安全保证措施。

C 应做好的安全技术记录。

D 其他施工中应注意的事项。

安全技术交底应结合《施工组织设计》《专题施工方案》的内容进行。

2）二级安全技术交底由项目经理或技术负责人组织项目技术人员、施工工长、安全员根据上级交底内容、《操作技术规程》《施工组织设计》的要求，由现场质检员以技术交底卡方式，分工序向施工班组长进行二级安全技术交底，交底内容一般包括：

A 有关的操作规程、施工验收规范及质量要求。

B 分项工程质量、安全技术措施、质量通病及防治。

C 施工中应注意的其他事项。

3. 危险性较大的分部分项工程安全管理的有关规定

为加强对危险性较大的分部分项工程安全管理，明确安全专项施工方案编制内容，规范专家论证程序，确保安全专项施工方案实施，积极防范和遏制建筑施工生产安全事故的发生，依据《建设工程安全生产管理条例》及相关安全生产法律法规制定《危险性较大的分部分项工程安全管理规定》（2019 年修订）。适用于房屋建筑和市政基础设施工程（以下简称"建筑工程"）中危险性较大的分部分项工程安全管理。

危险性较大的分部分项工程（以下简称"危大工程"），是指房屋建筑和市政基础设施工程在施工过程中，容易导致人员群死群伤或者造成重大经济损失的分部分项工程。

危大工程安全专项施工方案（以下简称"专项方案"），是指施工单位在编制施工组织（总）设计的基础上，针对危险性较大的分部分项工程单独编制的安全技术措施文件。

施工单位应当在危大工程施工前编制专项方案；对于超过一定规模的危大工程，施工单位应当组织专家对专项方案进行论证。

建筑工程实行施工总承包的，专项方案应当由施工总承包单位组织编制。其中，起重机械安装拆卸工程、深基坑工程、附着式升降脚手架等专业工程实行分包的，其专项方案可由专业承包单位组织编制。

专项方案编制内容：

（1）工程概况：危险性较大的分部分项工程概况、施工平面布置、施工要求和技术保证条件。

（2）编制依据：相关法律、法规、规范性文件、标准、规范及图纸（国标图集）、施工组织设计等。

（3）施工计划：包括施工进度计划、材料与设备计划。

（4）施工工艺技术：技术参数、工艺流程、施工方法、检查验收等。

（5）施工安全保证措施：组织保障、技术措施、应急预案、监测监控等。

（6）劳动力计划：专职安全生产管理人员、特种作业人员等。

（7）计算书及相关图纸。

专项方案应当由施工单位技术部门组织本单位施工技术、安全、质量等部门的专业技术人员进行审核。经审核合格的，由施工单位技术负责人签字。实行施工总承包的，专项方案应当由总承包单位技术负责人及相关专业承包单位技术负责人签字。

不需专家论证的专项方案，经施工单位审核合格后报监理单位，由项目总监理工程师审核签字。超过一定规模的危险性较大的分部分项工程专项方案应当由施工单位组织召开专家论证会。实行施工总承包的，由施工总承包单位组织召开专家论证会。

参加专家论证会人员：

（1）专家组成员。

（2）建设单位项目负责人或技术负责人。

（3）监理单位项目总监理工程师及相关人员。

（4）施工单位分管安全的负责人、技术负责人、项目负责人、项目技术负责人、专项方案编制人员、项目专职安全生产管理人员。

（5）勘察、设计单位项目技术负责人及相关人员。

专家组成员应当由5名及以上符合相关专业要求的专家组成。本项目参建各方的人员不得以专家身份参加专家论证会。

专家论证的主要内容：

（1）专项方案内容是否完整、可行。

（2）专项方案计算书和验算依据是否符合有关标准规范。

（3）安全施工的基本条件是否满足现场实际情况。

专项方案经论证后，专家组应当提交论证报告，对论证的内容提出明确的意见，并在论证报告上签字。该报告作为专项方案修改完善的指导意见。施工单位应当根据论证报告修改完善专项方案，并经施工单位技术负责人、项目总监理工程师、建设单位项目负责人签字后，方可组织实施。实行施工总承包的，应当由施工总承包单位、相关专业承包单位技术负责人签字。专项方案经论证后需做重大修改的，施工单位应当按照论证报告修改，并重新组织专家进行论证。施工单位应当严格按照专项方案组织施工，不得擅自修改、调整专项方案。

专项方案实施前，编制人员或项目技术负责人应当向现场管理人员和作业人员进行安全技术交底。施工单位应当指定专人对专项方案实施情况进行现场监督和按规定进行监测。发现不按照专项方案施工的，应当要求其立即整改；发现有危及人身安全紧急情况的，应当立即组织作业人员撤离危险区域。施工单位技术负责人应当定期巡查专项方案实施情况。

对于按规定需要验收的危险性较大的分部分项工程，施工单位、监理单位应当组织有关人员进行验收。验收合格的，经施工单位项目技术负责人及项目总监理工程师签字后，方可进入下一道工序。监理单位应当将危险性较大的分部分项工程列入监理规划和监理实施细则，应当针对工程特点、周边环境和施工工艺等，制定安全监理工作流程、方法和措施。监理单位应当对专项方案实施情况进行现场监理；对不按专项方案实施的，应当责令整改，施工单位拒不整改的，应当及时向建设单位报告；建设单位接到监理单位报告后，应当立即责令施工单位停工整改；施工单位仍不停工整改的，建设单位应当及时向住房和城乡建设主管部门报告。

各地住房和城乡建设主管部门应当按专业类别建立专家库。专家库的专业类别及专家数量应根据本地实际情况设置。专家名单应当予以公示。

4. 实施工程建设强制性标准监督内容、方式、违规处罚的有关规定

《实施工程建设强制性标准监督规定》（2015 年修正）中规定从事新建、扩建、改建等工程建设活动，必须执行工程建设强制性标准。本规定所称工程建设强制性标准是指直接涉及工程质量、安全、卫生及环境保护等方面的工程建设标准强制性条文。

强制性标准监督检查的内容包括：

（1）有关工程技术人员是否熟悉、掌握强制性标准。

（2）工程项目的规划、勘察、设计、施工、验收等是否符合强制性标准的规定。

（3）工程项目采用的材料、设备是否符合强制性标准的规定。

（4）工程项目的安全、质量是否符合强制性标准的规定。

（5）工程中采用的导则、指南、手册、计算机软件的内容是否符合强制性标准的规定。

建设行政主管部门或者有关行政主管部门在处理重大工程事故时，应当有工程建设标准方面的专家参加；工程事故报告应当包括是否符合工程建设强制性标准的意见。任何单位和个人对违反工程建设强制性标准的行为有权向建设行政主管部门或者有关部门检举、控告、投诉。

施工单位违反工程建设强制性标准的，责令改正，处工程合同价款 2% 以上 4% 以下的罚款；造成建设工程质量不符合规定的质量标准的，负责返工、修理，并赔偿因此造成的损失；情节严重的，责令停业整顿，降低资质等级或者吊销资质证书。

工程监理单位违反强制性标准规定，将不合格的建设工程以及建筑材料、建筑构配件和设备按照合格签字的，责令改正，处 50 万元以上 100 万元以下的罚款，降低资质等级或者吊销资质证书；有违法所得的，予以没收；造成损失的，承担连带赔偿责任。

违反工程建设强制性标准造成工程质量、安全隐患或者工程事故的，按照《建设工程质量管理条例》《建设工程勘察设计管理条例》和《建设工程安全生产管理条例》的有关规定，对事故责任单位和责任人进行处罚。

有关责令停业整顿、降低资质等级和吊销资质证书的行政处罚，由颁发资质证书的机关决定；其他行政处罚，由建设行政主管部门或者有关部门依照法定职权决定。建设行政主管部门和有关行政部门工作人员，玩忽职守、滥用职权、徇私舞弊的，给予行政处分；构成犯罪的，依法追究刑事责任。

（二）建筑工程质量管理的规定

1. 建设工程专项质量检测、见证取样检测内容的有关规定

涉及结构安全的试块、试件以及有关材料，应当在建设单位或者工程监理单位监督下现场取样，并送具有相应资质等级的质量检测单位进行检测。施工单位未对建筑材料、建筑构配件、设备和商品混凝土进行检验，或者未对涉及结构安全的试块、试件以及有关材料取样检测的，责令改正，处 10 万元以上 20 万元以下的罚款；情节严重的，责令停业整顿，降低资质等级或者吊销资质证书；造成损失的，依法承担赔偿责任。

2. 房屋建筑工程质量保修范围、保修期限的有关规定

建设单位和施工单位应当在工程质量保修书中约定保修范围、保修期限和保修责任等，双方约定的保修范围、保修期限必须符合国家有关规定。

在正常使用下，房屋建筑工程的最低保修期限为：

（1）地基基础和主体结构工程，为设计文件规定的该工程的合理使用年限。

（2）屋面防水工程、有防水要求的卫生间、房间和外墙面的防渗漏，为 5 年。

（3）供热与供冷系统，为 2 个供暖期、供冷期。

（4）电气系统、给排水管道、设备安装为 2 年。

（5）装修工程为 2 年。

其他项目的保修期限由建设单位和施工单位约定。房屋建筑工程保修期从工程竣工验收合格之日起计算。

3. 建筑工程质量监督的有关规定

（1）建设工程质量监督管理，可以由建设行政主管部门或其他有关部门委托的建设工程质量监督机构具体实施。

（2）制定质量监督工作方案，确定负责该项工程的质量监督工程师和助理质量监督师。根据有关法律、法规和工程建设强制性标准，针对工程特点，明确监督的具体内容、

监督方式。在方案中对地基基础、主体结构和其他涉及结构安全的重要部位和关键过程，作出实施监督的详细计划安排，并将质量监督工作方案通知建设、勘察、设计、施工、监理单位。

（3）检查施工现场工程建设各方主体的质量行为；检查施工现场工程建设各方主体及有关人员的资质或资格；检查勘察、设计、施工、监理单位的质量管理体系和质量责任制落实情况；检查有关质量文件、技术资料是否齐全并符合规定。

（4）检查建筑工程实体质量。按照质量监督工作方案，对建设工程地基基础、主体结构和其他涉及安全的关键部位进行现场实地抽查，对用于工程的主要建筑材料、构配件的质量进行抽查。对地基基础分部、主体结构分部和其他涉及安全的分部工程的质量验收进行监督。

（5）监督工程质量验收。监督建设单位组织的工程竣工验收的组织形式、验收程序以及在验收过程中提供的有关资料和形成的质量评定文件是否符合有关规定，实体质量是否存在严重缺陷，工程质量验收是否符合国家标准。

（6）向委托部门报送工程质量监督报告。报告的内容应包括对地基基础和主体结构质量检查的结论，工程施工验收的程序、内容和质量检验函数评定是否符合有关规定，及历次抽查该工程质量问题和处理情况等。

（7）对预制建筑构件和混凝土的质量进行监督。

（8）受委托部门委托按规定收取工程质量监督费。

（9）政府主管部门委托的工程质量监督管理的其他工作。

4. 房屋建筑工程和市政基础设施工程竣工验收备案管理的有关规定

住房和城乡建设部主管部门负责全国房屋建筑和市政基础设施工程（以下统称工程）的竣工验收备案管理工作。县级以上地方人民政府建设主管部门负责本行政区域内工程的竣工验收备案管理工作。建设单位应当自工程竣工验收合格之日起 15 日内，向工程所在地的县级以上地方人民政府建设主管部门（以下简称备案机关）备案。

建设单位办理工程竣工验收备案应当提交下列文件：

（1）工程竣工验收备案表。

（2）工程竣工验收报告。竣工验收报告应当包括工程报建日期，施工许可证号，施工图设计文件审查意见，勘察、设计、施工、工程监理等单位分别签署的质量合格文件及验收人员签署的竣工验收原始文件，市政基础设施的有关质量检测和功能性试验资料以及备案机关认为需要提供的有关资料。

（3）法律、行政法规规定应当由规划、环保等部门出具的认可文件或者准许使用文件。

（4）法律规定应当由公安消防部门出具的对大型的人员密集场所和其他特殊建设工程验收合格的证明文件。

（5）施工单位签署的工程质量保修书。

（6）法规、规章规定必须提供的其他文件。

住宅工程还应当提交《住宅质量保证书》和《住宅使用说明书》。

备案机关收到建设单位报送的竣工验收备案文件，验证文件齐全后，应当在工程竣工验收备案表上签署文件收讫。工程竣工验收备案表一式两份，一份由建设单位保存，一份留备案机关存档。工程质量监督机构应当在工程竣工验收之日起 5 日内，向备案机关提交工程质量监督报告。备案机关发现建设单位在竣工验收过程中有违反国家有关建设工程质量管理规定行为的，应当在收讫竣工验收备案文件 15 日内，责令停止使用，重新组织竣工验收。

建设单位在工程竣工验收合格之日起 15 日内未办理工程竣工验收备案的，备案机关责令限期改正，处 20 万元以上 50 万元以下罚款。建设单位将备案机关决定重新组织竣工验收的工程，在重新组织竣工验收前，擅自使用的，备案机关责令停止使用，处工程合同价款 2% 以上 4% 以下罚款。建设单位采用虚假证明文件办理工程竣工验收备案的，工程竣工验收无效，备案机关责令停止使用，重新组织竣工验收，处 20 万元以上 50 万元以下罚款；构成犯罪的，依法追究刑事责任。

备案机关决定重新组织竣工验收并责令停止使用的工程，建设单位在备案之前已投入使用或者建设单位擅自继续使用造成使用人损失的，由建设单位依法承担赔偿责任。

竣工验收备案文件齐全，备案机关及其工作人员不办理备案手续的，由有关机关责令改正，对直接责任人员给予行政处分。

（三）建筑装饰装修工程的管理规定

1. 建筑装饰装修管理的规定

（1）《建筑业企业资质管理规定》中有关建筑装修装饰工程专业承包资质标准的规定

根据《建筑业企业资质管理规定》（住房和城乡建设部令第 45 号），建筑装修装饰工程专业承包资质分为甲级、乙级。

1）甲级资质标准

① 企业资信能力：净资产 1500 万元以上；近 3 年上缴建筑业增值税平均在 100 万元以上。

② 企业主要人员：具有建筑工程专业一级注册建造师 5 人以上；技术负责人具有 10 年以上从事工程施工技术管理工作经历，且为建筑工程专业一级注册建造师；主持完成过 1 项以上本类别工程业绩。

③ 企业工程业绩：近 5 年独立承担过下列 2 类中的 1 类以上工程的施工，工程质量合格。单项合同额 1500 万元以上的装修装饰工程 2 项；建筑工程幕墙面积 6000m² 以上的建筑幕墙工程 3 项。

2）乙级资质标准

① 企业资信能力：净资产 200 万元以上。

② 企业主要人员：具有建筑工程专业注册建造师 3 人以上；技术负责人具有 8 年以上从事工程施工技术管理工作经历，且为建筑工程专业注册建造师；主持完成过 1 项以上本类别工程业绩。

3）承包工程范围

① 甲级资质：可承担各类建筑装修装饰工程，以及与装修工程直接配套的其他工程的施工；各类型的建筑幕墙工程的施工。

② 乙级资质：可承担单项合同额 3000 万元以下的建筑装修装饰工程，以及与装修工程直接配套的其他工程的施工；单体建筑工程幕墙面积 15000m² 以下建筑幕墙工程的施工。

注：与装修工程直接配套的其他工程是指在不改变主体结构的前提下的水、暖、电及非承重墙的改造。

(2)《建筑工程施工许可管理办法》中有关建筑装饰装修工程的申报与许可的规定

在中华人民共和国境内从事各类房屋建筑及其附属设施的建造、装修装饰和与其配套的线路、管道、设备的安装，以及城镇市政基础设施工程的施工，建设单位在开工前应当依照本办法的规定，向工程所在地的县级以上地方人民政府住房和城乡建设主管部门（以下简称发证机关）申请领取施工许可证。

工程投资额在 30 万元以下或者建筑面积在 300m² 以下的建筑工程，可以不申请办理施工许可证。省、自治区、直辖市人民政府住房和城乡建设主管部门可以根据当地的实际情况，对限额进行调整，并报国务院住房和城乡建设主管部门备案。

1) 建设单位申请领取施工许可证，应当具备下列条件，并提交相应的证明文件：

① 依法应当办理用地批准手续的，已经办理该建筑工程用地批准手续。

② 在城市、镇规划区的建筑工程，已经取得建设工程规划许可证。

③ 施工场地已经基本具备施工条件，需要征收房屋的，其进度符合施工要求。

④ 已经确定施工企业。按照规定应当招标的工程没有招标，应当公开招标的工程没有公开招标，或者肢解发包工程，以及将工程发包给不具备相应资质条件的企业的，所确定的施工企业无效。

⑤ 有满足施工需要的技术资料，施工图设计文件已按规定审查合格。

⑥ 有保证工程质量和安全的具体措施。施工企业编制的施工组织设计中有根据建筑工程特点制定的相应质量、安全技术措施。建立工程质量安全责任制并落实到人。专业性较强的工程项目编制了专项质量、安全施工组织设计，并按照规定办理了工程质量、安全监督手续。

⑦ 建设资金已经落实。建设单位应当提供建设资金已经落实承诺书。

⑧ 法律、行政法规规定的其他条件。

县级以上地方人民政府住房和城乡建设主管部门不得违反法律法规规定，增设办理施工许可证的其他条件。

2) 申请办理施工许可证，应当按照下列程序进行：

① 建设单位向发证机关领取《建筑工程施工许可证申请表》。

② 建设单位持加盖单位及法定代表人印鉴的《建筑工程施工许可证申请表》，并附本办法第四条规定的证明文件，向发证机关提出申请。

③ 发证机关在收到建设单位报送的《建筑工程施工许可证申请表》和所附证明文件后，对于符合条件的，应当自收到申请之日起七日内颁发施工许可证；对于证明文件不齐全或者失效的，应当当场或者五日内一次告知建设单位需要补正的全部内容，审批时间可以自证明文件补正齐全后作相应顺延；对于不符合条件的，应当自收到申请之日起七日内

书面通知建设单位，并说明理由。

建筑工程在施工过程中，建设单位或者施工单位发生变更的，应当重新申请领取施工许可证。

（3）《房屋建筑和市政基础设施工程施工分包管理办法》（2019年修正）中关于工程的发包与承包的要求

房屋建筑和市政基础设施工程施工分包分为专业工程分包和劳务作业分包。

专业工程分包，是指施工总承包企业（以下简称分包工程发包人）将其所承包工程中的专业工程发包给具有相应资质的其他建筑业企业（以下简称分包工程承包人）完成的活动。

劳务作业分包，是指施工总承包企业或者专业承包企业（以下简称劳务作业发包人）将其承包工程中的劳务作业发包给劳务分包企业（以下简称劳务作业承包人）完成的活动。

分包工程发包人可以就分包合同的履行，要求分包工程承包人提供分包工程履约担保；分包工程承包人在提供担保后，要求分包工程发包人同时提供分包工程付款担保的，分包工程发包人应当提供。违规此规定分包工程发包人将工程分包后，未在施工现场设立项目管理机构和派驻相应人员，并未对该工程的施工活动进行组织管理的，视同转包行为。

禁止将承包的工程进行转包。不履行合同约定，将其承包的全部工程发包给他人，或者将其承包的全部工程肢解后以分包的名义分别发包给他人的，属于转包行为。

禁止转让、出借企业资质证书或者以其他方式允许他人以本企业名义承揽工程。

分包工程发包人没有将其承包的工程进行分包，在施工现场所设项目管理机构的项目负责人、技术负责人、项目核算负责人、质量管理人员、安全管理人员不是工程承包人本单位人员的，视同允许他人以本企业名义承揽工程。

2. 住宅室内装饰装修管理的有关规定

（1）住宅室内装饰装修活动，禁止下列行为：

未经原设计单位或者具有相应资质等级的设计单位提出设计方案，变动建筑主体和承重结构；

将没有防水要求的房间或者阳台改为卫生间、厨房间；

扩大承重墙上原有的门窗尺寸，拆除连接阳台的砖、混凝土墙体；

损坏房屋原有节能设施，降低节能效果；

其他影响建筑结构和使用安全的行为。

建筑主体，是指建筑实体的结构构造，包括屋盖、楼盖、梁、柱、支撑、墙体、连接节点和基础等。承重结构，是指直接将本身自重与各种外加作用力系统地传递给基础地基的主要结构构件和其连接节点，包括承重墙体、立杆、柱、框架柱、支墩、楼板、梁、屋架、悬索等。

（2）《住宅室内装饰装修管理办法》中有关开工申报与监督的规定

装修人在住宅室内装饰装修工程开工前，应当向物业管理企业或者房屋管理机构（以下简称物业管理单位）申报登记。非业主的住宅使用人对住宅室内进行装饰装修，应当取得业主的书面同意。

申报登记应当提交下列材料：

房屋所有权证（或者证明其合法权益的有效凭证）；

申请人身份证件；

装饰装修方案；

变动建筑主体或者承重结构的，需提交原设计单位或者具有相应资质等级的设计单位提出的设计方案；

涉及搭建建筑物、构筑物，改变住宅外立面，在非承重外墙上开门、窗，拆改供暖管道和设施，拆改燃气管道和设施等行为的，需提交有关部门的批准文件，涉及超过设计标准或者规范增加楼面荷载及改动卫生间、厨房间防水层等行为的，需提交设计方案或者施工方案；

委托装饰装修企业施工的，需提供该企业相关资质证书的复印件。非业主的住宅使用人，还需提供业主同意装饰装修的书面证明。

物业管理单位应当将住宅室内装饰装修工程的禁止行为和注意事项告知装修人和装修人委托的装饰装修企业。装修人对住宅进行装饰装修前，应当告知邻里。

装修人，或者装修人和装饰装修企业，应当与物业管理单位签订住宅室内装饰装修管理服务协议。住宅室内装饰装修管理服务协议应当包括下列内容：

装饰装修工程的实施内容；

装饰装修工程的实施期限；

允许施工的时间；

废弃物的清运与处置；

住宅外立面设施及防盗窗的安装要求；

禁止行为和注意事项；

管理服务费用；

违约责任；

其他需要约定的事项。

物业管理单位应当按照住宅室内装饰装修管理服务协议实施管理，发现装修人或者装饰装修企业有此管理办法第五条行为的，或者未经有关部门批准实施此管理办法第六条所列行为的，或者有违反此管理办法第七条、第八条、第九条规定行为的，应当立即制止；已造成事实后果或者拒不改正的，应当及时报告有关部门依法处理。对装修人或者装饰装修企业违反住宅室内装饰装修管理服务协议的，追究违约责任。

有关部门接到物业管理单位关于装修人或者装饰装修企业有违反该办法行为的报告后，应当及时到现场检查核实，依法处理。

禁止物业管理单位向装修人指派装饰装修企业或者强行推销装饰装修材料。

装修人不得拒绝和阻碍物业管理单位依据住宅室内装饰装修管理服务协议的约定，对住宅室内装饰装修活动的监督检查。

任何单位和个人对住宅室内装饰装修中出现的影响公众利益的质量事故、质量缺陷以及其他影响周围住户正常生活的行为，都有权检举、控告、投诉。

（四）建筑工程施工质量验收标准和规范要求

1.《建筑工程施工质量验收统一标准》GB 50300—2013 有关要求

（1）建筑工程施工质量应按下列要求进行验收

1）建筑工程质量应符合本标准和相关专业验收规范的规定。

2）建筑工程施工应符合工程勘察、设计文件的要求。

3）工程质量验收均应在施工单位自检合格的基础上进行。

4）参加工程施工质量验收的各方人员应具备相应的资格。

5）检验批的质量应按主控项目和一般项目验收。

6）对涉及结构安全、节能、环境保护和主要使用功能的试块、试件及材料，应在进场时或施工中按规定进行见证检验。

7）隐蔽工程在隐蔽前应由施工单位通知监理单位进行验收，并应形成验收文件，验收合格后方可继续施工。

8）对涉及结构安全、节能、环境保护和使用功能的重要分部工程应在验收前按规定进行抽样检验。

9）工程的观感质量应由验收人员现场检查，并应共同确认。

本条提出了建筑工程质量验收的基本要求，这主要是：参加建筑工程质量验收各方人员应具备的资格；建筑工程质量验收应在施工单位检验评定合格的基础上进行；检验批质量应按主控项目和一般项目进行验收；隐蔽工程的验收；涉及结构安全的见证取样检测；涉及结构安全和使用功能的重要分部工程的抽样检验以及承担见证试验单位资质的要求；观感质量的现场检查等。

（2）检验批的划分

各分项工程的检验批应按下列规定划分：

1）相同材料、工艺和施工条件的室内饰面板（砖）工程每 50 间（大面积房间和走廊按施工面积 30m² 为一间）应划分为一个检验批，不足 50 间也应划分为一个检验批。

2）相同材料、工艺和施工条件的室外饰面板（砖）工程每 500 - 1000m² 应划分为一个检验批，不足 500m² 也应划分为一个检验批。

3）检查数量应符合下列规定：

①室内每个检验批应至少抽查 10%，并不得少于 3 间；不足 3 间时应全数检查。

②室外每个检验批每 100m² 应至少抽查一处，每处不得小于 10m²。

（3）建筑装饰装修工程分部工程子分部工程及其分项工程的划分（表 1-1）

（4）验收的组织与程序

1）分部工程的划分应按专业性质、建筑部位确定。

2）当分部工程较大或较复杂时，可按材料种类、施工特点、施工程序、专业系统及类别等划分为若干分部工程。

在建筑工程的分部工程中，将原建筑电气安装分部项目中的强电和弱电部分独立出来各为一个分部工程，称其为建筑电气分部和智能建筑（弱电）分部。

建筑装饰装修工程分部工程子分部工程及其分项工程的划分　　　　表1-1

分部工程	子分部工程	分项工程
建筑装饰装修	地面	基层铺设，整体面层铺设，板块面层铺设，木、竹面层铺设
	抹灰	一般抹灰，保温层薄抹灰，装饰抹灰，清水砌体勾缝
	外墙防水	外墙砂浆防水，涂膜防水，透气膜防水
	门窗	木门窗制作与安装，金属门窗安装，塑料门窗安装，特种门安装，门窗玻璃安装
	顶棚	整体面层顶棚，板块面层顶棚，格栅顶棚
	轻质隔墙	板材隔墙，骨架隔墙，活动隔墙，玻璃隔墙
	饰面板	石板安装，陶瓷板安装，木板安装，金属板安装，塑料板安装
	饰面砖	外墙饰面砖粘贴，内墙饰面砖粘贴
	幕墙	玻璃幕墙安装，金属幕墙安装，石材幕墙安装，陶板幕墙安装
	涂饰	水性涂料涂饰，溶剂型涂料涂饰，美术涂饰
	裱糊与软包	裱糊、软包
	细部	橱柜制作与安装，窗帘盒窗台板和散热器罩制作与安装，门窗制作与安装，护栏和扶手制作与安装，花饰制作与安装

分项工程应按主要工种、材料、施工工艺、设备类别等进行划分。分项工程可由一个或若干检验批组成，检验批可根据施工及质量控制和专业验收需要按楼层、施工段、变形缝等进行划分。

检验批及分项工程应由监理工程师（建设单位项目技术负责人）组织施工单位项目专业质量（技术）负责人等进行验收。分部工程应由总监理工程师（建设单位项目负责人）组织施工单位项目负责人和技术、质量负责人等进行验收；地基与基础、主体结构分部工程的勘察、设计单位工程项目负责人和施工单位技术、质量部门负责人也应参加相关分部工程验收。单位工程完工后，施工单位应自行组织有关人员进行检查评定，并向建设单位提交工程验收报告。建设单位收到工程报告后，应由建设单位（项目）负责人组织施工（含分包单位）、设计、监理等单位（项目）负责人进行单位（子单位）工程验收。

2. 住宅装饰装修工程施工规范的有关要求

（1）施工前应进行设计交底工作，并应对施工现场进行核查，了解物业管理的有关规定。

（2）各工序、各分项工程应自检、互检及交接检。

（3）施工中，严禁损坏房屋原有绝热设施；严禁损坏受力钢筋；严禁超荷载集中堆放物品；严禁在预制混凝土空心楼板上打孔安装埋件。

（4）施工中，严禁擅自改动建筑主体、承重结构或改变房间主要使用功能；严禁擅自拆改燃气、暖气、通信等配套设施。

（5）管道、设备工程的安装及调试应在装饰装修工程施工前完成，必须同步进行的应在饰面层施工前完成。装饰装修工程不得影响管道、设备的使用和维修。涉及燃气管道的装饰装修工程必须符合有关安全管理的规定。

（6）施工人员应遵守有关施工安全、劳动保护、防火、防毒的法律法规。

（7）施工现场用电应符合下列规定：

1）施工现场用电应从户表以后设立临时施工用电系统。

2）安装、维修或拆除临时施工用电系统，应由电工完成。

3）临时施工供电开关箱中应装设漏电保护器。进入开关箱的电源线不得用插销连接。

4）最先进用电线路应避开易燃、易爆物品堆放地。

5）暂停施工时应切断电源。

（8）施工现场用水应符合下列规定：

1）不得在未做防水的地面蓄水。

2）临时用水管不得有破损、滴漏。

3）暂停施工时应切断水源。

（9）文明施工和现场环境应符合下列要求：

1）施工人员应衣着整齐。

2）施工人员应服从物业管理或治安保卫人员的监督、管理。

3）应控制粉尘、污染物、噪声、振动等对相邻居民、居民区和城市环境的污染及危害。

4）施工堆料不得占用楼道内的公共空间，封堵紧急出口。

5）室外堆料应遵守物业管理规定，避开公共通道、绿化用地、化粪池等市政公用设施。

6）工程垃圾宜密封包装，并放在指定垃圾堆放地。

7）不得堵塞、破坏上下水管道、垃圾道等公共设施，不得损坏楼内各种公共标识。

8）工程验收前应将施工现场清理干净。

3. 建筑内部装修防火施工及验收要求

（1）《建筑内部装修防火施工及验收规范》GB 50354—2005 相关强制性条文

1）进入施工现场的装修材料应完好，并应核查其燃烧性能或耐火极限、防火性能型式检验报告、合格证书等技术文件是否符合防火设计要求。核查、检验时，应按表 1-2 的要求填写进场验收记录。

2）装修材料进入施工现场后，应按本规范的有关规定，在监理单位或建设单位监督下，由施工单位有关人员现场取样，并应由具备相应资质的检验单位进行见证取样检验。

3）装修施工过程中，装修材料应远离火源，并应指派专人负责施工现场的防火安全。

4）装修施工过程中，应对各装修部位的施工过程作详细记录。记录表的格式应符合表 1-3 的要求。

5）建筑工程内部装修不得影响消防设施的使用功能。装修施工过程中，当确实需变更防火设计时，应经原设计单位或具有相应资质的设计单位按有关规定进行。

（2）材料抽样检验要求

1）现场阻燃处理后的纺织织物，每种取 $2m^2$ 检验燃烧性能。

2）施工过程中受湿浸、燃烧性能可能受影响的纺织织物，每种取 $2m^2$ 检验燃烧性能。

3）现场阻燃处理后的泡沫塑料应进行抽样检验，每种取 $0.1m^3$ 检验燃烧性能。

4）现场阻燃处理后的复合材料应进行抽样检验，每种取 $4m^2$ 检验燃烧性能。

5）现场阻燃处理后的复合材料应进行抽样检验。

（3）工程质量验收要求

1）技术资料应完整。

2）所用装修材料或产品的见证取样检验结果应满足设计要求。

3）装修施工过程中的抽样检验结果，包括隐蔽工程的施工过程中及完工后的抽样检验结果应符合设计要求。

4）现场进行阻燃处理、喷涂、安装作业的抽样检验结果应符合设计要求。

5）施工过程中的主控项目检验结果应全部合格。

6）施工过程中的一般项目检验结果合格率应达到80％。

当装修施工的有关资料经审查全部合格、施工过程全部符合要求、现场检查或抽样检测结果全部合格时，工程验收应为合格。

装修材料进场验收记录　　　　　　表 1-2

材料类别	品种	使用部位及数量	进场材料燃烧性能	设计要求燃烧性能	检验报告	合格证书	检查人员
纺织织物							
木质材料							
高分子合成材料							
复合材料							
其他材料							
验收单位	施工单位：（单位印章）			施工单位项目负责人：（签章） 年　月　日			
	监理单位：（单位印章）			监理工程师：（签章） 年　月　日			

建筑内部装修工程防火施工过程检查记录　　　　　表 1-3

工程名称		分部工程名称	
子分部工程名称			
施工单位		监理单位	
施工执行规范 名称及编号			
项目	《规范》章节条款	施工单位检查评定记录	监理单位验收记录

施工单位项目负责人：（签章）　　　　　　　　　　监理工程师：（签章）

年　　月　　日　　　　　　　　　　　　　年　　月　　日

4. 《住宅建筑室内装修污染控制技术标准》JGJ/T 436—2018 有关要求

（1）一般规定

1）住宅装饰装修可分为专业施工单位承建的装饰装修工程阶段和工程完成后业主自行添置活动家具阶段。

2）装饰装修工程应在合同中明确室内空气质量控制等级和验收要求，并应将其作为交付验收的依据。

3）室内装饰装修工程应进行污染物控制设计，在施工阶段应按设计要求进行材料采购与施工。

4）空调、消防等其他专业工程应选用符合环保要求的材料，且不应对室内空气质量产生不利影响。

5）室内局部装饰装修或配置家具，宜按本标准的方法进行污染物控制。

6）本标准控制的室内空气污染物应主要包括甲醛、苯、甲苯、二甲苯、总挥发性有机化合物（简称 TVOC）。

（2）室内空气质量控制要求

1）室内空气污染物浓度应分为Ⅰ级、Ⅱ级、Ⅲ级，各污染物浓度对应的等级应符合表 1-4 的规定。室内空气质量应按污染物中最差的等级进行评定。

2）室内空气质量控制

① 室内空气污染物浓度不应高于Ⅲ级的限量。

② 不含活动家具的装饰装修工程室内空气污染物浓度不应高于Ⅱ级限量。

3）材料污染物释放率分级

① 材料污染物释放应以 168h 对应的污染物释放率进行分级。

污染物浓度分级（mg/m²）　　　　　　　　　　　表 1-4

污染物	浓度		
	Ⅰ级	Ⅱ级	Ⅲ级
甲醛	$C \leqslant 0.03$	$0.03 < C \leqslant 0.05$	$0.05 < C \leqslant 0.08$
苯	$C \leqslant 0.02$	$0.02 < C \leqslant 0.05$	$0.05 < C \leqslant 0.09$
甲苯	$C \leqslant 0.10$	$0.10 < C \leqslant 0.15$	$0.15 < C \leqslant 0.20$
二甲苯	$C \leqslant 0.10$	$0.10 < C \leqslant 0.15$	$0.15 < C \leqslant 0.20$
TVOC	$C \leqslant 0.20$	$0.20 < C \leqslant 0.35$	$0.35 < C \leqslant 0.50$

② 材料的甲醛、苯、甲苯、二甲苯、TVOC 释放率应符合国家现行相关标准的规定，合格产品的污染物释放率及对应等级的确定应符合表 1-5 的规定。

材料污染物释放率等级及限量 [mg/（m²·h）]　　　　　　表 1-5

等级 污染物	F1	F2	F3	F4
甲醛	$E \leqslant 0.01$	$0.01 < E \leqslant 0.03$	$0.03 < E \leqslant 0.06$	$0.06 < E \leqslant 0.12$
苯	$E \leqslant 0.01$	$0.01 < E \leqslant 0.03$	$0.03 < E \leqslant 0.06$	$0.06 < E \leqslant 0.12$
甲苯	$E \leqslant 0.01$	$0.01 < E \leqslant 0.05$	$0.05 < E \leqslant 0.10$	$0.10 < E \leqslant 0.20$
二甲苯	$E \leqslant 0.01$	$0.01 < E \leqslant 0.05$	$0.05 < E \leqslant 0.10$	$0.10 < E \leqslant 0.20$
TVOC	$E \leqslant 0.04$	$0.04 < E \leqslant 0.20$	$0.20 < E \leqslant 0.40$	$0.40 < E \leqslant 0.80$

4）材料的型式检验报告、进场复检报告应包括污染物释放率检测结果，不同材料对应的污染物检测参数应符合表 1-6 的规定。

材料应控制释放率的污染物 [mg/（m²·h）]　　　　　　表 1-6

类型　污染物	甲醛	苯	甲苯	二甲苯	TVOC
木地板	●○	—	—	—	●○
人造板及饰面人造板	●○	—	—	—	●○
木制家具	●○	●	●	●	●
卷材地板	—	—	—	—	●○
墙纸	●○	—	—	—	—
地毯	●○	●	●	●	●○
水性涂料	●○	●	●	●	●○
溶剂型涂料	—	●	●	●	●○
水性胶粘剂	●○	●	●	●	●○
溶剂型胶粘剂	—	●	●	●	●○

注：1　●表示型式检验项目。

　　2　○表示进场复检项目。

　　3　—表示不需要。

（3）污染物控制设计

1）当室内空气质量要求为Ⅰ级时，应采用性能指标法进行污染物控制设计；当室内空气质量要求为Ⅱ级或Ⅲ级时，可采用规定指标法或性能指标法进行污染物控制设计。

2）装饰装修方案的设计优化措施应符合下列规定：

① 应优先对室内空气质量影响大的污染源进行调整。

② 宜优先选用污染物释放率低的材料。

③ 应减少污染物释放率高的材料用量。

④ 应提出改进室内通风的措施和要求。

⑤ 宜合理安排项目实施进度和交付时间。

（4）施工阶段污染物控制

1）施工阶段应按设计文件要求进行施工。当需变更时，应按规定程序办理设计变更，并应重新进行污染物控制设计。

2）当室内装修工程重复使用同一设计方案时，宜先做样板间。

3）施工组织方案中应包括装修施工污染控制的内容。

4）现场施工应符合职业卫生的要求。

5）施工要求

① 室内装修时不得使用苯、工业苯、石油苯、重质苯及混苯作为稀释剂和溶剂。

② 木地板及其他木质材料不得采用沥青、煤焦油类作为防腐、防潮处理剂。

③ 不得使用以甲醛作为原料的胶粘剂。

④ 不得采用溶剂型涂料如光油作为防潮基层材料。

⑤ 涂料、胶粘剂、水性处理剂、稀释剂和溶剂等使用后应及时封闭存放，废料应及时清出现场。

⑥ 室内不应使用有机溶剂清洗施工、保洁用具。

（5）室内空气质量检测与验收

1）室内装饰装修工程的室内空气质量检测宜在工程完工7d后进行。

2）室内空气污染物浓度的验收应抽检工程有代表性的房间，抽检比例应符合下列规定：

① 无样板间的项目，抽检套数不得少于住宅套数的5%，且不应少于3套；当套数少于3套时，应全数抽检。

② 有样板间的项目，且室内空气污染物浓度检测结果符合控制要求时，抽检量可减半，但不应少于3套；当套数少于3套时，应全数抽检。

3）每套住宅内应对卧室、起居室、厨房等不同功能房间进行检测。

4）检测采样应在关闭门窗1h后进行，采样时应关闭门窗，且采样时间不应少于20min。

5）检测时待测房间污染物检测点数的设置应符合表1-7的规定。

待测房间污染物检测点数设置 　　　　　　　　　表1-7

房间使用面积（m²）	检测点数（个）
<50	1
≥50	2

5. 《建筑装饰装修工程质量验收标准》GB 50210—2018 有关施工质量的要求

（1）承担建筑装饰装修工程施工的单位应具备相应的资质，并应建立质量管理体系。施工单位应编制施工组织设计并应经过审查批准。施工单位应按有关的施工工艺标准或经审定的施工技术方案施工，并应对施工全过程实行质量控制。

（2）承担建筑装饰装修工程施工的人员应有相应岗位的资格证书。

（3）建筑装饰装修工程的施工质量应符合设计要求和本规范的规定，由于违反设计文件和本规范的规定施工造成的质量问题应由施工单位负责。

（4）建筑装饰装修工程施工中，严禁违反设计文件擅自改动建筑主体、承重结构或主要使用功能；严禁未经设计确认和有关部门批准擅自拆改水、暖、电、燃气、通信等配套设施。

（5）施工单位应遵守有关环境保护的法律法规，并应采取有效措施控制现场的各种粉尘、废气、废弃物、噪声、振动等对周围环境造成的污染和危害。

（6）施工单位应遵守有关施工安全、劳动保护、防火和防毒的法律法规，应建立相应的管理制度，并应配备必要的设备、器具和标识。

（7）建筑装饰装修工程应在基体或基层的质量验收合格后施工。对既有建筑进行装饰装修前，应对基层进行处理并达到本规范的要求。

（8）建筑装饰装修工程施工前应有主要材料的样板或做样板间（件），并应经有关各方确认。

（9）墙面采用保温材料的建筑装饰装修前，应对基层进行处理并达到本规范的要求。

（10）管道、设备等安装及高度应在建筑装饰装修工程施工前完成，当必须同步进行时，应在饰面层施工前完成。装饰装修工程不得影响管道、设备等的使用和维修。涉及燃气管道的建筑装饰装修工程必须符合有关安全管理的规定。

（11）建筑装饰装修工程的电器安装应符合设计要求和国家现行标准的规定。严禁不经穿管直接埋设电线。

（12）室内外装饰装修工程施工的环境条件应满足施工工艺的要求。施工环境温度不应低于5℃。当必须在低于5℃气温下施工时，应采取保证工程质量的有效措施。

（13）建筑装饰装修工程施工过程中应做好半成品、成品的保护，防止污染和损坏。

（14）建筑装饰装修工程验收前应将施工现场清理干净。

6. 《建筑地面工程施工质量验收规范》GB 50209—2010 有关质量验收的要求

（1）建筑地面工程采用的材料或产品应符合设计要求和国家现行有关标准的规定。无国家现行标准的，应具有省级住房和城乡建设行政主管部门的技术认可文件。材料或产品进场时还应符合下列规定：

1）应有质量合格证明文件。

2）应对型号、规格、外观等进行验收，对重要材料或产品应抽样进行复验。

（2）厕浴间和有防滑要求的建筑地面应符合设计防滑要求。

（3）厕浴间、厨房和有排水（或其他液体）要求的建筑地面面层与相连接各类面层的标高差应符合设计要求。

（4）有防水要求的建筑地面工程，铺设前必须对立管、套管和地漏与楼板节点之间进行密封处理，并应进行隐蔽工程验收；排水坡度应符合设计要求。

（5）厕浴间和有防水要求的建筑地面必须设置防水隔离层。楼层结构必须采用现浇混凝土或整块预制混凝土板，混凝土强度等级不应小于C20；房间的楼板四周除门洞外应做混凝土翻边，高度不应小于200mm，宽同墙厚，混凝土强度等级不应小于C20。施工时结构层标高和预留孔洞位置应准确，严禁乱凿洞。

（6）防水隔离层严禁渗漏，排水的坡向应正确、排水通畅。

（7）不发火（防爆）面层中碎石的不发火性必须合格；砂应质地坚硬、表面粗糙，其粒径宜为0.15～5mm，含泥量不应大于3%，有机物含量不应大于0.5%；水泥应采用普通硅酸盐水泥，其强度等级不应小于32.5；面层分格的嵌条应采用不发生火花的材料配制。配制时应随时检查，不得混入金属或其他发生火花的杂质。

二、施工组织设计及专项施工方案的 内容和编制方法

（一）装饰装修工程施工组织设计的内容和编制方法

1. 施工组织设计的类型和编制依据

装饰装修工程施工组织设计是规划和指导拟建工程从施工准备到竣工验收全过程施工的技术经济文件。它是施工前的一项重要准备工作，也是施工企业实现生产科学管理的重要手段。

（1）施工组织设计的类型

1）施工组织总设计：是以群体工程为施工组织对象进行编制的，如大型公共建筑、住宅小区等。是在有了批准的初步设计或扩大初步设计之后进行，一般以总承包单位为主，由设计单位和总分包单位参加共同编制。

2）单位工程施工组织设计：是以单位工程为对象编制的，由直接组织施工的基层单位编制。

3）分部（分项）工程作业计划：是以某些主要的或新结构、技术复杂的或缺乏施工经验的分部（分项）工程为对象编制的，直接指导现场施工。

（2）施工组织设计的编制依据

1）建设项目装饰装修工程施工组织设计

因单位工程装饰装修工程是建筑群的一个组成部分，若它是整个装饰项目中的一个项目，该单位工程装饰装修工程施工组织设计则必须按照建设项目装饰装修工程施工组织设计的有关内容、各项指标和进度要求进行编制，不得与总设计要求相矛盾。

2）装饰装修工程施工合同的要求

包括装饰装修工程的范围和内容，工程开、竣工日期，工程质量保修期及保养条件，工程造价，工程价款的支付、结算及交工验收办法，设计文件及概算和技术资料的提供日期，材料和设备的供应和进场期限，双方相互协作事项，违约责任等。

3）装饰装修工程施工图样及有关说明

包括单位工程装饰装修工程的全部施工图纸、会审记录和标准图等有关设计资料。对于较复杂的装饰装修工程，须了解水、电、暖等管线对装饰装修工程施工的要求及设计单位对新材料、新结构、新技术、新工艺的要求。

4）装饰装修工程施工的预算文件及有关定额

应有详细的分部、分项工程量，必要时应有分层、分段或分部位的工程量及预算定额和施工定额。

5）装饰装修工程的施工条件

包括自然条件和施工现场条件。自然条件包括大气对装饰材料的理化、老化、干湿温变作用，主导风向、风速、冬雨期对施工的影响。施工现场条件主要有水电供应条件，劳动力及材料、构配件供应情况，主要施工机具配备情况，现场有无可利用的临时设施。

6）水、电、暖、卫系统的进场时间及对装饰装修工程施工的要求。

7）有关规定、规程、规范、手册等技术资料。

8）业主单位对工程的意图和要求。

9）有关的参考资料及类似工程的施工组织设计实例。

2. 施工组织设计的内容

最初对一个新建的建筑工程来说，其建筑装饰装修工程施工仅属于整个工程的其中几个部分（墙面装饰、门窗工程、楼地面工程等）。在现代建筑装饰装修工程中，除上述几个分部外，还包括了建筑施工以外的一些项目，如家具、陈设、厨餐用具等，以及与之配套的水、电、暖、卫、空调工程。故单位工程装饰装修工程施工组织设计的内容根据工程的特点，对其内容和深广度要求也不同，内容应简明扼要，使其能真正起到指导现场施工的作用。

单位工程装饰装修工程施工组织设计的内容一般应包括工程概况、施工方案、施工进度计划、施工准备工作及各项资源需要量计划、施工平面图、消防安全文明施工及施工技术质量保证措施、成品保护措施等。根据工程的复杂程度，有些项目可以合并或简单编写。

3. 单位工程施工组织设计的编制方法

单位工程装饰装修工程施工组织设计的编制方法如图 2-1 所示。

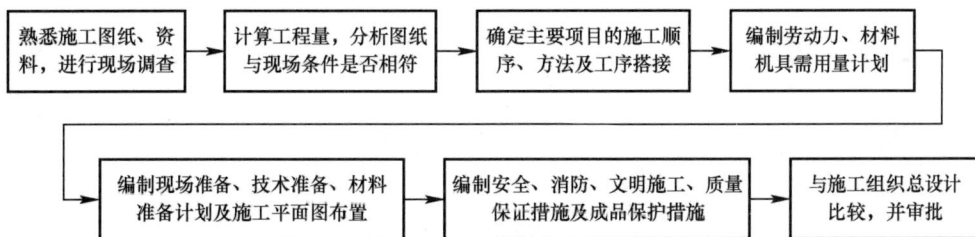

图 2-1　单位工程装饰装修工程施工组织设计的编制方法

（二）装饰装修工程分项及专项施工方案的内容和编制方法

施工方案是施工组织设计的核心。所确定的施工方案合理与否，不仅影响到施工进度的安排和施工平面图的布置，而且将直接关系到工程的施工效率、质量、工期和技术经济效果，因此，必须引起足够的重视。

1. 分项及专项施工方案的内容

建筑装饰装修工程施工方案的内容，主要包括施工方法和施工机械的选择、施工段的划分、施工开展的顺序以及流水施工的组织安排。

2. 分项及专项施工方案的编制方法

（1）确定施工程序

施工顺序是指在建筑装饰工程施工中，不同施工阶段的不同工作内容按照其固有的、在一般情况下不可违背的先后次序。建筑装饰工程的施工程序一般有先室外后室内、先室内后室外及室内外同时进行三种情况。应根据工期要求、劳动力配备情况、气候条件、脚手架类型等因素综合考虑。

1）建筑物基体表面的处理

对新建工程基层的处理一般要使其表面粗糙，以加强装饰面层与基层之间的粘结力。对改造工程或在旧建筑物上进行二次装饰，应对拆除的部位、数量、拆除物的处理办法等做出明确规定，以确保装饰施工质量。

2）设备安装与装饰工程

先进行设备管线的安装，再进行建筑装饰装修工程的施工，总的规律是预埋＋封闭＋装饰。在预埋阶段，先通风、后水暖管道、再电气线路；封闭阶段，先墙面、后顶面、再地面；装饰阶段，先油漆、后裱糊、再面板。

（2）确定施工起点及流向

施工起点及流向是指单位工程在平面或空间上开始施工的部位及其流动方向，主要取决于合同规定、保证质量和缩短工期等要求。一般来说，单层建筑要定出分段施工在平面上的施工流向，多层及高层建筑除了要定出每一层在平面上的流向外，还要定出分层施工的流向。确定施工流向时，一般应考虑以下几个因素：

1）施工方法。如对外墙进行施工时，当采用石材干挂时，施工流向是从下向上，而采用喷涂时则自上而下。

2）工程各部位的繁简程度。一般对技术复杂、施工进度较慢、工期较长的工段或部位应先施工。

3）选用的材料。同一个施工部位采用不同的材料施工的流向也不相同，如当地面采用石材，墙面裱糊时，则施工流向是先地面后墙面；但当地面铺实木，墙面用涂料时，施工流向则变为先墙面后地面。

4）用户对生产和使用的需要。对要求急的应先施工，在高级宾馆的装修改造过程中，常采取施工一层（或一段）交付一层（或一段），以满足企业经营的要求。

5）设备管道的布置系统。应根据管道的系统布置，考虑施工流向。如上下水系统，要根据干管的布置方法来考虑流水分段，确定工程流向，以便于分层安装支管及试水。

新建工程的装饰装修，其室外工程根据材料和施工方法的不同，分别采用自下而上（干挂石材）、自上而下（涂料喷涂）。室内装饰装修则有三种方式，即自上而下、自下而上及自中而下再自上而中三种。

自上而下的施工起点流向通常是指主体结构工程封顶，做好屋面防水层后，从顶层开始，逐层往下进行。此种起点流向的优点是：新建工程的主体结构完成后，有一定的沉降时间，能保证装饰工程的质量，做好屋面防水层后，可防止在雨期施工时因雨水渗漏而影响装饰工程质量；自上而下的流水施工，各工序之间交叉少，便于组织施工；从上往下清理建筑垃圾也较方便。其缺点是不能与主体施工搭接，因而施工周期长。对高层或多层客房改造工程来说，采取自上而下进行施工也有较多的优点，如在顶层施工，仅下一层作为间隔层，停业面积小，不影响大堂的使用和其他层的营业；卫生间改造涉及上下水管的改造，从上到下逐层进行，影响面小，对营业影响较小；装饰施工对原有电气线路改造时，从上而下施工只对施工层造成影响。

自下而上的起点流向，是指当结构工程施工到一定层后，装饰工程从最下一层开始，逐层向上进行。此种起点流向的优点是工期短，特别是高层和超高层建筑工程其优点更为明显，在结构施工还在进行时，下部已装饰完毕，达到运营条件，可先行开业，业主可提前获得经济效益。其缺点是，工序之间交叉多，需很好地组织施工，并采取可靠的安全措施和成品保护措施。

自中而下再自上而中的起点流向，综合了上述两者的优缺点，适用于新建工程的中高层建筑装饰工程。

（3）确定施工顺序

施工顺序是指分项工程或工序之间的先后次序。

1）确定施工顺序的基本原则

① 符合施工工艺的要求。如顶棚工程必须先固定吊筋，后安装主次龙骨；裱糊工程要先进行基层的处理，后实施裱糊。

② 房间的使用功能和施工方法要协调一致。如卫生间的改造施工顺序一般是：旧物拆除→改上下水管道→改管线→地面找坡→安门框……。

③ 考虑施工组织的要求。如油漆和安装玻璃的顺序，可以先安装玻璃后油漆，也可先油漆后安装玻璃，但从施工组织的角度看，后一种方案比较合理，这样可以避免玻璃被油漆污染。

④ 考虑施工质量的要求。如对于装饰抹灰，面层施工前必须检查中层抹灰的质量，合格后进行洒水湿润。

⑤ 考虑施工工期的要求。

⑥ 考虑气候条件。如在冬季或风沙较大地区，必须先安装门窗玻璃，再对室内进行装饰施工，用以保温或防污染。

⑦ 考虑施工的安全因素。如大面积油漆施工应在作业面附近无电焊的条件下进行，防止气体被点燃。

⑧ 设备对施工流向的影响。如外墙进行玻璃幕墙装饰，安装立筋时，如果采用滑架，一般从上往下安装，若采用满堂脚手架，则从下往上安装。

2）装饰装修工程的施工顺序

室外装饰装修工程的施工顺序有两种：对于外墙湿作业施工，除石材墙面外，一般采用自上而下的施工顺序；而干作业施工，一般采用自下而上的施工顺序。

室内装饰装修工程施工的主要内容有：顶棚、地面、墙面的装饰，门窗安装、油漆、制作家具以及相配套的水、电、风口的安装和灯饰洁具的安装。其施工劳动量大、工序繁杂，施工顺序应根据具体条件来确定，基本原则是"先湿作业、后干作业""先墙顶、后地面""先管线、后饰面"。室内装饰装修工程的一般施工顺序如图2-2所示。

① 室内顶棚、墙面及地面。室内同一房间的装饰装修工程施工顺序一般有两种：一

开工

工地放样　　材料进场

水、电、暖、卫等管线工程　顶棚工程　隔墙工程　水泥结构工程

砖石工程　门窗工程

厨具工程　水、电等工程　木作工程及其表面处理　粉饰工程　金属工程

招牌工程　瓷砖工程

招牌安装

灯具及开关插座安装　油漆工程　玻璃工程　屏具工程　大理石贴面

壁纸工程

地毯工程　　油漆修补

窗帘工程

厨具空调设备　清洁工程

完工验收

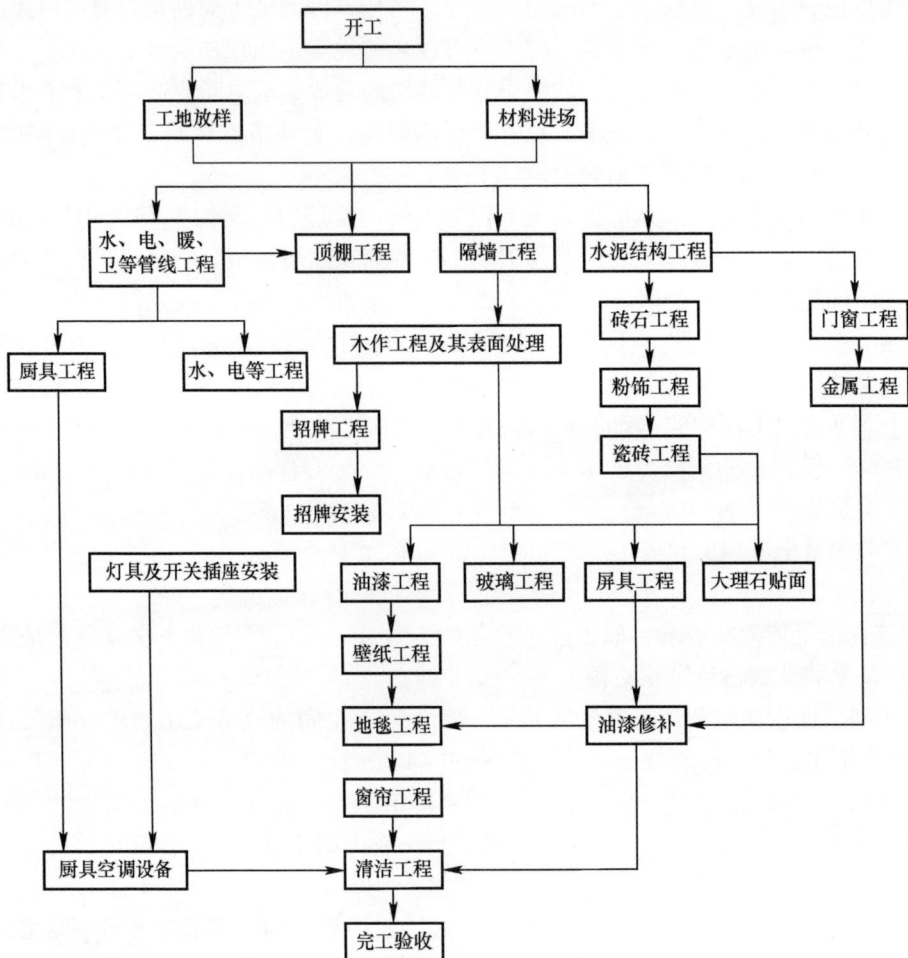

图 2-2　室内装饰装修工程的一般施工顺序

是顶棚→墙面→地面，这种施工顺序可以保证连续施工，但在做地面前必须将顶棚和墙面上的落地灰和渣滓处理干净，否则将影响地面面层和基层之间的粘结，造成地面起壳现象，且做地面时的施工用水可能会污染已装饰的墙面；二是地面→墙面→顶棚，这种施工顺序易于清理，保证施工质量，但必须对已完工的地面进行保护。

②抹灰、顶棚、饰面和隔断工程的施工。一般应待隔墙、门窗框、暗装管道、电线管、预埋件、预制板嵌缝等完工后进行。

③门窗及其玻璃工程施工。应根据气候及抹灰的要求，可在湿作业之前完成。但铝合金、塑料、涂色镀锌钢板门及玻璃工程宜在湿作业之后进行，否则应对成品加以保护。

④有抹灰基层的饰面板工程、顶棚工程及轻型花饰安装工程，均应在抹灰工程完工后进行。

⑤涂料、刷浆工程、顶棚和隔断饰面板的安装。应安排在塑料地板、地毯、硬质纤维板等楼地面面层和明装电线施工之前，以及管道设备试压后进行；对于木地（楼）板面层的最后一道涂料，应安排在裱糊工程完工后进行。

⑥裱糊工程。应安排在顶棚、墙面、门窗及建筑设备的涂料、刷浆工程完工后进行。

例如，客房室内装饰装修改造工程的施工顺序一般是：拆除旧物→改电气管线及通风→壁柜制作、窗帘盒制作→顶内管线→顶棚＋安装角线＋窗台板、散热器罩→安装门框＋墙、地面修补＋顶棚涂料＋安装踢脚板→墙面腻子→安装门扇→木面油漆→贴墙纸→电气面板、风口安装→床头灯及过道灯安装→清理修补→铺地毯→交工验收。

（4）选择施工方法和施工机械

选择施工方法和施工机械是施工方案中的关键问题，它直接影响施工质量、进度、安全以及工程成本，因此在编制施工组织设计时必须加以重视。

1）施工方法的选择

在选择装饰装修工程施工方法时，应着重考虑影响整个装饰装修工程施工的重要部分。如对工程量大的、施工工艺复杂的或采用新技术、新工艺及对装饰装修工程质量起关键作用的施工方法，对不熟悉的或特殊的施工细节的施工方法都应作重点要求，应有施工详图。应注意内外装饰装修工程施工顺序，特别是应安排好湿作业、干作业、管线布置、顶棚等的施工顺序。要明确提出样板制度的具体要求，如哪些材料做法需做样板、哪些房间需作为样板间。对材料的采购、运输、保管亦应进行明确的规定，便于现场的操作；对常规做法和工人熟悉的装饰装修工程，只需提出应注意的特殊问题。

2）施工机械的选择

建筑装饰装修工程施工所用的机具，除垂直运输和设备安装以外，主要是小型电动工具，如电锤、冲击电钻、电动曲线锯、型材切割机、风车锯、电刨、云石机、射钉枪、电动角向磨光机等。在选择施工机具时，要从以下几个方面进行考虑：

① 选择适宜的施工机具以及机具型号。如涂料的弹涂施工，当弹涂面积小或局部进行弹涂施工时，宜选择手动式弹涂器；电动式弹涂器工效高，适用于大面积彩色弹涂施工。

② 在同一装饰装修工程施工现场，应力求使装饰装修工程施工机具的种类和型号尽可能少一些，选择一机多能的综合性机具，便于机具的管理。

③ 机具配备时注意与之配套的附件。如风车锯片有三种，应根据所锯的材料厚度配备不同的锯片；云石机具片可分为干式和湿式两种，根据现场条件选用。

④ 充分发挥现有机具的作用。当施工单位的机具能力不能满足装饰装修工程施工需要时，则应购置或租赁所需机具。

3. 编制专项施工方案的规定

（1）根据住房和城乡建设部颁布的《危险性较大的分部分项工程安全管理规定》（住房和城乡建设部令第 37 号），对于达到一定规模、危险性较大的工程，需要单独编制专项施工方案。

1）承重支撑体系：用于钢结构安装等满堂支撑体系。

2）脚手架工程：

搭设高度 24m 及以上的落地式钢管脚手架工程（包括采光井、电梯井脚手架）；

附着式升降脚手架工程；

悬挑式脚手架工程；

高处作业吊篮；

卸料平台、操作平台工程；

异型脚手架工程。

3）建筑幕墙安装工程。

4）采用新技术、新工艺、新材料、新设备可能影响工程施工安全，尚无国家、行业及地方技术标准的分部分项工程。

（2）专项施工方案应当由施工总承包单位编制。其中附着式升降脚手架等专业工程实行分包，其专项方案由专业承包单位编制。

（3）专项方案编制包括以下内容：工程概况、编制依据、施工计划、施工工艺技术、施工安全保证措施、施工管理及作业人员配备和分工、验收要求、应急处置措施、计算书及相关图纸。

（4）专项施工方案的审核：不需专家论证的专项方案，经施工单位审核后报监理单位，由项目总监理工程师审核签字。超过一定规模的危险性较大的分部分项工程专项方案由施工单位组织召开专家论证会。实行施工总承包的，由施工总承包单位组织召开专家论证会。如下工程需进行专家论证：

1）承重支撑体系：用于钢结构安装等满堂支撑体系，承受单点集中荷载7kN以上。

2）脚手架工程：搭设高度50m及以上落地式钢管脚手架工程；提升高度150m及以上附着式升降操作平台；分段架体搭设高度20m及以上悬挑式脚手架工程。

3）施工高度50m及以上的建筑幕墙安装工程。

4）采用新技术、新工艺、新材料、新设备及尚无相关技术标准的危险性较大的分部分项工程。

（三）装饰装修工程施工技术要求

1. 防火工程施工技术要求

（1）施工基本要求

1）施工中，严禁损坏房屋原有绝热设施。

2）严禁擅自拆改燃气、暖气、通信等配套设施。

3）装饰装修工程不得影响管道、设备的使用和维修。涉及燃气管道的装饰装修工程必须符合有关安全管理的规定。

4）施工人员应遵守有关施工安全、劳动保护、防火、防毒的法律、法规。

5）施工现场用电应符合下列规定：

① 施工现场用电应从户表以后设立临时施工用电系统。

② 安装、维修或拆除临时施工用电系统，应由电工完成。

③ 临时施工供电开关箱中应装设漏电保护器。进入开关箱的电源线不得用插销连接。

④ 最先进用电线路应避开易燃、易爆物品堆放地。

⑤ 暂停施工时应切断电源。

6）文明施工和现场环境应符合下列有关要求：

① 施工堆料不得占用楼道内的公共空间，封堵紧急出口。

② 室外堆料应遵守物业管理规定，避开公共通道、绿化用地、化粪池等市政公用设施。

③ 不得堵塞、破坏上下水管道、垃圾道等公共设施，不得损坏楼内各种公共标识。

7）材料、设备基本要求

① 住宅装饰装修工程所用材料的品种、规格、性能应符合设计的要求及国家现行有关标准的规定。

② 严禁使用国家明令淘汰的材料。

③ 装饰装修所用的材料应按设计要求进行防火、防腐和防蛀处理。

④ 施工单位应对进场主要材料的品种、规格、性能进行验收。主要材料应有产品合格证书，有特殊要求的应有相应的性能检测报告和中文说明书。

⑤ 现场配制的材料应按设计要求或产品说明书制作。

⑥ 应配备满足施工要求的配套机具设备及检测仪器。

⑦ 装饰装修工程应积极使用新材料、新技术、新工艺、新设备。

8）成品保护

施工过程中材料运输应符合下列规定：

① 材料运输使用电梯时，应对电梯采取保护措施。

② 材料搬运时要避免损坏楼道内顶、墙、扶手、楼道窗户及楼道门。

施工过程中应采取下列成品保护措施：

① 各工种在施工中不得污染、损坏其他工种的半成品、成品。

② 材料表面保护膜应在工程竣工时撤除。

③ 对邮箱、消防、供电、报警、网络等公共设施应采取保护措施。

（2）施工一般要求

1）施工单位必须制定施工防火安全制度，施工人员必须严格遵守。

2）装饰装修材料的燃烧性能等级要求，应符合现行国家标准《建筑内部装修设计防火规范》GB 50222—2017 的规定。

（3）材料的防火处理

1）对装饰织物进行阻燃处理时，应使其被阻燃剂浸透，阻燃剂的干含量应符合产品说明书的要求。

2）对木质装饰装修材料进行防火涂料涂布前应对其表面进行清洁。涂布至少分两次进行，且第二次涂布应在第一次涂布的涂层表干后进行，涂布量应不小于 $500g/m^2$。

（4）施工现场防火

1）易燃物品应相对集中放置在安全区域并应有明显标识。施工现场不得大量积存可燃材料。

2）易燃易爆材料的施工，应避免敲打、碰撞、摩擦等可能出现火花的操作。配套使用的照明灯、电动机、电气开关、应有安全防爆装置。

3）使用油漆等挥发性材料时，应随时封闭其容器，擦拭后的棉纱等物品应集中存放且远离热源。

4）施工现场动用气焊等明火时，必须清除周围及焊渣滴落区的可燃物质，并设专人监督。

5）施工现场必须配备灭火器、沙箱或其他灭火工具。

6）严禁在施工现场吸烟。

7）严禁在运行中的管道、装有易燃易爆的容器和受力构件上进行焊接和切割。

（5）电气防火

1）照明、电热器等设备的高温部位靠近非 A 级材料，或导线穿越 B_2 级以下装修材料时，应采用岩棉、瓷管或玻璃棉等 A 级材料隔热。当照明灯具或镇流器嵌入可燃装饰装修材料中时，应采取隔热措施予以分隔。

2）配电箱的壳体和底板宜采用 A 级材料制作。配电箱不得安装在 B_2 级以下（含 B_2 级）的装修材料上。开关、插座应安装在 B_1 级以上的材料上。

3）卤钨灯灯管附近的导线应采用耐热绝缘材料制成的护套，不得直接使用具有延燃性绝缘的导线。

4）明敷塑料导线应穿管或加线槽板保护，顶棚内的导线应穿金属管或 B_1 级 PVC 管保护，导线不得裸露。

（6）消防设施的保护

1）装饰装修不得遮挡消防设施、疏散指示标志及安全出口，并且不应妨碍消防设施和疏散通道的正常使用，不得擅自改动防火门。

2）消火栓门四周的装饰装修材料颜色应与消火栓门的颜色有明显区别。

3）住宅内部火灾报警系统的穿线管、自动喷淋灭火系统的水管线应用独立的吊管架固定。不得借用装饰装修用的吊杆和放置在顶棚上固定。

4）当装饰装修重新侵害了住宅房间的平面布局时，应根据有关设计规范针对新的平面调整火灾自动报警探测器与自动灭火喷头的布置。

5）喷淋管线、报警器线路、接线箱及相关器件宜暗装处理。

2. 防水工程施工技术要求

（1）施工准备

1）材料准备

① 使用的防水材料及配套材料应有产品出厂合格证和技术性能检测报告。材料的品种、规格、技术性能应符合相关国家标准或行业标准。

② 进入现场的防水材料应按国家有关规定进行见证取样现场抽样复验，并在国家指定的法定检测单位进行检测，提出试验报告。复验合格方能使用。严禁在工程中使用不合格的防水材料。

2）施工机具准备

橡胶刮板、油漆刷、铲刀、抹子等。

3）作业条件准备

① 防水专业队应编制厨房、厕浴间防水工程施工方案，经有关部门批准实施。

② 防水专业施工操作人员应持证上岗。

③ 配备施工工具、操作人员劳动保护及作业安全设置。

④ 防水专业队应对作业人员进行全面的技术与安全作业交底。

⑤ 防水基层（找平层）应达到如下要求：

A 基层（找平层）可用水泥砂浆抹平压光，要求坚实平整、不起砂，基本干燥（有潮湿基层要求除外）。

B 基层坡度达到设计要求，不得积水。

C 基层与相连接的管件、洁具、地漏、排水口等应在防水层施工前先将预留管道安装牢固，管根处密封膏嵌填密实。

D 一般施工环境温度应在 0℃以上。

（2）施工工艺

涂膜施工顺序：基层处理→涂刷底层涂料→(增强涂抹或增补涂料)→涂布第一道涂膜防水层→(增强涂抹或增补涂布)→涂布第二道涂膜防水层→涂布第三道涂膜防水层→检查验收。

（3）施工要点

涂布顺序应先垂直面后水平面；先阴阳角及细部后大面。每层涂抹方向应相互垂直。

1）涂布基层涂料。目的是隔绝基层潮气，提高涂膜同基层的粘结力，底涂采用长柄滚筒滚涂，要求滚涂均匀不得露底。

小面积施工可用油漆刷将底层涂料细致均匀地涂刷在处理好的基层上。大面积施工应先用油漆刷沾底层涂料，将阴阳角、排水口、预埋件等细部均匀细致地涂布一遍，再用长把滚刷在大面积基层上均匀地涂布底层涂料。要注意涂布均匀、厚薄一致，不得漏涂。涂布间隔 24h 以上（具体时间应根据施工温度测定），待底层涂料固化干燥后，方可施工下道工序。

2）增强措施。阴阳角、管道周围、预埋件、施工缝及裂纹处等均需增强防水措施。增强涂布与增补涂布可在涂刷底层涂料后进行，也可在涂布第一道涂膜防水层以后进行，还可在每相邻两层涂膜之间进行。具体做法如下：第一道涂膜施工前在该部位增强涂布一道涂膜（或铺贴一遍玻璃纤维布）。增强涂布是涂膜防水层的最初涂层，因此涂布操作时要认真仔细，保证质量，不得有气孔、鼓泡、褶皱、翘边等现象。

3）涂布第一道涂膜。在前一道涂膜固化干燥后，先检查其上有无残留的气孔或气泡，如无，即可涂布施工；如有，则应用橡胶板刷将涂料用力压入气孔填实补平，然后进行下一道涂膜施工。

涂布第一道聚氨酯涂膜防水材料，可用橡皮板刷均匀涂刷，力求厚薄一致，平面或坡面施工后，在防水层未固化前不宜上人踩踏，涂抹施工过程中应留出退路，可以分区分片用后退法涂刷施工。

4）涂布第二道涂膜。第一道涂膜固化后即可在其上均匀涂刷第二道涂膜，其施工方法与第一道相同，但涂刷方向应与第一道的涂刷方向垂直。涂布每一道涂膜与上一道相隔的时间以上一道涂膜的固化程度确定，一般不小于 4h（以手感不黏为宜）。

5）涂布第三道涂膜。第二道涂膜固化后可在其上均匀涂刷第三道涂膜，其涂刷方向与第二道的涂刷方向垂直，卫生间上墙 1800mm 高。

6）蓄水试验

防水涂料按设计要求涂层涂完后，经质量验收合格后，进行蓄水试验、临时将地漏堵塞，门口处设挡水坎，水位最低处 20cm，观察 24h 无渗漏为合格，可进行面层的施工。

（4）质量验收

1) 完工后 24h 后可进行闭水试验。合格后交付验收。

2) 施工单位应提供现场用料复试合格的检测报告及其他存档资料。

3) 涂膜厚度应均匀一致达到设计要求，不允许有脱落、开裂、孔洞、气泡或收头不严密等缺陷。

4) 涂膜防水层不应有积水和渗漏水现象。

（5）成品保护及安全注意事项

1) 施工前，进行安全教育、技术措施交底，施工中严格遵守安全规章制度。

2) 施工人员须佩戴安全帽、穿工作服、软底鞋，立体交叉作业时须架设安全防护棚。

3) 施工人员应穿软质胶底鞋，严禁穿带钉的硬底鞋。在施工过程中，严禁非本工序人员进入现场。施工人员必须严格遵守各项操作说明，严禁违章作业。

4) 防水上堆料放物，都应轻拿轻放，并加以方木铺垫。

5) 施工用的小推车腿均应做包扎处理，防水层如搭设临时架子，架子管下口应加板材铺垫，以防破坏防水层。

6) 防水层验收合格后，及时做好保护层，施工时必须防止施工机具如手推车或铁锹损坏防水层。

7) 施工中若有局部防水层破坏，应及时采取相应的补强措施，以确保防水层的质量。

8) 存放材料地点和施工现场必须通风良好。

9) 存料和施工现场要严禁烟火，消防设施要配备足够。

3. 顶棚工程施工技术要求

第一类：整体面层顶棚工程

（1）施工准备

1) 材料

① 顶棚所使用饰面板的品种、规格和颜色应符合设计要求。应检查材料的产品合格证、性能检测报告、出厂日期及使用说明书、进场验收记录和复验报告。应优先选用绿色环保材料和通过 ISO14001 环保体系认证的产品。木材或人造板还应检查甲醛含量。饰面板表面应平整，边缘应整齐、颜色应一致。穿孔板的孔距应排列整齐；胶合板、木质纤维板、大芯板不应脱胶、变色。造型木板和木饰面板应进行防腐、防火、防蛀处理，并且应干燥。

② 顶棚所使用龙骨的品种、规格和颜色应符合设计要求。应检查材料的产品合格证、性能检测报告、出厂日期及使用说明书、进场验收记录和复验报告。应优先选用绿色环保材料和通过 ISO14001 环保体系认证的产品。

③ 防火涂料：防火涂料应有产品合格证书及使用说明书。选用绿色环保涂料和通过 ISO14001 环保体系认证的产品。应检查材料的产品合格证、性能检测报告、出厂日期及使用说明书、进场验收记录和复验报告。

2) 主要机具：锤子、水平尺、靠尺、锯、刮刀、铆钉枪、曲线锯、方尺、卷尺、直尺、射钉枪、电钻、电动圆盘锯、冲击钻、电焊机、空压机。

3) 作业条件

① 顶棚工程施工前，应熟悉施工图纸及设计说明书，并应熟悉施工现场情况。

② 屋面或楼面的防水层施工完成，并且验收合格。门窗安装完成，并且验收合格。墙面抹灰完成。

③ 按照设计要求对房间的净高、洞口标高和顶棚内的管道、设备支架的标高进行了交接检验。

④ 顶棚内各种管线及通风管道安装完成，试压成功。

⑤ 顶棚内其他作业项目已经完成。

⑥ 墙面体预埋木砖及吊筋的数量和质量，经检查验收符合规范要求。

⑦ 供顶棚用的电源已经接通，并且提供到施工现场。

⑧ 供顶棚用的脚手架已搭设完成，经检查符合要求。

（2）操作工艺

暗龙骨顶棚的施工顺序为：弹线找平→安装吊杆→安装主龙骨→安装次龙骨及横撑龙骨→安装饰面板。

1）弹线

在顶棚的区域内，根据顶棚设计标高，沿墙面四周弹出安装顶棚的下口标高定位控制线，再根据大样图在顶棚上弹出吊点位置和复核吊点间距。弹线应清晰，位置应准确无误。同时，按吊顶平面图，在混凝土顶板弹出主龙骨的位置。主龙骨应从顶棚中心向两边分，最大间距为1000mm，并标出吊杆的固定点，吊杆的固定点间距900～1000mm。如遇到梁和管道固定点大于设计和规程要求，应增加吊杆的固定点。

2）安装吊杆

不上人的顶棚，吊杆长度小于1000mm，可以采用$\phi6$的吊杆，如果大于1000mm，应采用$\phi8$的吊杆。上人的顶棚，吊杆长度小于1000mm，可以采用$\phi8$的吊杆，如果大于1000mm，应采用$\phi10$的吊杆。吊杆的一端与角码焊接（角码的孔径应根据吊杆和膨胀螺栓的直径确定），另一端为攻丝套出大于100mm的丝杆，或与成品丝杆焊接。制作好的吊杆应做防锈处理，吊杆用膨胀螺栓固定在楼板上。

吊杆应通直，吊杆距主龙骨端部的距离不得大于300mm，当大于300mm时，应增加吊杆。当吊杆与设备相遇时，应调整并增设吊杆。吊顶灯具、风口及检修口等应设附加吊杆。

3）安装主龙骨

一般情况下，主龙骨应吊挂在吊杆上，主龙骨间距900～1000mm。如大型的造型顶棚，造型部分应用角钢或扁钢焊接成框架，并应与楼板连接牢固。

龙骨间距及断面尺寸应符合设计要求。主龙骨应为轻钢龙骨。上人顶棚一般采用UC50中龙骨，吊点间距900～1200mm；不上人顶棚一般采用UC38小龙骨，吊点间距900～1200mm。主龙骨应平行于房间长向安装，同时应起拱，起拱高度为房间跨度的1/300～1/200。主龙骨的悬臂段不应大于300mm，否则应增加吊杆。主龙骨的接长应采用对接，相邻龙骨的对接接头要相互错开。主龙骨安装完毕后应进行调平，全面校正主龙骨的位置及平整度，连接件应错位安装。待平整度满足设计与规范的相应要求后，方可进行次龙骨安装。

4）安装次龙骨和横撑龙骨

次龙骨应紧贴主龙骨安装。次龙骨间距400mm×600mm。用连接件把次龙骨固定在主龙骨上。墙上应预先标出次龙骨中心线的位置,以便安装饰面板时找到次龙骨的位置。当用自攻螺栓安装板材时,板材接缝处必须安装在宽度不小于 40mm 的次龙骨上。次龙骨不得搭接。在通风、水电等洞口周围应设附加龙骨,附加龙骨的连接用抽芯铆钉锚固。横撑龙骨应用连接件将其两端连接在通长龙骨上。龙骨之间的连接一般采用连接件连接,有些部位可采用抽芯铆钉连接。顶棚灯具、风口及检修口等应设附加吊杆和补强龙骨。全面校正次龙骨的位置及平整度,连接件应错位安装。

5)安装饰面板

安装应符合下列规定:

① 以轻钢龙骨、铝合金龙骨为骨架,采用钉固法安装时应使用沉头自攻钉固定。

② 以木龙骨为骨架,采用钉固法安装时应使用木螺钉固定,胶合板可用铁钉固定。

③ 金属饰面板采用吊挂连接件、插接件固定时应按产品说明书的规定放置。

④ 采用复合粘贴法安装时,胶粘剂未完全固化前板材不得有强烈振动。

饰面板上的灯具、烟感器、喷淋头、风口篦子等设备的位置应合理、美观,与饰面板的交接应吻合、严密。并做好检修口的预留,使用材料宜与母体相同,安装时应严格控制整体性、刚度和承载力。

A 纸面石膏板安装。固定时应在自由状态下固定,防止出现弯棱、凸鼓的现象;还应在棚顶四周封闭的情况下安装固定,防止板面受潮变形。纸面石膏板的长边(既包封边)应沿纵向次龙骨铺设;自攻螺栓至纸面石膏板边的距离,用面纸包封的板边以 10～15mm 为宜;切割的板边以 15～20mm 为宜。自攻螺栓的间距以 150～170mm 为宜,板中螺栓间距不得大于 200mm。螺栓应与板面垂直,已弯曲、变形的螺栓应剔除,并在相隔50mm 的部位另安螺栓。纸面石膏板与龙骨固定,应从一块板的中间向板的四边进行固定,不得多点同时作业。安装双层石膏板时,面层板与基层板的接缝应错开,不得在一根龙骨上接缝。石膏板的接缝,应按设计要求进行板缝处理。螺栓钉头宜略埋入板面,但不得损坏纸面,钉眼应做防锈处理并用石膏腻子抹平。拌制石膏腻子时,必须用清洁水和清洁容器。

B 纤维水泥加压板(埃特板)安装。龙骨间距、螺栓与板边的距离,及螺栓间距等应满足设计要求和有关产品的要求。纤维水泥加压板与龙骨固定时,所用手电钻钻头的直径应比选用螺栓直径小 0.5～1.0mm;固定后,钉帽应做防锈处理,并用油性腻子嵌平。用密封膏、石膏腻子或掺界面剂胶的水泥砂浆嵌涂板缝并刮平,硬化后用砂纸磨光,板缝宽度应小于 50mm。板材的开孔和切割,应按产品的有关要求进行。

C 石膏板、钙塑板安装。当采用钉固法安装时,螺栓至板边距离不得小于 15mm,螺栓间距宜为 150～170mm,均匀布置,并应与板面垂直,钉帽应进行防锈处理,并应用与板面颜色相同涂料涂饰或用石膏腻子抹平。当采用粘接法安装时,胶粘剂应涂抹均匀,不得漏涂。

D 矿棉装饰吸声板安装。房间内湿度过大时不宜安装。安装前应预先排板,保证花样、图案的整体性。安装时,吸声板上不得放置其他材料,防止板材受压变形。

E 铝塑板安装。一般采用单面铝塑板,根据设计要求,裁成需要的形状,用胶贴在事先封好的底板上,根据设计要求留出适当的胶缝。胶粘剂粘贴时,涂胶应均匀。粘贴时,应采用临时固定措施,并应及时擦去挤出的胶液。在打封闭胶时,应先用美纹纸带将饰面板保护好，待封闭胶打好后，撕去美纹纸带，清理板面。

F　单铝板或铝塑板安装：将板材加工折边，在折边上加上铝角，再将板材用拉铆钉固定在龙骨上。根据设计要求留出适当的胶缝，在胶缝中填充泡沫胶棒。在打封闭胶时，应先用美纹纸带将饰面板保护好，待封闭胶打好后，撕去美纹纸带，清理板面。

G　金属（条、方）扣板安装：条板式顶棚龙骨一般可直接吊挂，也可以增加主龙骨，主龙骨间距不大于1000mm，条板式顶棚龙骨形式与条板配套。金属板顶棚与四周墙面所留空隙，用金属压条与顶棚找齐，金属压条的材质宜与金属板面相同。

（3）质量标准

适用于以轻钢龙骨、铝合金龙骨、木龙骨等为骨架，以石膏板、金属板、矿棉板、木板、塑料板或格栅等为饰面材料的整体面层顶棚工程的质量验收。

1）主控项目

① 顶棚标高、尺寸、起拱和造型应符合设计要求。

检验方法：观察；尺量检查。

② 面层材料的材质、品种、规格、图案和颜色应符合设计要求。

检验方法：观察；检查产品合格证书、性能检测报告和进场验收记录。

③ 整体面层顶棚工程的吊杆、龙骨和面板的安装必须牢固。

检验方法：观察；手扳检查；检查隐蔽工程验收记录和施工记录。

④ 吊杆、龙骨的材质、规格、安装间距及连接方式应符合设计要求。金属吊杆、龙骨应经过表面防腐处理；木吊杆、龙骨应进行防腐、防火处理。

检验方法：观察；尺量检查；检查产品合格证书、性能检测报告、进场验收记录和隐蔽工程验收记录。

⑤ 石膏板的接缝应按其施工工艺标准进行板缝防裂处理。

⑥ 安装双层石膏板时，面层板与基层板的接缝应错开，并不得在同一根龙骨上接缝。

检验方法：观察。

2）一般项目

① 面层材料表面应洁净、色泽一致，不得有翘曲、裂缝及缺损。压条应平直、宽窄一致。

检验方法：观察；尺量检查。

② 面板上的灯具、烟感器、喷淋头、风口箅子等设备的位置应合理、美观，与面板的交接应吻合、严密。

检验方法：观察。

③ 金属吊杆、龙骨的接缝应均匀一致，角缝应吻合，表面应平整，无翘曲、锤印。木质吊杆、龙骨应顺直，无劈裂、变形。

检验方法：检查隐蔽工程验收记录和施工记录。

④ 顶棚内填充吸声材料的品种和铺设厚度应符合设计要求，并有防散落措施。

检验方法：检查隐蔽工程验收记录和施工记录。

⑤ 整体面层顶棚工程安装的允许偏差和检验方法应符合表2-1的规定。

第二类：板块面层顶棚工程

（1）施工准备

整体面层顶棚工程安装的允许偏差和检验方法 表 2-1

项次	项目	允许偏差（mm）	检验方法
1	表面平整度	3	用 2m 靠尺和塞尺检查
2	缝格、凹槽直线度	3	拉 5m 线，不足 5m 拉通线，用钢直尺检查

1）材料

① 顶棚所使用面板的品种、规格和颜色应符合设计要求。应检查材料的产品合格证、性能检测报告、出厂日期及使用说明书、进场验收记录和复验报告。应优先选用绿色环保材料和通过 ISO14001 环保体系认证的产品。木材或人造板还应检查甲醛含量。饰面板表面应平整、边缘应整齐、颜色应一致。穿孔板的孔距应排列整齐；胶合板、木质纤维板、大芯板不应脱胶、变色。造型木板和木饰面板应进行防腐、防火、防蛀处理，并且应干燥。搁置式轻质面板，应按照设计要求设置压卡装置。

② 顶棚所使用龙骨的品种、规格和颜色应符合设计要求。应优先选用绿色环保材料和通过 ISO14001 环保体系认证的产品。应检查材料的产品合格证、性能检测报告、出厂日期及使用说明书、进场验收记录和复验报告。

③ 防火涂料应有产品合格证书及使用说明书。采用绿色环保涂料和通过 ISO14001 环保体系认证的产品。应检查材料的产品合格证、性能检测报告、出厂日期及使用说明书、进场验收记录和复验报告。

2）机具：锤子、水平尺、靠尺、锯、刮刀、铆钉枪、曲线锯、方尺、卷尺、直尺、射钉枪、电钻、电动圆盘锯、冲击钻、电焊机、空压机。

3）作业条件

① 顶棚工程施工前，应熟悉施工图纸及设计说明书，并应熟悉施工现场情况。

② 屋面或楼面的防水层施工完成，并且验收合格。门窗安装完成，并且验收合格。墙面抹灰完成。

③ 按照设计要求对房间的净高、洞口标高和顶棚内的管道、设备支架的标高进行了交接检验。

④ 顶棚内各种管线及通风管道安装完成，试压成功。

⑤ 顶棚内其他作业项目已经完成。

⑥ 墙面体预埋木砖及吊筋的数量和质量，经检查验收符合规范要求。

⑦ 供顶棚用的电源已经接通，并且提供到施工现场。

⑧ 供顶棚用的脚手架已搭设完成，经检查符合要求。

（2）操作工艺

板块面层顶棚的施工顺序为：弹线找平→安装吊杆→安装边龙骨→安装主龙骨→安装次龙骨和横撑龙骨→安装面板。

1）弹线

在顶棚的区域内，根据顶棚设计标高，沿墙面四周弹出安装顶棚的下口标高定位控制线，再根据大样图在顶棚上弹出吊点位置和复核吊点间距。弹线应清晰，位置应准确无误。同时，按顶棚平面图，在混凝土顶板弹出主龙骨的位置。主龙骨应从顶棚中心向两边分，最大间距为 1000mm，并标出吊杆的固定点，吊杆的固定点间距 900～1000mm。如遇到梁和管道固定点大于设计和规程要求，应增加吊杆的固定点。

2）安装吊杆

不上人的顶棚，吊杆长度小于1000mm，可以采用φ6的吊杆，如果大于1000mm，应采用φ8的吊杆。上人的顶棚，吊杆长度小于1000mm，可以采用φ8的吊杆，如果大于1000mm，应采用φ10的吊杆。吊杆的一端与角码焊接（角码的孔径应根据吊杆和膨胀螺栓的直径确定），另一端为攻丝套出大于100mm的丝杆，或与成品丝杆焊接。制作好的吊杆应做防锈处理，吊杆用膨胀螺栓固定在楼板上。

吊杆应通直，吊杆距主龙骨端部的距离不得大于300mm，当大于300mm时，应增加吊杆。当吊杆与设备相遇时，应调整并增设吊杆。顶棚灯具、风口及检修口等应设附加吊杆。

3）安装边龙骨

边龙骨的安装应按设计要求弹线，沿墙（柱）上的水平龙骨线把L形镀锌轻钢条（或铝材）用自攻螺栓固定在预埋木砖上；如为混凝土墙（柱），可用射钉固定，射钉间距不应大于顶棚次龙骨的间距。

4）安装主龙骨

一般情况下，主龙骨应吊挂在吊杆上，主龙骨间距900～1000mm。如大型的造型顶棚，造型部分应用角钢或扁钢焊接成框架，并应与楼板连接牢固。

龙骨间距及断面尺寸应符合设计要求。主龙骨分为轻钢龙骨和T形龙骨。上人顶棚一般采用TC50和UC50中龙骨，吊点间距900～1200mm；不上人顶棚一般采用TC38和UC38小龙骨，吊点间距900～1200mm。主龙骨应平行于房间长向安装，同时应起拱，起拱高度为房间跨度的1/300～1/200。主龙骨的悬臂段不应大于300mm，否则应增加吊杆。主龙骨的接长应采用对接，相邻龙骨的对接接头要相互错开。主龙骨安装完毕后应进行调平，全面校正主龙骨的位置及平整度，连接件应错位安装。待平整度满足设计与规范的相应要求后，方可进行次龙骨安装。

5）安装次龙骨和横撑龙骨

次龙骨应紧贴主龙骨安装。次龙骨间距应根据饰面板规格而定。用T形镀锌铁片连接件把次龙骨固定在主龙骨上时，次龙骨的两端应搭在L形边龙骨的水平翼缘上。横撑龙骨应用连接件将其两端连接在通长龙骨上。龙骨之间的连接一般采用连接件连接，有些部位可用抽芯铆钉连接。全面校正次龙骨的位置及平整度，连接件应错位安装。

6）安装饰面板：面板安装应确保企口的相互咬接及图案花纹的吻合。饰面板与龙骨嵌装时，应防止相互挤压过紧或脱落。采用搁置法安装时应留有板材安装缝，每边缝隙不宜大于1mm。玻璃顶棚龙骨上的玻璃搭接宽度应符合设计要求，并应采用软连接。

① 装饰石膏板安装。装饰石膏板一般采用铝合金T形龙骨，龙骨安装完成合格后，取出装饰石膏板放入搁棚中，用橡皮小锤轻轻敲击装饰石膏板边缘，使石膏板在铝合金龙骨中搁置牢固、平稳。

② 矿棉装饰吸声板安装。规格一般分为600mm×600mm、600mm×1200mm两种。面板直接搁于龙骨上。安装时，应有定位措施，应注意板背面的箭头方向和白线方向一致，以保证花样、图案的整体性。

③ 硅钙板、塑料板安装。规格一般为600mm×600mm，直接搁置于龙骨上即可。安

装时，应注意板背面的箭头方向和白线方向一致，以保证花样、图案的整体性。

（3）质量标准

适用于以轻钢龙骨、铝合金龙骨、木龙骨等为骨架，以石膏板、金属板、矿棉板、塑料板、玻璃板或格栅等为面层材料的板块面层顶棚工程的质量验收。

1）主控项目

① 顶棚标高、尺寸、起拱和造型应符合设计要求。

检验方法：观察；尺量检查。

② 面层材料的材质、品种、规格、图案和颜色应符合设计要求。当饰面材料为玻璃板时，应使用安全玻璃或采取可靠的安全措施。

检验方法：观察；检查产品合格证书、性能检测报告和进场验收记录。

③ 饰面材料的安装应稳固严密。面层材料与龙骨的搭接宽度应大于龙骨受力面宽度的2/3。

检验方法：观察；手扳检查；尺量检查。

④ 吊杆、龙骨的材质、规格、安装间距及连接方式应符合设计要求。金属吊杆、龙骨应进行表面防腐处理；木龙骨应进行防腐、防火处理。

检验方法：观察；尺量检查；检查产品合格证书、进场验收记录和隐蔽工程验收记录。

⑤ 板块面层顶棚工程的吊杆和龙骨安装必须牢固。

检验方法：手扳检查；检查隐蔽工程验收记录和施工记录。

2）一般项目

① 面层材料表面应洁净、色泽一致，不得有翘曲、裂缝及缺损。饰面板与板块面层的搭接应平整、吻合，压条应平直、宽窄一致。

检验方法：观察；尺量检查。

② 面板上的灯具、烟感器、喷淋头、风口算子等设备的位置应合理、美观，与饰面板的交接应吻合、严密。

检验方法：观察。

③ 金属龙骨的接缝应平整、吻合、颜色一致，不得有划伤、擦伤等表面缺陷。木质龙骨应平整、顺直，无劈裂。

检验方法：观察。

④ 顶棚内填充吸声材料的品种和铺设厚度应符合设计要求，并应有防散落措施。

检验方法：检查隐蔽工程验收记录和施工记录。

⑤ 板块面层顶棚工程安装的允许偏差和检验方法应符合表2-2的规定。

板块面层顶棚工程安装的允许偏差和检验方法　　　　　　　　　　表2-2

项　次	项　目	允许偏差（mm）				检验方法
		石膏板	金属板	矿棉板	塑料板、玻璃板	
1	表面平整度	3	2	3	2	用2m靠尺和塞尺检查
2	接缝直线度	3	2	3	3	拉5m线，不足5m拉通线，用钢直尺检查
3	接缝高低差	1	1	2	1	用钢直尺和塞尺检查

4. 轻质隔墙工程施工技术要求

（1）条板隔墙施工技术要求

1）施工准备

① 安装隔墙施工作业前，施工现场条板隔墙安装部位的结构应已验收完毕，现场杂物应已清理，场地应平整。

② 安装前准备工作应符合下列规定：

A 条板和配套材料进场时应由专人验收，生产企业应提供产品合格证和有效检验报告。材料和条板的进场验收记录和试验报告应归入工程档案。不合格的条板和配套材料不得进入施工现场。

B 条板、配套材料应分别堆放在相应的安装区域，按不同种类、规格堆放条板，下面应放置垫木，条板宜侧立堆放，高度不应超过两层。现场存放的条板不得被水冲淋和浸湿，不应被其他物料污染。条板露天堆放时应做好防雨淋措施。

C 现场配制的嵌缝材料、粘结材料以及开洞后填实补强的专用砂浆应有使用说明书并提供检测报告。粘结材料应按设计要求和说明书配置和使用。

D 钢卡、铆钉等安装辅助材料进场应提供产品合格证。安装工具、机具应保证能正常使用。安装使用的材料、工具应分类管理并根据现场需要数量备好。

③ 隔墙安装前应先清理基层，对需要处理的光滑地面应进行凿毛处理，然后按安装排板图弹墨线标出每块条板安装位置，标出门窗洞口位置，弹线应清晰、位置应准确。放线后经检查无误方可进行下道工序。

④ 有防潮、防水要求的条板隔墙应做好条形墙垫或防潮、防水等构造措施。

⑤ 条板隔墙安装前宜对预埋件、吊挂件、连接件工序施工的数量、位置、固定方法以及双层条板隔墙间芯层材料的铺装进行核查，并应符合条板隔墙设计技术文件的相关要求。

2）条板隔墙安装

① 条板隔墙安装应符合下列要求：

A 首先应按排板图在地面及顶棚板面上弹上安装位置墨线，条板应从主体墙、柱的一端向另一端顺序安装，有门洞口时宜从门洞口向两侧安装。

B 应先安装定位板。可在条板的企口处、板的顶面均匀满刮粘结材料，空心条板的上端宜局部封孔，上下对准墨线立板，条板下端距地面的预留安装间隙宜保持在 30～60mm，根据需要调整；在条板隔墙与楼地面空隙处，可采用干硬性细石混凝土填实。

C 可在条板下部打入木楔，并楔紧，打入木楔的位置应选择在条板的实心肋位置。

D 应利用木楔调整位置，两个木楔为一组，使条板就位，可将条板垂直向上挤压，顶紧梁、板底部，调整好条板的垂直度并固定好。

E 应按拼装顺序安装第二块条板，将板榫槽对准榫头拼接，保持条板与条板之间紧密连接，之后调整好垂直度和相邻板面的平整度。待条板的垂直度、平整度等检验合格后重复进行本道工序。

F 应在条板与条板之间对接缝隙内填满、灌实粘结材料，板缝间隙应揉挤严密，把挤出的粘结材料刮平。条板企口接缝处应采取防裂措施。

G 条板与顶板、结构梁和主体墙、柱的连接处应按排板图要求设置定位钢卡、抗震钢卡。

H 木楔可在立板养护3d后取出并填实楔孔。

② 双层条板隔墙的安装。应先安装好一侧条板，确认墙体外表面平整，墙面板与板之间接缝处粘结处理完毕，再按设计要求安装另一侧条板隔墙。双层条板隔墙两侧条板的竖向接缝应错开1/2板宽。

③ 双层条板隔墙设计为隔声隔墙或保温隔墙时，安装好一侧条板后，可根据设计要求安装固定好墙内管线，留出空气层，铺装吸声或保温功能材料，验收合格后再安装另一侧条板隔墙。

④ 条板隔墙接板安装工程应按相关要求做加固设计，安装时卡件、连接件应定位准确、固定牢固。条板与条板对接部位应做好定位、加固、防裂处理。

⑤ 当合同约定或设计要求对接板隔墙工程进行见证检测时，应进行隔墙抗冲击性能检测。承接接板安装隔墙的施工单位应做样板墙，由具备相应资质的检测单位检测。

3）门、窗框板安装

① 应按排板图标出的门、窗洞口位置，先安装门窗框板定位，然后从门窗洞口向两侧安装隔墙。门、窗框板安装应牢固，与条板或主体结构连接应采用专用粘结材料粘结，并应采取加网防裂措施，连接部位应密实、无裂缝。

② 预制门、窗框板中预埋有木砖或钢连接件可与木制、钢制或塑钢门、窗框连接固定。门、窗框板也可在施工现场切割制作使用金属膨胀螺栓与门、窗框现场固定。

③ 门、窗框有特殊要求时可采用钢板加固等措施，但应与门、窗框板的预埋件连接牢固。

④ 安装门头横板时应在门角的接缝处采取加网防裂措施。门、窗框与洞口周边的连接缝应采用聚合物砂浆或弹性密封材料填实，并应采取加网增强、防裂措施。

⑤ 门、窗框的安装应在条板隔墙安装完成7d后进行。

4）管、线安装

① 水电管、线安装、敷设应与条板隔墙安装配合进行，应在条板隔墙安装完成后7d进行。

② 根据施工技术文件的相关要求，应先在隔墙上弹墨线定位。应按弹出的墨线位置切割横向、纵向线槽和开关盒洞口。应使用专用切割工具按设计规定的尺寸单面开槽切割。不得在条板隔墙上任意开槽、开洞。

③ 切割完线槽、开关盒洞口后，应按设计要求敷设管线、插座、开关盒，应先做好定位可用螺栓、卡件将管线、开关盒固定在条板的实心部位上。宜用与条板相适应的材料补强修复。开关盒、插座四周应用粘结材料填实、粘牢其表面与隔墙面齐平。空心条板隔墙纵向布线可沿条板的孔洞穿行。

④ 应尽快敷设管线、开关，及时回填、补强。水泥条板隔墙上开的槽孔宜采用聚合物水泥砂浆或专用填充材料填充密实；开槽墙面可采用聚合物水泥浆粘贴耐碱玻璃纤维网格布、无纺布或采取局部挂钢丝网等补强、防裂措施。空心条板隔墙可在局部堵塞槽下部孔洞后，再做补强、修复。石膏条板宜采用同类材料补强。

⑤ 水管的安装可按工程设计要求进行。

⑥ 设备控制柜、配电箱的安装可按工程设计要求进行。

5）接缝及墙面处理

① 条板的接缝处理应在门、窗框及管线安装完毕 7d 后进行。应检查所有的板缝，清理接缝部位，补满破损孔隙，清洁墙面。

② 条板墙体接缝处应采用粘结砂浆填实，表层应采用与隔墙板材相适应的材料抹面并刮平压光，颜色应采用与板面相近。在条板的企口接缝部位应先用粘结材料打底，再粘贴盖缝材料。

③ 对有防潮、防渗漏要求的隔墙，应采用防水密封胶嵌缝，并应按设计要求进行墙面防水处理。

6）质量验收标准

板材隔墙工程的检查数量应符合下列规定：

每个检验批应至少抽查 10％，并不得少于 3 间；不足 3 间时应全数检查。

① 主控项目

A 隔墙板材的品种、规格、性能、颜色应符合设计要求。有隔声、隔热、阻燃、防潮等特殊要求的工程，板材应有相应性能等级的检测报告。

检验方法：观察；检查产品合格证书，进场验收记录和性能检测报告。

B 安装隔墙板材所需预埋件、连接件的位置、数量及连接方法应符合设计要求。

检验方法：观察；尺量检查；检查隐蔽工程验收记录。

C 隔墙板材安装必须牢固。现制钢丝网水泥隔墙与周边墙体的连接方法应符合设计要求并应连接牢固。

检验方法：观察；手扳检查。

D 隔墙板材所用接缝材料的品种及接缝方法应符合设计要求。

检验方法：观察；检查产品合格证书和施工记录。

② 一般项目

A 隔墙板材安装应垂直、平整、位置正确，板材不应有裂缝或缺损。

检验方法：观察；尺量检查。

B 板材隔墙表面应平整光滑、色泽一致、洁净，接缝应均匀、顺直。

检验方法：观察；手摸检查。

C 隔墙上的孔洞、槽、盒应位置正确、套割方正、边缘整齐。

检验方法：观察。

D 板材隔墙安装的允许偏差和检验方法应符合表 2-3 的规定。

板材隔墙安装的允许偏差和检验方法 　　　　　　　　表 2-3

项　次	项　　目	允许偏差（mm）				检验方法
		复合轻质墙板		石膏空心板	钢丝水泥板	
		金属夹心板	其他复合板			
1	立面垂直度	2	3	3	3	用 2m 垂直检测尺检查
2	表面平整度	2	3	3	3	用 2m 靠尺和塞尺检查
3	阴阳角方正	3	3	3	4	用直角检测尺检查
4	接缝高低差	1	2	2	3	用钢直尺和塞直尺检查

（2）轻钢龙骨隔断施工技术要求

1）施工前准备工作

① 主要材料及配件要求

A 轻钢龙骨主件：沿顶龙骨、沿地龙骨、加强龙骨、竖向龙骨、横向龙骨应符合设计要求。

B 轻钢骨架配件：支撑卡、卡托、角托、连接件、固定件、附墙龙骨、压条等附件应符合设计要求。

C 紧固材料：射钉、膨胀螺栓、镀锌自攻螺栓、木螺钉和粘结嵌缝料应符合设计要求。

D 填充隔声材料：按设计要求选用。

E 饰面板材：纸面石膏板规格、厚度由设计人员或按图纸要求选定。

② 主要机具

主要机具包括直流电焊机、电动无齿锯、手电钻、螺丝刀、射钉枪、线坠、靠尺等。

③ 作业条件

A 轻钢骨架、石膏饰面板隔墙施工前应先完成基本的验收工作，石膏饰面板安装应待屋面、顶棚和墙抹灰完成后进行。

B 设计要求隔墙有地枕带时，应待地枕带施工完毕，并达到设计程度后，方可进行轻钢骨架安装。

C 根据设计施工图和材料计划，查实隔墙的全部材料，使其配套齐备。

D 所有的材料必须有材料检测报告、合格证。

2）工艺流程

轻隔墙放线→安装门洞口框→安装沿顶龙骨和沿地龙骨→竖向龙骨分档→安装竖向龙骨→安装横向龙骨卡档→安装石膏饰面板→施工接缝做法→面层施工。

① 放线：根据设计施工图，在已做好的地面或地枕带上，放出隔墙位置线、门窗洞口边框线，并放好顶龙骨位置边线。

② 安装门洞口框：放线后按设计，先将隔墙的门洞口框安装完毕。

③ 安装沿顶龙骨和沿地龙骨：按已放好的隔墙位置线，按线安装顶龙骨和地龙骨，用射钉固定于主体上，其射钉钉距为600mm。

④ 竖向龙骨分档：根据隔墙放线门洞口位置，在安装顶、地龙骨后，按饰面板的规格900mm或1200mm板宽，分档规格尺寸为450mm，不足模数的分档应避开门洞框边第一块饰面板位置，使破边石膏饰面板不在靠洞框处。

⑤ 安装竖向龙骨：按分档位置安装竖向龙骨，竖向龙骨上下两端插入沿顶龙骨及沿地龙骨，调整垂直及定位准确后，用抽心铆钉固定；靠墙、柱边龙骨用射钉或木螺钉与墙、柱固定，钉距为1000mm。

⑥ 安装横向卡档龙骨：根据设计要求，隔墙高度大于3m时应加横向卡档龙骨，采用抽心铆钉或螺栓固定。

⑦ 安装石膏饰面板

A 检查龙骨安装质量、门洞口框是否符合设计及构造要求，龙骨间距是否符合石膏板宽度的模数。

B 安装一侧的纸面石膏板，从门口处开始，无门洞口的墙体由墙的一端开始，石膏板一般用自攻螺栓固定，板边钉距为200mm，板中间距为300mm，螺栓距石膏板边缘的距离不得小于10mm，也不得大于16mm，自攻螺栓固定时，纸面石膏板必须与龙骨紧靠。

C 安装墙体内电管、电盒和电箱设备。

D 安装墙体内防火、隔声、防潮填充材料，与另一侧纸面石膏板同时进行安装填入。

E 安装墙体另一侧纸面石膏板：安装方法同第一侧纸面石膏板，其接缝应与第一侧面板错开。

F 安装双层纸面石膏板：第二层板的固定方法与第一层相同，但第三层板的接缝应与第一层错开，不能与第一层的接缝落在同一龙骨上。

⑧ 接缝做法：纸面石膏板接缝做法有三种形式，即平缝、凹缝和压条缝。可按以下程序处理。

A 刮嵌缝腻子：刮嵌缝腻子前先将接缝内浮土清除干净，用小刮刀把腻子嵌入板缝，与板面填实刮平。

B 粘贴拉结带：待嵌缝腻子凝固后即粘贴拉结材料，先在接缝上薄刮一层稠度较稀的胶状腻子，厚度为1mm，宽度为拉结带宽，随即粘贴拉结带，用中刮刀从上而下一个方向刮平压实，赶出胶腻子与拉结带之间的气泡。

C 刮中层腻子：拉结带粘贴后，立即在上面再刮一层比拉结带宽80mm左右，厚度约1mm的中层腻子，使拉结带埋入这层腻子中。

D 找平腻子：用大刮刀将腻子填满楔形槽与板抹平。

⑨ 墙面装饰、纸面石膏板墙面，根据设计要求，可做各种饰面。

3）质量标准

骨架隔墙工程的检查数量应符合下列规定：每个检验批应至少抽查10%，并不得少于3间；不足3间时应全数检查。

① 主控项目

A 骨架隔墙所用龙骨、配件、墙面板、填充材料及嵌缝材料的品种、规格、性能和木材的含水率应符合设计要求。有隔声、隔热、阻燃、防潮等特殊要求的工程，材料应有相应性能等级的检测报告。

检验方法：观察；检查产品合格证书、进场验收记录、性能检测报告和复验报告。

B 骨架隔墙工程边框龙骨必须与基体结构连接牢固，并应平整、垂直、位置正确。

检验方法：手扳检查；尺量检查；检查隐蔽工程验收记录。

C 骨架隔墙中龙骨间距和构造连接方法应符合设计要求。骨架内设备管线的安装、门窗洞口等部位加强龙骨应安装牢固、位置正确，填充材料的设置应符合设计要求。

检验方法：检查隐蔽工程验收记录。

D 木龙骨及木墙面板的防火和防腐处理必须符合设计要求。

检验方法：检查隐蔽工程验收记录。

E 骨架隔墙的墙面板应安装牢固，无脱层、翘曲、折裂及缺损。

检验方法：观察；手扳检查。

F　墙面板所用接缝材料的接缝方法应符合设计要求。

检验方法：观察。

② 一般项目

A　骨架隔墙表面应平整光滑、色泽一致、洁净、无裂缝，接缝应均匀、顺直。

检验方法：观察；手摸检查。

B　骨架隔墙上的孔洞、槽、盒应位置正确、套割吻合、边缘整齐。

检验方法：观察。

C　骨架隔墙内的填充材料应干燥，填充应密实、均匀、无下坠。

检验方法：轻敲检查；检查隐蔽工程验收记录。

D　骨架隔墙安装的允许偏差和检验方法应符合表2-4的规定。

骨架隔墙安装的允许偏差和检验方法　　　　　　　　　表 2-4

项　次	项目	允许偏差（mm）		检验方法
		纸面石膏板	人造木板、水泥纤维板	
1	立面垂直度	3	4	用2m垂直检测尺检查
2	表面平整度	3	3	用2m靠尺和塞尺检查
3	阴阳角方正	3	3	用直角检测尺检查
4	接缝直线度		3	拉5m线，不足5m拉通线，用钢直尺检查
5	压条直线度		3	拉5m线，不足5m拉通线，用钢直尺检查
6	接缝高低差	1	1	用钢直尺和塞尺检查

5. 抹灰施工技术要求

（1）一般抹灰

1）作业条件

① 必须经过有关部门进行结构工程质量验收。

② 已检查、核对门窗框位置、尺寸的正确性。特别是外窗上下垂直、左右水平是否符合要求。

③ 管道穿越的墙洞和楼板洞，应及时安放套管，并用1∶3水泥砂浆或细石混凝土填塞密实；电线管、消火栓箱、配电箱安装完毕，并将背后露明部分钉好钢丝网；接线盒用纸堵严。

④ 壁柜、门框及其他预埋铁件位置和标高应准确无误，并做好防腐、防锈处理。

⑤ 根据室内高度和抹灰现场的具体情况，提前搭好抹灰操作用的高凳和架子，架子要离开墙面及墙角200～250mm，以便于操作。

⑥ 已将混凝土墙、顶板等表面凸出部分剔平；对蜂窝、麻面、露筋等应剔到实处，后用1∶3水泥砂浆分层补平，外露钢筋头和铅丝头等清除掉。

⑦ 已用笤帚将顶、墙清扫干净，如有油渍或粉状隔离剂，应用10％火碱水刷洗，清水冲净，或用钢丝刷子彻底刷干净。

⑧ 基层已按要求进行处理；并完善相关验收签字手续。

⑨ 抹灰前一天，墙、顶应浇水湿润，抹灰时再用笤帚洒水或喷水湿润。

⑩ 楼地面已打扫干净。

2）墙体抹灰要求

① 砌块墙体抹灰应待砌体充分收缩稳定后进行。

② 加气混凝土、混凝土空心砌块墙体双面满铺钢丝网，并与梁、柱、剪力墙界面搭接宽100mm。其他墙体与框架梁、柱、板及构造柱、剪力墙界面处设双面通长设置200mm宽的钢丝网。

③ 埋设暗管、暗线等孔间隙应用细石混凝土填实。

④ 墙体抹灰材料尽可能采用粗砂。

⑤ 墙体抹灰前应均匀洒水湿润。

3）施工工艺要求

工艺流程：基层处理→挂钢丝网→吊直、套方、找规矩、贴灰饼→墙面冲筋（设置标筋）→抹底灰→抹中层灰→抹面层灰。

① 基层处理。

混凝土墙面、加气混凝土墙面：用1∶1水泥砂浆内掺用水量20％的802胶，喷或用笤帚将砂浆甩到上面，其甩点要均匀，终凝后浇水养护，直至水泥砂浆全部粘满混凝土光面上，并有较高的强度。

其他砌体墙面：基层清理干净，多余的砂浆已剔打完毕。对缺棱掉角的墙，用1∶3水泥砂浆掺水量的20％的802胶拌匀分层抹平，并注意养护。

② 挂钢丝网：加气混凝土砌块、混凝土空心砌块墙体双面满铺钢丝网，并与梁、柱、剪力墙界面搭接宽100mm。其他墙体与框架梁、柱、板及构造柱、剪力墙界面处双面通长设置200mm宽的钢丝网。用射钉或水泥浆将钢丝网固定在墙面基层上。

③ 吊直、套方、找规矩、贴灰饼：根据基层表面平整、垂直情况，按检验标准要求，经检查后确定抹灰层厚度，按普通抹灰标准及相关要求，但最少不应小于7mm。

墙面凹度较大时要分层操作。用线坠、方尺、拉通线等方法贴灰饼，用托线板找好垂直，灰饼宜用1∶3水泥砂浆做成50mm见方，水平距离为1.2～1.5m。

④ 墙面冲筋（设置标筋）：根据灰饼，用与抹灰层相同的1∶3水泥砂浆冲筋（标筋），冲筋的根数应根据房间的高度或宽度来决定，筋宽约为50mm左右。

4）质量验收标准

适用于石灰砂浆、水泥砂浆、水泥混合砂浆、聚合物水泥砂浆和麻刀石灰、纸筋石灰、石膏灰等一般抹灰工程的质量验收。一般抹灰工程分为普通抹灰和高级抹灰，当设计无要求时，按普通抹灰验收。

① 主控项目

A 抹灰前基层表面的尘土、污垢、油渍等应清除干净，并应洒水润湿。

检验方法：检查施工记录。

B 一般抹灰所用材料的品种和性能应符合设计要求。水泥的凝结时间和安定性复验应合格。砂浆的配合比应符合设计要求。

检验方法：检查产品合格证书、进场验收记录、复验报告和施工记录。

C 抹灰工程应分层进行。当抹灰总厚度大于或等于35mm时，应采取加强措施。不同材料基体交接处表面的抹灰，应采取防止开裂的加强措施，当采用加强网时，加强网与各基体的搭接宽度不应小于100mm。

检验方法：检查隐蔽工程验收记录和施工记录。

D　抹灰层与基层之间及各抹灰层之间必须粘结牢固，抹灰层应无脱层、空鼓，面层应无爆灰和裂缝。

检验方法：观察；用小锤轻击检查；检查施工记录。

② 一般项目

A　一般抹灰工程的表面质量应符合下列规定：

a　普通抹灰表面应光滑、洁净、接槎平整，分格缝应清晰。

b　高级抹灰表面应光滑、洁净、颜色均匀、无抹纹，分格缝和灰线应清晰美观。

检验方法：观察；手摸检查。

B　护角、孔洞、槽、盒周围的抹灰表面应整齐、光滑；管道后面的抹灰表面应平整。

检验方法：观察。

C　抹灰层的总厚度应符合设计要求；水泥砂浆不得抹在石灰砂浆层上；罩面石膏灰不得抹在水泥砂浆层上。

检验方法：检查施工记录。

D　抹灰分格缝的设置应符合设计要求，宽度和深度应均匀，表面应光滑，棱角应整齐。

检验方法：观察；尺量检查。

E　有排水要求的部位应做滴水线（槽）。滴水线（槽）应整齐顺直，滴水线应内高外低，滴水槽的宽度和深度均不应小于10mm。

检验方法：观察；尺量检查。

F　一般抹灰工程质量的允许偏差和检验方法应符合表2-5规定。

一般抹灰工程质量的允许偏差和检验方法 表 2-5

项　次	项　目	允许偏差（mm）		检验方法
		普通抹灰	高级抹灰	
1	立面垂直度	4	3	用2m垂直检测尺检查
2	表面平整度	4	3	用2m靠尺和塞尺检查
3	阴阳角方正	4	3	用直角检测尺检查
4	分格条（缝）直线度	4	3	拉5m线，不足5m拉通线，用钢直尺检查
5	墙裙、勒脚上口直线度	4	3	拉5m线，不足5m拉通线，用钢直尺检查

注：1. 普通抹灰，本表第3项阴阳角方正可不检查；
　　2. 顶棚抹灰，本表第2项表面平整度可不检查，但应平顺。

（2）装饰抹灰工程

装饰抹灰是指在建筑墙面涂抹水刷石、斩假石、干粘石、假面砖等。

1）水刷石的技术要求

① 工艺流程：基层清（处）理→洒水湿润→吊垂直、套方、找规矩、抹灰饼、冲筋→抹底层灰浆→弹线分线、镶分格条→抹面层石渣浆→修整、赶实、压光、喷刷→起分格条、勾缝→保护成品。

② 施工要求

A　水刷石装饰抹灰的底层抹灰与一般抹灰工程的技术要求相同。

B　抹石渣面层

石渣面层抹灰前，应洒水湿润底层灰，并做一道结合层，随做结合层随抹面层石渣浆。石渣面层抹灰应拍平压实，拍平时应注意阴阳角处石渣的饱满度。压实后尽量保证石渣大面朝上，并宜高于分格条 1mm。

C　修整、赶实压光、喷刷

待石渣抹灰层初凝（指捻无痕），用水刷子刷不掉石粒，开始刷洗面层水泥浆。喷刷宜分两遍进行，喷刷应均匀，石子宜露出表面 1～2mm。

2）斩假石的技术要求

① 工艺流程：基层清（处）理→洒水湿润→吊垂直、套方、找规矩、抹灰饼、冲筋→抹底层灰浆→弹线分格、镶分格条→抹面层石渣灰→养护→弹线分条块→面层斩剁（剁石）。

② 施工要求

A　斩假石装饰抹灰的底层抹灰施工要求与一般抹灰工程的技术要求相同。

B　抹面层石渣灰

面层石渣抹灰前洒水均匀，湿润基层，做一道结合层，随即抹面层石渣灰。抹灰厚度应稍高于分格条，用专用工具刮平、压实，使石渣均匀露出，并做好养护。

C　面层斩剁（剁石）

a　控制斩剁时间：常温下 3d 后或面层达到设计强度 60%～70% 时即可进行。大面积施工应先试剁，以石渣不脱落为宜。

b　控制斩剁流向：斩剁应自上而下进行，首先将四周边缘和棱角部位仔细剁好，再剁中间大面。若有分格，每剁一行应随时将上面和竖向分格条取出。

c　控制斩剁深度：斩剁深度宜剁掉表面石渣粒径的 1/3。

d　控制斩剁遍数：斩剁时宜先轻剁一遍，再盖着前一遍的剁纹剁出深痕，操作时用力应均匀，移动速度应一致，不得出现漏剁。

3）干粘石的技术要求

① 工艺流程：基层清（处）理→洒水湿润→吊垂直、套方、找规矩、抹灰饼、冲筋→抹底层灰浆→弹线分格、镶分格条→抹面层粘结灰浆、撒石粒、拍平、修整→起条、勾缝→成品保护。

② 施工方法

A　干粘石装饰抹灰的底层抹灰与一般抹灰工程的技术要求相同。

B　抹粘结层砂浆

粘结层抹灰厚度以所使用石子的最大粒径确定。粘结层抹灰宜两遍成活。

C　撒石粒（甩石子）

随粘结层抹灰进度向粘结层甩粘石子。石子应甩严、甩均匀，并用钢抹子将石子均匀地拍入粘结层，石子嵌入砂浆的深度应不小于粒径的 1/2 为宜，并应拍实、拍严。粘石施工应先做小面，后做大面。

D　拍平、修整、处理黑边

拍平、修整要在水泥初凝前进行，先拍压边缘，而后中间，拍压要轻、重结合、均匀一致。拍压完成后，应对已粘石面层进行检查，发现阴阳角不顺直，表面不平坦、黑边等问题，及时处理。

4) 假面砖的施工技术要求

① 施工工艺：基层清（处）理→洒水湿润→吊垂直、套方、找规矩、抹灰饼、冲筋→抹底层灰浆→抹中层灰→抹面层灰→做面砖→养护。

② 施工方法

A 假面砖基层、底层、面层抹灰的要求与一般抹灰工程的技术要求相同。

B 做面砖

施工时，待面层砂浆稍收水后，先用铁梳子沿靠尺由上向下划纹，深度控制在 1～2mm 为宜，然后再根据标准砖的宽度用铁皮刨子沿靠尺横向划沟，沟深为 3～4mm，深度以露出底层灰为准。

5) 质量验收标准

适用于水刷石、斩假石、干粘石、假面砖等装饰抹灰工程的质量验收。

① 主控项目

A 抹灰前基层表面的尘土、污垢、油渍等应清除干净，并应洒水润湿。

检验方法：检查施工记录。

B 装饰抹灰工程所用材料的品种和性能应符合设计要求。水泥的凝结时间和安定性复验应合格。砂浆的配合比应符合设计要求。

检验方法：检查产品合格证书、进场验收记录、复验报告和施工记录。

C 抹灰工程应分层进行。当抹灰总厚度大于或等于 35mm 时，应采取加强措施。不同材料基体交接处表面的抹灰，应采取防止开裂的加强措施，当采用加强网时，加强网与各基体的搭接宽度不应小于 100mm。

检验方法：检查隐蔽工程验收记录和施工记录。

D 各抹灰层之间及抹灰层与基体之间必须粘结牢固，抹灰层应无脱层、空鼓和裂缝。

检验方法：观察；用小锤轻击检查；检查施工记录。

② 一般项目

A 装饰抹灰工程的表面质量应符合下列规定：

a 水刷石表面应石粒清晰、分布均匀、紧密平整、色泽一致，应无掉粒和接槎痕迹。

b 斩假石表面剁纹应均匀顺直、深浅一致，应无漏剁处；阳角处应横剁并留出宽窄一致的不剁边条，棱角应无损坏。

c 干粘石表面应色泽一致、不露浆、不漏粘，石粒应粘结牢固、分布均匀，阳角处应无明显黑边。

d 假面砖表面应平整、沟纹清晰、留缝整齐、色泽一致，应无掉角、脱皮、起砂等缺陷。

检验方法：观察；手摸检查。

B 装饰抹灰分格条（缝）的设置应符合设计要求，宽度和深度应均匀，表面应平整光滑，棱角应整齐。

检验方法：观察。

C 有排水要求的部位应做滴水线（槽）。滴水线（槽）应整齐顺直，滴水线应内高外低，滴水槽的宽度和深度均不应小于10mm。

检验方法：观察；尺量检查。

D 装饰抹灰工程的允许偏差和检验方法应符合表2-6规定。

装饰抹灰工程的允许偏差和检验方法　　　　　　　　　表 2-6

项 次	项 目	允许偏差（mm）				检验方法
		水刷石	斩假石	干粘石	假面砖	
1	立面垂直度	5	4	5	5	用2m垂直检测尺检查
2	表面平整度	3	3	5	4	用2m靠尺和塞尺检查
3	阳角方正	3	3	4	4	用直角检测尺检查
4	分格条（缝）直线度	3	3	3	3	拉5m线，不足5m拉通线，用钢直尺检查
5	墙裙、勒脚上口直线度	3	3	—	—	拉5m线，不足5m拉通线，用钢直尺检查

6. 饰面板（砖）工程施工技术要求

（1）内墙贴面砖工程施工

1）施工准备

① 材料

A 面砖：面砖应采用合格品，其表面应光洁、方正、平整、质地坚硬，品种规格、尺寸、色泽、图案及各项性能指标必须符合设计要求。并应有产品质量合格证明和近期质量检测报告。

B 水泥：32.5级矿渣硅酸盐水泥、白水泥或42.5级普通硅酸盐，并符合设计和规范质量标准的要求。应有出厂合格证及复验合格试单，出厂日期超过三个月而且水泥结有小块的不得使用。

C 砂子：中砂，含泥量不大于3%，颗粒坚硬、干净、过筛。

D 石灰膏：用块状生石灰淋制，必须用孔径不大于3mm×3mm的筛网过滤，并贮存在沉淀池中熟化，常温下一般不少于15d；用于罩面灰，熟化时间不应小于30d。使用时，石灰膏内不得有未熟化的颗粒和其他杂质。

② 主要机具：砂浆搅拌机、切割机、云石机、手电钻、冲击电钻、橡皮锤、铁铲、灰桶、铁抹子、靠尺、塞尺、托线板、水平尺等。

③ 作业条件

A 墙顶抹灰完毕，已做好墙面防水层、保护层和底面防水层、混凝土垫层。

B 已完成了内隔墙，水电管线已安装，堵实抹平脚手眼和管洞等。

C 门、窗扇，已按设计及规范要求堵塞门窗框与洞口缝隙。铝合金门窗框已做好保护（一般采用塑料薄膜保护）。

D 脸盆架、镜钩、管卡、水箱等已埋设好防腐木砖，位置要准确。

E 弹出墙面上500mm水平基准线。

F 搭设双排脚手架或搭高马凳，横竖杆或马凳端头应离开窗口角和墙面150～

200mm 距离，架子步高和马凳高、长度应符合使用要求。

2）操作工艺

施工程序：基层处理、抹底子灰→排砖弹线→选砖、浸砖→镶砖釉面砖→擦缝→清理。

镶贴顺序：先墙面，后地面。墙面由下往上分层粘贴，先粘墙面砖，后粘阴角及阳角，其次粘压顶，最后粘底座阴角。

① 基层处理

A　光滑的基层表面已凿毛，其深度为 5～15mm，间距 30mm 左右。基层表面残存的灰浆、灰尘、油渍等已清洗干净。

B　基层表面明显凹凸处，应事先用 1∶3 水泥砂浆找平或剔平。不同材料的基层表面相接处，已先铺钉金属网。

C　为使基层与找平层粘贴牢固，已在抹找平层前先洒聚合水泥浆（108 胶∶水＝1∶4 的胶水拌水泥）处理。

D　基层加气混凝土，清洁基层表面后已刷 108 胶水溶液一遍，并满钉锌机织钢丝网（孔径 32mm×32mm，丝径 0.7mm，ϕ6 扒钉，钉距纵横不大于 600mm），再抹 1∶1∶4 水泥混合砂浆粘结层及 1∶2.5 水泥砂浆找平层。

② 预排

饰面砖镶贴前应预排。预排要注意同一墙面的横竖排列，均不得有一行以上的非整砖。非整砖行应排在次要部位或阴角处，排砖时可用调整砖缝宽度的方法解决。在管线、灯具、卫生设备支承等部位，应用整砖套割吻合，不得用非整砖拼凑镶贴，以保证饰面的美观。

釉面砖的排列方法有"直线"排列和"错缝"排列两种。

③ 弹线

依照室内标准水平线，找出地面标高，按贴砖的面积，计算纵横的皮数，用水平尺找平，并弹出釉面砖的水平和垂直控制线。如用阴阳三角镶边时，则将镶边位置预先分配好。横向不足整块的部分，留在最下一皮与地面连接处。

④ 做灰饼、标志

为了控制整个镶贴釉面砖表面平整度，正式镶贴前，在墙上粘废釉面砖作为标志块，上下用托线板挂直，作为粘贴厚度的依据，横镶每隔 15m 左右做一个标志块，用拉线或靠尺校正平整度。在门洞口或阳角处，如有阴三角镶过时，则应将尺寸留出先铺贴一侧的墙面，并用托线板校正靠直。如无镶边，应双面挂直。

⑤ 浸砖和湿润墙面

釉面砖粘贴前应放入清水中浸泡 2h 以上，然后取出晾干，至手按砖背无水迹时方可粘贴。

⑥ 镶贴釉面砖

A　配制粘贴砂浆

a　水泥砂浆以配比为 1∶2（体积比）水泥砂浆为宜。

b　水泥石灰砂浆在 1∶2（体积比）的水泥砂浆中加入少量石灰膏，以增加粘结砂浆的保水性、和易性。

　　c　聚合物水泥砂浆在 1：2（体积比）的水泥砂浆中掺入水泥量 2％～3％的 108 胶（108 胶掺量不可过量，否则会降低粘贴层的强度），以使砂浆有较好的和易性和保水性。

　　B　大面镶粘

　　在釉面砖背面满抹灰浆，四周刮成斜面，厚度 5mm 左右，注意边角满浆。贴于墙面的釉面砖就位后应用力按压，并用灰铲木柄轻击砖面，使釉面砖紧密粘于墙面。

　　铺贴完整行的釉面砖后，再用长靠尺横向校正一次。对高于标志块的应轻轻敲击，使其平整；若低于标志（即亏灰）时，应取下釉面砖，重新抹满刀灰铺贴，不得在砖口处塞灰，否则会产生空鼓。然后依次按以上方法往上铺贴。

　　⑦　细部处理

　　在有洗脸盆、镜箱、肥皂盒等的墙面，应按脸盆下水管部位分中，往两边排砖。

　　⑧　勾缝

　　墙面釉面砖用白色水泥浆擦缝，用布将缝内的素浆擦匀。

　　⑨　擦洗

　　勾缝后用抹布将砖面擦净。如砖面污染严重，可用稀盐酸清洗后用清水冲洗干净。

　　3）质量验收标准（同外墙面砖施工）

　　（2）饰面板安装工程技术要求（石材饰面板湿法安装为例）

　　适用于室内和室外高度不大于 24m、抗震设防烈度不大于 7 度的墙、柱面和门窗套等镶贴石材饰面板的施工。

　　1）施工准备

　　①　材料

　　A　水泥：硅酸盐水泥、普通硅酸盐水泥或矿渣硅酸盐水泥其强度等级不低于 32.5，严禁不同品种、不同强度等级的水泥混用。水泥进场有产品合格证和出厂检验报告，进场后应进行取样复试。当对水泥质量有怀疑或水泥出厂超过 3 个月时，在使用前应进行复试，并按复试结果使用。

　　B　白水泥：白色硅酸盐水泥强度等级不小于 32.5，其质量应符合现行国家标准的规定。

　　C　砂子：宜采用平均粒径为 0.35～0.5mm 的中砂，含泥量不大于 3％，用前过筛，筛后保持洁净。

　　D　石材：石材的材质、品种、规格、颜色及花纹应符合设计要求。并应符合国家现行标准的规定，应有出厂合格证和性能检测报告。

　　天然大理石和花岗石的放射性指标限量应符合现行国家标准《民用建筑工程室内环境污染控制标准》GB 50325—2020 的规定。

　　E　辅料：熟石膏、铜丝；与大理石或花岗石颜色接近的矿物颜料；胶粘剂和填塞饰面板缝隙的专用嵌缝棒（条），石材防护剂、石材胶粘剂。防腐涂料应有出厂合格证和使用说明，并应符合环保要求。各种胶应进行相容性试验。

　　②　主要机具：石材切割机、砂轮切割机、云石机、磨光机、角磨机、冲击钻、电焊机、注胶枪、吸盘、射钉枪、铁抹子、钢尺、靠尺、方尺、塞尺、托线板、水平尺等。

　　③　作业条件

A　主体结构施工完成并经检验合格，结构基层已经处理完成并验收合格。

B　石材已经进场，其质量、规格、品种、数量、力学性能和物理性能符合设计要求和国家现行标准，石材表面应涂刷防护剂。

C　其他配套材料已进场，并经检验复试合格。

D　墙、柱面上的各种专业管线、设备、预留预埋件已安装完成，经检验合格，并办理交接手续。

E　门、窗已安装完，各处水平标高控制线测设完毕，并预检合格。

F　施工所需的脚手架已经搭设完，垂直运输设备已安装好，符合使用要求和安全规定，并经检验合格。

G　施工现场所需的临时用水、用电、各种工、机具准备就绪。

H　熟悉施工图纸及设计说明，根据现场施工条件进行必要的测量放线，对各个标高、各种洞口的尺寸、位置进行校核。

I　施工前按大样图进行样板间（段）施工。样板间（段）经设计、监理、建设单位检验合格并签认。对操作人员进行安全、技术交底。

2）操作工艺

工艺流程：弹线→试排试拼块材→石材钻孔、剔卧铜丝→穿铜丝→石材表面处理→绑焊钢筋网→安装石材板块→分层灌浆→擦缝、清理打蜡。

A　弹线：先将石材饰面的墙、柱面和门窗套从上至下找垂直弹线。并应考虑石材厚度、灌注砂浆的空隙和钢筋网所占的尺寸。找好垂直后，先在地、顶面上弹出石材安装外廓尺寸线（柱面和门窗套等同）。此线即为控制石材安装时外表面基准线。

B　试排试拼块材：将石材摆放在光线好的平整地面上，调整石材的颜色、纹理，并注意同一立面不得有一排以上的非整块石材，且应将非整块石材放在较隐蔽的部位。然后在石材背面按两个排列方向统一编号，并按编号码放整齐。

C　石材钻孔、剔卧铜丝：将已编好号的饰面板放在操作支架上，用钻在板材上、下两个侧边上钻孔。通常每个侧边打两个孔，当板材宽度较大时，应增加孔数，孔间距应不大于600mm。钻孔后用云石机在板背面的垂直钻孔方向上切一道槽，并切透孔壁，与钻孔形成象鼻眼，以备埋卧铜丝。当饰面板规格较大，施工中下端不好绑铜丝时，可在未镶贴饰面板的一侧，用云石机在板上、下各开一槽，槽长 30~40mm，槽深约 12mm 与饰面板背面打通。在板厚方向竖槽一般居中，亦可偏外，但不得损坏石材饰面和不造成石材表面泛碱，将铜丝压入槽内，与钢筋网固定。

D　穿铜丝：将直径不小于1mm的铜丝剪成长200m左右的段，铜丝一端从板后的槽孔穿进孔内，铜丝打回头后用胶粘剂固定牢固，另一端从板后的槽孔穿出，弯曲卧入槽内。铜丝穿好后石材板的上、下侧边不得有铜丝突出，以便和相邻石板接缝严密。

E　石材表面处理：用石材防护剂对石材除正面外的五个面进行防止泛碱的防护处理，石材正面涂刷防污剂。

F　绑焊钢筋网：墙（柱）面上，竖向钢筋与预埋筋焊牢（混凝土基层可用膨胀螺栓代替预埋筋），横向钢筋与竖筋绑扎牢固。横、竖筋的规格、布置间距应符合设计要求，并与石材板块规格相适宜，一般宜采用不小于 φ6 的钢筋。最下一道横筋宜设在地面以上 100mm 处，用于绑扎第一层板材的下端固定铜丝，第二道横筋绑在比石板上口低 20～30mm 处，以便绑扎第一层板材上口的固定铜丝。再向上即可按石材板块规格均匀布置。

G　安装石材板块：按编号将石板就位，把石板下口铜丝绑扎在钢筋网上。然后把石板竖起立正，绑扎石板上口的铜丝，并用木楔垫稳。石材与基层墙柱面间的灌浆缝一般为 30～50mm。用检测尺进行检查，调整木楔，使石材表面平整、立面垂直、接缝均匀顺直。最后逐块从一个方向依次向另一个方向进行。第一层全部安装完毕后，检查垂直、水平、表面平整、阴阳角方正、上口平直，缝隙宽窄一致、均匀顺直，确认符合要求后，将石板临时粘贴固定。

H　分层灌浆：将拌制好的 1∶2.5 水泥砂浆，倒入石材与基层墙柱面间的灌浆缝内，边灌边用钢筋棍插捣密实，并用橡皮锤轻轻敲击石板面，使砂浆内的气体排出。第一次浇筑高度一般为 150mm，但不得超过石板高度的 1/3。第一次灌入砂浆初凝（一般为 1～2h）后，应再进行一遍检查，检查合格后进行第二次灌浆。第二次灌浆高度一般 200～300mm 为宜，砂浆初凝后进行第三次灌浆，第三次灌浆至低于板上口 50～70mm 处。

I　擦缝、清理打蜡：全部石板安装完毕后，清除表面和板缝内的临时固定石膏及多余砂浆，用麻布将石材板面擦洗干净，然后按设计要求嵌缝材料的品种、颜色、形式进行嵌缝，边嵌边擦，使缝隙密实、宽窄一致、均匀顺直、干净整齐、颜色协调。最后将大理石、花岗石进行打蜡。

3）季节性施工

① 雨期施工时，室外施工应采取有效的防雨措施。室外焊接、灌浆和嵌缝不得冒雨进行作业，应有防止暴晒和雨水冲刷的可靠措施，以确保施工质量。

② 冬期施工时，基层处理、石材表面处理、嵌缝和灌浆施工，环境温度不宜低于 5℃。灌缝砂浆应采取保温措施，砂浆的入模温度不宜低于 5℃，砂浆硬化期不得受冻。作业环境气温低于 5℃时，砂浆内可掺入不泛碱的防冻外加剂，其掺量由试验确定。室内施工时应供暖，采用热空气加速干燥时，应设通风排湿设备。并应设专人进行测温，保温养护期一般为 7～9d。

4）质量验收标准

适用于内墙饰面板安装工程和高度不大于 24m、抗震设防烈度不大于 7 度的外墙饰面板安装工程的质量验收。

① 检验批的划分和抽检数量

A　相同材料、工艺和施工条件的室内饰面板（砖）工程每 50 间（大面积房间和走廊按施工面积 30m² 为一间）应划分为一个检验批，不足 50 间也应划分为一个检验批。

B　相同材料、工艺和施工条件的室外饰面板（砖）工程每 500～1000m² 应划分为一个检验批，不足 500m² 也应划分为一个检验批。

C　室内每个检验批应至少抽查 10%，并不得少于 3 间；不足 3 间时应全数检查。

D　室外每个检验批每 100m² 应至少抽查一处，每处不得小于 10m²。

② 主控项目

A　饰面板的品种、规格、颜色和性能应符合设计要求，木龙骨、木饰面板和塑料饰面板的燃烧性能等级应符合设计要求。

检验方法：观察；检查产品合格证书、进场验收记录和性能检测报告。

B　饰面板孔、槽的数量、位置和尺寸应符合设计要求。

检验方法：检查进场验收记录和施工记录。

C　饰面板安装工程的预埋件（或后置埋件）、连接件的数量、规格、位置、连接方法和防腐处理必须符合设计要求。后置埋件的现场拉拔强度必须符合设计要求。饰面板安装必须牢固。

检验方法：手扳检查；检查进场验收记录、现场拉拔检测报告、隐蔽工程验收记录和施工记录。

③　一般项目

A　饰面板表面应平整、洁净、色泽一致，无裂痕和缺损。石材表面应无泛碱等污染。

检验方法：观察。

B　饰面板嵌缝应密实、平直，宽度和深度应符合设计要求，嵌填材料色泽应一致。

检验方法：观察；尺量检查。

C　采用湿作业法施工的饰面板工程，石材应进行防碱背涂处理。饰面板与基体之间的灌注材料应饱满、密实。

检验方法：用小锤轻击检查；检查施工记录。

D　饰面板上的孔洞应套割吻合，边缘应整齐。

检验方法：观察。

E　饰面板安装的允许偏差和检验方法应符合表 2-7 规定。

饰面板安装的允许偏差和检验方法　　　　表 2-7

项　次	项　目	允许偏差（mm）							检验方法
		石　材			瓷板	木材	塑料	金属	
		光面	剁斧石	蘑菇石					
1	立面垂直度	2	3	3	2	2	2	2	用 2m 垂直检测尺检查
2	表面平整度	2	3		2	1	3	3	用 2m 靠尺和塞尺检查
3	阴阳角方正	2	4	4	2	2	3	3	用直角检测尺检查
4	接缝直线度	2	4	4	2	2	2	2	拉 5m 线，不足 5m 拉通线，用钢直尺检查
5	墙裙、勒脚上口直线度	2	3	3	2	2	2	2	拉 5m 线，不足 5m 拉通线，用钢直尺检查
6	接缝高低差	1	3		1	1	1	1	用钢直尺和塞尺检查
7	接缝宽度	1	2	2	1	1	1	1	用钢直尺检查

（3）饰面板安装工程技术要求（大理石、花岗石饰面板干挂安装为例）

适用于室内外的墙、柱面和门窗套干挂石材饰面板的工程施工。

1）施工准备

①　材料

A　石材：石材的材质、品种、规格、颜色及花纹应符合设计要求。并应符合国家现行标准。

B 辅料：型钢骨架、金属挂件、不锈钢挂件、膨胀螺栓、金属连接件、不锈钢连接挂件以及配套的垫板、垫圈、螺母以及与骨架固定的各种所需配件，其材质、品种、规格、质量应符合要求。石材防护剂、石材胶粘剂、耐候密封胶、防水胶、嵌缝胶、嵌缝胶条、防腐涂料应有出厂合格证和说明，并应符合环保要求。各种胶应进行相容性试验。

② 主要机具：石材切割机、砂轮切割机、云石机、磨光机、角磨机、冲击钻、台钻、电焊机、射钉枪、注胶枪、吸盘、钢尺、靠尺、方尺、塞尺、托线板、水平尺等。

③ 作业条件

A 主体结构施工完成并经检验合格，结构基层已经处理完成并验收合格。

B 石材已经进场，其质量、规格、品种、数量、力学性能和物理性能符合设计要求和国家现行标准，石材表面应涂刷防护剂。

C 其他配套材料已进场，并经检验复试合格。

D 墙、柱面上的各种专业管线、设备、预留预埋件已安装完成，经检验合格，并办理交接手续。

E 门、窗已安装完，各处水平标高控制线测设完毕，并预检合格。

F 施工所需的脚手架已经搭设完，垂直运输设备已安装好，符合使用要求和安全规定，并经检验合格。

G 施工现场所需的临时用水、用电，各种工、机具准备就绪。

H 熟悉施工图纸及设计说明，根据现场施工条件进行必要的测量放线，对各个标高、各种洞口的尺寸、位置进行校核。

I 施工前按大样图进行样板间（段）施工。样板间（段）经设计、监理、建设单位检验合格并签认。对操作人员进行安全、技术交底。

2）操作工艺

工艺流程：石材表面处理→石材安装前准备→测量放线、基层处理→主龙骨安装→次龙骨安装→石材安装→石材板缝处理→表面清洗。

① 石材表面处理：石材表面应干燥，一般含水率应不大于8％，按防护剂使用说明对石材表面进行防护处理。操作时将石材板的正面朝下平放于两根方木上，用羊毛刷蘸防护剂，均匀涂刷于石材板的背面和四个边的小面，涂刷必须到位，不得漏刷。待第一道涂刷完24h后，刷第二道防护剂。第二道刷完24h后，将石材板翻成正面朝上，涂刷正面，方法与要求和背面涂刷相同。

② 石材安装前准备：先对石材板进行挑选，使同一立面或相邻两立面的石材板色泽、花纹一致，挑出色差、纹路相差较大的不用或用于不明显部位。石材板选好进行钻孔、开槽，为保证孔槽的位置准确、垂直，应制作一个定型托架，将石材板放在托架上作业。钻孔时应使钻头与钻孔面垂直，开槽时应使切割片与开槽垂直，确保成孔、槽后准确无误。孔、槽的形状尺寸应按设计要求确定。

③ 放线及基层处理：对安装石材的结构表面进行清理。然后吊直、套方、找规矩，弹出垂直线、水平线、标高控制线。根据深化设计的排板、骨架大样图弹出骨架和石材板块的安装位置线，并确定出固定连接件的膨胀螺栓安装位置。核对预埋件的位置和分布是否满足安装要求。

56

④ 干挂石材安装

A　主龙骨安装：主龙骨一般采用竖向安装。材质、规格、型号按设计要求选用。安装时先按主龙骨安装位置线，在结构墙体上用膨胀螺栓或化学锚栓固定角码，通常角码在主龙骨两侧面对面设置。然后将主龙骨卡入角码之间，采用贴角焊与角码焊接牢固。焊接处应刷防锈漆。主龙骨安装时应先临时固定，然后拉通线进行调整，待调平、调正、调垂直后再进行固定或焊接。

B　次龙骨安装：次龙骨的材质、规格、型号、布置间距及与主龙骨的连接方式按设计要求确定。沿高度方向固定在每一道石材的水平接缝处，次龙骨与主龙骨的连接一般采用焊接，也可用螺栓连接。焊缝防腐处理同主龙骨。

C　石材安装：石材与次龙骨的连接采用 T 形不锈钢专用连接件。不锈钢专用连接件与石材侧边安装槽缝之间，灌注石材胶。连接件的间距宜不大于 600mm。安装时应边安装、边进行调整，保证接缝均匀顺直，表面平整。

⑤ 石材板缝处理：打胶前应在板缝两边的石材上粘贴美纹纸，以防污染石材，美纹纸的边缘要贴齐、贴严，将缝内杂物清理干净，并在缝隙内填入泡沫填充（棒）条，填充的泡沫（棒）条固定好，最后用胶枪把嵌缝胶打入缝内，待胶凝固后撕去美纹纸。打胶成活后一般低于石材表面 5mm，呈半圆凹状。嵌缝胶的品种、型号、颜色应按设计要求选用并做相容性试验。在底层石板缝打胶时，注意不要堵塞排水管。

⑥ 清洗：采用柔软的布或棉丝擦拭，对于有胶或其他粘结牢固的污物，可用开刀轻轻铲除，再用专用清洁剂清除干净，必要时进行罩面剂的涂刷以提高观感质量。

3）质量验收标准（同石材湿法安装）

7. 涂饰工程施工技术要求

（1）混凝土、水泥砂浆、水泥混合砂浆抹灰面涂刷乳液涂料施工

1）施工准备

① 材料

A　涂料：丙烯酸合成树脂乳液涂料、抗碱封闭底漆。其品种、颜色应符合设计要求，并应有产品合格证和检测报告。

B　辅料：成品腻子粉、石膏、界面剂应有产品合格证。厨房、厕所、浴室必须使用耐水腻子。

② 主要机具：涂料搅拌器、喷枪、气泵、胶皮刮板、钢片刮板、腻子托板、排笔、刷子、砂纸、靠尺、线坠。

③ 作业条件

A　各种孔洞修补及抹灰作业全部完成，验收合格。

B　门窗玻璃安装、管道设备试压及防水工程完毕并验收合格。

C　基层应干燥，含水率不大于 10%。

D　施工环境清洁、通风、无尘埃，作业面环境温度应在 5～35℃。

E　施工前先做样板，经设计、监理、建设单位及有关质量部门验收合格后，再大面积施工。

2）工艺流程：基层处理→刷底漆→刮腻子→刷涂料。

① 基层处理：将基层起皮松动处清除干净，用聚合物水泥砂浆补抹后，将残留灰渣铲除扫净。

② 刷底漆：新建筑物的混凝土或抹灰基层在涂饰前应涂刷抗碱封闭底漆，改造工程在涂饰涂料前应清除疏松的旧装饰层，并涂刷界面剂。

③ 刮腻子：刮腻子遍数可由墙面平整程度决定，一般情况为三遍。第一遍用胶皮刮板横向满刮，一刮板接一刮板，接头不得留槎，每一刮板最后收头要干净利索。干燥后用砂纸打磨，将浮腻子及斑迹磨光，再将墙面清扫干净。第二遍仍用胶皮刮板纵向满刮，方法同第一遍。第三遍用胶皮刮板找补腻子或用钢片刮板满刮腻子，腻子应刮得尽量薄，将墙面刮平、刮光。干燥后用细砂纸磨平、磨光，不得遗漏或将腻子磨穿。

④ 刷涂料

刷涂法：先将基层清扫干净，涂料用排笔涂刷。涂料使用前应搅拌均匀，适当加水稀释，防止头遍漆刷不开。干燥后复补腻子，用砂纸磨光，清扫干净。

滚涂法：将蘸取涂料的毛辊先按"W"方式运动将涂料大致涂在基层上，然后用不蘸涂料的毛辊紧贴基层上下、左右来回滚动，使涂料在基层上均匀展开。最后用蘸取涂料的毛辊按一定方向满滚一遍，阴角及上下口处则宜采用排笔刷涂找齐。

喷涂法：喷枪压力宜控制在 0.4～0.8MPa 范围内。喷涂时，喷枪与墙面应保持垂直，距离宜在 500mm 左右，匀速平行移动，重叠宽度宜控制在喷涂宽度的 1/3。

刷第一遍涂料：涂刷顺序是先刷顶棚后刷墙面，墙面是先上后下，先左后右操作。

刷第二遍涂料：操作方法同第一遍，使用前充分搅拌，如不很稠，不宜加水，以防透底。漆膜干燥后，用细砂纸将墙面小疙瘩和排笔毛打磨掉，磨光滑后清扫干净。

刷第三遍涂料：做法同第二遍。由于漆膜干燥较快，涂刷时应从一头开始，逐渐刷向另一头。涂刷要上下顺刷，互相衔接，后一排笔紧接前一排笔，大面积施工时应几人配合一次完成，避免出现干燥后再接槎。

3）质量验收标准

适用于乳液型涂料、无机涂料、水溶性涂料等水性涂料涂饰工程的质量验收。

① 主控项目

A 涂料的品种、型号和性能应符合设计要求。

检验方法：检查产品合格证书、性能检测报告和进场验收记录。

B 涂料的颜色、图案需符合设计要求。

检验方法：观察。

C 涂料的涂刷应均匀、粘结牢固，不得漏涂、透底、起皮和掉粉。

检验方法：观察、手摸检查。

D 基层处理应符合现行国家标准《建筑装饰装修工程质量验收标准》GB 50210—2018 的规定。

检验方法：观察、手摸检查、检查施工记录。

② 一般项目

A 薄涂料的涂饰质量和检验方法应符合表 2-8 的规定。

薄涂料的涂饰质量和检验方法　　　　　　　　　　　　　　表 2-8

项次	项目	普通涂饰	高级涂饰	检验方法
1	颜　色	均匀一致	均匀一致	观察
2	光泽、光滑	光泽基本均匀,光滑无挡手感	光泽均匀一致,光滑	
3	泛碱、咬色	允许少量轻微	不允许	
4	流坠、疙瘩	允许少量轻微	不允许	
5	砂眼、刷纹	允许少量轻微砂眼,刷纹通顺	无砂眼,无刷纹	

　　B　厚涂料的涂饰质量和检验方法应符合表 2-9 的规定。

厚涂料的涂饰质量和检验方法　　　　　　　　　　　　　　表 2-9

项次	项目	普通涂饰	高级涂饰	检验方法
1	颜　色	均匀一致	均匀一致	观察
2	光泽	光泽基本均匀	光泽均匀一致	
3	泛碱、咬色	允许少量轻微	不允许	
4	点状分布	—	疏密均匀	

　　C　复层涂料的涂饰质量和检验方法应符合表 2-10 的规定。

复层涂料的涂饰质量和检验方法　　　　　　　　　　　　　表 2-10

项次	项目	质量要求	检验方法
1	颜　色	均匀一致	观察
2	光泽	光泽基本均匀	
3	泛碱、咬色	不允许	
4	喷点疏密程度	均匀,不允许连片	

　　D　涂层与其他装修材料和设备衔接处应吻合,界面应清晰。

　　检验方法:观察。

　　(2) 混凝土及抹灰面溶剂型涂料的施工技术要求

　　1) 施工准备

　　① 材料

　　A　涂料:各色溶剂型涂料(丙烯酸酯涂料、聚氨酯丙烯酸涂料、有机硅丙烯酸涂料、醇酸树脂漆等)。

　　B　辅料:大白粉、石膏粉、光油、成品腻子粉、涂料配套使用的稀释剂。

　　C　材料质量要求:涂料和辅料应有出厂合格证、质量保证书、性能检测报告、涂料有害物质含量检测报告。

　　② 主要机具:喷枪、气泵、油漆桶、胶皮刮板、开刀、棕刷、调漆桶、排笔、棉丝、擦布、扫帚等。

　　③ 作业条件

A　设备管洞处理完毕，门窗工程、安装工程施工完毕，并验收合格。

B　作业环境温度不低于 10℃，相对湿度不宜大于 60%。

C　基层干燥，含水率不大于 8%。

D　施工现场环境清洁、通风、无尘埃，有可靠的遮挡措施。

E　施工前做样板，经设计、监理、建设单位及有关质量部门验收合格后，再大面积施工。

F　对操作人员进行安全技术交底。

2）操作工艺

工艺流程：基层处理→磨砂纸打平→涂底漆→满刮第一遍腻子、磨光→满刮第二遍腻子→弹分色线→涂刷第一遍涂料→复补腻子、修补磨光擦净→涂刷第二遍涂料→磨光→涂刷第三遍涂料。

① 基层处理：清理松散物质、粉末、泥土等。旧漆膜用碱溶液或胶漆剂清除。灰尘污物用湿布擦除，油污等用溶剂或清洁剂去除。基层磕碰、麻面、缝隙等处用石膏腻子修补。

② 磨砂纸打平：处理后的基层干燥后，用砂纸将残渣、斑迹、灰渣等杂物磨平、磨光。

③ 涂底漆：使用与面层匹配的底漆，采用滚涂、刷涂、喷涂等方法施工，深入渗透基层，形成牢固的基面。

④ 满刮第一遍腻子、磨光：操作时用胶皮刮板横向满刮，一刮板紧接一刮板，接头不得留槎，每刮一刮板最后收头时，要注意收得干净利落。干燥后用 1 号砂纸打磨，将浮腻子、斑迹、刷纹磨平、磨光。

⑤ 满刮第二遍腻子：第二遍腻子用胶皮刮板竖向满刮，所用材料和方法同第一遍腻子。干燥后用 1 号砂纸磨平并清扫干净。

⑥ 弹分色线：如墙面有分色，应在涂刷前弹分色线，涂刷时先刷浅色涂料后再刷深色涂料。

⑦ 涂刷第一遍涂料：涂刷顺序应从上到下、从左到右。不应刮刷，以免涂刷过厚或漏刷；当为喷涂时，喷嘴距墙面一般为 400～600mm，喷涂时喷嘴垂直于墙面与被涂墙面平行稳步移动。

⑧ 复补腻子、修补磨光擦净：第一遍涂料干燥后，个别缺陷或漏抹腻子处要复补腻子，干燥后磨砂纸，把小疙瘩、腻子斑迹磨平、磨光，然后清扫干净。

⑨ 涂刷第二遍涂料：涂刷及喷涂做法同第一遍涂料。

⑩ 磨光：第二遍涂料干燥后，个别缺陷或漏抹腻子处要复补腻子，干燥后磨砂纸，把小疙瘩、腻子斑迹磨平、磨光，然后清扫干净。

⑪ 涂刷第三遍涂料：此道工序为最后一遍罩面涂料，涂料稠度可稍大。但在涂刷时应多理多顺，使涂膜饱满，薄厚均匀一致，不流不坠。在面积施工时，应几人同时配合一次完成。

3）质量验收标准

适用于丙烯酸酯涂料、聚氨酯丙烯酸涂料、有机硅丙烯酸涂料等溶剂型涂料涂饰工程的质量验收。

① 主控项目

A 溶剂型涂料涂饰工程所选用涂料的品种、型号和性能应符合设计要求。

检验方法：检查产品合格证书、性能检测报告和进场验收记录。

B 溶剂型涂料涂饰工程的颜色、光泽、图案应符合设计要求。

检验方法：观察。

C 溶剂型涂料涂饰工程应涂饰均匀、粘结牢固，不得漏涂、透底、起皮和反锈。

检验方法：观察；手摸检查。

D 溶剂型涂料涂饰工程的基层处理应符合规范要求。

检验方法：观察；手摸检查；检查施工记录。

② 一般项目

A 色漆的涂饰质量和检验方法应符合表 2-11 的规定。

色漆的涂饰质量和检验方法　　　　表 2-11

项次	项目	普通涂饰	高级涂饰	检验方法
1	颜色	均匀一致	均匀一致	观察
2	光泽、光滑	光泽基本均匀光滑无挡手感	光泽均匀一致、光滑	观察、手摸检查
3	刷纹	刷纹通顺	无刷纹	观察
4	裹棱、流坠、皱皮	明显处不允许	不允许	观察

注：无光色漆不检查光泽。

B 清漆的涂饰质量和检验方法应符合表 2-12 的规定。

清漆的涂饰质量和检验方法　　　　表 2-12

项次	项目	普通涂饰	高级涂饰	检验方法
1	颜色	基本一致	均匀一致	观察
2	木纹	棕眼刮平、木纹清楚	棕眼刮平、木纹清楚	观察
3	光泽、光滑	光泽基本均匀光滑无挡手感	光泽均匀一致光滑	观察、手摸检查
4	刷纹	无刷纹	无刷纹	观察
5	裹棱、流坠、皱皮	明显处不允许	不允许	观察

C 涂层与其他装修材料和设备衔接处应吻合，界面应清晰。

检验方法：观察。

8. 裱糊工程施工技术要求

(1) 施工准备

① 材料

A 壁纸、墙布应整洁，图案清晰。PVC壁纸的质量应符合现行国家标准的规定。

B 壁纸、墙布的图案、品种、色彩等应符合设计要求，并应附有产品合格证。

C 胶粘剂应按壁纸和墙布的品种选配，并应具有防霉、防菌、耐久等性能，如有防火要求则胶粘剂应具有耐高温、不起层性能。

D 裱糊材料，其产品的环保性能应符合规范的规定。

E 所有进入现场的产品，均应有产品质量保证资料和近期检测报告。

② 主要机具：活动裁纸刀、裁纸案台、直尺、剪刀、钢板刮板、塑料刮板、排笔、板刷、粉线包、干净毛巾、盛胶用和盛水用塑料桶等。

③ 作业条件

A 顶棚喷浆、门窗安装已完，地面装修已完成，并将面层保护好。

B 水、电及设备、顶墙预留预埋件已完。

C 裱糊工程基体或基层的含水率：混凝土和抹灰不得大于 8%；木材制品不得大于 12%。直观灰面反白，无湿印，手摸感觉干。

D 突出基层表面的设备或附件已临时拆除卸下，待壁纸贴完后，再将部件重新安装复原。

E 较高房间已提前搭设脚手架或准备铝合金折叠梯子，不高房间已提前钉好木马凳。

F 根据基层面及壁纸的具体情况，已选择、准备好施工所需的腻子及胶粘剂。对湿度较大的房间和经常潮湿的表面，已备有防水性能的塑料壁纸和胶粘剂等材料。

G 壁纸的品种、花色、色泽样板已确定。

H 裱糊样板间，经检查鉴定合格可按样板施工。已进行技术交底，强调技术措施和质量标准要求。

（2）操作工艺

① 基层处理

A 将基体或基层表面的污垢、尘土清除干净，基层面不得有飞刺、麻点、砂粒和裂缝。阴阳角应顺直。

B 旧墙涂料墙面，应打毛处理，并涂表面处理剂，或在基层上涂刷一遍抗碱底漆，并使其表干。

C 刮腻子前，应先在基层刷一遍涂料进行封闭，以防止腻子粉化，防止基层吸水。

D 混凝土及抹灰基层面满刮一遍，腻子干后用砂纸打磨。

E 木材基层的接缝、钉眼等用腻子填平，满刮石膏腻子一遍找平大面，腻子干后用砂纸打磨；再刮第二遍腻子并磨砂纸。裱糊壁纸前应先涂刷一层涂料，使其颜色与周围墙面颜色一致。

F 对于纸面石膏板，主要是在对缝处和螺栓孔位处用嵌缝腻子处理板缝，然后用油性石膏腻子局部找平。

② 弹线、预拼

A 裱糊第一幅壁纸前，应弹垂直线，作为裱糊时的准线。裱糊顶棚时，也应在裱糊第一幅前先弹一条能起准线作用的直线。

B 在底胶干燥后弹画基准线，以保证壁纸裱糊后，横平竖直，图案端正。

C 弹线时应从墙面阴角处开始，将窄条纸的裁切边留在阴角处，阳角处不得有接缝。

D 有门窗部位以立边分画为宜，便于褶角贴立边。裱糊前应先预拼试贴，观察接缝效果，确定裁纸尺寸。

③ 裁纸

根据裱糊面尺寸和材料规格统筹规划，并考虑修剪量，两端各留出 30～50mm，然后剪出第一段壁纸。有图案的材料，应将图形自墙的上部开始对花。裁纸时尺子压紧壁纸后不得再移动，刀刃紧贴尺边，连续裁割，并编上号，以便按顺序粘贴。裁好的壁纸要卷起平放，不得立放。

④ 润纸、闷水（以塑料壁纸为例）

塑料壁纸遇水或胶水会自由膨胀大，因此，刷胶前必须先将塑料壁纸在水槽中浸泡 2～3min 取出后抖掉余水，静置 20min，若有明水可用毛巾揩掉，然后才能涂胶。闷水的办法还可以用排笔在纸背刷水，刷满均匀，保持 10min 也可达到使其膨胀充分的目的。

⑤ 刷胶粘剂

基层表面与壁纸背面应同时涂胶。刷胶粘剂要求薄而均匀，不裹边，不得漏刷。基层表面的涂刷宽度要比预贴的壁纸宽 20～30mm。阴角处应增刷 1～2 遍胶。

⑥ 裱糊

A　裱糊壁纸时，应先垂直面后水平面，先细部后大面。垂直面先上后下，水平面先高后低。在顶棚上裱糊壁纸，宜沿房间的长边方向裱糊。

B　第一张壁纸裱糊：壁纸对折，将其上半截的边缘靠着垂线成一直线，轻轻压平，并由中间向外用刷子将上半截纸抚平，然后依此贴下半截纸。

C　拼缝：

a　对于需重叠对花的各类壁纸，应先裱糊对花，然后再用钢尺对齐裁下余边。裁切时，应一次切掉，不得重割。对于可直接对花的壁纸则不应剪裁。

b　赶压气泡时，对于压延壁纸可用钢板刮刀刮平，对于发泡及复合壁纸则严禁使用钢板刮刀，只可用毛巾、海绵或毛刷赶平。

D　阴阳角处理：壁纸不得在阳角处拼缝，应包角压实，壁纸包过阳角不小于 20mm。阴角壁纸搭缝时，应先裱糊压在里面的壁纸，再粘贴面层壁纸，搭接面应根据阴角垂直度而定，宽度一般为 2～3mm，并应顺光搭接，使拼缝看起来不显眼。

E　遇有基层卸不下来的设备或突出物件时，应将壁纸舒展地裱在基层上，然后剪去不需要部分，使突出物四周不留缝隙。

F　壁纸与顶棚、挂镜线、踢脚线的交接处应严密顺直。裱糊后，将上下两端多余壁纸切齐，撕去余纸贴实端头。

G　壁纸裱糊后，如有局部翘边、气泡等，应及时修补。

（3）质量标准

适用于聚氯乙烯塑料壁纸、复合纸质壁纸、墙布等裱糊工程的质量验收。

① 主控项目

A　壁纸、墙布的种类、规格、图案、颜色和燃烧性能等级必须符合设计要求及国家现行标准的有关规定。

检验方法：观察；检查产品合格证书、进场验收记录和性能检测报告。

B　裱糊工程基层处理质量应符合规范要求。

检验方法：观察；手摸检查；检查施工记录。

C　裱糊后各幅拼接应横平竖直，拼接处花纹、图案应吻合，不离缝，不搭接，不显拼缝。

检验方法：观察；拼缝检查距离墙面 1.5m 处正视。

D　壁纸、墙布应粘贴牢固，不得有漏贴、补贴、脱层、空鼓和翘边。

检验方法：观察；手摸检查。

② 一般项目

A　裱糊后的壁纸、墙布表面应平整，色泽应一致，不得有波纹起伏、气泡、裂缝、褶折及斑污，斜视时应无胶痕。

检验方法：观察；手摸检查。

B　复合压花壁纸的压痕及发泡壁纸的发泡层应无损坏。

检验方法：观察。

C　壁纸、墙布与各种装饰线、设备线盒应交接严密。

检验方法：观察。

D　壁纸、墙布边缘应平直整齐，不得有纸毛、飞刺。

检验方法：观察。

E　壁纸、墙布阴角处搭接应顺光，阳角处应无接缝。

检验方法：观察。

裱糊工程的允许偏差和检验方法应符合表 2-13 的规定。

裱糊工程的允许偏差和检验方法　　　　　　　　　　　　表 2-13

项次	项目	允许偏差（mm）	检验方法
1	表面平整度	3	用 2m 靠尺和塞尺检查
2	立面垂直度	3	用 2m 垂直检测尺检查
3	阴阳角方正	3	用 200mm 直角检测尺检查

9. 软包工程施工技术要求

（1）施工准备

① 材料

A　软包面料及内衬材料的材质、颜色、图案及燃烧性能等级应符合设计要求和国家有关规定要求。

B　软包底板所用材料应符合设计要求，一般使用 5mm 厚胶合板。胶合板应使用平整干燥无脱胶开裂、无缝状裂痕、腐朽、空鼓的板材，含水率不大于 12%，甲醛释放量不大于 1.5mg/L。

C　粘贴材料一般使用 XY-405 胶或水溶性酚醛树脂胶。

② 主要机具：电锯、气钉枪、裁刀、钢板尺、刮刀、剪刀、手工刨、电冲击钻。

③ 作业条件

A　软包安装部位的基层应平整、洁净牢固，垂直度、平整度均应符合验收规范要求。

B　顶棚、墙面、地面等分项工程基本完成。

C　已对施工人员进行质量、安全、环保技术交底，特别是软包面料带图案或颜色的、造型复杂的，必要时应另附详图。

（2）操作工艺

工艺流程：基层处理→弹线→计算用料→制作安装→修整。

① 基层处理

A　在结构墙上安装时，要先预埋木砖，检查平整度是否符合要求，如有不平，应及时用水泥砂浆找平。

B　在胶合板墙上安装时，要检查胶合板安装是否牢固，平整度是否符合要求，如有不符合项应及时修整。

② 弹线：根据设计要求或软包面料花纹图案及墙面尺寸确定分格尺寸，做到分格内为一块完整面料，不得有接缝。确定分格后在墙面画线。

③ 计算用料：按设计要求、分格尺寸进行用料计算和底板、面料套裁工作。要注意同一房间、同一图案的面料必须用同一卷材料和相同部位套裁面料。

④ 制作安装

A　一般做法是：将内衬材料（泡沫塑料）用胶满粘在墙面上。再将裁好的面料周边抹胶粘在衬底上，拉平整，接缝正对分格线；将装饰线角钉在分格线处。钉木线角的同时调整面料平整度，钉牢拉平，保证外观美观。

B　另一做法是：分块固定。这种做法是根据分格尺寸，把 5mm 胶合板、内衬材料、软包面料预裁。制作时，先把内衬材料用胶粘贴在 5mm 胶合板上，然后把软包面料按定位标志摆正；首先把上部用木条加钉子临时固定，然后把下端和两侧位置找好后，便可把面料进行固定。安装时，首先经过试拼达到设计要求效果后，才可与基层固定。

⑤ 软包安装完成后，要进行检查，如有发现面料拉不平、有皱折，图案不符合设计要求的情况，应及时修整。

（3）质量验收标准

适用于墙面、门等软包工程的质量验收。

① 主控项目

A　软包面料、内衬材料及边框的材质、颜色、图案、燃烧性能等级和木材的含水率应符合设计要求及国家现行标准的有关规定。

检验方法：观察；检查产品合格证书、进场验收记录和性能检测报告。

B　软包工程的安装位置及构造做法应符合设计要求。

检验方法：观察；尺量检查；检查施工记录。

C　软包工程的龙骨、衬板、边框应安装牢固，无翘曲，拼缝应平直。

检验方法：观察；手扳检查。

D　单块软包面料不应有接缝，四周应绷压严密。

检验方法：观察；手摸检查。

② 一般项目

A　软包工程表面应平整、洁净，无凹凸不平及皱折；图案应清晰、无色差，整体应协调美观。

检验方法：观察。

B　软包边框应平整、顺直、接缝吻合。其表面涂饰质量应符合《建筑装饰装修工程质量验收标准》GB 50210—2018 第 10 章的有关规定。

检验方法：观察；手摸检查。

C 清漆涂饰木制边框的颜色、木纹应协调一致。

检验方法：观察。

D 软包工程安装的允许偏差和检验方法应符合表 2-14 的规定。

软包工程安装的允许偏差和检验方法 　　　　　　　　　　　表 2-14

项次	项目	允许偏差（mm）	检验方法
1	单块软包边框水平度	3	用 1m 水平尺和塞尺检查
2	单块软包边框垂直度	3	用 1m 垂直检测尺检查
3	单块软包对角线长度差	3	从框的裁口里角用钢尺检查
4	单块软包宽度、高度	0，−2	从框的裁口里角用钢尺检查
5	分格条（缝）直线度	3	拉 5m 线，不足 5m 拉通线，用钢直尺检查
6	裁口线条结合处高度差	1	用直尺和塞尺检查

10. 门窗工程施工技术要求

（1）一般施工技术要求

1）门窗工程应对下列材料及其性能指标进行复验：

① 人造木板的甲醛含量。

② 建筑外墙金属窗的抗风压性能、空气渗透性能和雨水渗漏性能。

2）门窗工程应对下列隐蔽工程项目进行验收：

① 预埋件和锚固件。

② 隐蔽部位的防腐、填嵌处理。

3）门窗安装前，应对门窗洞口尺寸进行检验。

4）金属门窗安装应采用预留洞口的方法施工，不得采用边安装边砌口或先安装后砌口的方法施工。

5）当金属窗组合时，其拼樘料的尺寸、规格、壁厚应符合设计要求。

6）建筑外门窗的安装必须牢固。在砌体上安装门窗严禁用射钉固定。

7）特种门安装除应符合设计要求和《建筑装饰装修工程质量验收标准》GB 50210—2018 规定外，还应符合有关专业标准和主管部门的规定。

8）门窗工程各分项工程的检验批应按下列规定划分：

① 同一品种、类型和规格的金属门窗及门窗玻璃每 100 樘应划分为一个检验批，不足 100 樘也应划分为一个检验批。

② 同一品种、类型和规格的特种门每 50 樘应划分为一个检验批，不足 50 樘也应划分为一个检验批。

9）检查数量应符合下列规定：

① 金属门窗及门窗玻璃，每个检验批应至少抽查 5%，并不得少于 3 樘，不足 3 樘时应全数检查；高层建筑的外窗，每个检验批应至少抽查 10%，并不得少于 6 樘，不足 6

樘时应全数检查。

② 特种门每个检验批应至少抽查 50%,并不得少于 10 樘,不足 10 樘时应全数检查。

(2) 金属门窗安装工程(以铝合金门窗为例)

1) 一般施工技术要求

① 铝门窗的湿法安装施工,应在墙体基层抹灰湿作业后进行门窗框安装固定,待洞口墙体面层装饰湿作业全部完成后,最后进行门窗扇及玻璃的安装与密封。

② 铝门窗的干法安装施工,预埋附框应在墙体砌筑时埋入;后置附框应在墙体基层抹灰湿作业安装固定。待洞口墙体面层装饰湿作业全部完成后,最后进行门窗在附加框架上的安装与密封施工。

③ 门窗洞口墙体砌筑的施工质量,应符合现行国家标准《砌体结构工程施工质量验收规范》GB 50203—2011 的规定,门窗洞口高、宽尺寸允许偏差为 ±5mm。

④ 门窗洞口墙体抹灰及饰面板(砖)的施工质量,应符合现行国家标准《建筑装饰装修工程质量验收标准》GB 50210—2018 的规定,洞口墙体的立面垂直、表面平整度及阴阳角方正等允许偏差,以及洞口窗楣、窗台的流水坡度、滴水线或滴水槽等均应符合其相应的要求。

2) 施工准备

① 铝合金门窗的品种、规格、开启形式应符合设计要求,各种附件配套齐全,并具有产品出厂合格证书。

② 防腐、填缝、密封、保护、清洁材料等应符合设计要求和有关标准的规定。

③ 门窗洞口尺寸应符合设计要求,有预埋件或预埋附框的门窗洞口,其预埋件的数量、位置及埋设方法或预埋附框的施工质量应符合设计要求。如有影响门窗安装的问题应及时进行处理。

④ 门窗的装配及外观质量,如有表面损伤、变形及松动等问题,应及时进行修理、校正等处理,合格后才能进行安装。

3) 安装施工

① 门窗框湿法安装应符合下列规定:

A 门窗框安装前应进行防腐处理,阳极氧化加电解着色和阳极氧化加有机着色表面处理的铝型材,必须涂刷环保的、与外框和墙体砂浆粘接效果好的防腐蚀保护层;而采用电泳涂漆、粉末喷涂和氟碳漆喷涂表面处理的铝型材,可不再涂刷防腐蚀涂料。

B 门窗框在洞口墙体就位,用木楔、垫块或其他器具调整定位并临时楔紧固定时,不得使门窗框型材变形和损坏。

C 门窗框与洞口墙体的连接固定应符合下列要求:

第一,连接件应采用 Q235 钢材,其厚度不小于 1.5mm,宽度不小于 20mm,在外框型材室内外两侧双向固定。固定点的数量与位置应根据铝门窗的尺寸、荷载、重量的大小和不同开启形式、着力点等情况合理布置。连接件距门窗边框四角的距离不大于 200mm,其余固定点的间距不超过 400mm。

第二,门窗框与连接件的连接宜采用卡槽连接。如采用紧固件穿透门窗框型材固定连接件时,紧固件宜置于门窗框型材的室内外中心线上,且必须在固定点处采取密封防水措施。

第三，连接件与洞口混凝土墙基体可采用特种钢钉（水泥钉）、射钉、塑料胀锚螺栓、金属胀锚螺栓等紧固件连接固定。

第四，砌体墙基体应根据各类砌体材料的应用技术规程或要求确定合适的连接固定方法，严禁用射钉固定门窗。

D 门窗框与洞口墙体安装缝隙的填塞，宜采用隔声、防潮、无腐蚀性的材料，如聚氨酯 PU 发泡填缝料等。如采用水泥砂浆填塞，则应采用防水砂浆，并且不能使门窗框胀突变形，临时固定用的木楔、垫块等不得遗留在洞口缝隙内。严禁使用海沙做防水砂浆。

E 门窗框与洞口墙体安装缝隙的密封应符合下列要求：

第一，门窗框与洞口墙体密封施工前，应先对待粘接表面进行清洁处理，门窗框型材表面的保护材料应除去，表面不应有油污、灰尘；墙体部位应洁净平整。

第二，门窗框与洞口墙体密封，应符合密封材料的使用要求。门窗框室外侧表面与洞口墙体间留出密封槽，确保墙边防水密封胶缝的宽度和深度均不小于 6mm。

第三，密封材料应采用与基材相容并且粘接性能良好的防水密封胶，密封胶施工应挤填密实，表面平整。

② 门窗框干法安装应符合下列规定：

A 预埋附框和后置附框在洞口墙基体上的预埋、安装应连接牢固，防水密封措施可靠。后置附框在洞口墙基体上的安装施工，应按前面门窗框湿法安装要求安装。

B 门窗框与附框应连接牢固，并采取可靠的防水密封处理措施。门窗框与附框的安装缝隙防水密封胶宽度不应小于 6mm。

C 组合门窗拼樘框必须直接固定在洞口墙基体上。

D 五金附件的安装应保证各种配件和零件齐全，装配牢固，使用灵活，安全可靠，达到应有的功能要求。

E 玻璃的安装应符合下列要求：玻璃承重垫块的材质、尺寸、安装位置，应符合设计要求；镀膜玻璃的安装应使镀膜面的方向符合设计要求；玻璃安装就位时，应先清除镶嵌槽内的灰砂和杂物，疏通排水通道；密封胶条应与镶嵌槽的长度吻合，不应过长而凸起离缝，也不应过短而脱离槽角。

F 密封胶在施工前，应先清洁待粘接基材的粘接表面，确保粘接表面干燥、无油污灰尘。密封胶施工应挤填密实，表面平整。密封胶与玻璃和门窗框、扇型材的粘结宽度不小于 5mm。

4）质量验收标准

适用于钢门窗、铝合金门窗、涂色镀锌钢板门窗等金属门窗安装工程的质量验收。

① 主控项目

A 金属门窗的品种、类型、规格、尺寸、性能、开启方向、安装位置、连接方式及铝合金门窗的型材壁厚应符合设计要求。金属门窗的防腐处理及填嵌、密封处理应符合设计要求。

检验方法：观察；尺量检查；检查产品合格证书、性能检测报告、进场验收记录和复验报告；检查隐蔽工程验收记录。

B 金属门窗框和副框的安装必须牢固。预埋件的数量、位置、埋设方式、与框的连接方式必须符合设计要求。

检验方法：手扳检查；检查隐蔽工程验收记录。

C 金属门窗扇必须安装牢固，并应开关灵活、关闭严密，无倒翘。推拉门窗扇必须有防脱落措施。

检验方法：观察；开启和关闭检查；手扳检查。

D 金属门窗配件的型号、规格、数量应符合设计要求，安装应牢固，位置应正确，功能应满足使用要求。

检验方法：观察；开启和关闭检查；手扳检查。

② 一般项目

A 金属门窗表面应洁净、平整、光滑、色泽一致，无锈蚀。大面应无划痕、碰伤。漆膜或保护层应连续。

检验方法：观察。

B 铝合金门窗推拉门窗扇开关力应不大于100N。

检验方法：用弹簧秤检查。

C 金属门窗框与墙体之间的缝隙应填嵌饱满，并采用密封胶密封。密封胶表面应光滑、顺直，无裂纹。

检验方法：观察；轻敲门窗框检查；检查隐蔽工程验收记录。

D 金属门窗扇的橡胶密封条或毛毡密封条应安装完好，不得脱槽。

检验方法：观察；开启和关闭检查。

E 有排水孔的金属门窗，排水孔应畅通，位置和数量应符合设计要求。

检验方法：观察。

F 钢门窗安装的留缝限值、允许偏差和检验方法应符合表2-15的规定。

钢门窗安装的留缝限值、允许偏差和检验方法　　　　　　　　表2-15

项次	项目		留缝限值（mm）	允许偏差（mm）	检验方法
1	门窗槽门宽度、高度	≤1500mm		2	用钢卷尺检查
		>1500mm		3	
2	门窗槽口对角线长度差	≤2000mm		3	用钢卷尺检查
		>2000mm		4	
3	门窗框的正、侧面垂直度			3	用1m垂直检测尺检查
4	门窗横框的水平度			3	用1m水平尺和塞尺检查
5	门窗横框标高			5	用钢卷尺检查
6	门窗竖向偏离中心			4	用钢卷尺检查
7	双层门窗内外框间距			5	用钢卷尺检查
8	门窗框、扇配合间隙		≤2		用塞尺检查
9	平开门窗框扇搭接宽度	门	≥6		用钢直尺检查
		窗	≥4		用钢直尺检查
	推拉门窗框扇搭接宽度		≥6		用钢直尺检查
10	无下框时门扇与地面间留缝		4~8		用塞尺检查

G 铝合金门窗安装的允许偏差和检验方法应符合表 2-16 的规定。

铝合金门窗安装的允许偏差和检验方法　　　　　表 2-16

项次	项目		允许偏差（mm）	检验方法
1	门窗槽口宽度、高度	≤1500mm	2	用钢尺检查
		>1500mm	3	
2	门窗槽口对角线长度差	≤2000mm	4	用钢尺检查
		>2000mm	5	
3	门窗框的正、侧面垂直度		2	用垂直检测尺检查
4	门窗横框的水平度		2	用1m水平尺和塞尺检查
5	门窗横框标高		5	用钢尺检查
6	门窗竖向偏离中心		5	用钢尺检查
7	双层门窗内外框间距		4	用钢尺检查
8	推拉门窗扇与框搭接量	门	2	用钢直尺检查
		窗	1	

H 涂色镀锌钢板门窗安装的允许偏差和检验方法应符合表 2-17 的规定。

涂色镀锌钢板门窗安装的允许偏差和检验方法　　　　　表 2-17

项次	项目		允许偏差（mm）	检验方法
1	门窗槽口宽度、高度	≤1500mm	2	用钢卷尺检查
		>1500mm	3	
2	门窗槽口对角线长度差	≤2000mm	4	用钢卷尺检查
		>2000mm	5	
3	门窗框的正、侧面垂直度		3	用1m水平尺和塞尺检查
4	门窗横框的水平度		3	用1m水平尺和塞尺检查
5	门窗横框标高		5	用钢卷尺检查
6	门窗竖向偏离中心		5	用钢卷尺检查
7	双层门窗内外框间距		4	用钢卷尺检查
8	推拉门窗扇与框搭接量		2	用钢卷尺检查

（3）特种门安装工程技术要求（防火门、防盗门为例）

1）施工准备

① 材料

A 防火、防盗门：分为钢质和木质防火、防盗门。防火门的防火等级分三级，其耐火极限应符合现行国家标准的有关规定；防火门采用的填充材料应符合现行国家标准的规定；玻璃应采用不影响防火门耐火性能试验合格的产品。防火、防盗门的品种、规格、型号、尺寸、防火等级必须符合设计要求，生产厂家必须有主管部门批准核发的生产许可证书；产品出厂时应有出厂合格证、检测报告，每件产品上必须标有产品名称、规格、耐火等级、厂名及检验年、月、日。并经现场验收合格。木质防火、防盗门除满足上述要求外，其使用木材的含水率不得大于当地平均含水率。

B 五金件:防火门五金件必须是经消防局认可的防火五金件,包括合页、门锁、闭门器、暗插销等,并有出厂合格证、检测报告。防盗门锁具必须有公安局的检验认可证书。

C 水泥:普通硅酸盐水泥或矿渣硅酸盐水泥,其强度等级不低于32.5。砂:中砂或粗砂,过5mm孔径的筛子。

D 焊条应与其焊件要求相符配套,且应有出厂合格证。

② 主要机具

电焊机、电钻、射钉枪、锤子、钳子、螺丝刀、扳手、水平尺、塞尺、钢尺、线坠、托线板、电焊面具、绝缘手套。

③ 作业条件

A 主体结构工程已完,且验收合格,工种之间已经办好交接手续。

B 按图纸尺寸弹放门中线,及室内标高控制线,并预检合格。

C 门洞口墙上的预埋件已按其要求预留,通过验收合格。

D 防火、防盗门进场时,其品种、规格、型号、开启方向、五金配件均已通过验收合格,其外形及平整度已经检查校正,无翘曲、窜角、弯曲、劈裂等缺陷。

E 对操作人员进行安全技术交底。

F 校对与检查进场后的成品门的品种、规格、型号、尺寸、开启方向与附件是否符合设计要求及现场实际尺寸。

2)操作工艺

工艺流程:弹线→安装门框→塞缝→安装门扇→安装密封条、五金件。

① 弹线:按设计图纸要求的安装位置、尺寸、标高,弹出防火、防盗门安装位置的垂直控制线和水平控制线。在同一场所的门,要拉通线或用水准仪进行检查,使门的安装标高一致。

② 安装门框

A 立框、临时固定:将防火、防盗门的门框放入门洞口,注意门的开启方向,门框一般安装在墙体的中心线上。用木楔临时固定,并按水平及中心控制线检查,调整门框的标高和垂直度。

B 框与墙体连接

当防火、防盗门为钢制时,其门框与墙体之间的连接应采用铁脚与墙体上的预埋件焊接固定。当墙上无预埋件时,将门框铁脚用膨胀螺栓或射钉固定,也可用铁脚与后置埋件焊接。每边固定点不少于3处。

当防火、防盗门为木质门时,在立门框之前用颗沉头木螺钉通过中心两孔,将铁脚固定在门框上。通常铁脚间距为500~800mm,每边固定不少于3个铁脚,固定位置与门洞预埋件相吻合。砌体墙门洞口,门框铁脚两头用沉头木螺钉与预埋木砖固定。无预埋木砖时,铁脚两头用膨胀螺栓固定,禁止用射钉固定;混凝土墙体,铁脚两头与预埋件用螺栓连接或焊接。若无预埋件,铁脚两头用膨胀螺栓或射钉固定。固定点不少于3个,而且连接要牢固。

C 塞缝:门框周边缝隙用C20以上的细石混凝土或1:2水泥砂浆填塞密实、镶嵌牢固,应保证与墙体连成整体。养护凝固后用水泥砂浆抹灰收口或门套施工。

D 安装门扇。检查门扇与门框的尺寸、型号、防火等级及开启方向是否符合设计要求。木质门扇安装时，先将门扇靠在框上画出相应的尺寸线。合页安装的数量按门自身重量和设计要求确定，通常为2~4片。上下合页分别距离门扇端头200mm。合页裁口位置必须准确，保持大小、深浅一致。金属门扇安装时，通常门扇与门框由厂家配套供应，只要核对好规格、型号、尺寸，调整好四周缝隙，直接将合页用螺栓固定到门框上即可。

E 安装五金件。根据门的安装说明安装插销、闭门器、顺序器、门锁及拉手等五金件。

3）质量验收标准

适用于防火门、防盗门、自动门、全玻门、旋转门、金属卷帘门等特种门安装工程的质量验收。

① 主控项目

A 特种门的质量和各项性能应符合设计要求。

检验方法：检查生产许可证、产品合格证书和性能检测报告。

B 特种门的品种、类型、规格、尺寸、开启方向、安装位置及防腐处理应符合设计要求。

检验方法：观察；尺量检查；检查进场验收记录和隐蔽工程验收记录。

C 带有机械装置、自动装置或智能化装置的特种门，其机械装置、自动装置或智能化装置的功能应符合设计要求和有关标准的规定。

检验方法：启动机械装置、自动装置或智能化装置，观察。

D 特种门的安装必须牢固。预埋件的数量、位置、埋设方式、与框的连接方式必须符合设计要求。

检验方法：观察；手扳检查；检查隐蔽工程验收记录。

E 特种门的配件应齐全，位置应正确，安装应牢固，功能应满足使用要求和特种门的各项性能要求。

检验方法：观察；手扳检查；检查产品合格证书、性能检测报告和进场验收记录。

② 一般项目

A 特种门的表面装饰应符合设计要求。

检验方法：观察。

B 特种门的表面应洁净，无划痕、碰伤。

检验方法：观察。

C 推拉自动门的感应时间限值和检验方法应符合表2-18的规定。

推拉自动门的感应时间限值和检验方法　　　　　　　　　　表 2-18

项次	项目	感应时间限值（s）	检验方法
1	开门响应时间	≤0.5	用秒表检查
2	堵门保护延时	16~20	用秒表检查
3	门扇全开启后保持时间	13~17	用秒表检查

D 自动门安装的允许偏差和检验方法应符合表2-19的规定。

自动门安装的允许偏差和检验方法　　　　　　　　表 2-19

项次	项目	允许偏差（mm）				检验方法
		推拉自动门	平开自动门	折叠自动门	旋转自动门	
1	上框、平梁水平度	1	1	1		用1m水平尺和塞尺检查
2	上框、平梁直线度	2	2	2		用钢直尺和塞尺检查
3	立框垂直度	1	1	1	1	用1m垂直检测尺检查
4	导轨和平梁平行度	2		2	2	用钢直尺检查
5	门框固定扇内侧对角线尺寸	2	2	2	2	用钢卷尺检查
6	活动扇与框、横梁、固定扇间隙差	1	1	1	1	用钢直尺检查
7	板材对接接缝平整度	0.3	0.3	0.3	0.3	用2m靠尺和塞尺检查

11. 幕墙工程施工技术要求

（1）玻璃幕墙施工技术要求

玻璃幕墙产品是由铝合金型材、玻璃、硅酮结构密封胶、硅酮耐候密封胶、密封材料及相关辅件组成，其加工和施工的质量要求十分严格。为了保证产品符合规范和满足合同约定，特制定本内部施工工艺及质量检测标准。

依据：《玻璃幕墙工程质量检验标准》JGJ/T 139—2020、《建筑装饰装修工程质量验收标准》GB 50210—2018 及其他建筑幕墙相关规范。

1）施工准备

①材料

A　玻璃幕墙工程中使用的材料必须具备相应的出厂合格证、质保书和检验报告。

B　玻璃幕墙工程中使用的铝合金型材，其壁厚、膜厚、硬度和表面质量必须达到设计及规范要求。

C　玻璃幕墙工程中使用的钢材，其壁厚、长度、表面涂层厚度和表面质量必须达到设计及规范要求。

D　玻璃幕墙工程中使用的玻璃，其品种型号、厚度、外观质量、边缘处理必须达到设计及规范要求。

E　玻璃幕墙工程中使用的硅酮结构密封胶、硅酮耐候密封胶及其他密封材料，其相容性、粘结拉伸性能、固化程度必须达到设计及规范要求。

② 主要机具

电焊机、砂轮切割机、手电钻、冲击钻、射钉枪、氧割设备、电动真空吸盘、线坠、水平尺、钢卷尺、手动吸盘、玻璃刀、注胶枪等。

③ 作业条件

A　主体结构及其他湿作业已全部施工完毕，并符合有关结构施工及验收规范的要求。

B　主体上预埋件已在施工时按设计要求预埋完毕，位置正确，并已做拉拔试验，其拉拔强度合格。

C　硅酮结构胶与接触的基材、已取样的相容性试验和剥离粘结力试验，其试验结果符合设计要求。

D　幕墙材料已一次进足，并且配套齐全。安装玻璃幕墙的构件及零附件的材料品种、规格、色泽和性能，符合设计要求。

E　幕墙安装的施工组织设计已完成，并经过审核批准。

2）操作工艺

根据构造分以下几类，其施工顺序如下：

元件式安装工艺顺序：搭设脚手架→检验主体结构幕墙面基体→检验、分类堆放幕墙部件→测量放线→清理预埋件→安装连接紧固件→质检→安装立柱（杆）、横杆→安装玻璃→镶嵌密封条及周边收口处理→清扫→验收、交工。

单元式安装工艺顺序：检查预埋 T 形槽位置→固定牛腿、并找正、焊接→吊放单元幕墙并垫减振胶垫→紧固螺栓→调整幕墙平直→塞入和热压接防风带→安设室内窗台板、内扣板→堵塞梁、柱间的防火、保温材料。

全玻璃幕墙安装工艺顺序：测量放线→安装底框→安装顶框→玻璃就位→玻璃固定→粘结肋玻璃→处理幕墙玻璃之间的缝隙→处理肋玻璃端头→清洁。

点式玻璃幕墙安装工艺顺序：检验、分类堆放幕墙构件→现场测量放线→安装钢骨架（竖杆、横杆）、调整紧固→安装接驳件（钢爪）→玻璃就位→钢爪紧固螺栓、固定玻璃→玻璃纵、横缝打胶→清洁。

① 元件式安装施工要点

A　测量弹线

a　根据幕墙分格大样图和土建单位给出的标高点、进出位线及轴线位置，在主体上定出幕墙平面、立柱、分格及转角等基准线，并用经纬仪进行调校、复测。

b　幕墙分格轴线的测量放线应与主体结构测量放线相配合，水平标高要逐层从地面引上，以免误差积累。

c　质量检验人员应及时对测量放线情况进行检查，并将查验情况填入记录表。

d　在测量放线的同时，应对预埋件的偏差进行检验，超差的预埋件必须进行适当的处理后方可进行安装施工，并把处理意见报监理、业主和公司相关部门。

e　质量检验人员应对预埋件的偏差情况进行抽样检验，抽样量应为幕墙预埋件总数量的 5％以上且不少于 5 件，所检测点不合格数不超过 10％，可判为合格。

B　安装幕墙立柱

a　应将立柱先与连接件连接，然后连接件再与主体预埋件连接。调整垂直后，将连接件与表面已清理干净的结构预埋件临时点焊在一起。

b　立柱安装标高偏差不应大于 3mm，轴线前后偏差不应大于 2mm，左右偏差不应大于 3mm。

c　相邻两根立柱安装标高偏差不应大于 3mm，同层立柱的最大标高偏差不应大于 5mm；相邻两根立柱的距离偏差不应大于 2mm。

C 安装幕墙横梁

a 将横梁两端的连接件及弹性橡胶垫安装在立柱的预定位置，并应安装牢固，其接缝应严密。

b 同一层的横梁安装应由下向上进行。当安装完一层高度时，应进行检查、调整、校正、固定，使其符合质量要求。

c 相邻两根横梁的水平标高偏差不应大于1mm。同层标高偏差：当一幅幕墙宽度小于或等于35m时，不应大于5mm；当一幅幕墙宽度大于35m时，不应大于7mm。

D 调整、紧固幕墙立柱、横梁

a 玻璃幕墙立柱、横梁全部就位后，再做一次整体检查，调整立柱局部不合适的地方，使其达到设计要求。然后对临时点焊的部位进行正式焊接。紧固连接螺栓，对没有防松措施的螺栓均需点焊防松。

b 焊缝清理干净后再做防锈、防腐、防火处理。玻璃幕墙与铝合金接触的螺栓及金属配件应采用不锈钢或轻金属制品。不同金属的接触面应采用垫片作隔离处理。

E 安装玻璃

a 玻璃安装前应将表面尘土和污物擦拭干净。热反射玻璃安装应将镀膜面朝向室内，非镀膜面朝向室外。

b 玻璃与构件不得直接接触。玻璃四周与构件凹槽底应保持一定空隙，每块玻璃下部应设不少于两块弹性定位垫块；垫块的宽度与槽口宽度应相同，长度不应小于100mm；玻璃两边嵌入量及空隙应符合设计要求。

c 玻璃四周橡胶条应按规定型号选用，镶嵌应平整，并应用胶粘剂粘结牢固后嵌入槽口。在橡胶条隙缝中均匀注入密封胶，并及时清理缝外多余粘胶。

F 处理幕墙与主体结构之间的缝隙

幕墙与主体结构之间的缝隙应采用防火的保温材料堵塞；内外表面应采用密封胶连续封闭，接缝应严密不漏水。

G 处理幕墙伸缩缝

幕墙的伸缩缝必须保证达到设计要求。如果伸缩缝用密封胶填充，填胶时要注意不让密封胶接触主梃衬芯，以防幕墙伸缩活动时破坏胶缝。

H 抗渗漏试验

幕墙施工中应分层进行抗雨水渗漏性能检查。

② 全玻璃幕墙安装施工要点

A 测量放线

采用高精度的激光水准仪、经纬仪进行测量，配合用标准钢卷尺、重锤、水平尺等复核；幕墙定位轴线的测量放线必须与主体结构的主轴线平行或垂直。

B 安装底框

按设计要求将全玻璃幕墙的底框焊在楼地面的预埋件上。清理上部边框内的灰土。在每块玻璃的下部都要放置不少于2块氯丁橡胶垫块，垫块宽度同槽口宽度，长度不应小于100mm。

C 安装顶框

将全玻璃幕墙的顶框按设计要求焊接在结构主体的预埋铁件上。

D　玻璃就位

玻璃运到现场后，将其搬运到安装地点。然后用玻璃吸盘安装机在玻璃一侧将玻璃吸牢，用起重机械将吸盘连同玻璃一起提升到一定高度；再转动吸盘，将横卧的玻璃转至竖直，并先将玻璃插入顶框或吊具的上支承框内，再继续往上抬，使玻璃下口对准底框槽口，然后将玻璃放入底框内的垫块上，使其支承在设计标高位置。当为 6m 以上的全玻璃幕墙时，玻璃上端悬挂在吊具的上支承框内。

E　玻璃固定

往底框、顶框内玻璃两侧缝隙内填填充料（肋玻璃位置除外）至距缝口 10mm 位置，然后往缝内用注射枪注入密封胶，多余的胶迹应清理干净。

F　粘结肋玻璃

在设计的肋玻璃位置的幕墙玻璃上刷结构胶，然后将肋玻璃用人工放入相应的顶底框内，调节好位置后，向玻璃幕墙上刷胶位置轻轻推压，使其粘结牢固。最后向肋玻璃两侧的缝隙内填填充料；注入密封胶，密封胶注入必须连续、均匀，深度大于 8mm。

G　处理幕墙玻璃之间的缝隙

向玻璃之间的缝隙内注入密封胶，胶液与玻璃面平齐，密封胶注入要连续、均匀、饱满，使接缝处光滑、平整。多余的胶迹要清理干净。

H　处理肋玻璃端头

肋玻璃底框、顶框端头位置的垫块、密封条要固定，其缝隙用密封胶封死。

I　清洁

幕墙玻璃安好后应进行清洁工作、拆排架前应做最后一次检查，以保证胶缝的质量及幕墙表面的清洁。

③ 点支承玻璃幕墙安装施工要点

A　测量放线

采用高精度的激光水准仪、经纬仪进行测量，配合用标准钢卷尺、重锤、水平尺等复核；幕墙定位轴线的测量放线必须与主体结构主轴线平行或垂直。

B　安装（预埋）铁件

主要以土建单位提供的水平线标高、轴向基准点、垂直预留孔确定每层控制点，并以此采用经纬仪、水准仪为每块预埋件定位，并加以固定，以防浇筑混凝土时发生位移，确保预埋件位置准确。

C　安装钢骨架

钢骨架结构支撑形式有很多种，如有单杆式、桁架式、网架式、张拉整体系等结构形式。这里以单杆式为例进行说明。

先安装钢管立柱并固定，再按单元从上到下安装钢管横梁，在安装尺寸复核调整无误后焊牢，注意焊接质量，做好防腐。在安装横梁的同时按顺序及时安装横向及竖向拉杆，并按设计要求分阶段施加预应力。

D　驳接系统的固定与安装

a　驳接爪按施工图要求，通过螺纹与承重连接杆连接，并通过螺纹来调节驳接爪与玻璃安装面的距离，进行三维调整，使其控制在 1 个安装面上，确保玻璃安装的平整度。

b 驳接头在玻璃安装前，固紧在玻璃安装孔内。为确保玻璃受力部分为面接触，必须将驳接头内的衬垫垫齐并打胶，使之与玻璃隔离，并将锁紧环拧紧密封。

E 玻璃安装

a 提升玻璃至安装高度再由人工运至安装点，进行就位。就位后及时在球铰夹具与钢爪的连接螺杆上套上橡胶垫圈，插入钢爪中，再套上垫圈，拧上螺母初步固定。

b 为确保玻璃安装的平整度，初步固定后的玻璃必须调整。调整标准必须达到"横平、竖直、面平"，玻璃板块调整后马上固定，将球铰夹具与钢爪的紧固螺母拧紧。

F 打胶

a 幕墙骨架和面玻璃整体平整度检查确认完全符合设计要求后方可进行打胶。

b 打胶前先用丙酮等抗油脂溶剂将玻璃边部与缝隙内的污染物清洗干净，并保持干燥。

c 用施胶枪将胶从胶筒中挤压到接口部位进行密封。

d 胶未凝固时，立即进行修整，待耐候胶表面固化后，清洁内外镜面。

3）质量标准

适用于建筑高度不大于150m、抗震设防烈度不大于8度的隐框玻璃幕墙、半隐框玻璃幕墙、明框玻璃幕墙、全玻幕墙及点支承玻璃幕墙工程的质量验收。

① 主控项目

A 玻璃幕墙工程所使用的各种材料、构件和组件的质量，应符合设计要求及国家现行产品标准和工程技术规范的规定。

检验方法：检查材料、构件、组件的产品合格证书、进场验收记录、性能检测报告和材料的复验报告。

B 玻璃幕墙的造型和立面分格应符合设计要求。

检验方法：观察；尺量检查。

C 玻璃幕墙使用的玻璃应符合下列规定：

a 幕墙应使用安全玻璃，玻璃的品种、规格、颜色、光学性能及安装方向应符合设计要求。

b 幕墙玻璃的厚度不应小于6mm。全玻幕墙肋玻璃的厚度不应小于12mm。

c 幕墙的中空玻璃应采用双道密封。明框幕墙的中空玻璃应采用聚硫密封胶及丁基密封胶；隐框和半隐框幕墙的中空玻璃应采用硅酮结构密封胶及丁基密封胶；镀膜面应在中空玻璃的第2或第3面上。

d 幕墙的夹层玻璃应采用聚乙烯醇缩丁醛（PVB）胶片干法加工合成的夹层玻璃。点支承玻璃幕墙夹层玻璃的夹层胶片（PVB）厚度不应小于0.76mm。

e 钢化玻璃表面不得有损伤；8mm以下的钢化玻璃应进行引爆处理。

f 所有幕墙玻璃均应进行边缘处理。

检验方法：观察；尺量检查；检查施工记录。

D 玻璃幕墙与主体结构连接的各种预埋件、连接件、紧固件必须安装牢固，其数量、规格、位置、连接方法和防腐处理应符合设计要求。

检验方法：观察；检查隐蔽工程验收记录和施工记录。

E 各种连接件、紧固件的螺栓应有防松动措施；焊接连接应符合设计要求和焊接规范的规定。

检验方法：观察；检查隐蔽工程验收记录和施工记录。

F 隐框或半隐框玻璃幕墙，每块玻璃下端应设置两个铝合金或不锈钢托条，其长度不应小于100mm，厚度不应小于2mm，托条外端应低于玻璃外表面2mm。

检验方法：观察；检查施工记录。

G 明框玻璃幕墙的玻璃安装应符合下列规定：

a 玻璃槽口与玻璃的配合尺寸应符合设计要求和技术标准的规定。

b 玻璃与构件不得直接接触，玻璃四周与构件凹槽底部应保持一定的空隙，每块玻璃下部应至少放置两块宽度与槽口宽度相同、长度不小于100mm的弹性定位垫块；玻璃两边嵌入量及空隙应符合设计要求。

c 玻璃四周橡胶条的材质、型号应符合设计要求，镶嵌应平整，橡胶条长度应比边框内槽长1.5%～2.0%，橡胶条在转角处应斜面断开，并应用胶粘剂粘结牢固后嵌入槽内。

检验方法：观察；检查施工记录。

H 高度超过4m的全玻幕墙应吊挂在主体结构上，吊挂夹具应符合设计要求，玻璃与玻璃、玻璃与玻璃肋之间的缝隙，应采用硅酮结构密封胶填嵌严密。

检验方法：观察；检查隐蔽工程验收记录和施工记录。

I 点支承玻璃幕墙应采用带万向头的活动不锈钢爪，其钢爪间的中心距离应大于250mm。

检验方法：观察；尺量检查。

J 玻璃幕墙四周、玻璃幕墙内表面与主体结构之间的连接节点、各种变形缝、墙角的连接节点应符合设计要求和技术标准的规定。

检验方法：观察；检查隐蔽工程验收记录和施工记录。

K 玻璃幕墙应无渗漏。

检验方法：在易渗漏部位进行淋水检查。

L 玻璃幕墙结构胶和密封胶的打注应饱满、密实、连续、均匀、无气泡，宽度和厚度应符合设计要求和技术标准的规定。

检验方法：观察；尺量检查；检查施工记录。

M 玻璃幕墙开启窗的配件应齐全，安装应牢固，安装位置和开启方向、角度应正确；开启应灵活，关闭应严密。

检验方法：观察；手扳检查；开启和关闭检查。

N 玻璃幕墙的防雷装置必须与主体结构的防雷装置可靠连接。

检验方法：观察；检查隐蔽工程验收记录和施工记录。

② 一般项目

A 玻璃幕墙表面应平整、洁净；整幅玻璃的色泽应均匀一致；不得有污染和镀膜损坏。

检验方法：观察。

B 每平方米玻璃的表面质量应符合表2-20的规定。

每平方米玻璃的表面质量　　　　　　　　　　　　　　表 2-20

项目	质量要求
0.1～0.3mm 宽划伤痕	长度<100mm 时，不应多于 8 条
擦伤	≤500mm²

C　一个分格铝合金型材的表面质量指标应符合表 2-21 的规定。

一个分格铝合金型材的表面质量指标　　　　　　　　　表 2-21

项目	质量要求
擦伤、划痕深度	≤氧化膜厚度的 2 倍
擦伤总面积	≤500mm²
划伤总长度	≤150mm
擦伤和划伤	不超过 4 处

D　明框玻璃幕墙的外露框或压条应横平竖直，颜色、规格应符合设计要求，压条安装应牢固。单元玻璃幕墙的单元拼缝或隐框玻璃幕墙的分格玻璃拼缝应横平竖直、均匀一致。

检验方法：观察；手扳检查；检查进场验收记录。

E　玻璃幕墙的密封胶缝应横平竖直、深浅一致、宽窄均匀、光滑顺直。

检验方法：观察；手摸检查。

F　防火、保温材料填充应饱满、均匀，表面应密实、平整。

检验方法：检查隐蔽工程验收记录。

G　玻璃幕墙隐蔽节点的遮封装修应牢固、整齐、美观。

检验方法：观察；手扳检查。

H　明框玻璃幕墙安装的允许偏差和检验方法应符合表 2-22 的规定。

明框玻璃幕墙安装的允许偏差和检验方法　　　　　　　表 2-22

项次	项目		允许偏差（mm）	检验方法
1	幕墙垂直度	幕墙高度≤30m	10	用经纬仪检查
		30m<幕墙高度≤60m	15	
		60m<幕墙高度≤90m	20	
		幕墙高度>90m	25	
2	幕墙水平度	幕墙幅宽≤35m	5	用水平仪检查
		幕墙幅宽>35m	7	
3	构件直线度		2	用 2m 靠尺和塞尺检查
4	构件水平度	构件长度≤2m	2	用水平仪检查
		构件长度>2m	3	
5	相邻构件错位		1	用钢直尺检查
6	分格框对角线长度差	对角线长度≤2m	3	用钢尺检查
		对角线长度>2m	4	

Ⅰ 隐框、半隐框玻璃幕墙安装的允许偏差和检验方法应符合表 2-23 的规定。

隐框、半隐框玻璃幕墙安装的允许偏差和检验方法 表 2-23

项次	项目		允许偏差（mm）	检验方法
1	幕墙垂直度	幕墙高度≤30m	10	用经纬仪检查
		30m<幕墙高度≤60m	15	
		60m<幕墙高度≤90m	20	
		幕墙高度>90m	25	
2	幕墙水平度	层高≤3m	3	用水平仪检查
		层高>3m	5	
3	幕墙表面平整度		2	用2m靠尺和塞尺检查
4	板材立面垂直度		2	用垂直检测尺检查
5	板材上沿水平度		2	用1m水平尺和钢直尺检查
6	相邻板材板角错位		1	用钢直尺检查
7	阳角方正		2	用直角检测尺检查
8	接缝直线度		3	拉5m线，不足5m拉通线，用钢直尺检查
9	接缝高低差		1	用钢直尺和塞尺检查
10	接缝宽度		1	用钢直尺检查

（2）金属幕墙施工技术要求

金属幕墙施工一般有复合铝板、单层铝板、铝蜂窝板、夹芯保温铝板、不锈钢板、彩涂钢板、珐琅钢板等材料形式。

1）施工准备

① 材料

A 金属幕墙工程中使用的材料必须具备相应出厂合格证、质保书和检验报告。

B 金属幕墙工程中使用的铝合金型材，其壁厚、膜厚、硬度和表面质量等必须达到设计及规范要求。

C 金属幕墙工程中使用的钢材，其厚度、长度、膜厚和表面质量等必须达到设计及规范要求。

D 金属幕墙工程中使用的面材，其厚度、板材尺寸、外观质量等必须达到设计及规范要求。

E 金属幕墙工程中使用的硅酮结构密封胶、硅酮耐候密封胶及其他密封材料，其相容性、粘结拉伸性能、固化程度等必须达到设计及规范要求。

② 主要机具

冲击钻、砂轮切割机、电焊机、铆钉枪、螺丝刀、钳子、扳手、线坠、水平尺、钢卷尺。

③ 作业条件

A 主体结构已施工完毕。主体施工时已按设计要求埋设预埋件，拉拔试验合格。

B　幕墙安装的施工组织设计已完成,并经有关部门审核批准。其中施工组织设计包括以下内容:工程进度计划;搬运、起重方法;测量方法;安装方法;安装顺序;检查验收;安全措施。

C　幕墙材料已按计划一次进足,并配套齐全。构件和附件的材料品种、规格、色泽和性能符合设计要求。

D　安装幕墙用的排架已搭设好。

2)操作工艺

施工顺序:测量放线→安装连接件→安装骨架→安装防火材料→安装铝板→处理板缝→处理幕墙收口→处理变形缝→清理板面。

① 测量放线

A　根据主体结构上的轴线和标高线,按设计要求将支承骨架的安装位置线准确地弹到主体结构上。

B　将所有预埋件打出,并复测其位置尺寸。

C　测量放线时应控制分配误差,不使误差积累。

② 安装连接件

将连接件与主体结构上的预埋件焊接固定。当主体结构上没有埋设预埋铁件时,可在主体结构上打孔安设膨胀螺栓与连接铁件固定。

③ 安装骨架

A　按弹线位置准确无误地将经过防锈处理的立柱用焊接或螺栓固定在连接件上。安装中应随时检查标高和中心线位置。

B　将横梁两端的连接件及垫片安装在立柱的预定位置,并应安装牢固,其接缝应严密;相邻两根横梁的水平标高偏差不应大于1mm。

④ 安装防火材料:将防火棉用镀锌钢板固定。应使防火棉连续地密封于楼板与金属板之间的空位上,形成一道防火带,中间不得有空隙。

⑤ 安装铝板:按施工图用铆钉或螺栓将铝合金板饰面逐块固定在型钢骨架上。板与板之间留缝10～15mm,以便调整安装误差。

⑥ 处理板缝:用清洁剂将金属板及框表面清洁干净后,立即在铝板之间的缝隙中先安放密封条或防风雨胶条,再注入硅酮耐候密封胶等材料,注胶要饱满,不能有空隙或气泡。

⑦ 处理幕墙收口:收口处理可利用金属板将墙板端部及龙骨部位封盖。

⑧ 清理板面:清除板面保护胶纸,把板面清理干净。

3)质量验收标准

① 主控项目

A　金属幕墙工程所使用的各种材料和配件,应符合设计要求及国家现行产品标准和工程技术规范的规定。

检验方法:检查产品合格证书、性能检测报告、材料进场验收记录和复验报告。

B　金属幕墙的造型和立面分格应符合设计要求。

检验方法:观察;尺量检查。

C　金属面板的品种、规格、颜色、光泽及安装方向应符合设计要求。

检验方法：观察；检查进场验收记录。

D　金属幕墙主体结构上的预埋件、后置埋件的数量、位置及后置埋件的拉拔力必须符合设计要求。

检验方法：检查拉拔力检测报告和隐蔽工程验收记录。

E　金属幕墙的金属框架立柱与主体结构预埋件的连接、立柱与横梁的连接、金属面板的安装必须符合设计要求，安装必须牢固。

检验方法：手扳检查；检查隐蔽工程验收记录。

F　金属幕墙的防火、保温、防潮材料的设置应符合设计要求，并应密实、均匀、厚度一致。

检验方法：检查隐蔽工程验收记录。

G　金属框架及连接件的防腐处理应符合设计要求。

检验方法：检查隐蔽工程验收记录和施工记录。

H　金属幕墙的防雷装置必须与主体结构的防雷装置可靠连接。

检验方法：检查隐蔽工程验收记录。

I　各种变形缝、墙角的连接节点应符合设计要求和技术标准的规定。

检验方法：观察；检查隐蔽工程验收记录。

J　金属幕墙的板缝注胶应饱满、密实、连续、均匀、无气泡，宽度和厚度应符合设计要求和技术标准的规定。

检验方法：观察；尺量检查；检查施工记录。

K　金属幕墙应无渗漏。

检验方法：在易渗漏部位进行淋水检查。

② 一般项目

A　金属板表面应平整、洁净、色泽一致。

检验方法：观察。

B　金属幕墙的压条应平直、洁净、接口严密、安装牢固。

检验方法：观察；手扳检查。

C　金属幕墙的密封胶缝应横平竖直、深浅一致、宽窄均匀、光滑顺直。

检验方法：观察。

D　金属幕墙上的滴水线、流水坡向应正确、顺直。

检验方法：观察；用水平尺检查。

E　每平方米金属板的表面质量和检验方法应符合表 2-24 的规定。

每平方米金属板的表面质量和检验方法　　　　　　　　表 2-24

项次	项目	质量要求	检验方法
1	明显划伤和长度＞100mm 的轻微划伤	不允许	观察
2	长度≤100mm 的轻微划伤	≤8 条	用钢尺检查
3	擦伤总面积	≤500mm²	用钢尺检查

F　金属幕墙安装的允许偏差和检验方法应符合表 2-25 的规定。

金属幕墙安装的允许偏差和检验方法　　　　表 2-25

项次	项目		允许偏差（mm）	检验方法
1	幕墙垂直度	幕墙高度≤30m	10	用经纬仪检查
		30m＜幕墙高度≤60m	15	
		60m＜幕墙高度≤90m	20	
		幕墙高度 390m	25	
2	幕墙水平度	层高≤3m	3	用水平仪检查
		层高＞3m	5	
3	幕墙表面平整度		2	用 2m 靠尺和塞尺检查
4	板材立面垂直度		3	用垂直检测尺检查
5	板材上沿水平度		2	用 1m 水平尺和钢直尺检查
6	相邻板材板角错位		1	用钢直尺检查
7	阳角方正		2	用直角检测尺检查
8	接缝直线度		3	拉 5m 线，不足 5m 拉通线，用钢直尺检查
9	接缝高低差		1	用钢直尺和塞尺检查
10	接缝宽度		1	用钢直尺检查

（3）石材幕墙施工技术要求

石材幕墙一般由石材、金属材料（埋件、龙骨、挂件及螺栓等）及干挂胶等组成。石材幕墙材料的物理、力学耐候性能、抗压、抗折、弯曲程度、吸水率、放射性等均应符合规范要求，不仅在设计中要保证石材的各种荷载和作用产生的最大弯曲应力标准值在安全数值之内，在石材幕墙产品的施工中也应严格按规范执行。

依据：《金属与石材幕墙工程技术规范》JGJ 133—2001、《建筑装饰装修工程质量验收标准》GB 50210—2018 以及其他石材幕墙相关的建筑幕墙标准。

1）施工准备

① 材料

A　石材幕墙工程使用的材料必须具备相应的出厂合格证、质保书和检验报告。

B　石材幕墙工程中使用的铝合金型材，其壁厚、膜厚、硬度和表面质量等必须达到设计及规范要求。

C　石材幕墙工程中使用的钢材，其厚度、长度、膜厚和表面质量等必须达到设计及规范要求。

D　石材幕墙工程中使用的面材，其厚度、板材尺寸、外观质量等必须达到设计及规范要求。

E　石材幕墙工程中使用的硅酮结构密封胶、硅酮耐候密封胶及其他密封材料，其相容性、粘结拉伸性能、固化程度等必须达到设计及规范要求。

② 主要机具

冲击钻、砂轮切割机、电焊机、螺丝刀、钳子、扳手、线坠、水平尺、钢卷尺。

③ 作业条件

A 主体结构已施工完毕。主体施工时已按设计要求埋设预埋件。预埋件位置准确，拉拔试验合格。

B 幕墙安装的施工组织设计已完成，并经有关部门审核批准。

C 幕墙材料按计划一次进足，并配套齐全。构件和附件的材料品种、规格、色泽和性能符合设计要求。

D 安装幕墙用的排架已搭设好。

2）操作工艺

施工顺序：测量放线→安装连接件→安装金属骨架→安装防火材料→安装石材板→处理板缝→处理幕墙收口→清理板面。

① 测量放线

A 根据主体结构上的轴线和标高线，按设计要求将支承骨架的安装位置线准确地弹到主体结构上。

B 将所有预埋件剔凿出来，并复测其位置尺寸。

C 测量放线时应控制分配误差，不使误差积累。

② 安装连接件

将连接件与主体结构上的预埋件焊接固定。当主体结构上没有埋设预埋铁件时，可在主体结构上打孔安设膨胀螺栓与连接铁件固定。

③ 安装金属骨架

A 按弹线位置准确无误地将经过防锈处理的立柱用焊接或螺栓固定在连接件上。安装中应随时检查标高和中心线位置。

B 将横梁两端的连接件及垫片安装在立柱的预定位置，并应安装牢固，其接缝应严密；相邻两根横梁的水平标高偏差不应大于1mm。

④ 安装防火材料

将防火棉用镀锌钢板固定。应使防火棉连续地密封于楼板与石板之间的空位上，形成一道防火带，中间不得有空隙。

⑤ 安装石材板

A 先按幕墙面基准线仔细安装好底层第一层石材。

B 板与板之间留缝10～15mm，以便调整安装误差。石板安装时，左右、上下的偏差不应大于1.5mm。注意安放每层金属挂件的标高，金属挂件应紧托上层饰面板，而与下层饰面板之间留有间隙。

C 安装时要在饰面板的销钉孔或切槽口内注入大理石胶，以保证饰面板与挂件的可靠连接。

D 安装时宜先完成窗洞口四周的石材，以免安装发生困难。

E 安装到每一楼层标高时，要注意调整垂直误差。

⑥ 处理板缝

在铝板之间的缝隙中注入硅酮耐候密封胶等材料。

⑦ 处理幕墙收口

收口处理可利用金属板将墙板端部及龙骨部位封盖。

⑧ 清理板面

清除板面保护胶纸,把板面清理干净。

3) 质量验收标准

① 主控项目

A 石材幕墙工程所用材料的品种、规格、性能和等级,应符合设计要求及国家现行产品标准和工程技术规范的规定。石材的弯曲强度不应小于8.0MPa;吸水率应小于0.8%。石材幕墙的铝合金挂件厚度不应小于4.0mm,不锈钢挂件厚度不应小于3.0mm。

检验方法:观察;尺量检查;检查产品合格证书、性能检测报告、材料进场验收记录和复验报告。

B 石材幕墙的造型、立面分格、颜色、光泽、花纹和图案应符合设计要求。

检验方法:观察。

C 石材孔、槽的数量、深度、位置、尺寸应符合设计要求。

检验方法:检查进场验收记录或施工记录。

D 石材幕墙主体结构上的预埋件和后置埋件的位置、数量及后置埋件的拉拔力必须符合设计要求。

检验方法:检查拉拔力检测报告和隐蔽工程验收记录。

E 石材幕墙的金属框架立柱与主体结构预埋件的连接、立柱与横梁的连接、连接件与金属框架的连接、连接件与石材面板的连接必须符合设计要求,安装必须牢固。

检验方法:手扳检查;检查隐蔽工程验收记录。

F 金属框架和连接件的防腐处理应符合设计要求。

检验方法:检查隐蔽工程验收记录。

G 石材幕墙的防雷装置必须与主体结构防雷装置可靠连接。

检验方法:观察;检查隐蔽工程验收记录和施工记录。

H 石材幕墙的防火、保温、防潮材料的设置应符合设计要求,填充应密实、均匀、厚度一致。

检验方法:检查隐蔽工程验收记录。

I 各种结构变形缝、墙角的连接节点应符合设计要求和技术标准的规定。

检验方法:检查隐蔽工程验收记录和施工记录。

J 石材表面和板缝的处理应符合设计要求。

检验方法:观察。

K 石材幕墙的板缝注胶应饱满、密实、连续、均匀、无气泡,板缝宽度和厚度应符合设计要求和技术标准的规定。

检验方法:观察;尺量检查;检查施工记录。

L 石材幕墙应无渗漏。

检验方法:在易渗漏部位进行淋水检查。

② 一般项目

A 石材幕墙表面应平整、洁净,无污染、缺损和裂痕。颜色和花纹应协调一致,无明显色差,无明显修痕。

检验方法:观察。

B 石材幕墙的压条应平直、洁净、接口严密、安装牢固。

检验方法：观察；手扳检查。

C　石材接缝应横平竖直、宽窄均匀；阴阳角石板压向应正确，板边合缝应顺直；凸凹线出墙厚度应一致，上下口应平直；石材面板上洞口、槽边应套割吻合，边缘应整齐。

检验方法：观察；尺量检查。

D　石材幕墙的密封胶缝应横平竖直、深浅一致、宽窄均匀、光滑顺直。

检验方法：观察。

E　石材幕墙上的滴水线、流水坡向应正确、顺直。

检验方法：观察；用水平尺检查。

F　每平方米石材的表面质量和检验方法应符合表 2-26 的规定。

每平方米石材的表面质量和检验方法　　　　　表 2-26

项次	项目	质量要求	检验方法
1	裂痕、明显划伤和长度＞100mm 的轻微划伤	不允许	观察
2	长度≤100mm 的轻微划伤	≤8 条	用钢尺检查
3	擦伤总面积	≤500mm^2	用钢尺检查

G　石材幕墙安装的允许偏差和检验方法应符合表 2-27 的规定。

石材幕墙安装的允许偏差和检验方法　　　　　表 2-27

项次	项目		允许偏差（mm）		检验方法
			光面	麻面	
1	幕墙垂直度	幕墙高度≤30m	10		用经纬仪检查
		30m＜幕墙高度≤60m	15		
		60m＜幕墙高度≤90m	20		
		幕墙高度＞90m	25		
2	幕墙水平度		3		用水平仪检查
3	板材立面垂直度		3		用水平仪检查
4	板材上沿水平度		2		用1m 水平尺和钢直尺检查
5	相邻板材板角错位		1		用钢直尺检查
6	幕墙表面平整度		2	3	用垂直检测尺检查
7	阳角方正		2	4	用直角检测尺检查
8	接缝直线度		2	4	拉5m 线，不足 5m 拉通线，用钢直尺检查
9	接缝高低差		1	—	用钢直尺和塞尺检查
10	接缝宽度		1	2	用钢直尺检查

12. 细部工程施工技术要求

（1）细部工程应对下列部位进行隐蔽工程验收：

1）预埋件（或后置埋件）。

2）护栏与预埋件的连接节点。

(2)护栏、扶手的技术要求

① 护栏高度、栏杆间距、安装位置必须符合设计要求。民用建筑护栏高度不应小于有关规范要求的数值,高层建筑的护栏高度应适当提高,但不宜超过1.2m;栏杆离地面或屋面0.1m高度内不应留空。

② 护栏玻璃应使用公称厚度不小于12mm的钢化玻璃或钢化夹层玻璃;当护栏一侧距楼地面高度为5m及以上时,应使用钢化夹层玻璃。

(3)橱柜制作与安装

橱柜制作所用材料应按设计要求进行防火、防腐和防虫处理。橱柜制作所采用的材料必须符合《民用建筑工程室内环境污染控制标准》GB 50325—2020的规定。

1)工艺流程:选料与配料→刨料→画线→凿眼开榫→安装→收边和饰面。

2)质量控制与检验标准

① 橱柜制作与安装所用材料的材质和规格、木材的燃烧性能等级和含水率、花岗石的放射性及人造木板的甲醛含量应符合设计要求及国家现行标准的有关规定。

② 橱柜安装预埋件或后置埋件的数量、规格、位置应符合设计要求。

③ 橱柜的造型、尺寸、安装位置、制作和固定方法应符合设计要求。橱柜安装必须牢固。

④ 橱柜配件的品种、规格应符合设计要求。配件应齐全,安装应牢固。

⑤ 橱柜的抽屉和柜门应开关灵活、回位正确。

⑥ 橱柜表面应平整、洁净、色泽一致、不得有裂缝、翘曲及损坏。橱柜裁口应顺直,拼缝应严密。

⑦ 橱柜安装的允许偏差和检验方法应符合表2-28的规定。

橱柜安装的允许偏差和检验方法　　　　　　　　　　表2-28

项次	项目	允许偏差(mm)	检验方法
1	外形尺寸	3	用钢尺检查
2	立面垂直度	2	用1m垂直检测尺检查
3	门与框架的平行度	2	用钢尺检查

(4)窗帘盒、窗台板和散热器罩制作与安装

1)工艺流程

① 木窗帘盒、木窗台板:配料→基体处理→弹线→半成品加工→拼接组合→安装→整修刨光→饰面。

② 石材窗台板:弹线→基层处理→剔槽→粘贴。

③ 散热器罩:清理基层→制作安装木龙骨架→安装中密度基层板→粘贴饰面板→安装散热器罩。

2)质量控制与检验标准

① 窗帘盒、窗台板和散热器罩制作与安装所使用材料的材质和规格、木材的燃烧性能等级和含水率、花岗石的放射性及人造木板的甲醛含量应符合设计要求及国家现行标准的有关规定。

② 窗帘盒、窗台板和散热器罩的造型、规格、尺寸、安装位置和固定方法必须符合

设计要求。窗帘盒、窗台板和散热器罩的安装必须牢固。

③ 窗帘盒配件的品种、规格应符合设计要求，安装应牢固。

④ 窗帘盒、窗台板和散热器罩表面应平整、洁净、线条顺直、接缝严密、色泽一致，不得有裂缝、翘曲及损坏。窗帘盒、窗台板和散热器罩与墙面、窗框的衔接应严密、密封胶缝应顺直、光滑。

⑤ 窗帘盒、窗台板和散热器罩安装的允许偏差和检验方法应符合表 2-29 的规定。

窗帘盒、窗台板和散热器罩安装的允许偏差和检验方法　　　　表 2-29

项次	项目	允许偏差（mm）	检验方法
1	水平度	2	用 1m 水平尺和塞尺检查
2	上口、下口直线度	3	拉 5m 线，不足 5m 拉通线，用钢直尺检查
3	两端距窗洞口长度差	2	用钢直尺检查
4	两端出墙厚度差	3	用钢直尺检查

（5）门窗套制作与安装

1）工艺流程

① 木门窗套：检查门窗洞口尺寸→制作安装木龙骨→安装基层板→装钉面板→钉收口实木压线→油漆饰面。

② 石材门窗套：基层处理、找规矩→基层抹灰→试拼→粘贴→勾缝→养护。

2）质量控制与检验标准

① 门窗套制作与安装所使用材料的材质、规格、花纹和颜色、木材的燃烧性能等级和含水率、花岗石的放射性及人造木板的甲醛含量应符合设计要求及国家现行标准的有关规定。

② 门窗套的造型、尺寸和固定方法应符合设计要求，安装应牢固。门窗套表面应平整、洁净、线条顺直、接缝严密、色泽一致，不得有裂缝、翘曲及损坏。

③ 门窗套安装的允许偏差和检验方法应符合表 2-30 的规定。

门窗套安装的允许偏差和检验方法　　　　表 2-30

项次	项目	允许偏差（mm）	检验方法
1	正、侧面垂直度	3	用 1m 垂直检测尺检查
2	门窗套上口水平度	1	用 1m 水平检测尺和塞尺检查
3	门窗套上口直线度	3	拉 5m 线，不足 5m 拉通线，用钢直尺检查

（6）护栏与扶手制作与安装

1）工艺流程

配料→基体处理→弹线→半成品加工、拼接组合→安装。

2）质量控制与检验标准

① 护栏和扶手制作与安装所使用材料的材质、规格、数量和木材、塑料的燃烧性能等级应符合设计要求。

② 护栏和扶手的造型、尺寸及安装位置应符合设计要求。

③ 护栏和扶手安装预埋件的数量、规格、位置以及护栏与预埋件的连接节点应符合

设计要求。

④ 护栏高度、栏杆间距、安装位置必须符合设计要求。护栏安装必须牢固。

⑤ 护栏玻璃应使用公称厚度不小于 12mm 的钢化玻璃或钢化夹层玻璃。当护栏一侧距楼地面高度为 5m 及以上时，应使用钢化夹层玻璃。

⑥ 护栏和扶手转角弧度应符合设计要求，接缝应严密，表面应光滑，色泽应一致，不得有裂缝、翘曲及损坏。

⑦ 护栏和扶手安装的允许偏差和检验方法应符合表 2-31 的规定。

护栏和扶手安装的允许偏差和检验方法　　　　表 2-31

项次	项目	允许偏差（mm）	检验方法
1	护栏垂直度	3	用 1m 垂直检测尺检查
2	栏杆间距	0，−6	用钢尺检查
3	扶手直线度	4	拉通线，用钢直尺检查
4	扶手高度	+6，0	用钢尺检查

(7) 花饰制作与安装

1) 工艺流程

① 混凝土花饰：基层处理→弹线→安装、校正、固定→整修清理。

② 木花饰：选料下料→刨面、做装饰线→开榫→做连接件、花饰→预埋铁件或留凹槽→安装花饰→表面装饰处理。

③ 金属饰品：金属饰品制作→安装→嵌密封胶→清洁整修。

④ 石膏饰品安装：基层处理→弹线→安装→校正固定→整修清理。

2) 质量控制与检验标准

① 花饰制作与安装所使用材料的材质、规格应符合设计要求。

② 花饰的造型、尺寸应符合设计要求。花饰的安装位置和固定方法必须符合设计要求，安装必须牢固。

③ 花饰表面应洁净，接缝应严密吻合，不得有歪斜、裂缝、翘曲及损坏。

④ 花饰安装的允许偏差和检验方法应符合表 2-32 的规定。

花饰安装的允许偏差和检验方法　　　　表 2-32

项次	项目		允许偏差（mm）		检验方法
			室内	室外	
1	条形花饰的水平度或垂直度	每米	1	2	拉线和用 1m 垂直检测尺检查
		全长	3	6	
2	单独花饰中心位置偏移		10	15	拉线和用钢直尺检查

13. 建筑地面工程施工技术要求

（1）混凝土、水泥砂浆整体楼地面垫层施工技术要求

适用于水泥砂浆、混凝土、现制水磨石等整体楼地面。

1) 材料要求

① 水泥：采用 32.5 级及以上水泥，水泥进场应有产品出厂合格证、检测报告后方可验收；使用前对水泥的凝结时间、安定性（沸煮法试验合格）、强度进行复试，合格后方可使用。

② 砂：中粗砂，颗粒要求坚硬洁净，不得含有黏土、草根等杂物。

③ 粗骨料最大粒径不大于面层厚度的 2/3，细石混凝土的石子最大粒径不大于 15mm。

④ 混凝土面层的强度不低于 C20，混凝土垫层强度不低于 C15。

⑤ 水泥砂浆面层的强度不小于 M15。

2）混凝土垫层施工的基层处理

① 将基层上落地灰等杂物清除，清扫干净，并浇水湿润。

② 沿周围的墙面弹出 50 标高控制线。

③ 找平做点：根据室内的 50 标高控制线，检查地面的实际高度，准确留出面层的厚度后，确定垫层的厚度，并拉线用水泥砂浆做平面控制点贴饼、冲筋。

④ 埋分格木条：根据建筑尺寸，沿纵横（间距小于 6m）埋设分隔条；木条先用水泡湿，两侧先用水泥砂浆临时固定。

3）工艺流程

混凝土（砂浆）搅拌→基底处理→浇筑→压实→养护。

4）施工工艺

① 配合比申请：由试验员将所用的水泥、砂、石等送往试验室，通过对给定的原材料进行试配后，确定混凝土（砂浆）配合比。

② 计量：现场配备磅秤，对砂、石料进行准确计量。

③ 搅拌：用混凝土搅拌机进行强制搅拌，搅拌时间不小于 2min。

④ 基底处理：浇筑前用扫把将整个基底扫一道水灰比 0.4～0.5 的素水泥浆结合层。

⑤ 浇筑混凝土（或水泥砂浆）地面：将搅拌好的混凝土（或水泥砂浆）按做好的厚度控制点摊在基层上，然后沿冲筋用刮杠摊平，用木抹子初次收平压实。

⑥ 表面搓毛：待混凝土（砂浆）初凝前，用木抹子搓压后，不平处用水泥砂浆找平；使垫层坚实、平整。同时取出木分格条。

⑦ 养护：等面层凝固后要及时洒水、喷水养护。

⑧ 做试件：每一检验批（检验批的划定见质量验收）留置一组试件，当一个检验批大于 1000m² 时，增加一组试件。

5）质量验收标准

质量验收按照《建筑地面工程施工质量验收规范》GB 50209—2010 中相关条文执行。

（2）混凝土、水泥砂浆整体楼地面面层施工技术要求

1）基层要求

① 待混凝土垫层强度达到 1.2MPa 后，方可进行面层施工。

② 将垫层上的分隔缝用水泥砂浆填平。

③ 找平做点：根据室内的 50 控制线，地面设计厚度，拉线用水泥砂浆做平面控制点贴饼、冲筋。

2）施工工艺

工艺流程：混凝土（砂浆）搅拌→基底处理→浇筑→压实→养护。

① 混凝土（砂浆）搅拌

A 配合比申请：由试验员将所有的水泥、砂、石等送往试验室，试验室通过对给定的原材料进行试配后，确定混凝土（砂浆）配合比。

B 计量：现场配备磅秤，对砂、石料进行准确计量。

② 搅拌：用混凝土搅拌机进行强制搅拌，搅拌时间不小于 2min。

③ 基层清理：在基层上洒水湿润，不可有积水，然后刷一道界面剂。

④ 浇筑混凝土（或水泥砂浆）地面：将搅拌好的混凝土（或水泥砂浆）按做好的厚度控制点摊在基层上，然后沿冲筋厚度用刮杠摊平，再用木抹子初次搓平压实。

⑤ 表面压光：初次压光，待混凝土（砂浆）初凝前，表面先撒一层预拌好的比例为 1：1 的水泥砂子灰，随后用木抹子搓压后，用铁抹子初次压光；混凝土（砂浆）表面收水后（人踩了有脚印，但不陷人时为宜），进行第二次压光，压光时用力均匀，将表面压实、压光，清除表面气泡、砂眼等缺陷。

⑥ 养护、保护：等面层凝固后要及时洒水、喷水或撒锯末浇水养护 7d。

⑦ 抹水泥砂浆踢脚：

A 当地面达到上人强度后，方可进行踢脚施工。

B 先在墙面上刷一道内掺建筑胶的水泥浆，然后抹 8mm 厚的 1：3 的水泥砂浆，表面扫毛画出纹路，上口用尺杆修直。

C 待底层砂浆终凝后，再抹 6mm 厚的 1：2.5 的面层水泥砂浆，表面用铁抹子压光。

⑧ 做试件：每一检验批（检验批的划定见质量验收）留置一组试件，当一个检验批大于 1000m² 时，增加一组试件。

3）质量验收标准

质量验收按照《建筑地面工程施工质量验收规范》GB 50209—2010 中相关条文执行。

（3）板块地面施工技术要求（以地砖为例）

1）施工准备

① 材料

A 地砖：有出厂合格证及检测报告，品种规格及物理性能符合现行国家标准及设计要求，外观颜色一致，表面平整、边角整齐，无裂纹、缺棱掉角等缺陷。

B 水泥：硅酸盐水泥、普通硅酸盐水泥和矿渣水泥，其强度等级不应低于 32.5，严禁不同品种、不同强度等级的水泥混用。水泥进场应有产品合格证和出厂检验报告，进场后应进行取样复试。当对水泥质量有怀疑或水泥出厂超过三个月时，在使用前必须进行复试，并按复试结果使用。

C 白水泥：白色硅酸盐水泥，其强度等级不小于 32.5。其质量应符合现行国家标准的规定。

D 砂：中砂或粗砂，过 5mm 孔径筛子，其含泥量不大于 3%。

② 主要机具：砂搅拌机、台式砂轮锯、手提云石机、角磨机、橡皮锤、铁锹、手推车、筛子、钢尺、直角尺、靠尺、水平尺等。

③ 作业条件

A 室内标高控制线已弹好，大面积施工时应增加测设标高控制桩点，并校核无误。

B 室内墙面抹灰已做完、门框安装完。

C 地面垫层及预埋在地面内的各种管线已做完，穿过楼面的套管已安装完，管洞已堵塞密实，并办理完隐检手续。

D 铺砖前应向操作人员进行安全技术交底。大面积施工前宜先做出样板间或样板块，经设计、监理、建设单位认定后，方可大面积施工。

2）操作工艺

工艺流程：基层处理→水泥砂浆找平层→测设十字控制线、标高线→排砖、试铺→铺砖→养护→贴踢脚板面砖→勾缝。

① 基层处理：先把基层上的浮浆、落地灰、杂物等清理干净。

② 水泥砂浆找平层

A 冲筋：在清理好的基层上洒水湿润。依照标高控制线向下量至找平层上表面，拉水平线做灰饼。然后先在房间四周冲筋，再在中间每隔 1.5m 左右冲筋一道。有泛水的房间按设计要求的坡度找坡，冲筋宜朝地漏方向呈放射状。

B 抹找平层：冲筋后，及时清理冲筋剩余砂浆，再在冲筋之间铺装 1：3 水泥砂浆，一般铺设厚度不小于 20mm，将砂浆刮平，拍实、抹平整，同时检查其标高和泛水坡度是否正确，做好洒水养护。

③ 测设十字控制线、标高线：当找平层强度达到 1.2MPa 时，根据控制线和地砖面层设计标高，在四周墙面、柱面上，弹出面层上皮标高控制线。依照排砖图和地砖的留缝大小，在基层地面弹出十字控制线和分格线。

④ 排砖、试铺：排砖时，垂直于门口方向的地砖对称排列，当试排最后出现非整砖时，应将非整砖与一块整砖尺寸之和平分切割成两块大半砖，对称排在两边。与门口平行的方向，当门口是整砖时，最里侧的一块砖宜大于半砖，当不能满足时，将最里侧非整砖与门口整砖尺寸相加均分在门口和最里侧。根据施工大样图进行试铺，试铺无误后，进行正式铺贴。

⑤ 铺砖：先在两侧铺两条控制砖，依此拉线，再大面积铺贴。铺贴采用干硬性砂浆，其配比一般为 1：2.5～1：3.0（水泥：砂）。根据砖的大小先铺一段砂浆，并找平拍实，将砖放置在干硬性水泥砂浆上，用橡皮锤将砖敲平后揭起，在干硬性水泥砂浆上浇适量素水泥浆，同时在砖背面刮聚合物水泥膏，再将砖重新铺放在干硬性水泥砂浆上，用橡皮锤按标高控制线、十字控制线和分格线敲压平整，然后向四周铺设，并随时用 2m 靠尺和水平尺检查，确保砖面平整，缝格顺直。

⑥ 养护：砖面层铺贴完 24h 内应进行洒水养护，夏季气温较高时，应在铺贴完 12h 后浇水养护并覆盖，养护时间不少于 7d。

⑦ 贴踢脚板面砖：粘贴前砖要浸水阴干，墙面洒水湿润。铺贴时先在两端阴角处各贴一块，然后拉通线控制踢脚砖上口平直和出墙厚度。踢脚砖粘贴用 1：2 聚合物水泥砂浆，将砂浆粘满砖背面并及时粘贴，随之将挤出的砂浆刮掉，面层清理干净。

⑧ 勾缝：当铺砖面层的砂浆强度达到 1.2MPa 时进行勾缝，用与铺贴砖面层同品种、同强度等级的水泥或白水泥与矿物质颜料调成设计要求颜色的水泥膏或 1：1 水泥砂浆进行勾缝，勾缝清晰、顺直、平整光滑、深浅一致，并低于砖面 0.5～1.0mm。

3）质量验收标准

① 主控项目

A　砖面层板块材料的品种、规格、颜色、质量必须符合设计要求。

检验方法：观察检查和检查产品型式检验报告以及出厂材质合格证明文件及检测报告。

B　面层所用板块产品进入现场时，应有放射性限量合格的检测报告。

C　面层与下一层的结合（粘结）应牢固，无空鼓。

检验方法：用小锤轻击检查。

② 一般项目

A　砖面层应洁净，图案清晰，色泽一致，接缝平整，深浅一致，周边顺直。地面砖无裂纹、无缺棱掉角等缺陷，套割粘贴严密、美观。

检验方法：观察检查。

B　地砖留缝宽度、深度、勾缝材料颜色均应符合设计要求及规范的有关规定。

检验方法：观察和用钢尺检查。

C　踢脚线表面应洁净，高度一致，结合牢固，出墙厚度一致。

检验方法：观察和用小锤轻击及钢尺检查。

D　楼梯踏步和台阶板块的缝隙宽度应一致，棱角整齐；楼层梯段相邻踏步高度差不大于10mm；防滑条应顺直。

检验方法：观察和用钢尺检查。

E　地砖面层坡度应符合设计要求，不倒泛水，无积水；与地漏、管根结合处应严密牢固，无渗漏。

检验方法：观察、泼水或坡度尺及蓄水检查。

（4）板块地面施工技术要求（大理石、花岗石面层为例）

1）施工准备

① 材料

A　天然大理石

天然大理石的品质应采用优等品或一等品，规格按设计要求加工。其板材的平面度、角度及外观质量，应符合现行建筑材料规范规定。板材正面外观，应无裂纹、缺棱、掉角、色斑、砂眼等缺陷；其物理性能镜面光泽度应不低于80光泽单位或符合设计要求，并有产品出厂质量合格证和近期检测报告。

B　天然花岗石

天然花岗石其品质应选择优等品或一等品。规格按设计要求加工。其板材的平面度、角度及外观质量应符合设计要求和现行建筑材料规范规定。板材正面外观应无缺棱、缺角、裂纹、色斑、色线、坑窝等缺陷。并有产品出厂质量合格证和近期检测报告。

C　水泥、砂

水泥采用强度等级为42.5级的普通硅酸盐水泥；砂用中砂（细度模数3.0～2.3）或粗砂（细度模数3.7～3.1），过筛。

D　颜料

应根据设计要求，采用耐酸、耐碱的矿物颜料。

② 主要机具

手提式石材切割机（云石机）、手提式砂轮机、水准仪、橡皮锤、木拍板、木槌、棉纱、擦布、尼龙线、水平尺、方尺、靠尺。

③ 施工作业条件

A 楼（地）面构造层已验收合格。

B 沟槽、暗管等已安装并已验收合格。

C 门框已安装固定，其建筑标高、垂直度、平整度已验收合格。

D 设有坡度和地漏的地面，流水坡度符合设计要求。

E 房屋变形缝已处理好，首层外地面分仓缝已确定。

F 厕浴间防水层完工后，蓄水试验不渗不漏，已验收合格。

G 墙面＋50cm 基准线已弹好。

H 石材复验放射性指标限量符合室内环境污染控制规范规定。

2）操作工艺

① 基层处理

基层表面的垃圾、砂浆杂物应彻底清除，并冲洗干净。

② 弹控制线

A 根据墙面上 500mm 基准线，在四周墙上弹楼（地）面建筑标高线，并测量房间的实际长、宽尺寸，按板块规格加灰缝（1mm），计算长、宽向应铺设板块数。

B 地面基层上弹通长框格板块标筋或十字通长板块标筋两种铺贴方法的控制线。弹线后，二者分别做结合层水泥找平小墩。

C 踢脚线按设计高度弹上口线：楼梯和台阶，按楼（地）地和休息平台的建筑标高线，从上下两头踏步起止端点，弹斜线作为分步标准。

③ 标筋

按控制线跟线铺一条宽于板块的湿砂带，拉建筑标高线，在砂带上按设计要求的颜色、花纹、图案、纹理编排板块，试排确定后，逐块编号，码放整齐。

试铺中，应根据排布编号的板块逐块铺贴。然后用木拍板和橡胶锤敲击平实。每铺一条，拉线严格检查板块的建筑标高、方正度、平整度、接缝高低差和缝隙宽度，经调整符合施工规范规定后作板块铺贴标筋，养护 1～2d，除去板块两侧的砂。

另一种"浇浆铺贴"法是砂带刮平，拍实后拉线试铺。如有高低，将板块掀起，高处将砂子铲平，低处添补砂子，找平拍实，反复试铺，直至板块表面达到平整、缝直。再将板块掀起，在砂带表面均匀地浇上素水泥浆；重新铺贴板块，用橡皮锤敲击，水平尺检验，使板块板面平整、密实。

④ 铺贴、养护、打蜡

铺贴前，板块应浸水、晾干，随即在基层上刷素水泥浆一道，摊铺水泥砂浆结合层，但厚度应比标筋砂浆提高 2mm，刮平、拍实，木抹子搓平。刷水泥素浆作胶粘剂，按板块编号，在框格内镶贴。铺贴中如发现板面不平，应将板块掀起，用砂浆垫平，亦可采用垫砂浇浆铺贴法，施工方法同上述。铺完隔 24h 用 1:1 的水泥砂浆灌缝，灌深为板厚的 2/3，表面用同板块颜色的水泥浆擦缝，再用干锯屑擦亮，并彻底清除粘滴在板面的砂浆，铺湿锯屑养护 3d，打蜡、擦光。

⑤ 踢脚线铺贴

铺踢脚线的墙、柱面湿水、刷素水泥浆一道，抹 1:3 干硬性水泥砂浆结合层，表面划毛，待水泥砂浆终凝且有一定强度后，墙、柱面湿水，抹素水泥浆，将选定的踢脚线背面抹一层素水泥浆，跟线铺贴，接缝 1mm。用木槌垫木板轻轻敲击，使板块粘结牢固，拉通线校正平直度合格后，抹除板面上的余浆。

⑥ 楼梯踏步铺贴

楼梯踏步和台阶，跟线先抹踏步立面（踢板）的水泥砂浆结合层，但踢板可内倾，决不允许外倾。后抹踏步平面（踏板），并留出面层板块的厚度，每个踏步的几何尺寸必须符合设计要求。养护 1~2d 后在结合层上浇素水泥浆作粘结层，按先立面后平面的规则，拉斜线铺贴板块。

防滑条的位置距齿角 30mm，亦可经养护后锯割槽口嵌条。

踏步铺贴完工，铺设木板保护，7d 内准上人。

室外台阶踏步，每级踏步的平面，其板块的纵向和横向，应能排水，雨水不得积聚在踏步的平面上。

⑦ 踢脚线

先沿墙（柱）弹出墙（柱）厚度线，根据墙体冲筋和上口水平线，用 1:3~1:2.5 的水泥砂浆（体积比）抹底、刮平、划纹，待干硬后，将已湿润晾干的板块背面抹上 2~3mm 素水泥浆跟线粘贴，并用木槌敲击，找平、找直，次日用同色水泥浆擦缝。

3）质量验收标准

① 主控项目

A　大理石、花岗石面层所用板块的品种、质量应符合设计要求和国家现行有关标准的规定。

检验方法：观察检查和检查材质合格记录。

B　大理石、花岗石面层所用板块进入现场时，应有放射性限量合格的检测报告。

C　面层与下一层应结合牢固，无空鼓。

检验方法：用小锤轻击检查（凡单块板块边角有局部空鼓，且每自然间（标准间）不超过总数的 5% 可不计）。

② 一般项目

A　大理石、花岗石面层铺设前，板块的背后和侧面应进行防碱处理。

B　大理石、花岗石面层的表面应洁净、平整、无磨痕，且应图案清晰、色泽一致、接缝均匀、周边顺直，镶嵌正确、板块无裂纹、掉角、缺棱等缺陷。

检验方法：观察检查。

C　踢脚线表面应洁净，与柱、墙面的结合应牢固。踢脚线高度及出柱、墙厚度应符合设计要求，且均匀一致。

检验方法：观察和用小锤轻击及钢尺检查。

D　楼梯、台阶踏步的宽度、高度应符合设计要求。踏步板块的缝隙宽度应一致；楼层梯段相邻踏步高度差应不大于 10mm；每踏步两端宽度差不应大于 10mm，放置楼梯梯段的每踏步两端宽度的允许偏差不应大于 5mm。踏步面层应做防滑处理，齿角应整齐，防滑条应顺直、牢固。

检验方法：观察和用钢尺检查。

E　面层表面的坡度应符合设计要求，不倒泛水，无积水；与地漏、管道结合处应严密牢固、无渗漏。

检验方法：观察、泼水或用坡度尺及蓄水检查。

F　大理石和花岗石面层（或碎拼大理石、碎拼花岗石）的允许偏差应符合表 2-33 的规定。

板块面层的允许偏差和检验方法　　　　　　　　表 2-33

项目	允许偏差（mm）		检验方法
	大理石、花岗石面层	碎拼大理石、碎拼花岗石面层	
表面平整度	1.0	3.0	用 2m 靠尺和楔形塞尺检查
缝格平直	2.0	—	拉 5m 线和用钢尺检查
接缝高低差	0.5	—	用钢尺和楔形塞尺检查
踢脚线上口平直	1.0	1.0	拉 5m 线和用钢尺检查
板块间隙宽度	1.0	—	用钢尺检查

（5）实木地板面层施工技术要求

1）施工准备

① 材料

A　原材料主要有实木地板、胶粘剂、木方、胶合板、防潮垫。

B　实木地板面层所采用的材质和铺设时的木材含水率必须符合设计要求或不大于12％；木方、垫木及胶合板等必须做防腐、防白蚁、防火处理；胶合板甲醛释放量不大于1.5mg/L。

C　胶粘剂：按设计要求选用或使用地板厂家提供的专用胶粘剂，容器型胶粘剂总挥发性有机物不大于 750g/L，水基型胶粘剂总挥发性有机物不大于 50g/L。

D　原材料产品合格证及相关检验报告齐全。

② 主要机具：电锤、手枪钻、云石电锯机、曲线电锯、气泵、气枪、电刨、磨机、带式砂光机、手锯、刀锯、钢卷尺、角尺、锤子、斧子、扁凿、刨、钢锯。

③ 作业条件

A　材料检验已经完毕并符合要求。

B　实木地板面层下的各层做法及隐蔽工程已按设计要求施工并隐蔽验收合格。

C　施工前应做好水平标志，可采用竖尺、拉线、弹线等方法，以控制铺设的高度和厚度。

D　操作工人必须经专门培训，并经考核合格后方可上岗。

E　熟悉施工图纸，对作业人员进行技术交底。

F　作业时的施工条件（工序交叉、环境状况等）应满足施工质量可达到标准的要求。

a　地板施工前，应完成顶棚、墙面的各种湿作业，粉刷干燥程度到达 80％以上，并已完成门窗和玻璃安装。

b　地板施工前，水暖管道、电气设备及其他室内固定设施应安装并油漆完毕。

2）操作工艺

工艺流程：基层处理→弹控制线→安装木龙骨→做防蛀、防腐处理→基层板安装→木地板铺设→油漆→地脚线安装→验收。

① 技术交底：对施工技术要求、质量要求、职业安全、环境保护及应急措施等进行交底。

楼板基层要求平整，有凹凸处用铲刀铲平，并用水泥加108胶的灰浆（或用石膏胶粘剂加砂）填实和刮平（其质量比是水泥：胶＝1：0.06）。待干后扫去表面浮灰和其他杂质，然后用拧干的湿拖布擦拭一遍。

在现场对实木地板进行挑选分堆。然后进行实木地板油底漆工作。精选时可分为两堆，即深色、浅色各为一堆，然后精选，即在深、浅色两堆中再选出木纹不一样的径切板和弦切板。然后根据各堆的数量，自行设计布置方案进行试铺，待方案经设计师或业主确认后开始铺设地板。

② 安装木龙骨

A 木龙骨基架截面尺寸、间距及稳固方法等均应符合设计要求。

B 木龙骨基架应做防火、防蛀、防腐处理，同时应选用烘干木方。

C 先在楼板上弹出各木龙骨基架的安装位置线（间距300mm或按设计要求）及标高，将木龙骨基架放平、放稳并找好标高，用膨胀螺栓和角码（角钢上钻孔）把木龙骨基架牢固固定在楼板基层上，木龙骨基架与楼板基层间缝隙应用干硬性砂浆（或垫木）填密实，接触部位刷防腐剂。当地板面层距离楼板高度大于250mm时，木龙骨基架之间增设剪刀撑，木龙骨基架跨度较大时，根据设计要求增设地垄墙、砖墩或钢构件。

D 木龙骨基架固定时不得损坏楼板基层及预埋管线，同时与墙之间应留出30mm的缝隙，表面应平整，当房间面积超过100m² 或长边大于15m时应在木格栅中预留伸缩缝，宽度为30～50mm。在木龙骨基架上铺设防潮膜，防潮膜接头应重叠200mm，四边往上弯。隐蔽验收合格后进入下道工序。

③ 铺设基层板：根据木龙骨基架模数和房间的情况，将木夹板下好料，将木夹板牢固钉在木龙骨基架上，钉法采用直钉和斜钉混用，直钉钉帽不得凸出板面。采用整张板时，应在板上开槽，槽的深度为板厚的1/3，方向与格栅垂直，间距200mm左右。木夹板应错缝安装，每块木夹板接缝处应预留3～5mm间隙，同时木夹板长边方向与实木地板长边方向垂直，木夹板短边方向接缝与木搁栅预留伸缩缝错开。自检合格后进入下道工序。

④ 铺实木地板（素板）：从墙的一边开始铺钉企口实木地板，靠墙的一块离开墙面10mm左右，以后逐块排紧。不符合模数的板块，其不足部分在现场根据实际尺寸将板块切割后镶补，并应用胶粘剂加强固定。铺设实木地板应从房间内退着往外铺设。实木地板面层接头应按设计要求留置。当房间面积超过100m² 或长边大于15m时应在实木地板中预留伸缩缝，宽度为30～50mm，安装专用压条，位置按设计要求或与地板长边平行。

⑤ 刨平磨光：需要刨平磨光的地板应先粗刨后细刨，地板面层在刨平工序所刨去的厚度不宜大于1.5mm，并应不显刨痕；面层平整后用砂带机磨光，手工磨光要求两遍，第一遍用3号粗砂纸磨光，第二遍用0～1号细砂纸磨光。

⑥ 铺实木地板（漆板）

A 从靠门边的墙面开始铺设，用木楔定位，伸缩缝留足 5～10mm。

B 地板槽口对墙，纵成榫，接成排，随装随锤紧，务必第一排拉线找直，因墙不一定是直线，此时再调整木楔厚度尺寸。整个铺设时，榫槽处均不施胶粘结，完全靠榫槽企口啮合，榫槽加工公差要紧密，配合严密。最后一排地板不能窄于 5cm 宽度。其不足部分在现场根据实际尺寸将板块切割后镶补，并应用胶粘剂加强固定。若施工中发现某处缝隙过大，可用专用拉紧板钩抽紧。

C 实木地板面层接头应按设计要求留置。当房间面积超过 100m^2 或长边大于 15m 时应在实木地板中预留伸缩缝，宽度为 30～50mm，安装专用压条，位置按设计要求或与地板长边平行。

⑦ 卫生间、厨房与地板连接处建议加防水胶隔离处理。

⑧ 在施工过程中，若遇到管道、柱脚等情况，应适当地进行开孔切割、施胶安装，还要保持适当的间隙。

⑨ 实木地板铺设完成后，经自检合格后进行收边压条及踢脚线安装。

3）质量验收标准

① 主控项目

A 实木地板、实木集成地板、竹地板面层采用的地板、铺设时的木（竹）材含水率、胶粘剂等应符合设计要求和国家现行有关标准的规定。

检验方法：观察检查和检查型式检验报告、出厂检验报告、出厂合格证。

B 实木地板、实木集成地板、竹地板面层采用的材料进入施工现场时，应有以下有害物质限量合格的检测报告：

a 地板中的游离甲醛（释放量或含量）。

b 溶剂型胶粘剂中的挥发性有机化合物（VOC）、苯、甲苯、二甲苯。

c 水性胶粘剂中的挥发性有机化合物（VOC）和游离甲醛。

检验方法：检查检测报告。

C 木格栅、垫木和垫层地板等应做防腐、防蛀处理。

检验方法：观察检查和检查验收记录。

② 一般项目

A 实木地板面层应刨平磨光，无明显刨痕和毛刺等现象；图案清晰，颜色均匀一致。

检验方法：观察、手摸和脚踩检查。

B 面层缝隙应严密；接头位置应错开、表面应平整、洁净。

检验方法：观察检查。

C 拼花地板的接缝应对齐，粘、钉严密；缝隙宽度要均匀一致；表面洁净，胶粘无溢胶。

检验方法：观察检查。

D 踢脚线表面应光滑，接缝严密，高度一致。

检验方法：观察和钢尺检查。

E 实木地板面层的允许偏差和检验方法应符合表 2-34 的规定。

实木地板面层的允许偏差和检验方法　　　　表 2-34

项次	项目	允许偏差（mm）				检验方法
		实木地板面层			实木复合地板、中密度（强化）复合地板面层、竹地板面层	
		松木地板	硬木地板	拼花地板		
1	板面缝隙宽度	1.0	0.5	0.2	0.5	用钢尺检查
2	表面平整度	3.0	2.0	2.0	2.0	用2m靠尺和楔形塞尺检查
3	踢脚线上口平齐	3.0	3.0	3.0	3.0	拉5m通线，不足5m拉通线和用钢尺检查
4	板面拼缝平直	3.0	3.0	3.0	3.0	
5	相邻板材高差	0.5	0.5	0.5	0.5	用钢尺和楔形塞尺检查
6	踢脚线与面层的接缝	1.0				用楔形塞尺检查

14. 装饰装修水电工程施工技术要求

（1）洁具安装

1）施工准备

① 材料

A　进入现场的卫生器具、配件必须具有中文质量合格证明文件、规格、型号及性能检测报告，应符合国家技术标准或设计要求。

B　所有卫生器具、配件进场时应对品种、规格、外观等进行验收。包装应完好，表面无划痕及外力冲击破损。

C　主要器具和设备必须有完整的安装使用说明书。

D　在运输、保管和施工过程中，应采取有效措施防止损坏或腐蚀。

② 主要机具

套丝机、砂轮切割机、角向砂轮切割机、手电钻、冲击电钻、打孔机、PP-R 热熔电烙铁、管剪、美工刀、手锯、活动扳手、手锤、圆锉、水平尺、角尺、钢卷尺。

③ 作业条件

A　根据设计要求和土建确定的基准线，确定好卫生器具的标高。

B　所有与卫生器具连接的管道水压、灌水试验已完毕，并已办好隐蔽、预检手续。

C　浴盆安装应待土建做完防水层及保护层后，配合土建施工进行。

D　其他卫生器具安装应待室内装修基本完成后再进行安装。

E　蹲式大便器应在其台阶砌筑前安装。

2）操作工艺

工艺流程：施工准备→技术交底→材料验收→放线定位→安装→通满水试验→完工验收。

① 小便器安装

A　小便器上水管一般要求暗装，用角阀与小便器连接。

B　角阀出水口中心应对准小便器进出口中心。

C　配管前应在墙面上画出小便器安装中心线，根据设计高度确定位置，画出十字线，按小便器中心线打眼、楔入木针或塑料膨胀螺栓。

D 用木螺钉加尼龙垫圈轻轻将小便器拧靠在木砖上，不得偏斜、离斜。

E 小便器排水接口为承插口时，应用油腻子封闭。

② 大便器安装

A 大便器安装前，应根据房屋设计，画出安装十字线。设计上无规定时，蹲式大便器下水口中心距后墙面最小为：陶瓷水封 660mm，铸铁水封 620mm，左右居中。

B 坐式大便器安装前应用水泥砂浆找平，大便器接口填料应采用油腻子，并用带尼龙垫圈的木螺钉固定于预埋的木砖上。

C 高位水箱安装应以大便器进水口为准，找出中心线并画线，用带尼龙垫圈的木螺钉固定于预埋的木砖上。水箱拉链一般宜位于使用方向右侧。

D 安装完毕，应做好保护。

③ 洗脸盆（洗涤盆）安装

A 根据洗脸盆中心及洗脸盆安装高度画出十字线，将支架用带有钢垫圈的木螺钉固定在预埋的木砖上。

B 安装多组洗脸盆时，所有洗脸盆应在同一水平线上。

C 洗脸盆与排水栓连接处应用浸油石棉橡胶板密封。

D 洗涤盆下有地漏时，排水短管的下端，应距地漏不小于 100mm。

④ 浴盆（淋浴盆）安装

A 浴盆应平稳地安装在地面上，并具有 0.005 的坡度，坡向排水栓。

B 溢流管与排水栓应采用 $\phi50$ 管，并设有水封，与排水管道接通。

C 热水管道如暗配时，应将管道敷设保温层后埋入墙面。

D 淋浴器管道明装时，冷热水管间距一般为 180mm，管外表面距离墙面不小于 20mm。

⑤ 地漏安装

A 核对地面标高，按地面水平线采用 0.02 的坡度，再低 5～10mm 为地漏表面标高。

B 地漏安装后，用 1∶2 水泥砂浆将其固定。

3）质量验收标准

① 主控项目

A 排水栓和地漏的安装应平正、牢固，低于排水表面，周边无渗漏，地漏水封高度不得小于 50mm。

B 卫生器具交工前应满水和通水试验。

检验方法：满水后各连接件不渗不漏；通水试验给水、排水畅通。

② 一般项目

A 卫生器具安装的允许偏差符合表 2-35 的规定。

卫生器具安装的允许偏差和检验方法 表 2-35

项次	项目		允许偏差（mm）	检验方法
1	坐标	单独器具	10	用拉线、吊线和尺量检查
		成排器具	5	
2	标高	单独器具	±10	
		成排器具	±5	

续表

项次	项目	允许偏差（mm）	检验方法
3	器具水平度	3	用水平尺和尺量检查
4	器具垂直度	3	用吊线和尺量检查

B　有饰面的浴盆，应留有通向浴盆排水口的检修门。

C　小便槽冲洗管，应采用镀锌钢管或硬质塑料管。冲洗孔应斜向下方安装，冲洗水流同墙面成 45°角。镀锌钢管钻孔后应进行二次镀锌。

检验方法：观察检查。

D　卫生器具的支、托架必须防腐良好，安装平整、牢固，与器具接触紧密、平稳。

检验方法：观察和手扳检查。

（2）给水管道及配件安装技术要求

1）施工准备

① 材料

管材、管件及附件的卫生性能应符合现行国家标准《生活饮用水输配水设备及防护材料的安全性评价标准》GB/T 17219 的规定。

A　管材和管件的内、外壁表面应光滑、平整，无气泡、裂口、裂纹、砂孔、脱皮、凹陷、毛刺和明显的痕纹；管壁颜色应一致，无色泽不匀、缩形和明显色差。

B　管材和管件不应含有杂质和其他影响产品性能的表面缺陷。

C　管材端面应切割平整，并垂直于管材的轴线。

D　管件应完整、无缺损、无变形；合模缝浇口应平整、无开裂。

E　管材和管件的颜色宜为灰色或白色，也可由供需双方协商确定。

② 主要机具

热熔连接工具、管剪、美工刀、试压泵、工作台、割管器、电钻、冲击钻、热熔连接工具、水准仪、水平尺、角尺、压力表等。

③ 作业条件

A　已经过必要的技术培训，技术交底、安全交底已进行完毕。

B　根据施工方案安排好现场的工作场地，加工车间库房。

C　配合土建施工进度做好各项预留孔洞、管槽的复核工作。

D　材料、设备确认合格，准备齐全，送到现场。

2）操作工艺

工艺流程：安装准备→管道预制加工→管道安装→支管及配件安装→试压→管道消毒冲洗。

① 认真熟悉施工图纸，根据施工方案确定的施工方法和技术交底的具体措施做好准备工作。参考有关专业设备图和装饰施工图，核对各种管道的坐标、标高是否有交叉。管道排列所用空间是否合理。根据图纸在施工现场放线。

② 按照图纸对水管长度进行加工，管道连接处使用热熔工艺，同材质的管材与管件应采用热熔或电熔连接，安装时应采用配套的专用熔接工具。

③ 管道与金属管、阀门及配件连接时，应采用带金属嵌件的专用过渡管件。管件与

管道应采用热熔或电熔连接，与金属管及配件应采用螺纹或法兰连接，PP-R 管件与金属螺纹连接处用生料带处理。

④ 支管及配件安装

A 支管明装：将预制好的支管从立管甩口依次逐段进行安装，根据管道长度适当加好临时固定卡，核定不同卫生器具的冷热水预留口高度，上好临时丝堵。

B 支管暗装：确定支管高度后画线定位，剔出管槽，将预制好的支管敷在槽内，找平、找正定位后用勾钉固定。卫生器具的冷热水预留口要做在明处，加好丝堵。

⑤ 管道试压

管道系统试验压力应为系统工作压力的 1.5 倍，且不得小于 0.8MPa。

直埋在地面垫层和墙体管槽内的管道，水压试验应在浇捣或封堵前进行，试压合格后方可继续施工，管槽封堵应带压回填。

管道系统水压试验除应符合国家现行标准《建筑给水排水及采暖工程施工质量验收规范》GB 50242、《建筑给水塑料管道工程技术规程》CJJ/T 98 及《辐射供暖供冷技术规程》JGJ 142 的规定外，尚应符合下列规定：

A 水压试验应在管道安装完毕，外观检查合格后进行。

B 热熔和电熔连接的管道，水压试验应在连接 24h 后进行。

C 管道系统较大时，可分层、分区试压。

D 试验前管道应固定，接头应外露，且不得连接洁具。

E 压力表应安装在试验管段的最低处，压力精度为 0.01MPa。从管段最低处缓慢地向管道内充水，排除管道内的空气。管道充满水后，应进行水密性检查。检查无渗漏后，对管道系统缓慢升压，升压宜用手动泵，升压时间不小于 15min。

F 升压至规定的试验压力后，然后稳压 1h，压力降不得超过 0.05MPa。

G 上述试验合格后，在最大工作压力 1.15 倍的状态下稳压 2h，压力降不得超过 0.02MPa。

H 水压试验过程中，各连接处不得有渗漏现象。

⑥ 管道消毒冲洗

生活给水管道系统验收前，应通水清洗。冲洗时，应打开每个配水点，不得留有死角；系统的最低点应设泄水管，清洗时间应控制在泄水管口的出水水质与系统进水水质相当为止，冲洗时水流速度不宜小于 2.0m/s。

生活给水管道系统清洗完毕后，应用含量不低于 20mg/L 氯离子浓度的清水灌满管道进行消毒，含氯水在管中应静置 24h 以上。

3）质量验收标准

① 管道应进行下列隐蔽验收：

A 管槽应平整，无尖锐的凸出物。

B 管材、管件的压力等级应满足设计要求。

C 管井、顶棚内的管道应有防管道伸缩的技术措施。

D 冷、热水管应连接正确。

② 主控项目

A 冷、热水管道不得混淆。

B　管道支、吊架安装位置应正确、牢固。

C　阀门及配水件的启闭应灵活、固定牢靠。

D　管道接口应密封良好。

E　水压试验步骤和资料应正确。

③　一般项目

A　保温材料的选用和厚度应符合设计要求；管道保温厚度的允许偏差应满足 0.05~0.1 倍的保温层厚度。

B　管道标高、坡度及泄水、排气装置的位置应正确。

（3）室内排水管道及配件安装施工技术要求

1）施工准备

①　材料

A　铸铁排水管及管件应符合设计要求，有出厂合格证。

B　塑料排水管内外表层应光滑，无气泡、裂纹，管壁厚薄均匀，色泽一致。直管段挠度不超过 1%。管件造型应规矩、光滑，无毛刺。承口应有梢度，并与插口配套。并有出厂合格证及产品说明书。

C　镀锌钢管及管件管壁内外镀锌均匀，无锈蚀，内壁无飞刺，管件无偏扣、乱扣、方扣、丝扣不全等现象。

D　接口材料：水泥、石棉、膨胀水泥、油麻、塑料胶粘剂、胶圈、塑料焊条、碳钢焊条等。接口材料应有相应的出厂合格证、材质证明书、复验单等资料，管道材质按设计采用。

E　防腐材料：沥青、汽油、防锈漆、沥青漆等应按设计选用。

②　主要机具

套丝机、电焊机、台钻、冲击钻、电锤、砂轮机、手锤、手锯、断管器、錾子、台虎钳、管钳。

③　作业条件

A　土建基础工程基本完成，管沟已按图纸要求挖好，其位置、标高、坡度经检查符合工艺要求。

B　沟基作了相应处理并已达到施工要求强度。

C　基础及过墙穿管的孔洞已按图纸位置、标高和尺寸预留好。

D　楼层内排水管道的安装，应与结构施工隔开 1~2 层，且管道穿越结构部位的孔洞已预留完毕。

E　室内模板及杂物清除后，室内弹出房间尺寸线及准确的水平线。

F　暗装管道（包括设备层、竖井、顶棚内的管道）首先应核对各种管道的标高、坐标的排列有无矛盾。预留孔洞、预埋件已配合完成。土建模板已拆除，操作场地清理干净，安装高度超过 3.5m 应搭好架子。

2）操作工艺

工艺流程：安装准备→预制加工→支架安装→干管安装→立管安装→支管安装→封口堵洞→闭水实验。

①　铸铁排水管安装

A　干管安装：管道铺设安装

在挖好的管沟底用土回填到管底标高处铺设管道时，应将预制好的管段按照承口朝来水方向，由出水口处向室内顺序排列。挖好捻灰口用的工作坑，将预制好的管段徐徐放入管沟内，封闭堵严总出水口，做好临时支撑，按施工图纸的坐标、标高找好位置和坡度，以及各预留管口的方向和中心线，将管段承插口相连。

在管沟内捻灰口前，先将管道调直、找正，用麻钎或薄捻凿将承插口缝隙找均匀，把麻打实，校直、校正，管道两侧用土培好，以防捻灰口时管道移位。

将水灰比为1∶9的水泥捻口灰拌好后装在灰盘内放在承插口下部，人跨在管道上一手填灰一手用捻凿捣实，填满后用手锤打，再填再打，将灰口打满打平为止。

捻好的灰口，用湿麻绳缠好养护或回填湿润细土掩盖养护。

管道系统经隐蔽验收合格后，临时封堵各预留管口，配合土建填堵孔洞，按规定回填土。

B　托、吊管道安装

安装托、吊干管要先搭设架子，将托架按设计坡度裁好吊卡，量准吊杆尺寸，将预制好的管道托、吊牢固，并将立管预留口位置及首层洁具的排水预留管口，按室内地坪线、坐标位置及轴线找好尺寸，接至规定高度，将预留管口临时封堵。

C　立管安装

根据施工图校对预留管洞尺寸有无差错。立管检查口设置按设计要求。立管安装完毕后，配合土建用不低于楼板标号的混凝土将洞灌满堵实，并拆除临时固定。高层建筑或管井内，应按照设计要求设置固定支架，同时检查支架及管卡是否全部安装完毕并固定。

高层建筑管道立管应严格按设计装设补偿装置。

D　支管安装

支管安装应先搭好架子，将吊架按设计坡度安装好，复核吊杆尺寸及管线坡度，将预制好的管道托到管架上，再将支管插入立管预留口的承口内，固定好支管，然后打麻捻灰。

支管设在顶棚内，末端有清扫口者，应将清扫口接到上层地面上，便于清掏。

支管安装完后，可将洁具或设备的预留管安装到位，找准尺寸并配合土建将楼板孔洞堵严，将预留管口临时封堵。

E　灌水试验

对标高低于各层地面的所有管口，接临时短管直至某层地面上。

通向室外的排水管管口，用大于或等于管径的橡胶堵管管胆，放进管口充气堵严。灌一层立管和地下管道时，用堵管管胆从一层立管检查口将上部管道堵严，再灌上层时，依次类推，按上述方法进行。

用胶管从便于检查的管口向管道内灌水。

灌水试验合格后，从室外排水口放净管内存水。拆除灌水试验临时接的短管，恢复各管口原标高。用木塞、草绳等将管口临时堵塞封闭严密。

② 塑料排水管安装

A　预制加工：根据图纸要求并结合实际情况，按预留口位置测量尺寸，绘制加工草图，根据草图量好管道尺寸，进行断管。粘接前应对承插口先插入试验，试插合格后，用棉布将承插口须粘接部位的水分、灰尘擦拭干净。用毛刷涂抹胶粘剂,先涂抹承口后涂抹插口,随后用力垂直插入,插入粘接时将插口稍作转动,以利胶粘剂分布均匀,约 30s～1min 可粘接牢固,粘牢后立即将溢出的胶粘剂擦拭干净。

B 干管安装:首先根据设计图纸要求的坐标标高预留槽洞或预埋套管。埋入地下时,按设计坐标、标高、坡向、坡度开挖槽沟并夯实。条件具备时,将预制加工好的管段,按编号运至安装部位进行安装。各管段粘连时也必须按粘接工艺依次进行。干管安装完后应做闭水试验。地下埋设管道应先用细砂回填至管上皮 100mm,上覆过筛土,夯实时勿碰损管道。最后将预留口封严和堵洞。

C 立管安装:按设计坐标要求,将洞口预留或后剔,将已预制好的立管运到安装部位。清理已预留的伸缩节,将锁母拧下,取出 U 形橡胶圈,清理杂物。复查上层洞口是否合适。立管插入端应先画好插入长度标记,然后涂上肥皂液,套上锁母及 U 形橡胶圈。安装时先将立管上端伸入上一层洞口内,垂直用力插入至标记为止(一般预留胀缩量为 20～30mm)。合适后即用自制 U 形钢制抱卡紧固于伸缩节上沿。然后找正找直,并测量顶板距三通口中心是否符合要求。

D 支管安装:首先剔出吊卡孔洞或复查预埋件是否合适。将支管水平初步吊起,涂抹胶粘剂,用力推入预留管口。根据管段长度调整好坡度。合适后固定卡架,封闭各预留管口和堵洞。

E 器具连接管安装:核查建筑物地面和墙面做法、厚度。找出预留口坐标、标高。然后按准确尺寸修整预留洞口。分部位实测尺寸做记录,并预制加工、编号。安装粘接时,必须将预留管口清理干净,再进行粘接。粘牢后找正、找直,封闭管口和堵洞。打开下一层立管扫除口,用充气橡胶堵封闭上部,进行闭水试验。合格后,撤去橡胶堵,封好扫除口。

F 排水管道安装后,按规定要求必须进行闭水试验。凡属隐蔽暗装管道必须按分项工序进行。洁具及设备安装后,必须进行通水试验,且应在油漆粉刷最后一道工序前进行。

3)质量验收标准

① 主控项目

A 隐蔽或埋地的排水管道在隐蔽前必须做灌水试验,其灌水高度应不低于底层卫生器具的上边缘或底层地面高度。

检验方法:满水 15min 水面下降后,再灌满观察 5min,液面不下降,管道及接口无渗漏为合格。

B 生活污水铸铁管道的坡度必须符合设计或表 2-36 的规定。

生活污水铸铁管道的坡度   表 2-36

项次	管径(mm)	标准坡度(‰)	最小坡度(‰)
1	50	35	25
2	75	25	15
3	100	20	12
4	125	15	10

续表

项次	管径（mm）	标准坡度（‰）	最小坡度（‰）
5	150	10	7
6	200	8	5

检验方法：水平尺、拉线尺量检查。

C　生活污水塑料管道的坡度必须符合设计或表 2-37 的规定。

生活污水塑料管道的坡度　　　　　　　　　　　　表 2-37

项次	管径（mm）	标准坡度（‰）	最小坡度（‰）
1	50	25	12
2	75	15	8
3	110	12	6
4	125	10	5
5	160	7	4

检验方法：水平尺、拉线尺量检查。

D　排水塑料管必须按设计要求及位置装设伸缩节。如设计无要求时，伸缩节间距不得大于 4m。

E　高层建筑中明设排水塑料管道应按设计要求设置阻火圈或防火套管。

检验方法：观察检查。

F　排水主立管及水平干管管道均应做通球试验，通球径不小于排水管道管径的 2/3，通球率必须达到 100％。

检验方法：通球检查。

② 一般项目

A　在生活污水管道上设置的检查口或清扫口，当设计无要求时应符合下列规定：

在立管上应每隔一层设置一个检查口，但在最底层和有卫生器具的最高层必须设置。如为两层建筑时，可仅在底层设置立管检查口；如有乙字弯管时，则在该层乙字弯管的上部设置检查口。检查口中心高度距操作地面一般为 1m，允许偏差±20mm；检查口的朝向应便于检修。暗装立管，在检查口处应安装检修门。

在连接 2 个及 2 个以上大便器或 3 个及 3 个以上卫生器具的污水横管上应设置清扫口。当污水管在楼板下悬吊敷设时，可将清扫口设在上一层楼地面上，污水管起点清扫口与管道相垂直的墙面距离不得小于 200mm；若污水管起点设置堵头代替清扫口时，与墙面距离不得小于 400mm。

在转角小于 135°的污水横管上，应设置检查口或清扫口。

污水横管的直线管段，应按设计要求的距离设置检查口或清扫口。

检验方法：观察和尺量检查。

B　埋在地下或地板下的排水管道的检查口，应设在检查井内。井底表面标高与检查口的法兰相平，井底表面应有 5％的坡度，坡向检查口。

检验方法：尺量检查。

C 金属排水管道上的吊钩或卡箍应固定在承重结构上。固定件间距：横管不大于2m；立管不大于3m。楼层高度小于或等于4m，立管可安装一个固定件。立管底部的弯管处应设支墩或采取固定措施。

检验方法：观察和尺量检查。

D 排水塑料管道支吊架间距应符合表2-38的规定。

排水塑料管道支吊架间距（单位：m）   表2-38

管径（mm）	50	75	110	125	160
立管	1.2	1.5	2.0	2.0	2.0
横管	0.5	0.75	1.10	1.3	1.6

检验方法：观察和尺量检查。

E 排水通气管不得与风道或烟道连接，且应符合下列规定：

通气管应高出屋面300mm，但必须大于最大积雪厚度。在通气管出口4m以内有门、窗时，通气管应高出门、窗顶600mm或引向无门、窗一侧。在经常有人停留的平屋顶上，通气管应高出屋面2m，并应根据防雷要求设置防雷装置。屋顶有隔热层应从隔热层板面算起。

检验方法：观察和尺量检查。

F 安装未经消毒处理的医院含菌污水管道，不得与其他排水管道直接连接。

检验方法：观察检查。

G 饮食业工艺设备引出的排水管及饮用水水箱的溢流管，不得与污水管道直接连接。并应留出不小于100mm的隔断空间。

检验方法：观察和尺量检查。

H 通向室外的排水管，穿过墙壁或基础必须下返时，应采用45°三通和45°弯头连接，并应在垂直管段顶部设置清扫口。

检验方法：观察和尺量检查。

I 由室内通向室外排水检查井的排水管，井内引入管应高于排出管或两管顶相平，并有不小于90°的水流转角，如跌落差大于300mm可不受角度限制。

检验方法：观察和尺量检查。

J 用于室内排水的水平管道与水平管道、水平管道与立管的连接，应采用45°三通和45°四通和90°斜三通或90°斜四通。立管与排出管端部的连接，应采用两个45°弯头或曲率半径不小于4倍管径的90°弯头。

检验方法：观察和尺量检查。

K 室内排水和雨水管道安装的允许偏差应符合表2-39的相关规定。

室内排水和雨水管道安装的允许偏差检验方法   表2-39

项次	项目	允许偏差（mm）	检验方法
1	坐标	15	
2	标高	±15	

项次	项目			允许偏差（mm）	检验方法
3	横管纵横方向弯曲	铸铁管	每1m	≤1	用水准仪（水平尺）、直尺、接线和尺量检查
			全长（25m以上）	≤25	
		钢管	每1m 管径小于或等于100mm	1	
			每1m 管径大于100mm	1.5	
			全长（25m以上）管径小于或等于100mm	≤25	
			全长（25m以上）管径大于100mm	≤38	
		塑料管	每1m	1.5	
			全长（25m以上）	≤38	
		钢筋混凝土管、混凝土管	每1m	3	
			全长（25m以上）	≤75	
4	立管垂直度	铸铁管	每1m	3	吊线和尺量检查
			全长（5m以上）	≤15	
		钢管	每1m	3	
			全长（5m以上）	≤10	
		塑料管	每1m	3	
			全长（5m以上）	≤15	

（4）室内电气系统金属线槽敷设及其配线工程施工技术要求

1）施工准备

① 材料

A　金属线槽及附件：线槽采用镀锌定型产品。内外镀层表面光滑平整无棱刺，无扭折、弯曲、翘边等变形现象。型号规格符合设计要求，并有产品合格证和出厂检测报告。

B　绝缘线缆：线缆的型号、规格必须符合设计要求，并有产品合格证、产品检测报告，"CCC"认证标识。线缆进场时要检验其材质和标识。

C　套管、接线端子（接线鼻子）：应采用与导线的材质相同、与导线截面及根数相适应的产品，并有产品合格证。

D　LC安全型压线帽：型号、规格应符合要求且有产品合格证。

② 主要机具

锡锅、喷灯、电工组合工具、手电钻、冲击钻、卷尺、线坠、兆欧表、万用表等。

③ 作业条件

A　土建的结构施工，预留孔洞、预埋铁和预埋吊杆、吊架等全部完成。

B　土建湿作业全部完成。

C　地面线槽安装要在土建地面施工过程中进行。

D　施工前应组织参施人员熟悉图纸、方案，并进行安全、技术交底。

2）操作工艺

工艺流程：预留孔洞→测量定位→支、吊架制作及安装（钢结构支、吊架安装；地面线槽调节支架安装）→线槽安装→保护地线安装→槽内配线→线路绝缘摇测→导线连接。

① 预留孔洞

随着土建结构施工，将预制好的模具，固定在线槽穿墙、板的准确位置处，土建拆模后，取下模具，收好孔洞口。

② 测量定位

根据施工图确定箱、柜的安装位置，按照主线槽与支线槽的顺序沿线路的走向弹出固定点的准确位置。

③ 支、吊架制作及安装

A　支、吊架制作

预制加工支、吊架一般使用扁钢、角钢及圆钢，其规格应符合要求，型钢应平直，无显著变形，采用镀锌产品或进行防腐处理。

B　支、吊架安装

预埋安装：在土建结构钢筋配筋的同时，将预制好的支、吊架，采用绑扎的方法固定在预先标出的固定位置上；也可采用预埋铁的方法，将钢板平面向下用圆钢锚固在钢筋网上，模板拆除后，清理露出预埋铁，将已制成的支、吊架焊在预埋铁上固定。

用金属膨胀螺栓安装：按着弹线定位标出的固定点位置及支、吊架承受的荷载。选择相应的金属膨胀螺栓及钻头进行钻孔，然后将螺栓敲进洞内，配上相应的螺母、垫圈将支、吊架固定在金属膨胀螺栓上。

安装要求：

a　支、吊架安装应牢固，横平竖直；在有坡度的建筑物上安装应与建筑物保持相同坡度。

b　支、吊架焊接应牢固，无变形，焊缝均匀，焊渣清理干净。

c　固定点间距不应大于2m，距离楼顶板不应小于200mm。

d　不得在空心砖墙和陶粒混凝土砌块等轻型墙体上使用金属膨胀螺栓。

e　轻钢龙骨顶棚内敷设线槽应单独设置吊具，吊杆直径不小于8mm。

C　钢结构支、吊架安装

可将支架或吊架直接卡固在钢结构上，也可利用万能吊具进行安装。

D　地面线槽调节支架安装

配合土建地面工程施工，地面抄平后，再测定固定位置。依据面层厚度，固定好调节支架，以确保各支架在同一平面上，且出线口与地面平齐。

E　线槽安装

a　线槽与线槽应采用连接板进行连接，紧固螺母要加平垫、弹簧垫。拉茬处应严密平整。

b　线槽进行交叉、转弯及分支时，应采用专用连接件进行变通连接，线槽终端加封堵。

c　线槽通过钢管引入或引出导线时，线槽内外要加锁母固定钢管。

d　建筑物的表面如有坡度时，线槽应随其坡度变化。待线槽全部敷设完毕后，应在配线之前进行调整检查。

e　线槽安装应平整，无扭曲变形，内壁无毛刺，各种附件齐全。

f　在无法上人的顶棚内敷设线槽时，顶棚应留有检修孔。

g　穿过墙壁的线槽四周应留出50mm的距离，并用防火枕进行封堵。

h 线槽的所有非导电部分的铁件均相互连接和跨接，使之成为一连续导体，并做好整体接地。

i 线槽经过建筑物的变形缝（伸缩缝、沉降缝）时，线槽本身应断开，线槽内用内连接板搭接，不需固定。保护地线和槽内导线均应留有补偿余量。

F 吊装金属线槽安装

万能型吊具一般应用在钢结构中，可预先将吊具、卡具、吊杆、吊装器组装成一整体，在标出的固定点位置处进行吊装，逐件地将吊装卡具压接在钢结构上，将顶栓拧牢。

G 地面金属线槽安装

a 应及时根据弹线确定的位置，将地面金属线槽放在支架上，然后进行线槽连接，并接好出线口。

b 地面线槽及附件全部上好后，再进行一次系统调整，主要根据地面厚度，仔细调整线槽干线，分支线，分线盒接头，转弯、转角、出口等处，水平调试要求与地面平齐，将各种盒盖盖好封堵严实，以防止水泥砂浆进入。

H 保护地线安装

保护地线应敷设在明显处，非镀锌线槽连接板的两端需跨接地线，跨接地线可采用铜编织带或不小于 6mm² 的塑铜软线。

镀锌线槽在连接板的两端可不跨接地线，但连接板两端需用不少于 2 个防松螺栓固定。金属线槽的宽度在 100mm 及以内时，连接板两端螺栓固定点不少于 4 个；金属线槽的宽度在 200mm 及以上时，连接板两端螺栓固定点不少于 6 个。

I 槽内配线要求

a 线槽内，导线面积总和（包括绝缘在内）不应超过线槽截面积的 40%。

b 沿线槽垂直配线时，应将导线固定在线槽底板上，防止导线下坠。

c 不同电压、不同回路、不同频率的导线应加隔板放在同一线槽内，但下列情况时可直接放在同一线槽内：电压在 65V 及以下；同一设备的动力和控制回路；照明花灯的所有回路；三相四线制的照明回路。

d 导线较多时，可利用导线绝缘层颜色区分相序，也可利用在导线端头和转弯处做标记的方法区分相序。

e 线槽在穿越建筑物的变形缝时导线应留有补偿余量。

f 电线在线槽内有一定余量，不得有接头。电线按回路编号分段绑扎，绑扎点间距不应大于 2m。

g 同一回路的相线和零线，应敷设于同一金属线槽内。

h 同一电源的不同回路无抗干扰要求的线路可敷设于同一线槽内；敷设于同一线槽内有抗干扰要求的线路用隔板隔离，或采用屏蔽电线且屏蔽护套一端接地。

i 接线盒内的导线预留长度不应超过 150mm，盘、箱内的导线预留长度应为其周长的 1/2。

J 导线连接

导线连接处应保证其接触电阻最小，机械强度和绝缘强度不降低。

K 导线敷设完后，应进行线路绝缘检测。

3）质量验收标准

① 主控项目

A 金属线槽必须接地（PE）或接零（PEN）可靠，并符合下列规定：

B 金属线槽不得熔焊跨接接地线，应采用铜芯软导线压接，导线截面积不小于 6mm²。

C 金属线槽不作设备的接地导体，当设计无要求时，金属线槽全长不少于 2 处与接地（PE）或接零（PEN）干线连接。

D 非镀锌金属线槽间连接板的两端跨接铜芯接地线，镀锌线槽间连接板的两端不跨接接地线，但连接板两端不少于 2 个有防松螺母或防松垫圈的连接固定螺栓。

E 导线及金属线槽的规格必须符合设计要求和有关规范规定。

F 导线之间和导线对地之间的绝缘电阻值必须大于 0.5MΩ。

② 一般项目

A 线槽应安装牢固，无扭曲变形，紧固件的螺母应在线槽外侧。

B 线槽在建筑物变形缝处，应设补偿装置。

C 当采用多相供电时，同一建筑物、构筑物的电线绝缘层颜色选择应一致，即保护地线（PE 线）应是黄绿相间色，零线用淡蓝色；相线用：A 相—黄色、B 相—绿色、C 相—红色。

D 线槽应紧贴建筑物表面，固定牢靠，横平竖直，布置合理，盖板无翘角，接口严密整齐。

E 线槽水平或垂直敷设时的平直度和垂直度允许偏差不应超过全长的 5%。

（5）室内电气系统管内绝缘导线敷设及连接工程施工技术要求

1）施工准备

① 材料

A 绝缘导线：导线的型号、规格必须符合设计要求，并有产品出厂合格证和产品质量检测报告，"CCC"认证标识。

B 护口：应采用阻燃型护口，质量应符合要求。

C LC 型压线帽、接线端子（接线鼻子）：接线端子（接线鼻子）应根据导线的截面选择相应的规格，并有产品合格证；LC 型压线帽适用于铜导线 1～4mm² 接头压接，分为黄、白、红三种颜色，可根据导线截面和根数选择使用，应具有阻燃性能。

② 主要机具

扁锉、圆锉、压线钳、剥线钳、放线架、放线车、万用表、兆欧表、锡锅、电烙铁等。

③ 作业条件

A 配管工程已施工完毕。

B 土建初装完毕。

C 施工前应组织相关人员熟悉图纸、方案，并进行安全、技术交底。

2）操作工艺

工艺流程：选配导线→扫管→穿带线（管口带护口）→放线与断线→管内穿线→导线连接→导线接头包扎→线路检查及绝缘摇测。

① 选配导线

A 根据施工图要求选配导线。

B　绝缘导线的额定电压不低于 500V。

C　导线必须分色。在线管出口处至配电箱、盘总开关的一段干线回路及各用电支路均应按色标要求分色，A 相为黄，B 相为绿，C 相为红色，N（中性线）为淡蓝色，PE（保护线）为绿/黄双色。

② 扫管

首先将扫管带线穿入管中，再将布条绑扎牢固在带线上，通过来回拉动带线，直至将管内灰尘、泥水等杂物清理干净。

③ 穿带线

采用足够强度的铁丝。先将其一端弯成圆圈状的回头弯，然后穿入管路内。在管路的两端均应留有足够的余量。

管口带护口：穿带线完成后，管口应带护口保护，护口规格应选择与管径配套，并做到不脱落。

④ 放线与断线

放线：放线时导线应置于放线架或放线车上，放线避免出现死扣和背花。

断线：

A　导线在接线盒、开关盒、灯头盒等盒内应预留 140~160mm 的余量。

B　导线在配电箱内应预留约相当于配电箱箱体周长一半的长度作余量。

C　公用导线（如竖井内的干线）在分支处不断线时，宜用专用绝缘接线卡卡接。

⑤ 管内穿线

A　穿线前应首先检查各个管口，以保证护口齐全，无遗漏、破损。

B　穿线时应符合下列规定：

a　同一交流回路的导线必须穿于同一管内。

b　不同回路、不同电压等级和不同电流种类的导线，不得同管敷设，下列除外：

电压为 50V 以下的回路。

同一设备的电源线路和无防干扰要求的控制线路。

同一花灯的多个分支回路。

同类照明的多个分支回路，但管内的导线总数不应超过 8 根。

C　导线在管内不得有接头和扭结。

D　管内导线包括绝缘层在内的总截面积应不大于管内截面积的 40%。

E　导线经变形缝处应留有一定的余度。

F　敷设于垂直管路中的导线，当超过下列长度时，应加接线盒固定。

截面积 50mm^2 及以下的导线：30m。

截面积 70~95mm^2 的导线：20m。

截面积 185~240mm^2 的导线：18m。

G　不进入接线盒（箱）的垂直向上管口，穿入导线后应将管口密封。

⑥ 导线连接

A　剥削绝缘

单层剥法：一般适用于单层绝缘导线，应使用剥线钳剥削绝缘层，不允许使用电工刀转圈剥削绝缘层。

分段剥法：一般适用于多层绝缘导线，加编织橡皮绝缘导线，用电工刀先削去外层编织，并留有约 15mm 的绝缘台，线芯长度随接线方法和要求的机械强度而定。

斜削法：用电工刀以 45°角倾斜切入绝缘层，当切近线芯时就应停止用力，接着应使刀面的倾斜角度改为 15°左右，沿着线芯表面向前头端部推出，然后把残存的绝缘层剥离线芯，用刀口插入背部以 45°角削断。

B　单芯铜导线的直线连接

自缠法：适用于 4mm² 及以下的单芯线连接。将两线芯互相交叉，互绞三圈后，将两线端分别在另一个芯线上密绕不少于 5 圈，剪掉余头，线芯紧贴导线。

绑扎法：截面较大单股导线多用绑扎法，在两根连接导线中间加一根相同直径的辅助线，然后用 1.5mm² 的裸铜线作为绑线，从中间向两边缠绕，长度为导线直径的 10 倍。然后将两线芯端头折回，单缠 5 圈与辅助线捻绞 2 圈，余线剪掉。

C　单芯铜导线的分支连接

自缠法：适用于 4mm² 以下的单芯线。用分支线路的导线在干线上紧密缠绕 5 圈，缠绕完后，剪掉余线。

绑扎法：适用于 6mm² 及以上的单芯线的分支连接，将分支线折成 90°，紧靠干线，用同材质导线缠绕，其长度为导线直径的 10 倍，将分支线折回，单卷缠绕 5 圈后和分支线绞在一起，剪断余下线头。

D　多芯铜导线直接连接

多芯铜导线连接一般采用绑扎法，适用于多股导线。先将绞线分别拆开成伞形，将中心一根芯线剪去 2/3，把两线相互交叉成一体，各取自身导线在中部相绞一次，用其中一根芯线作为绑线在导线上缠绕 5～7 圈后，再用另一根线芯与绑线相绞后把原来的绑线压住在上面继续按上述方法缠绕，其长度为导线直径的 10 倍，最后缠卷的线端与一条线捻绞 2 圈后剪断。也可不用自身线段，而用一根直径 2mm 的铜线缠绕。

E　多芯铜导线分支连接

一般采用绑扎法，将分支线折成 90°紧靠干线。在绑线端部适当处弯成半圆形，将绑线短端弯成与半圆形成 90°角，并与连接线靠紧，用较长的一端缠绕，将短头压在下面，缠绕长度应为导线结合处直径 5 倍，再将绑线两端捻绞 2 圈，剪掉余线。

将分支线破开（或劈开两半），根部折成 90°紧靠干线，用分支线其中的一根在干线上缠圈，缠绕 3～5 圈后剪断，再用另一根线芯继续缠绕 3～5 圈后剪断，按此方法直至连接到双根导线直径的 5 倍时为止，应保证各剪断处在同一直线上。

F　铜导线在接线盒、箱内的连接

单芯线并接头：首先将导线绝缘台并齐合拢。然后在距绝缘台约 12mm 处用其中一根线芯在其连接端缠绕 5～7 圈后剪断，把余头并齐折回压在缠绕线上。

不同直径导线接头：无论是独根（导线截面积小于 2.5mm²）还是多芯软线，均应先进行涮锡处理。再将细线在粗线上距离绝缘层 15mm 处交叉，并将线端部向粗导线（独根）端缠绕 5～7 圈，将粗导线端折回压在细线上。

采用 LC 安全型压线帽压接：将导线绝缘层剥去适当长度，长度按压线帽的规格型号决定，清除氧化层，按规格选用适当的压线帽，将线芯插入压线帽的压接管内，若填不实，可将线芯折回头，填满为止。线芯插到底后，导线绝缘应和压接管平齐，并包在压线帽壳内，用专用压接钳压实即可。

采用接线端子压接：多股导线可采用与导线同材质且规格相应的接线端子压接。压接时首先削去导线的绝缘层，然后将线芯紧紧地绞在一起，清除接线端子孔内的氧化膜，之后将线芯插入端子，用压接钳紧压牢。注意导线外露部分应小于 1～2mm。

G　导线与平压式接线柱连接

单芯导线盘圈压接：用机螺栓压接时，导线要顺着螺栓旋转方向紧绕一圈后进行压接。不允许逆时针方向盘圈压接，盘圈开口不宜大于 2mm。

多股铜芯软线用螺栓压接时，先将线芯拧绞盘圈做成单眼圈，涮锡后，将其压平再用螺栓加垫圈压紧。

以上两种方法压接后外露线芯的长度不宜超过 2mm。

导线与插孔式接线桩连接：将连接的导线剥出线芯插入接线桩孔内，然后拧紧螺栓，导线裸露出插孔不大于 2mm，针孔较大时要折回头插入压接。

导线接头涮锡：导线连接头做完后，均须在连接处进行涮锡处理，线径较小的单股线或多股软铜线可以直接用电烙铁加热进行涮锡处理。涮锡时要掌握好温度，使接头涮锡饱满，不出现虚焊、夹渣现象。涮锡后将焊剂处理干净。

⑦　导线接头包扎

先用塑料绝缘带从导线接头始端的完好绝缘层处开始，以半幅宽度重叠包扎缠绕 2 个绝缘带幅宽度，然后以半幅宽度重叠进行缠绕。在包扎过程中应收紧绝缘带。最后再用黑胶布包扎，包扎时要衔接好，同样以半幅宽度边压边进行缠绕，在包扎过程中应用力收紧胶布，导线接头处两端应用黑胶布封严密。包扎后外观应呈橄榄形。

⑧　线路检查及绝缘摇测

线路检查：导线接头全部完成后，应检查导线接头是否符合规范要求。合格后再进行绝缘摇测。

绝缘摇测：低压线路的绝缘摇测一般选用 500V，量程为 1～500MΩ 兆欧表。

3）质量验收标准

①　主控项目

A　三相或单相的交流单芯电缆，不得单独穿于钢导管内。

B　不同回路、不同电压等级和交流与直流的电线，不应穿于同一导管内；同一交流回路的电线应穿于同一金属导管内，且管内电线不得有接头。

C　爆炸危险环境照明线路的电线额定电压不得低于 750V，且电线必须穿于钢导管内。

②　一般项目

A　电线、电缆穿管前，应清除管内杂物和积水，管口应有保护措施，不进入接线盒（箱）的垂直管口穿入电线、电缆后，管口应密封。

B　当采用多相供电时，同一建筑物、构筑物的电线绝缘层颜色选择应一致，即保护地线（PE 线）应是黄绿相间色。零线用淡蓝色；相线用：A 相—黄色、B 相—绿色、C 相—红色。

（6）室内普通灯具安装工程技术要求

1）施工准备

① 材料

A 注意核对灯具的标称型号等参数是否符合要求,并应有产品合格证,普通灯具有安全认证标志。

B 照明灯具使用的导线其电压等级不应低于交流 500V,其最小线芯截面应符合规定。

C 采用钢管作为灯具的吊管时,钢管内径一般不小于 10mm。

D 花灯的吊钩其圆钢直径不小于吊挂销钉的直径,且不得小于 6mm。

E 灯具所使用灯泡的功率应符合安装说明的要求。

F 其他辅材:膨胀螺栓、尼龙胀管、尼龙丝网、螺栓、安全压接帽、焊锡、焊剂、绝缘胶带等均应符合相关质量要求。

② 主要机具

电钻、电锤、压接帽专用压接钳、大功率电烙铁、卷尺、锯弓、锯条、纱线手套,人字梯、数字式万用表。

③ 作业条件

A 施工图纸及技术资料齐全。

B 屋顶、楼板施工完毕,无渗漏。

C 顶棚、墙面的抹灰,室内装饰涂刷及地面清理工作已完成。门窗齐全。

D 有关预埋件及预留孔符合设计要求。

E 有可能损坏已安装灯具或灯具安装后不能再进行施工的装饰工作应全部结束。

F 相关回路管线敷设到位、穿线检查完毕。

2)操作工艺

工艺流程:灯具检查→组装灯具→灯具安装→通电试运行。

① 灯具检查

A 根据灯具的安装场所检查灯具是否符合要求。

B 根据装箱单清点安装配件。

C 注意检查制造厂的有关技术文件是否齐全。

D 检查灯具外观是否正常有无擦碰、变形、受潮、金属镀层剥落锈蚀等现象。

② 组装灯具

A 组合式吸顶花灯的组装:参照灯具的安装说明将各组件连成一体;灯内穿线的长度应适宜,多股软线线头应搪锡;应注意统一配线颜色以区分相线与零线,对于螺口灯座中心簧片应接相线,不得混淆;理顺灯内线路,用线卡或尼龙扎带固定导线以避开灯泡发热区。

B 顶棚花灯的组装:首先将导线从各个灯座口穿到灯具本身的接线盒内。导线一端盘圈、搪锡后接好灯头。理顺各个灯头的相线与零线,另一端区分相线与零线后分别引出电源接线。最后将电源结线从吊杆中穿出。各灯泡、灯罩可在灯具整体安装好后再装上,以免损坏。

③ 灯具安装

A 普通座式灯头的安装:将电源线留足维修长度后剪除余线并剥出线头。区分相线与零线,对于螺口灯座中心簧片应接相线,不得混淆。用连接螺栓将灯座安装在接线盒上。

B 吊线式灯头的安装：将电源线留足维修长度后剪除余线并剥出线头。将导线穿过灯头底座，用连接螺栓将底座固定在接线盒上。根据所需长度剪取一段灯线，在一端接上灯头，灯头内应系好保险扣，接线时区分相线与零线，对于螺口灯座中心簧片应接相线，不得混淆。将灯线另一头穿入底座盖碗，灯线在盖碗内应系好保险扣并与底座上的电源线用压接帽连接，旋上扣碗。

④ 日光灯安装

A 吸顶式日光灯安装

打开灯具底座盖板，根据图纸确定安装位置，将灯具底座贴紧建筑物表面，灯具底座应完全遮盖住接线盒，对着接线盒的位置开好进线孔。

比照灯具底座安装孔用铅笔画好安装孔的位置，打出尼龙栓塞孔，装入栓塞（如为顶棚可在顶棚板上背木龙骨或轻钢龙骨用自攻螺栓固定）。

将电源线穿出后用螺栓将灯具固定并调整位置以满足要求。

用压接帽将电源线与灯内导线可靠连接，装上启辉器等附件。盖上底座盖板，装上日光灯管。

B 吊链式日光灯安装

根据图纸确定安装位置，确定吊链吊点。打出尼龙栓塞孔，装入栓塞，用螺栓将吊链挂钩固定牢靠。根据灯具的安装高度确定吊链及导线的长度（使电线不受力）。打开灯具底座盖板，将电源线与灯内导线可靠连接，装上启辉器等附件。盖上底座，装上日光灯管，将日光灯挂好。将导线与接线盒内电源线连接，盖上接线盒盖板并理顺垂下的导线。

C 吸顶灯（壁灯）安装

a 比照灯具底座画好安装孔的位置，打出尼龙栓塞孔，装入栓塞（如为顶棚可在顶棚板上背木龙骨或轻钢龙骨用自攻螺栓固定）。

b 将接线盒内电源线穿出灯具底座，用螺栓固定好底座。

c 将灯内导线与电源线用压接帽可靠连接。

d 用线卡或尼龙扎带固定导线以避开灯泡发热区。

e 上好灯泡，装上灯罩并上好紧固螺栓。

D 顶棚花灯安装

a 将预先组装好的灯具托起，用预埋好的吊钩挂住灯具内的吊钩。

b 将灯内导线与电源线用压接帽可靠连接。

c 把灯具上部的装饰扣碗向上推起并紧贴顶棚，拧紧固定螺栓。

d 调整好各个灯口，上好灯泡，配上灯罩。

E 嵌入式灯具（光带）安装

a 应预先提交有关位置及尺寸交有关人员开孔。

b 将顶棚内引出的电源线与灯具电源的接线端子可靠连接。

c 将灯具推入安装孔固定。

d 调整灯具边框。如灯具对称安装，其纵向中心轴线应在同一直线上。

⑤ 通电试运行

灯具安装完毕后，经绝缘测试检查合格后，方允许通电试运行。

3）质量验收标准

① 主控项目

A　灯具的固定应符合下列规定：

a　灯具重量大于 3kg 时，固定在螺栓或预埋吊钩上。

b　软线吊灯，灯具重量在 0.5kg 及以下时，采用软电线自身吊装；大于 0.5kg 的灯具采用吊链，且软电线编叉在吊链内，使电线不受力。

c　灯具固定牢固可靠，不使用木楔。每个灯具固定用螺栓不少于 2 个；当绝缘台直径在 75mm 及以下时，采用 1 个螺栓固定。

B　花灯吊钩圆钢直径不应小于灯具挂销直径，且不应小于 6mm。大型花灯的固定及悬吊装置，应按灯具重量的 2 倍做过载试验。

C　当钢管做灯杆时，钢管内径不应小于 10mm，钢管厚度不应小于 1.5mm。

D　固定灯具带电部件的绝缘材料以及提供防触电保护的绝缘材料，应耐燃烧和防明火。

E　当设计无要求时，灯具的安装高度和使用电压等级应符合下列规定：

一般敞开式灯具，灯头对地面距离不小于下列数值（采用安全电压时除外）：

室外：2.5m（室外墙上安装）。

厂房：2.5m。

室内：2m。

软吊线带升降器的灯具在吊线展开后：0.8m。

危险性较大及特殊危险场所，当灯具距地面高度小于 2.4m 时，使用额定电压为 36V 及以下的照明灯具，或有专用保护措施。

F　当灯具距地面高度小于 2.4m 时，灯具的可接近裸露导体必须接地（PE）或接零（PEN）可靠，并应有专用接地螺栓，且有标识。

② 一般项目

A　引向每个灯具的导线线芯最小截面积应符合表 2-40 的规定。

导线线芯最小截面积（单位：mm²）　　　　　　表 2-40

灯具安装的场所及用途		线芯最小截面积		
		铜芯软线	铜线	铝线
灯头线	民用建筑室内	0.5	0.5	2.5
	工业建筑室内	0.5	1.0	2.5
	室外	1.0	1.0	2.5

B　灯具的外形、灯头及其接线应符合下列规定：

a　灯具及其配件齐全，无机械损伤、变形、涂层剥落和灯罩破裂等缺陷。

b　软线吊灯的软线两端做保护扣，两端芯线搪锡；当装升降器时，套塑料软管，采用安全灯头。

c　除敞开式灯具外，其他各类灯具灯泡容量在 100W 及以上者采用瓷质灯头。

d　连接灯具的软线盘扣、搪锡压线，当采用螺口灯头时，相线接于螺口灯头中间的端子上。

    e 灯头的绝缘外壳不破损和漏电；带有开关的灯头，开关手柄无裸露的金属部分。

    C 变电所内，高低压配电设备及裸母线的正上方不应安装灯具。

    D 装有白炽灯泡的吸顶灯具，灯泡不应紧贴灯罩；当灯泡与绝缘台间距离小于5mm，灯泡与绝缘台间应采取隔热措施。

    E 安装在重要场所的大型灯具的玻璃罩，应采取防止玻璃罩碎裂后向下溅落的措施。

    F 投光灯的底座及支架应固定牢固，枢轴应沿需要的光轴方向拧紧固定。

    G 安装在室外的壁灯应有泄水孔，绝缘台与墙面之间应有防水措施。

三、施工进度计划的编制方法

（一）施工进度计划的类型及作用

1. 施工进度计划的类型

施工进度计划根据施工项目划分的粗细程度可分为控制性施工进度计划和指导性施工进度计划两类。

（1）控制性施工进度计划

控制性施工进度计划是以分部工程作为施工项目划分对象，控制各分部工程的施工时间及它们之间相互配合、搭接关系的一种进度计划。它主要适用于结构较复杂、规模较大、工期较长需跨年度施工的工程，同时还适用于虽然工程规模不大、结构不算复杂，但各种资源（劳动力、材料、机械）没有落实，或者由于装饰设计的部位、材料等可能发生变化以及其他各种情况。

（2）指导性施工进度计划

指导性施工进度计划按分项工程或施工过程来划分施工项目，具体确定各施工过程的施工时间及其相互搭接、相互配合的关系。它适用于任务具体明确、施工条件基本落实、各项资源供应正常、施工工期不太长的工程。

编制控制性施工进度计划的工程，当各分部工程的施工条件基本落实之后，在施工之前还应编制各分部工程的指导性施工进度计划。

2. 施工进度计划的作用

（1）控制性进度计划的作用

1）是控制工程施工进程和工程竣工期限等各项装饰装修工程施工活动的依据。

2）确定装饰装修工程各个工序的施工顺序及需要的施工持续时间。

3）组织协调各个工序之间的衔接、穿插、平行搭接、协作配合等关系。

4）指导现场施工安排，控制施工进度和确保施工任务的按期完成。

5）为制定各项资源需用量计划和编制施工准备工作计划提供依据。

6）是施工企业计划部门编制月、季、旬计划的基础。

7）反映了安装工程与装饰装修工程的配合关系。

（2）指导性进度计划的作用

指导性施工进度计划是用于直接组织施工作业的计划，施工的月度施工计划和旬度施工作业计划都属于指导性施工进度计划。指导性施工进度计划的编制应结合工程施工的具体条件，并以控制性施工进度计划所确定的里程碑事件的进度目标为依据。指导性施工进度计划的主要作用如下：

1）确定施工作业的具体安排。

2）确定（或据此可计算）一个月度或旬的人工需求（工种和相应的数量）。

3）确定（或据此可计算）一个月度或旬的施工机械的需求（机械名称和数量）。

4）确定（或据此可计算）一个月度或旬的建筑材料（包括成品、半成品和辅助材料等）的需求（建筑材料的名称和数量）。

5）确定（或据此可计算）一个月度或旬的资金的需求等。

（二）施工进度计划的表达方法

1. 横道图进度计划的编制方法

横坐标表示流水施工的持续时间；纵坐标表示开展流水施工的施工过程以及专业工作队的名称、编号和数目；呈阶梯形分布的水平线段表示流水施工的开展情况，各个水平线段的左边端点表示工作开始的瞬间，水平线段的右边端点表示工作在该施工段上结束的瞬间，水平线段的长度代表该工作在该施工段上的持续时间。其表达方式如图 3-1 所示，例如 A 施工过程分三个施工段，每段的作业时间为 2d，B 施工过程与 A 施工过程的间隔时间用 $K_{A,B}$ 表示，图中 T 表示 A、B、C、D 四个施工过程全部完成需要的时间。

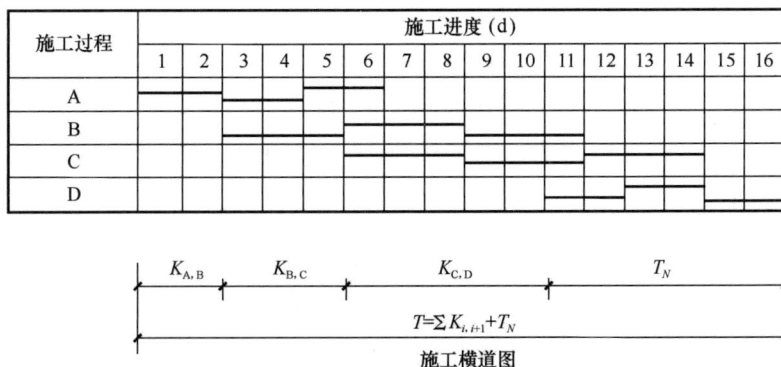

图 3-1　流水施工的表达方式

2. 网络计划的基本概念与识读

网络计划方法的基本原理是：首先应用网络图形来表达一项计划（或工程）中各项工作的开展顺序及其相互间的关系，然后通过计算找出计划中的关键工作及关键线路，继而通过不断改进网络计划，寻求最优方案，并付诸实施，最后在执行过程中进行有效的控制和监督。

网络计划的表达形式是网络图。所谓网络图是指由箭线和节点组成的、用来表示工作流程的有向、有序的网状图形。网络图中，按节点和箭线所代表的含义不同，可分为双代号网络图和单代号网络图两大类。

（1）双代号网络图

以箭线及其两端节点的编号表示工作的网络图称为双代号网络图。即用两个节点一根箭线代表一项工作,工作名称写在箭线上面,工作持续时间写在箭线下面,在箭线前后的衔接处画上节点编上号码,并以节点编号 i 和 j 代表一项工作名称,如图 3-2 所示。

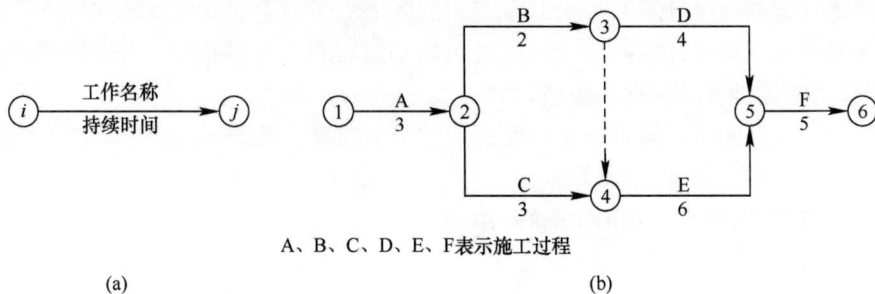

A、B、C、D、E、F表示施工过程

(a)　　　　　　　　　　(b)

图 3-2　双代号网络图

(a) 工作的表示方法；(b) 工程的表示方法

双代号网络图由节点、箭线、线路三个基本要素组成。

1) 节点

网络图中箭线端部的圆圈或其他形状的封闭图形就是节点。在双代号网络图中,它表示工作之间的逻辑关系,节点表达的内容有以下几个方面:

① 节点表示前面工作结束和后面工作开始的瞬间,所以节点不需要消耗时间和资源;

② 箭线的箭尾节点表示该工作的开始,箭线的箭头节点表示该工作的结束;

③ 根据节点在网络图中的位置不同可分为起点节点、终点节点和中间节点。起点节点是网络图的第一个节点,表示一项任务的开始。终点节点是网络图的最后一个节点,表示一项任务的完成。除起点节点和终点节点以外的节点称为中间节点,中点节点都有双重的含义,既是前面工作的箭头节点,也是后面工作的箭尾节点。

2) 节点编号

为了便于网络图的检查和计算,需对网络图各节点进行编号。

节点编号的基本规则:其一,箭头节点编号大于箭尾节点编号,因此,节点编号顺序是:由起点节点顺箭线方向至终点节点。其二,在一个网络图中,所有节点的编号不能重复、不漏编,号码可以按自然数顺序连续进行,也可以不连续。

节点编号的方法:编号宜在绘图完成、检查无误后,顺着箭头方向依次进行。当网络图中的箭线均为由左向右和由上至下时,可采取每行由左向右、由上向下逐行编号的水平编号法,也可以采取每列由上至下、由左向右逐列编号的垂直编号法,如图 3-3 所示。

3) 箭线

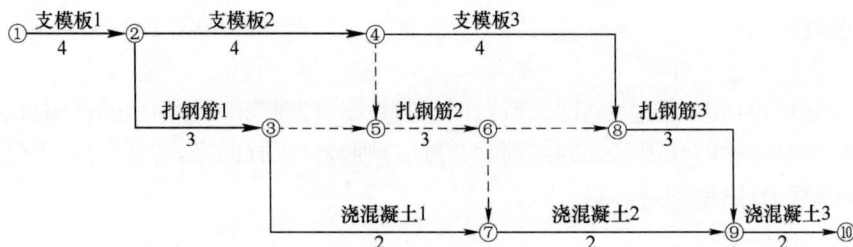

图 3-3　双代号网络图

网络图中一端带箭头的实线即为箭线。在双代号网络图中，它与其两端的节点表示一项工作。箭线表达的内容有以下几个方面：

① 一根箭线表示一项工作或表示一个施工过程。根据网络计划的性质和作用的不同，工作既可以是一个简单的施工过程，如铺地砖、吊杆安装等分项工程或者幕墙工程、抹灰工程等分部工程；工作也可以是一项复杂的工程任务，如教学楼装修工程等单位工程或者教学楼工程等单项工程。如何确定一项工作的范围取决于所绘制的网络计划的作用（控制性或实施性）。

② 一根箭线表示一项工作所消耗的时间和资源，分别用数字标注在箭线的下方和上方。一般而言，每项工作的完成都要消耗一定的时间和资源，如铺地砖、涂刷墙面等；也存在只消耗时间而不消耗资源的工作，如地面铺砖后的养护、砂浆找平层干燥等技术间歇，若单独考虑时，也应作为一项工作对待。

③ 在无时间坐标的网络图中，箭线的长度不代表时间的长短，画图时原则上是任意的，但必须满足网络图的绘制规则。在有时间坐标的网络图中，其箭线的长度必须根据完成该项工作所需时间长短按比例绘制。

④ 箭线的方向表示工作进行的方向和前进的路线，箭尾表示工作的开始，箭头表示工作的结束。

⑤ 箭线可以画成直线、折线或斜线。必要时，箭线也可以画成曲线，但应以水平直线为主，一般不宜画成垂直线。

4）线路

双代号网络图中，由起点节点沿箭线方向经过一系列箭线与节点，最后到达终点节点的通路称为线路。线路可依次用该通路上的节点代号来记述，也可依次用该通路上的工作名称来记述。

如图 3-3 所示，网络图的线路有以下八条线路：

第一条线路：①→②→③→⑦→⑪→⑬→⑭（16d）；

第二条线路：①→②→③→⑤→⑥→⑦→⑪→⑬→⑭（14d）；

第三条线路：①→②→③→⑤→⑥→⑨→⑩→⑪→⑬→⑭（15d）；

第四条线路：①→②→③→⑤→⑥→⑨→⑩→⑫→⑬→⑭（17d）；

第五条线路：①→②→④→⑤→⑥→⑦→⑪→⑬→⑭（12d）；

第六条线路：①→②→④→⑤→⑥→⑨→⑩→⑪→⑬→⑭（13d）；

第七条线路：①→②→④→⑤→⑥→⑨→⑩→⑫→⑬→⑭（15d）；

第八条线路：①→②→④→⑧→⑫→⑬→⑭（18d）。

在一个网络图中，从起点节点到终点节点，一般都存在着许多条线路，每条线路都包含若干项工作，这些工作的持续时间之和就是该线路的时间长度，即线路上总的工作持续时间。

由上述分析可知，第八条线路的持续时间最长，即为关键线路，它决定着该项工程的计算工期，如果该线路的完成时间提前或拖延，则整个工程的完成时间将发生变化；第四条线路称为次关键线路；其余线路均为非关键线路。

5）网络图的逻辑关系

网络图的逻辑关系是指由网络计划中所表示的各个施工过程之间的先后顺序关系，是工作之间相互制约和依赖的关系，这种关系包括工艺关系和组织关系两大类。

① 工艺关系。工艺关系是指生产工艺上客观存在的先后顺序关系，或者是非生产性工作之间由工作程序决定的先后顺序关系。例如，水磨石地面施工时，先做找平层，然后固定分隔条，再铺水泥石渣浆，最后磨平磨光。工艺关系是不能随意改变的。如图 3-3 所示，找平层 1→分隔条 1→铺水泥砂浆 1→磨平磨光 1 为工艺关系。

② 组织关系。组织关系是指在不违反工艺关系的前提下，人为安排工作的先后顺序关系。例如，建筑群中各个建筑物的开工顺序的先后、施工对象的分段流水作业等。组织顺序可以根据具体情况，按安全、经济、高效的原则统筹安排。如图 3-3 所示，找平层 1→找平层 2、分隔条 1→分隔条 2 等为组织关系。

6）虚箭线及其作用

双代号网络计划中，只表示前后相邻工作之间逻辑关系，既不占用时间，也不耗用资源的虚拟的工作称为虚工作。虚工作用虚箭线表示，其表达形式可垂直方向向上或向下，也可水平方向向右，如图 3-4（a）所示，虚工作起着连接、区分、断路三个作用。

① 连接作用。虚工作不仅能表达工作间的逻辑连接关系，而且能表达不同幢号的房屋之间的相互联系。例如，工作 A、B、C、D 之间的逻辑关系为：工作 A 完成后可同时进行 B、D 两项工作，工作 C 完成后进行工作 D。不难看出，A 完成后其紧后工作为 B，C 完成后其紧后工作为 D，很容易表达，但 D 又是 A 的紧后工作，为把 A 和 D 联系起来，必须引入虚工作 2～5，逻辑关系才能正确表达，如图 3-4（b）所示。

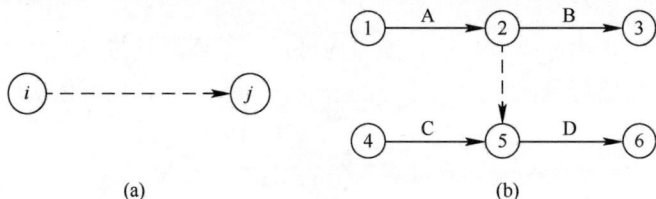

图 3-4 虚工作的应用
(a) 虚工作表示法；(b) 虚工作的应用

② 区分作用。双代号网络计划是用两个代号表示一项工作。如果两项工作用同一代号，则不能明确表示出该代号表示哪一项工作。因此，不同的工作必须用不同代号。如图 3-5 所示，图（a）出现"双同代号"的错误，图（b）、图（c）是两种不同的区分方式，图（d）则多画了一个不必要的虚工作。

③ 断路作用。如图 3-6 所示为某基础工程挖基槽（A）、垫层（B）、基础（C）、回填土（D）。工作分三段的流水施工网络图。该网络图中出现了 A_2 与 C_1，B_2 与 D_1，A_3 与 C_2、D_1，B_3 与 D_2 四处，把并无联系的工作联系上了，即出现了多余联系的错误。

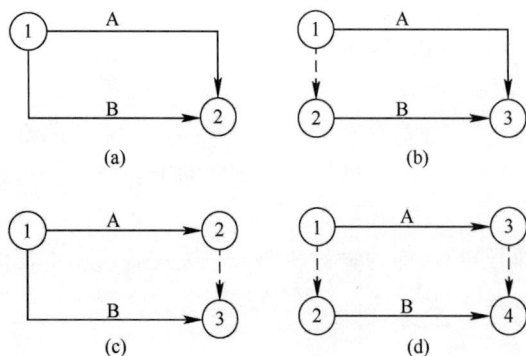

图 3-5 虚工作的区分作用
(a) "双同代号"错误；(b) 正确；(c) 正确；(d) 多余虚工作

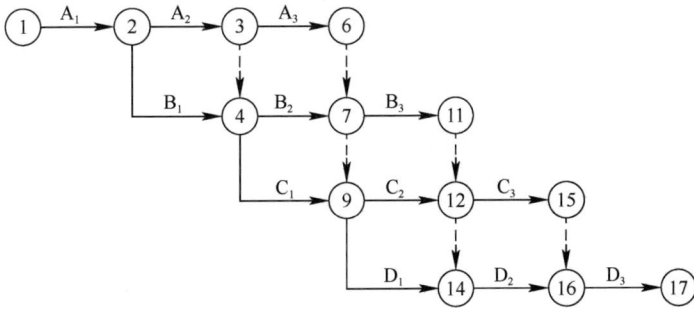

图 3-6　逻辑关系错误网络图

为了正确表达工作间的逻辑关系，在出现逻辑错误的圆圈（节点）之间增设新节点（即虚工作），切断毫无关系的工作之间的联系，这种方法称为断路法，如图 3-7 所示。

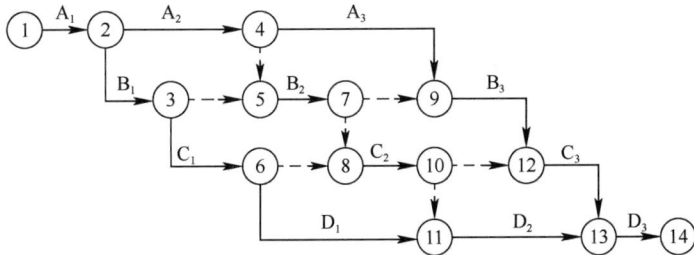

图 3-7　正确的网络图

7）双代号网络图的绘制原则

正确地表达各项工作之间的先后关系和逻辑关系。在网络图中，根据施工顺序和施工组织的要求，正确地反映各项工作之间的相互制约和相互依赖关系，这些关系是多种多样的，表 3-1 列出了常见的几种表示方法。

网络图中各工作逻辑关系表示方法　　　　　　　　　　　表 3-1

序号	工作之间的逻辑关系	网络图中表示方法	说明
1	有 A、B 两项工作按照依次施工方式进行		B 工作依赖着 A 工作，A 工作约束着 B 工作的开始
2	有 A、B、C 三项工作同时开始工作		A、B、C 三项工作称为平行工作
3	有 A、B、C 三项工作同时结束		A、B、C 三项工作称为平行工作

续表

序号	工作之间的逻辑关系	网络图中表示方法	说明
4	有 A、B、C 三项工作只有在 A 完成后 B、C 才能开始	A、B、C	A 工作制约着 B、C 工作的开始。B、C 为平行工作
5	有 A、B、C 三项工作,C 工作只有在 A、B 完成后才能开始	A、B、C	C 工作依赖着 A、B 工作。A、B 为平行工作
6	有 A、B、C、D 四项工作,只有当 A、B 完成后,C、D 才能开始	A、B、C、D、j	通过中间节点 j 正确地表达了 A、B、C、D 之间的关系
7	有 A、B、C、D 四项工作,A 完成后 C 才能开始;A、B 完成后 D 才开始	A、B、C、D	D 与 A 之间引入了逻辑连接(虚工作),只有这样才能正确表达它们之间的约束关系
8	有 A、B、C、D、E 五项工作,A、B 完成后 C 开始,B、D 完成后 E 开始	A、B、C、D、E、i、j、k	虚工作 $i-j$ 反映出 C 工作受到 B 工作的约束,虚工作 $i-k$ 反映出 E 工作受到 B 工作的约束
9	在 A、B、C、D、E 五项工作,A、B、C 完成后 D 才能开始;B、C 完成后 E 才能开始	A、B、C、D、E	这是前面序号 1、5 情况,通过虚工作连接起来,虚工作表示 D 工作受到 B、C 工作制约
10	A、B 两项工作分三个施工段,平行施工	A_1、A_2、A_3、B_1、B_2、B_3	每个工种工程建立专业工作队,在每个施工段上进行流水作业,不同工种之间用逻辑搭接关系表示

(2) 双代号时标网络计划

1) 双代号时标网络计划的概念

时标网络计划是无时标网络计划与横道计划的有机结合,它采用在横道图的基础上引进网络计划中各施工过程之间的逻辑关系的表示方法。这样既解决了横道计划中各施工过程之间的关系表达不明确的问题,又解决了网络计划时间表达不直观的问题。

时标网络计划是以时间坐标为尺度绘制的网络计划。时标的时间单位应根据需要在编制网络计划之前确定好,一般可为天、周、月或季等。

2) 时标网络计划的特点

① 时标网络计划兼有网络计划与横道计划的优点,它能够清楚地表明计划的时间进

程，因此可直观地进行判读。

② 时标网络计划能在图上直接显示出各项工作的开始与完成时间、工作的自由时差及关键线路。

③ 由于时标网络在绘制时受到时间坐标的限制，因此很容易发现绘图错误。

④ 对劳动力、材料、施工器具等资源的需用量可以直接标注在时标网络图上，这样既便于绘制资源消耗的动态曲线，又便于有计划地分析和控制。

⑤ 由于箭线受到时间坐标的限制，当情况发生变化时，对网络计划的修改比较麻烦，往往要重新绘图。

3）双代号时标网络计划的绘制要求

① 时间长度是以所有符号在时标表上的水平位置及其水平投影长度表示的，与其所代表的时间值相对应。

② 节点的中心必须对准时标的刻度线。

③ 以实箭线表示工作，以虚箭线表示虚工作，以水平波形线表示自由时差。

④ 虚工作必须以垂直虚箭线表示。有时差时，加波形线表示。

4）双代号时标网络计划的绘制

时标网络计划宜按最早时间编制，其绘制方法有间接绘制法和直接绘制法两种。

① 间接绘制法。间接绘制法（或称先算后绘法）指先计算无时标网络计划草图的时间参数，然后再在时标网络计划表中进行绘制的方法。

用这种方法时，应先对无时标网络计划进行计算，算出其最早时间。然后再按每项工作的最早开始时间将其箭尾节点定位在时标表上，再用规定线型绘出工作及其自由时差，即形成时标网络计划。绘制时，一般先绘制出关键线路，然后再绘制非关键线路。

绘制步骤如下：

A 先绘制网络计划草图，计算工作最早时间并标注在图上。

B 绘制时标网络计划的时标计划表。

C 在时标表上，按最早开始时间确定每项工作的开始节点位置（图形尽量与草图一致），节点的中心线必须对准时标的刻度线。

D 绘制时，一般应先绘制出关键线路和关键工作，然后再绘制出非关键线路和非关键工作。

E 按各工作的时间长度画出相应工作的实线部分，使其水平投影长度等于工作时间；由于虚工作不占用时间，所以应以垂直虚线表示。

F 用波形线把实线部分与其紧后工作的开始节点连接起来，以表示自由时差。

G 标出关键线路。将时差为零的箭线从起点节点到终点节点连接起来，并用粗箭线、双箭线或彩色箭线表示，即形成时标网络计划的关键线路。

② 直接绘制法。直接绘制法是不计算网络计划时间参数，直接在时间坐标上进行绘制的方法。其绘制步骤和方法可归纳为如下绘图口诀："时间长短坐标限，曲直斜平利相连；箭线到齐画节点，画完节点补波线；零线尽量拉垂直，否则安排有缺陷。"

A 时间长短坐标限：箭线的长度代表着具体的施工时间，受到时间坐标的制约。

B 曲直斜平利相连：箭线的表达方式可以是直线、折线、斜线等，但布图应合理，直观清晰。

C 箭线到齐画节点：工作的开始节点必须在该工作的全部紧前工作都画出后，定位在这些紧前工作最晚完成的时间刻度上。

D 画完节点补波线：某些工作的箭线长度不足以达到其完成节点时，用波形线补足。

E 零线尽量拉垂直：虚工作持续时间为零，应尽可能让其为垂直线。

F 否则安排有缺陷：若出现虚工作占据时间的情况，其原因是工作面停歇或施工作业队组工作不连续。

【例 3-1】 如图 3-8 所示的双代号网络计划，试绘制双代号时标网络图。

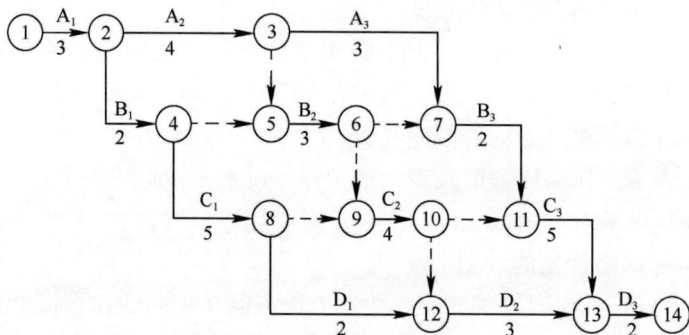

图 3-8 双代号网络计划

【解】 按直接绘制的方法，绘制出双代号时标网络计划如图 3-9 所示。

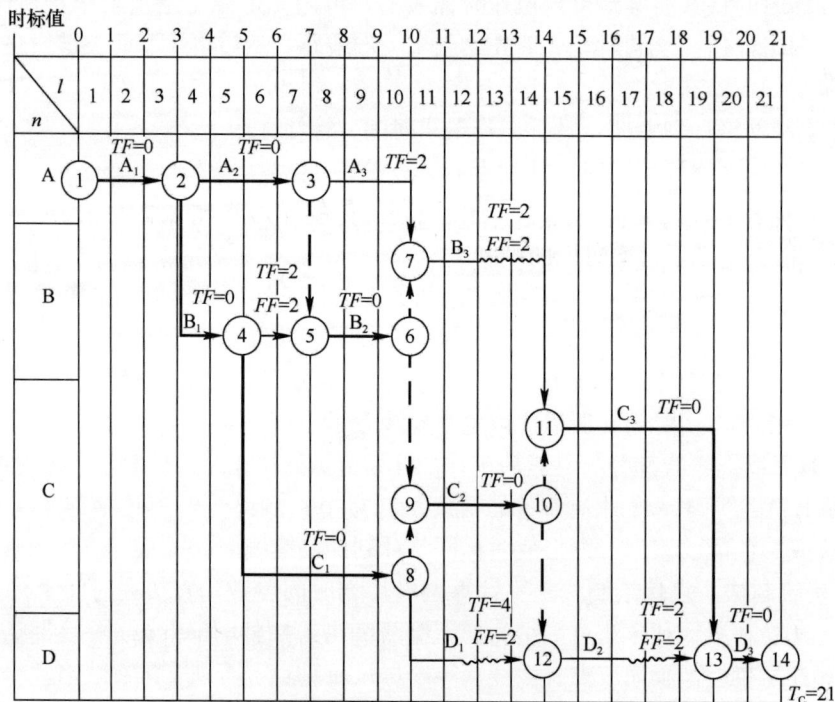

图 3-9 双代号时标网络计划

（3）单代号网络图

以节点及其编号表示工作，以箭线表示工作之间的逻辑关系的网络图称为单代号网络图。即每一个节点表示一项工作，节点所表示的工作名称、持续时间和工作代号等标注在节点内，如图 3-10 所示。

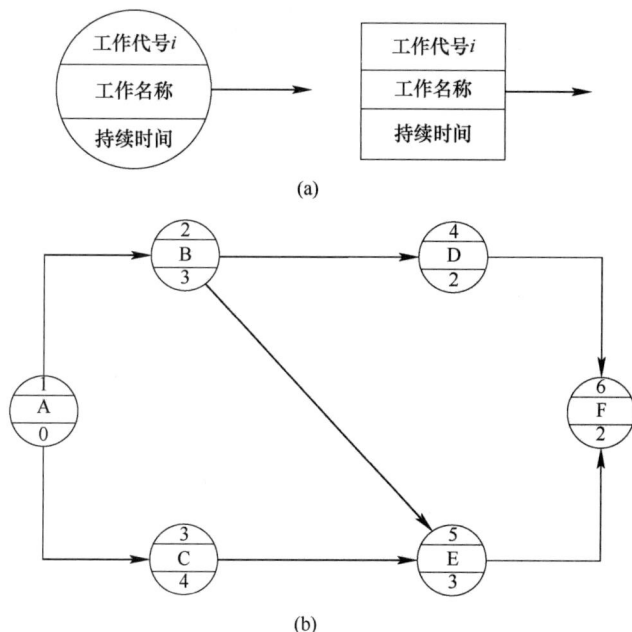

(a)

(b)

图 3-10 单代号网络图

(a) 工作的表示方法；(b) 工程的表示方法

单代号网络图也是由节点、箭线及线路组成。

1）节点

在单代号网络图中，节点表示一个施工过程或一项工作，其范围、内容与双代号网络图箭线基本相同。节点宜用圆圈或矩形表示。当有两个以上施工过程同时开始或结束时，一般要虚拟一个"开始节点"或"结束节点"，以完善其逻辑关系。节点的编号同双代号网络图。

2）箭线

单代号网络图中的每条箭线均表示相邻工作之间的逻辑关系；箭头所指的方向表示工作的进行方向；在单代号网络图中，箭线均为实箭线，没有虚箭线。箭线应保持自左向右的总方向，宜画成水平箭线或斜箭线。

3）线路

在单代号网络图中，从起点节点到终点节点沿着箭线方向顺序通过一系列箭线与节点的通路，称为单代号网络图的线路。单代号网络图也有关键施工过程和关键线路，非关键施工过程和非关键线路。

（4）双代号网络计划的时间参数计算

网络计划时间参数的计算，是确定关键线路和工期的基础。它包括工作的最早开始时间和最迟开始时间的计算，最早完成时间和最迟完成时间的计算，工期、总时差和自由时差的计算。计算时间参数的目的主要有三个:第一,确定关键线路和关键工作,便于施工中抓住重点,向关键线路要时间;第二,明确非关键线路工作及在施工中时间上有多大的机动性,便于挖掘潜力,统筹全局,部署资源;第三,确定总工期,做到工程进度心中有数。

网络计划时间参数计算方法通常有图上计算法、表上计算法、矩阵法和电算法等,本章主要介绍图上计算法。

1) 双代号网络计划的时间参数及符号

① 工作的持续时间。工作的持续时间是指一项工作从开始到完成的时间,用 D_{i-j} 表示工作 $i-j$ 的持续时间。

② 工期。工期是指完成一项任务所需要的时间。

计算工期:是指根据网络计划时间参数计算所得到的工期,用 T_C 表示。

要求工期:是指任务委托人提出的合同工期或指令性工期,用 T_r 表示。

计划工期:是指根据要求工期和计算工期所确定的作为实施目标的工期,用 T_P 表示。

当规定了要求工期时,计划工期不应超过要求工期,即:$T_P \leqslant T_r$。

当未规定要求工期时,可令计划工期等于计算工期,即:$T_P = T_C$。

③ 工作的最早开始时间。最早开始时间是指各紧前工作全部完成后,本工作有可能开始的最早时刻。工作 $i-j$ 的最早开始时间用 ES_{i-j} 表示。

④ 工作的最早完成时间。最早完成时间是指各紧前工作全部完成后,本工作有可能完成的最早时刻。工作 $i-j$ 的最早完成时间用 EF_{i-j} 表示。

⑤ 工作的最迟完成时间。最迟完成时间是指在不影响整个任务按期完成的前提下,工作必须完成的最迟时刻。工作 $i-j$ 的最迟完成时间用 LF_{i-j} 表示。

⑥ 工作的最迟开始时间。最迟开始时间是指在不影响整个任务按期完成的前提下,工作必须开始的最迟时刻。工作 $i-j$ 的最迟开始时间用 LS_{i-j} 表示。

⑦ 工作的总时差。总时差是指在不影响总工期的前提下,本工作可以利用的机动时间。工作 $i-j$ 的总时差用 TF_{i-j} 表示。

⑧ 工作的自由时差。自由时差是指在不影响其紧后工作最早开始时间的前提下,本工作可以利用的机动时间。工作 $i-j$ 的自由时差用 FF_{i-j} 表示。

2) 网络计划的时间参数计算

双代号网络计划时间参数的图上计算简单直观、应用广泛。按工作计算法计算时间参数应在确定了各项工作的持续时间之后进行。虚工作也必须视同工作进行计算,其持续时间为零。时间参数的计算结果应标注在箭线之上,如图 3-11 所示。

| ES_{i-j} | LS_{i-j} | TF_{i-j} |
| FF_{i-j} | LF_{i-j} | EF_{i-j} |

【例 3-2】 如图 3-12 所示双代号网络计划,按工作计算法计算其时间参数。

i ——工作名称——持续时间—→ j

图 3-11 工作计算法标注示意

【解】 ① 计算各工作最早开始时间 ES_{i-j} 和最早完成时间 EF_{i-j}。工作的最早开始时间和最早完成时间的计算应从网络计划的起点节点开始,顺着箭线方向依次进行。其计算步骤如下:

第一步:以网络计划起点节点为开始的工作,当未规定其最早开始时间时,其最早开

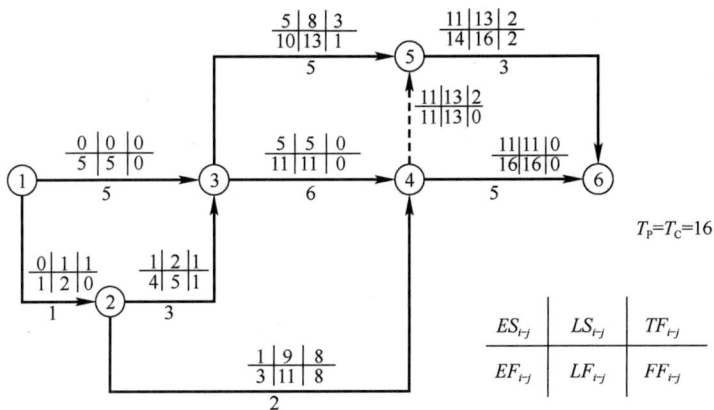

图 3-12 某双代号网络图的时间参数计算

始时间为零，即：

$$ES_{1-j} = 0 \tag{3-1}$$

例如在本例中，工作 1—2 和工作 1—3 的最早开始时间都为零，即：

$$ES_{1-2} = ES_{1-3} = 0$$

第二步：工作最早完成时间可利用公式（3-2）进行计算：

$$EF_{i-j} = ES_{i-j} + D_{i-j} \tag{3-2}$$

如图 3-12 所示的网络计划中，工作 1—2 和 1—3 的最早完成时间分别为：

$$EF_{1-2} = ES_{1-2} + D_{1-2} = 0 + 1 = 1$$
$$EF_{1-3} = ES_{1-3} + D_{1-3} = 0 + 5 = 5$$

第三步：其他工作最早开始时间应等于其紧前工作最早完成时间的最大值，即：

$$ES_{i-j} = \max\{EF_{h-i}\} = \max\{ES_{h-i} + D_{h-i}\} \tag{3-3}$$

式中　EF_{h-i}——工作 $i-j$ 的紧前工作 $h-i$ 的最早完成时间；

ES_{h-i}——工作 $i-j$ 的紧前工作 $h-i$ 的最早开始时间。

如图 3-12 所示的网络计划中，各工作的最早开始时间和工作的最早完成时间计算如下：

工作的最早开始时间：

$$ES_{2-3} = ES_{1-2} + D_{1-2} = 0 + 1 = 1$$
$$ES_{2-4} = ES_{1-2} + D_{1-2} = 0 + 1 = 1$$
$$ES_{3-4} = \max\left\{ \begin{matrix} ES_{1-3} + D_{1-3} \\ ES_{2-3} + D_{2-3} \end{matrix} \right\} = \max\left\{ \begin{matrix} 0+5 \\ 1+3 \end{matrix} \right\} = 5$$
$$ES_{4-5} = \max\left\{ \begin{matrix} ES_{2-4} + D_{2-4} \\ ES_{3-4} + D_{3-4} \end{matrix} \right\} = \max\left\{ \begin{matrix} 1+2 \\ 5+6 \end{matrix} \right\} = 11$$
$$ES_{5-6} = \max\left\{ \begin{matrix} ES_{3-5} + D_{3-5} \\ ES_{4-5} + D_{4-5} \end{matrix} \right\} = \max\left\{ \begin{matrix} 5+5 \\ 11+0 \end{matrix} \right\} = 11$$

工作的最早完成时间：

$$EF_{2-3} = ES_{2-3} + D_{2-3} = 1 + 3 = 4$$
$$EF_{2-4} = ES_{2-4} + D_{2-4} = 1 + 2 = 3$$

$$EF_{3-4} = ES_{3-4} + D_{3-4} = 5+6 = 11$$

$$EF_{3-5} = ES_{3-5} + D_{3-5} = 5+5 = 10$$

$$EF_{4-5} = ES_{4-5} + D_{4-5} = 11+0 = 11$$

$$EF_{4-6} = ES_{4-6} + D_{4-6} = 11+5 = 16$$

$$EF_{5-6} = ES_{5-6} + D_{5-6} = 11+3 = 14$$

特别提示：工作的最早时间计算时应特别注意以下三点：一是计算程序，即从起点节点开始顺着箭线方向，按节点次序逐项工作计算；二是要弄清该工作的紧前工作是哪几项，以便准确计算；三是同一节点的所有外向工作最早开始时间相同。

② 确定网络计划的计划工期。当网络计划规定了要求工期时，网络计划的计划工期应小于或等于要求工期，即：

$$T_P \leqslant T_r \tag{3-4}$$

当网络计划未规定要求工期时，网络计划的计划工期应等于计算工期，即以网络计划的终点节点为完成节点的各个工作的最早完成时间的最大值，如网络计划的终点节点的编号为 n，则计算工期 T_C 为：

$$T_P = T_C = \max\{EF_{i-n}\} \tag{3-5}$$

如图 3-12 所示的网络计划中，网络计划的计算工期为：

$$T_C = \max\begin{Bmatrix} EF_{4-6} \\ EF_{5-6} \end{Bmatrix} = \max\begin{Bmatrix} 16 \\ 14 \end{Bmatrix} = 16$$

③ 计算各工作最迟完成时间和最迟开始时间。工作最迟完成时间和工作的最迟开始时间的计算应从网络计划的终点节点开始，逆着箭线方向依次进行。其计算步骤如下：

第一步：以网络计划终点节点为完成节点的工作，其最迟完成时间等于网络计划的计划工期，即：

$$LF_{i-n} = T_P \tag{3-6}$$

式中　LF_{i-n}——以网络计划终点节点 n 为完成节点的工作的最迟完成时间。

如图 3-12 所示的网络计划中，工作 4—6 和 5—6 的最迟完成时间为：

$$LF_{4-6} = LF_{5-6} = T_P = 16$$

第二步：工作的最迟开始时间可利用公式（3-7）进行计算：

$$LS_{i-j} = LF_{i-j} - D_{i-j} \tag{3-7}$$

第三步：其他工作的最迟完成时间应等于其紧后工作最迟开始时间的最小值，即：

$$LF_{i-j} = \min\{LS_{j-k}\} = \min\{LF_{j-k} - D_{j-k}\} \tag{3-8}$$

如图 3-12 所示的网络计划中，各工作的最迟开始时间和最迟完成时间分别为：

最迟开始时间：

$$LS_{4-6} = LF_{4-6} - D_{4-6} = 16-5 = 11$$

$$LS_{5-6} = LF_{5-6} - D_{5-6} = 16-3 = 13$$

$$LS_{3-5} = LF_{3-5} - D_{3-5} = 13-5 = 8$$

$$LS_{4-5} = LF_{4-5} - D_{4-5} = 13-0 = 13$$

$$LS_{2-4} = LF_{2-4} - D_{2-4} = 11-2 = 9$$

$$LS_{3-4} = LF_{3-4} - D_{3-4} = 11-6 = 5$$

$$LS_{1-3} = LF_{1-3} - D_{1-3} = 5-5 = 0$$

$$LS_{2-3} = LF_{2-3} - D_{2-3} = 5 - 3 = 2$$

$$LS_{1-2} = LF_{1-2} - D_{1-2} = 2 - 1 = 1$$

最迟完成时间：

$$LF_{4-6} = T_C = 16$$

$$LF_{5-6} = T_C = 16$$

$$LF_{3-5} = LF_{5-6} - D_{5-6} = 16 - 3 = 13$$

$$LF_{4-5} = LF_{5-6} - D_{5-6} = 16 - 3 = 13$$

$$LF_{2-4} = \min \begin{Bmatrix} LF_{4-5} - D_{4-5} \\ LF_{4-6} - D_{4-6} \end{Bmatrix} = \min \begin{Bmatrix} 13 - 0 \\ 16 - 5 \end{Bmatrix} = 11$$

$$LF_{3-4} = LF_{2-4} = 11$$

$$LF_{1-3} = \min \begin{Bmatrix} LF_{3-4} - D_{3-4} \\ LF_{3-5} - D_{3-5} \end{Bmatrix} = \min \begin{Bmatrix} 11 - 6 \\ 13 - 5 \end{Bmatrix} = 5$$

$$LF_{2-3} = LF_{1-3} = 5$$

$$LF_{1-2} = \min \begin{Bmatrix} LF_{2-3} - D_{2-3} \\ LF_{2-4} - D_{2-4} \end{Bmatrix} = \min \begin{Bmatrix} 5 - 3 \\ 11 - 2 \end{Bmatrix} = 2$$

特别提示：工作的最迟时间计算时应特别注意以下三点：一是计算程序，即从终点节点开始逆着箭线方向，按节点次序逐项工作计算；二是要弄清该工作紧后工作有哪几项，以便正确计算；三是同一节点的所有内向工作最迟完成时间相同。

④ 计算各工作总时差。在网络计划中，在不影响总工期的前提下，一项工作可以利用的时间范围是从该工作最早开始时间到最迟完成时间，即工作从最早开始时间或最迟开始时间起，均不会影响工期，而工作实际需要的持续时间是 D_{i-j}，扣去 D_{i-j} 后，余下的一段时间就是工作可以利用的机动时间，即为总时差，如图 3-13 所示。所以总时差等于最迟开始时间减去最早开始时间，或最迟完成时间减去最早完成时间，即：

$$TF_{i-j} = LS_{i-j} - ES_{i-j} = LF_{i-j} - EF_{i-j} \tag{3-9}$$

如图 3-12 所示的网络计划中，各工作的总时差分别为：

$$TF_{1-2} = LS_{1-2} - ES_{1-2} = 1 - 0 = 1$$

$$TF_{1-3} = LS_{1-3} - ES_{1-3} = 0 - 0 = 0$$

$$TF_{2-3} = LS_{2-3} - ES_{2-3} = 2 - 1 = 1$$

$$TF_{2-4} = LS_{2-4} - ES_{2-4} = 9 - 1 = 8$$

$$TF_{3-4} = LS_{3-4} - ES_{3-4} = 5 - 5 = 0$$

$$TF_{3-5} = LS_{3-5} - ES_{3-5} = 8 - 5 = 3$$

$$TF_{4-5} = LS_{4-5} - ES_{4-5} = 13 - 11 = 2$$

$$TF_{4-6} = LS_{4-6} - ES_{4-6} = 11 - 11 = 0$$

$$TF_{5-6} = LS_{5-6} - ES_{5-6} = 13 - 11 = 2$$

⑤ 计算各工作自由时差。在网络计划中，在不影响其紧后工作最早开始时间的前提下，各项工作可以利用的时间范围是从该工作最早开始时间至其紧后工作最早开始时间。而工作实际需要的持续时间是 D_{i-j}，那么扣去 D_{i-j} 后，尚有的一段时间就是自由时差，如图 3-14 所示。

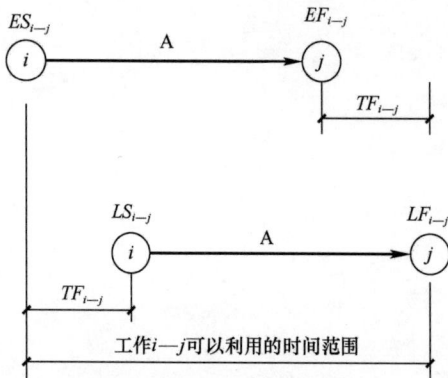

图 3-13　总时差计算简图

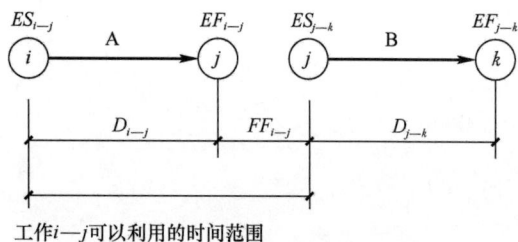

图 3-14　自由时差计算简图

对于有紧后工作的，其自由时差等于本工作之紧后工作最早开始时间减本工作最早完成时间所得之差的最小值，即：

$$FF_{i-j} = ES_{j-k} - EF_{i-j} = ES_{j-k} - ES_{i-j} - D_{i-j} \tag{3-10}$$

当以终点节点（$j=n$）为箭头节点的工作，其自由时差应按网络计划的计划工期 T_P 确定，即：

$$FF_{i-n} = T_P - EF_{i-n} = T_P - ES_{i-n} - D_{i-n} \tag{3-11}$$

如图 3-12 所示的网络计划中，各工作的自由时差为：

$$FF_{1-2} = ES_{2-3} - ES_{1-2} - D_{1-2} = 1 - 0 - 1 = 0$$
$$FF_{1-3} = ES_{3-4} - ES_{1-3} - D_{1-3} = 5 - 0 - 5 = 0$$
$$FF_{2-3} = ES_{3-4} - ES_{2-3} - D_{2-3} = 5 - 1 - 3 = 1$$
$$FF_{2-4} = ES_{4-5} - ES_{2-4} - D_{2-4} = 11 - 1 - 2 = 8$$
$$FF_{3-4} = ES_{4-5} - ES_{3-4} - D_{3-4} = 11 - 5 - 6 = 0$$
$$FF_{3-5} = ES_{5-6} - ES_{3-5} - D_{3-5} = 11 - 5 - 5 = 1$$
$$FF_{4-5} = ES_{5-6} - ES_{4-5} - D_{4-5} = 11 - 11 - 0 = 0$$
$$FF_{4-6} = T_P - ES_{4-6} - D_{4-6} = 16 - 11 - 5 = 0$$
$$FF_{5-6} = T_P - ES_{5-6} - D_{5-6} = 16 - 11 - 3 = 2$$

（三）施工进度计划的检查与调整

1. 施工进度计划的检查方法

施工进度计划的检查包括：各预定时间节点工程量的完成情况、资源使用及进度的匹配情况、上次检查提出问题的整改情况。

（1）匀速进展横道图比较法

匀速施工是指在工程项目中，每项工作的施工进展速度都是匀速的，即在单位时间内完成的任务量都是相等的，累计完成的任务量与时间呈直线变化。

采用匀速进展横道图比较法时，其步骤如下：

1）编制横道图进度计划。

2）在进度计划上标出检查日期。

3）将检查收集到的实际进度数据经加工整理后按比例用涂黑的粗线标于计划进度的下方，如图 3-15 所示。

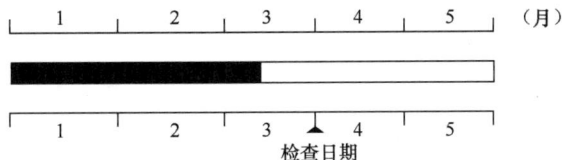

图 3-15　匀速进展横道图比较法

4）对比分析实际进度与计划进度：

① 涂黑的粗线右端在检查日期的右侧，表明实际进度超前。

② 涂黑的粗线右端在检查日期的左侧，表明实际进度拖后。

③ 涂黑的粗线一端与检查日期相重合，表明实际进度与施工计划进度相一致。

匀速进展横道图比较法只适用于工作从开始到完成的整个过程中，其施工速度是不变的，累计完成的任务量与时间成正比。若工作的施工速度是变化的，则这种方法不能进行工作的实际进度与计划进度之间的比较。

（2）非匀速进展横道图比较法

当工作在不同单位时间里的进展速度不相等时，累计完成的任务量与时间的关系就不可能是线性关系。此时，应采用非匀速进展横道图比较法进行工作实际进度与计划进度的比较。

非匀速进展横道图比较法适用于工作的进度按变速进展的情况，工作实际进度与计划进度进行比较。它是在标出表示工作实际进度的涂黑粗线同时，在图上标出某对应时刻完成任务的累计百分比，将该百分比与其同时刻计划完成任务累计百分比相比较，判断工作的实际进度与计划进度之间关系的一种方法，如图 3-16 所示。

采用非匀速进展横道图比较法时，其步骤如下：

1）绘制横道图进度计划。

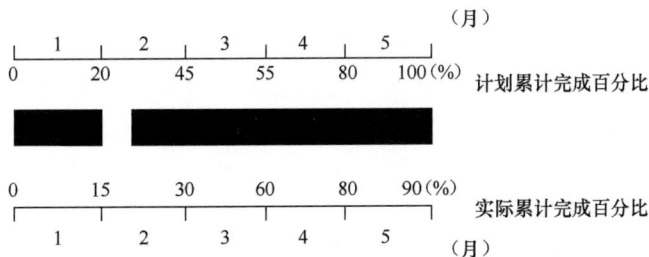

图 3-16　非匀速进展横道图比较法

2）在横道线上方标出各主要时间工作的计划完成任务量累计百分比。

3）在横道线下方标出相应时间工作的实际完成任务量累计百分比。

4）用涂黑粗线标出工作的实际进度，从开始之日标起，同时反映出该工作在实施工程中的连续与间断情况。

5）对照横道线上方计划完成累计量与同时间的下方实际完成累计量，判断工作实际进度与计划进度之间的关系：

① 如果同一时刻横道线上方累计百分比大于横道线下方累计百分比，表明实际进度拖后、拖欠的任务量为二者之差。

② 如果同一时刻横道线上方累计百分比小于横道线下方累计百分比，表明实际进度超前的任务量为二者之差。

③ 如果同一时刻横道线上下方两个累计百分比相等，表明实际进度与计划进度一致。

由于工作进展速度是变化的，因此在图中的横道线无论是计划的还是实际的，只能表示工作的开始时间、完成时间和持续时间，并不表示计划完成的任务量和实际完成的任务量。此外，采用非匀速进展图比较法，不仅可以进行某一时刻（如检查日期）实际进度与计划进度的比较，而且还能进行某一时间段实际进度与计划进度的比较。当然，这需要实施部门按规定的时间记录当时的任务完成情况。

例如，某编制的非匀速进展横道图比较法如图 3-17 所示。

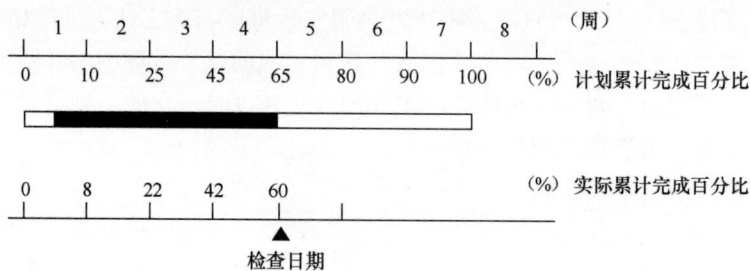

图 3-17　某编制的非匀速进展横道图比较法

图 3-17 所反映的信息：横道线上方标出的土方开挖工作每周计划完成任务量的百分比为非匀速；计划累计完成任务量的百分比为：10％、25％、45％、65％、80％、90％、100％；横道线下方标出第 1 周至检查日期第 4 周每周实际完成任务量百分比分别为：8％、14％、20％、18％；实际累计完成任务量的百分比分别为：8％、22％、42％、60％；每周实际进度百分比分别为：拖后 2％，拖后 1％，正常，拖后 2％；各周累计拖后分别为：2％、3％、3％、5％。

横道图比较法记录方法简单、形象直观、容易掌握、应用方便，被广泛地应用于简单的进度监测工作中。但是，由于横道图比较法以横道图进度计划为基础，因此带有其不可克服的局限性，如各工作之间的逻辑关系不明显，关键工作和关键线路无法确定，一旦某些工作进度产生偏差时，难以预测其对后续工作以及整个工期的影响和确定调整的方法。

（3）S 形曲线比较法

S 形曲线比较法是以横坐标表示时间，纵坐标表示累计完成任务量，绘制一条按计划时间累计完成任务量的S曲线；然后将工程项目实施过程中各检查时间实际累计完成任务量的S形曲线也绘制在同一坐标系中，进行实际进度与计划进度比较的一种方法。

S形曲线比较法与横道图比较法一样，是在图上直观地进行施工项目实际进度与计划进度相比较。一般情况下，计划进度控制人员在计划实施前绘制出S形曲线。在项目施工过程中，按规定时间将检查的实际完成情况绘制在与计划S形曲线同一张图上，可得出实际进度S形曲线，如图3-18所示。

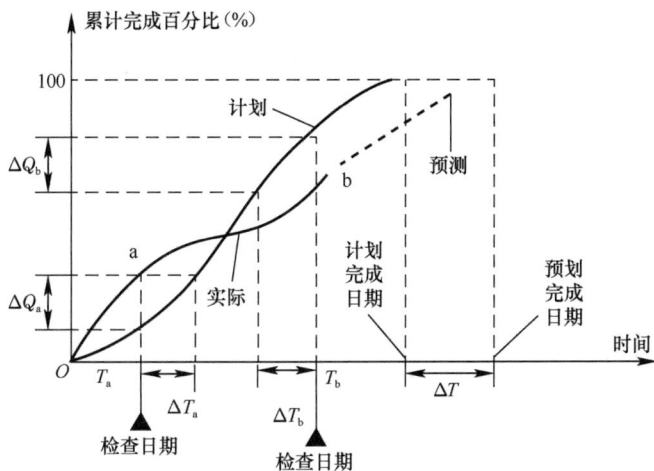

图3-18　S形曲线比较图

通过比较前后两条S形曲线可以得到如下信息：

1）项目实际进度与计划进度比较：当实际工程进展点落在计划S形曲线左侧，则表示此时实际进度比计划进度超前；若落在其右侧，则表示拖后；若刚好落在其上，则表示二者一致。

2）项目实际进度比计划进度超前或拖后的时间，ΔT_a 表示 T_a 时刻实际进度超前的时间；ΔT_b 表示 T_b 时刻实际进度拖后的时间。

3）项目实际进度比计划进度超额或拖欠的任务量，ΔQ_a 表示 T_a 时刻超额完成的任务量；ΔQ_b 表示 T_b 时刻拖欠的任务量。

4）预测工程进度后期工程按原计划速度进行，则工期拖延预测值为 ΔT。

（4）香蕉形曲线比较法

香蕉形曲线是两条S形曲线组合成的闭合曲线。从S形曲线比较法中得知，按某一时间开始的施工项目的进度计划，其计划实施过程中，进行时间与累计完成任务量的关系都可以用一条S形曲线表示。对于一个施工项目的网络计划，在理论上总是分为最早和最迟两种开始与完成时间的。因此一般情况下，任何一个施工项目的网络计划都可以绘制出两条曲线；一种是计划以各项工作的最早开始时间安排进度而绘制的S形曲线，称为ES曲线；另一种是计划以各项工作的最迟开始时间安排进度而绘制的S形曲线，称为LS曲线。两条S形曲线都是从计划的开始时刻开始、完成时刻结束，因此，两条曲线是闭合的。一般情况下，其余时刻ES曲线上的各点均落在LS曲线相应点的左侧，形成一个形如香蕉的曲线，故此称为香蕉形曲线，如图3-19所示。

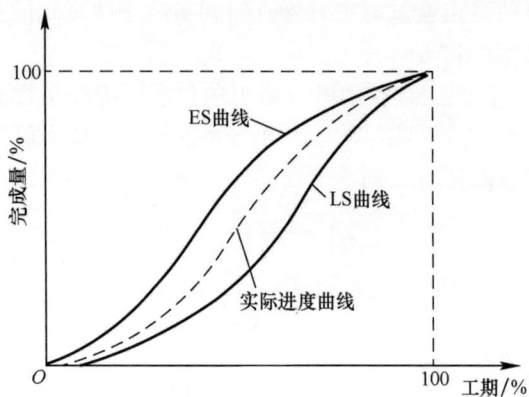

图 3-19 香蕉形曲线比较图

在项目的实施中，进度控制的理想状况是任一时刻按实际进度描绘的点，都应落在该香蕉形曲线的区域内。

香蕉形曲线比较法的作用：

1）利用香蕉形曲线进行进度的合理安排。

2）进行施工实际进度与计划进度比较。

3）确定在检查状态下，后期工程的 ES 曲线和 LS 曲线的发展趋势。

（5）前锋线比较法

所谓前锋线，是指在原时标网络计划上，从检查时刻的时标点出发，用点面线依次将各项工作实际进展位置点连接而成的折线，前锋线比较法就是通过实际进度前锋线与原进度计划中，各工作箭线交叉点的位置来判断工作实际进度与计划进度的偏差，进而判定该偏差对后续工作及总工期影响程度的一种方法。

前锋线比较法的步骤：

1）绘制时标网络计划图

工程项目实际进度前锋线是在时标网络计划图上标示，为清楚起见，可在时标网络计划图的上方和下方各设置一时间坐标。

2）绘制实际进度前锋线

一般从时标网络计划图上方时间坐标的检查日期开始绘制，依次连接相邻工作的实际进展位置点，最后与时标网络计划图下方坐标的检查日期相连接。

工作实际进展位置点的标定方法有两种：

① 按该工作已完成任务量比例进行标定。假设工程项目中各项工作均为匀速进展，根据实际进度检查时刻该工作已完成任务量占其计划完成总任务量的比例，在工作箭线上自左向右按相同的比例标定其实际进展位置点。

② 按尚需作业时间进行标定。当某些工作的持续时间难以按实物工程量来计算而只能凭经验估算时，可先估算出检查时刻到该工作全部完成尚需作业的时间，然后在该工作箭线上自右向左逆向标定其实际进展位置点。

3）进行实际进度与计划进度的比较

前锋线可以直观地反映出检查日期有关工作实际进度与计划进度之间的关系。对某项工作来说，其实际进度与计划进度之间的关系可能存在以下三种情况：

① 工作实际进展位置点落在检查日期的左侧，表明该工作实际进度拖后，拖后的时间为二者之差；

② 工作实际进展位置点与检查日期重合，表明该工作实际进度与计划进度一致；

③ 工作实际进展位置点落在检查日期的右侧，表明该工作实际进度超前，超前的时间为二者之差。

4）预测进度偏差对后续工作及总工期的影响

通过实际进度与计划进度的比较确定进度偏差后，还可根据工作的自由时差和总时差，预测该进度偏差对后续工作及总工期的影响。

【例 3-3】 某工程项目时标网络计划执行到第 3 周末和第 7 周末时，对实际进度进行了检查。检查结果如图 3-20 中前锋线所示。

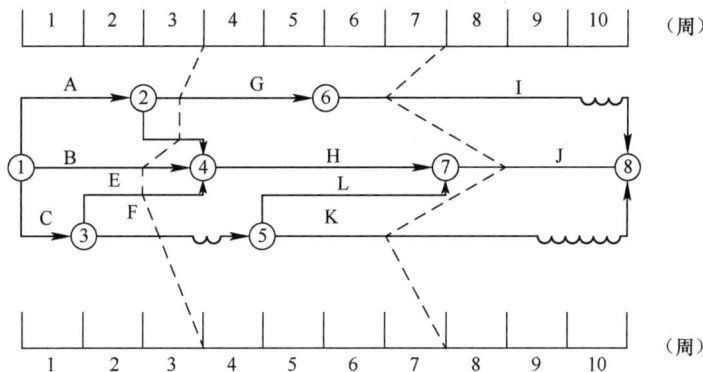

图 3-20 用前锋线检查记录图

（1）对第 3 周末工程的实际进度与进度计划进行比较，说明工作完成情况及对工期的影响，需不需要采取赶工措施？

（2）对第 7 周末工程的实际进度与进度计划进行比较，说明工作完成情况，并阐述实际进度对工期有无影响，需不需要采取赶工措施？

【解】 （1）根据第 3 周末检查结果前锋线图可看出：

第 3 周末 A 和 C 工作已经完成，B 工作拖后 1 周，D 工作拖后半周，E 工作拖后 1 周，F 工作拖后半周，C 工作拖后半周。

因为 B、D、E 三项工作都是关键工作，所以能使总工期延长 1 周。F 和 G 工作都不在关键线路上，拖后时间没有超过其总时差，对工期没有影响。

这就要求 B、D、E 三项工作都应该采取赶工措施。

（2）第 7 周末除了 I、J、K 三项工作没有完成外，其余工作都已经完成。第 7 周末 I 工作拖后 1 周，J 工作提前 1 周，K 工作拖后 1 周，H 和 L 工作正好按期完成。

I 工作虽然拖后一周，但是它有一周的总时差，能够在第 10 周末正好完工，对工期无影响；K 工作虽然拖后一周，但其有两周的总时差，能够在第 10 周末正好完工，对工期也无影响。

综上分析该工程能正好在规定的进度计划完工，因此不需要赶工。

2. 施工进度计划偏差的纠正方法

（1）施工工期的检查与调整

施工进度计划安排的施工工期首先应满足施工合同的要求，其次应具有较好的经济效果，即安排工期要合理，并非越短越好。当工期不符合要求时应进行必要的调整。

1）缩短某些工作的持续时间。通过检查分析，如果发现原有进度计划已不能适应实际情况时，为了确保进度控制目标的实现或需要确定新的计划目标，就必须对原进度计划进行调整，以形成新的进度计划，作为进度控制的新依据。

这种方法的特点是不改变工作之间的先后顺序,通过缩短网络计划中关键线路上工作的持续时间来缩短工期,并考虑经济影响,实质是一种工期费用优化。通常,优化过程需要采取一定的措施来达到目的。具体措施包括:

① 组织措施。增加工作面,组织更多的施工队伍,增加每天的施工时间(如采用三班制等),增加劳动力和施工机械的数量等。

② 技术措施。如改进施工工艺和施工技术,缩短工艺技术间歇时间;采用更先进的施工方法,以减少施工过程的数量(如将现浇方案改为预制装配方案);采用更先进的施工机械,加快作业速度等。

③ 经济措施。如实行包干奖励,对所采取的技术措施给予相应的经济补偿等。

④ 其他配套措施,如改善外部配合条件、劳动条件,实施强有力的调度等。

一般来说,不管采取哪种措施,都会增加费用。因此,在调整施工进度计划时,应利用费用优化的原理选择费用增加量最小的关键工作作为压缩对象。

2)改变某些工作间的逻辑关系。当工程项目实施中产生的进度偏差影响到总工期,且有关工作的逻辑关系允许改变时,可以不改变工作的持续时间,而通过改变关键线路和超过计划工期的非关键线路上的有关工作之间的逻辑关系,达到缩短工期的目的。例如,将顺序进行的工作改为平行作业,对于大型建设工程,由于其单位工程较多且相互间的制约比较小,可调整的幅度比较大,所以容易采用平行作业的方法,调整施工进度计划;而对于单位工程项目,由于受工作之间工艺关系的限制,可调整的幅度比较小,所以通常采用搭接作业以及分段组织流水作业等方法来调整施工进度计划,有效地缩短工期。但不管是平行作业还是搭接作业,建设工程单位时间内的资源需求量将会增加。

3)其他方法。除了分别采用上述两种方法来缩短工期外,有时由于工期拖延得太多,当采用某种方法进行调整,但其可调整的幅度又受到限制时,还可以同时利用缩短工作持续时间和改变工作之间的逻辑关系等两种方法对同一施工进度计划进行调整,以满足工期目标的要求。

(2)施工顺序的检查与调整

施工进度计划安排的顺序应符合建筑装饰装修工程施工的客观规律,应从技术上、工艺上、组织上检查各个施工过程的安排是否合理,如有不当之处,应予修改或调整。

(3)资源均衡性的检查与调整

施工进度计划的劳动力、机械、材料等的供应与使用,应避免过分集中,尽量做到均衡。劳动力消耗的均衡与否,可以通过劳动力消耗动态图来分析。劳动力消耗的均衡性可以用均衡系数来表示,即

$$K = R_{max}/R$$

式中　K——劳动力均衡系数;

R_{max}——施工期间工人的最大需要量;

R——施工期间工人的平均需要量,即为每天出工人数与施工时间乘积之和除以总工期。

劳动力均衡系数 K 一般应控制在 2 以下,超过 2 则不正常。K 越接近 1,说明劳动力安排越合理。如果出现劳动力不均衡的现象,可通过调整次要施工过程的施工人数、施工

过程的起止时间以及重新安排搭接等方法来实现均衡。

应当指出，建筑装饰装修工程施工过程是一个很复杂的过程，会受各种条件和因素的影响，在施工进度计划的执行过程中，当进度与计划发生偏差时，对施工过程应不断地进行计划—执行—检查—调整或重新计划，真正达到指导施工的目的，增加计划的实用性。

四、职业健康安全管理与环境管理的基本知识

（一）职业健康安全管理与环境管理体系

1. 职业健康安全管理与环境管理的目的

（1）建设工程职业健康安全管理的目的

职业健康安全管理的目的是在生产活动中，通过职业健康安全生产的管理活动，对影响生产的具体因素的状态进行控制，使生产因素中的不安全行为和状态减少或消除，避免事故的发生。以保证生产活动中人员的健康和安全。

对于建设工程项目，职业健康安全管理的目的是防止和减少生产安全事故、保护产品生产者的健康与安全、保障人民群众的生命和财产免受损失。控制影响工作场所内员工、临时工作人员、合同方人员、访问者和其他有关部门人员健康和安全的条件和因素。考虑和避免因管理不当对员工健康和安全造成的危害。

（2）建设工程施工环境管理的目的

环境保护是我国的一项基本国策。对环境管理的目的是保护生态环境，使社会的经济发展与人类的生存环境相协调。

对于建设工程项目，施工环境保护主要是指保护和改善施工现场的环境。企业应当遵照国家和地方的相关法律法规以及行业和企业自身的要求，采取措施控制施工现场的各种粉尘、废水、废气、固体废弃物以及噪声、振动对环境的污染和危害，并且要注意对资源的节约和避免资源的浪费。

2. 职业健康安全管理与环境管理的基本要求

（1）建设工程职业健康安全管理的基本要求

根据《建设工程安全生产管理条例》和《职业健康安全管理体系 要求及使用指南》GB/T 45001—2020，有关职业健康安全管理的基本要求如下：

1）坚持安全第一、预防为主和防治结合的方针，建立职业健康安全管理体系并持续改进职业健康安全管理工作。

2）施工企业在其经营生产的活动中必须对本企业的安全生产负全面责任。企业的法定代表人是安全生产的第一负责人，项目负责人是施工项目生产的主要负责人。施工企业应当具备安全生产的资质条件，取得安全生产许可证的施工企业应设立安全生产管理机构，配备合格的专职安全生产管理人员，并提供必要的资源。施工企业要建立健全职业健康安全体系以及有关的安全生产责任制和各项安全生产规章制度。施工企业对项目要编制切合实际的安全生产计划，制定职业健康安全保障措施。实施安全教育培训制度，不断提高员工的安全意识和安全生产素质。项目负责人和专职安全生产管理人员应持证上岗。

3）在工程设计阶段，设计单位应按照有关建设工程法律法规的规定和强制性标准的要求，进行安全保护设施的设计。对涉及施工安全的重点部分和环节在设计文件中应进行注明，并对防范生产安全事故提出指导意见，防止因设计考虑不周而导致生产安全事故的发生。对于采用新结构、新材料、新工艺的建设工程和特殊结构的建设工程，设计文件中提出保障施工作业人员安全和预防生产安全事故的措施和建议。

4）在工程施工阶段，施工企业应根据风险预防要求和项目的特点，制定职业健康安全生产技术措施计划。在进行施工平面图设计和安排施工计划时，应充分考虑安全、防火、防爆和职业健康等因素。施工企业应制定安全生产应急救援预案，建立相关组织，完善应急准备措施。发生事故时，应按国家有关规定，向有关部门报告。处理事故时，应防止二次伤害。

5）建设工程实行总承包的，由总承包单位对施工现场的安全生产负总责并自行完成工程主体结构的施工。分包单位应当接受总承包单位的安全生产管理，分包合同中应当明确各自的安全生产方面的权利、义务。分包单位不服从管理导致生产安全事故的，由分包单位承担主要责任，总承包单位和分包单位对分包工程的安全生产承担连带责任。

6）应明确和落实工程安全环保设施费用、安全文明施工和环境保护措施费等各项费用。

7）施工企业应按有关规定必须为从事危险作业的人员在现场工作期间办理意外伤害保险。

8）现场应将生产区与生活、办公区分离，配备紧急处理医疗设施，使现场的生活设施符合卫生防疫要求，采取防暑、降温、保温、消毒、防毒等措施。

9）工程施工职业健康安全管理应遵循下列程序：

① 识别并评价危险源及风险。

② 确定职业健康安全目标。

③ 编制并实施项目职业健康安全技术措施计划。

④ 职业健康安全技术措施计划实施结果验证。

⑤ 持续改进相关措施和绩效。

（2）建设工程施工环境管理的基本要求

根据《中华人民共和国环境保护法》《中华人民共和国环境影响评价法》和《建设项目环境保护管理条例》等有关法律法规的有关规定，有关施工环境管理的基本要求如下：

1）涉及依法划定的自然保护区、风景名胜区、生活饮用水水源保护区及其他需要特别保护的区域时，工程施工应符合国家有关法律法规及该区域内建设工程项目环境管理的规定。

2）建设工程应当采用节能、节水等有利于环境与资源保护的建筑设计方案、建筑材料、建筑构配件及设备。建筑材料和装修材料必须符合国家标准。禁止生产、销售和使用有毒、有害物质超过国家标准的建筑材料和装修材料。

3）建设工程项目中防治污染的设施，必须与主体工程同时设计、同时施工、同时投产使用。防治污染的设施必须经原审批环境影响报告书的环境保护行政主管部门验收合格后，该建设工程项目方可投入生产或者使用。

4）尽量减少建设工程施工所产生的噪声对周围生活环境的影响。

5）拟采取的污染防治措施应确保污染物排放达到国家和地方规定的排放标准，满足污染物总量控制要求。涉及可能产生放射性污染的，应采取有效预防和控制放射性污染措施。

6）应采取生态保护措施，有效预防和控制生态破坏。

7）禁止引进不符合我国环境保护规定要求的技术和设备。

8）任何单位不得将产生严重污染的生产设备转移给没有污染防治能力的单位使用。

3. 职业健康安全管理体系与环境管理体系的建立步骤

职业健康安全管理体系与环境管理体系的建立应当遵循以下步骤：

（1）领导决策

最高管理者亲自决策，以便获得各方面的支持和在体系建立过程中所需的资源保证。

（2）成立工作组

最高管理者或授权管理者代表成立工作小组负责建立体系。工作小组的成员要覆盖施工企业的主要职能部门，组长最好由管理者代表担任，以保证小组对人力、资金、信息的获取。

（3）人员培训

培训的目的是使有关人员了解建立体系的重要性，了解标准的主要思想和内容。

（4）初始状态评审

初始状态评审是对施工企业过去和现在的职业健康安全与环境的信息、状态进行收集、调查分析、识别和获取现有的适用的法律法规和其他要求，进行危险源辨识和风险评、环境因素识别和重要环境因素评价。评审的结果将作为确定职业健康安全与环境方、制定管理方案、编制体系文件的基础。

（5）制定方针、目标、指标和管理方案

方针是施工企业对其职业健康安全与环境行为的原则和意图的声明，也是施工企业自承担其责任和义务的承诺。方针不仅为施工企业确定了总的指导方向和行动准则，而且是评价一切后续活动的依据，并为更加具体的目标和指标提供一个框架。

职业健康安全及环境目标、指标的制定是施工企业为了实现其在职业健康安全及环境方针中所体现出的管理理念及其对整体绩效的期许与原则，与企业的总目标相一致。

管理方案是实现目标、指标的行动方案。为保证职业和环境管理体系目标的实现，需结合年度管理目标和企业客观实际情况，策划制定职业健康安全和环境管理方案，方案中应明确旨在实现目标指标的相关部门的职责、方法、时间表以及资源的要求。

（6）管理体系策划与设计

体系策划与设计是依据制定的方针、目标和指标、管理方案确定施工企业机构职责和筹划各种运行程序。

（7）体系文件编写

体系文件包括管理手册、程序文件、作业文件三个层次。体系文件的编写应遵循"标准要求的要写到、文件写到的要做到、做到的要有有效记录"的原则。

管理手册是对施工企业整个管理体系的整体性描述，为体系的进一步展开以及后续程序文件的制定提供了框架要求和原则规定，是管理体系的纲领性文件。

程序文件的内容可按"4W1H"的顺序和内容来编写，即明确程序中管理要素由谁做（Who）、什么时间做（When）、在什么地点做（Where）、做什么（What）、怎么做（How）。程序文件的一般格式可按照目的和适用范围、引用的标准及文件、术语和定义、职责、工作程序、报告和记录的格式以及相关文件等的顺序来编写。

作业文件是指管理手册、程序文件之外的文件，一般包括作业指导书（操作规程）、管理规定、监测活动准则及程序文件引用的表格。其编写的内容和格式与程序文件的要求基本相同。在编写之前应对原有的作业文件进行清理，摘其有用，删除无关。

（8）文件的审查、审批和发布

文件编写完成后应进行审查，经审查、修改、汇总后进行审批，然后发布。

4. 职业健康安全管理体系与环境管理体系的维持

（1）内部审核

内部审核是施工企业对其自身的管理体系进行的审核，是对体系是否正常进行以及是否达到了规定的目标所作的独立的检查和评价，是管理体系自我保证和自我监督的一种机制。

内部审核要明确提出审核的方式方法和步骤，形成审核日程计划，并发至相关部门。

（2）管理评审

管理评审是由施工企业的最高管理者对管理体系的系统评价，判断企业的管理体系面对内部情况的变化和外部环境是否充分适应有效，由此决定是否对管理体系做出调整，包括方针、目标、机构和程序等。

（3）合规性评价

合规性评价分公司级和项目组级评价两个层次进行。

项目组级评价，由项目经理组织有关人员对施工中应遵守的法律法规和其他要求的执行情况进行一次合规性评价。当某个阶段施工时间超过半年时，合规性评价不少于一次。项目工程结束时应针对整个项目工程进行系统的合规性评价。

公司级评价每年进行一次，制定计划后由管理者代表组织企业相关部门和项目组，对公司应遵守的法律法规和其他要求的执行情况进行合规性评价。

各级合规性评价后，对不能充分满足要求的相关活动或行为，通过管理方案或纠正措施等方式进行逐步改进。上述评价和改进的结果，应形成必要的记录和证据，作为管理评审的输入。

管理评审时，最高管理者应结合上述合规性评价的结果、企业的客观管理实际、相关法律法规和其他要求，系统评价体系运行过程中对适用法律法规和其他要求的遵守执行情况，并由相关部门或最高管理者提出改进要求。

（二）建筑装饰工程施工安全管理

1. 安全生产管理制度

建设工程规模大、周期长、参与单位多、技术复杂以及环境复杂多变等因素，导致建设工程安全生产的管理难度很大。2016年2月颁布的《中共中央 国务院关于进一步加强城市规划建设管理工作的若干意见》和2017年2月颁布的《国务院办公厅关于促进建筑业持续健康发展的意见》(国办发〔2017〕19号)中强调,建设工程应完善工程质量安全管理制度,落实工程质量安全主体责任,强化工程质量安全监管,提高工程项目质量安全管理水平。因此,依据现行的法律法规,应通过建立各项安全生产管理制度体系,规范建设工程参与各方的安全生产行为,在项目中进行风险评估或论证,并进行信息技术与安全生产深度融合,从而提高建设工程安全生产管理水平,防止和避免安全事故的发生。

施工安全生产管理制度体系的建立应遵循以下原则:

(1)应贯彻"安全第一,预防为主"的方针,施工企业必须建立健全安全生产责任制和群防群治制度,确保工程施工劳动者的人身和财产安全。

(2)施工安全生产管理体系的建立,必须适用于工程施工全过程的安全管理和控制。

(3)施工安全生产管理体系必须符合《中华人民共和国建筑法》《中华人民共和国安全生产法》《建设工程安全生产管理条例》《安全生产许可证条例》《生产安全事故报告和调查处理条例》《特种设备安全监察条例》《职业安全卫生管理体系标准》《职业健康安全管理体系 要求及使用指南》GB/T 45001—2020、《建设工程项目管理规范》GB/T 50326—2017和国际劳工组织167号公约等法律、行政法规及规程的要求。

(4)项目经理部应根据本企业的安全生产管理制度体系,结合各项目的实际情况加以充实,确保工程项目的施工安全。

(5)企业应加强对施工项目安全生产管理,指导、帮助项目经理部建立和实施安全生产管理制度体系。

(6)企业应按照相关规定实施项目安全生产管理评价,评估项目安全生产能力满足规定要求的程度。

2. 安全生产管理制度主要内容

《中华人民共和国建筑法》《中华人民共和国安全生产法》《建设工程安全生产管理条例》《安全生产许可证条例》《生产安全事故报告和调查处理条例》《特种设备安全监察条例》《建设工程项目管理规范》GB/T 50326—2017等建设工程相关法律法规和标准规范,对政府主管部门、相关企业及相关人员的建设工程安全生产和管理行为进行了全面的规范,为建设工程施工安全生产管理制度体系的建立奠定了基础。现阶段涉及施工企业的主要安全生产管理制度包括:

(1)安全生产责任制度

安全生产责任制是最基本的安全管理制度,是所有安全生产管理制度的核心。安全生产责任制是按照安全生产管理方针和"管生产的同时必须管安全"的原则,将各级负责人员、各职能部门及其工作人员和各岗位生产工人在安全生产方面应做的事情及应负的责任加以明确规定的一种制度。安全生产责任制度的主要内容如下:

1)企业和项目相关人员的安全职责。包括企业法定代表人和主要负责人,企业安全管理机构负责人和安全生产管理人员,施工项目负责人、技术负责人、项目专职安全生产管理人员以及班组长、施工员、安全员等项目各类人员的安全责任。《中华人民共和国安全生产法》明确规定,生产经营单位主要负责人是本单位安全生产第一责任人。

2）对各级、各部门安全生产责任制的执行情况制定检查和考核办法，并按规定期限进行考核，对考核结果及兑现情况应有记录。

3）明确总、分包的安全生产责任。实行总承包的由总承包单位负责，分包单位向总包单位负责，服从总包单位对施工现场的安全管理，分包单位在其分包范围内建立施工现场安全生产管理制度，并组织实施。

4）项目的主要工种应有相应的安全技术操作规程，一般应包括砌筑、拌灰、混凝土、木作、钢筋、机械、电气焊、起重、信号指挥、塔式起重机司机、架子、水暖、油漆等工种，特殊作业应另行补充。应将安全技术操作规程列为日常安全活动和安全教育的主要内容，并应悬挂在操作岗位前。

5）施工现场应按工程项目大小配备专（兼）职安全人员。按建筑面积 1 万 m² 以下的工地至少有一名专职人员；1 万 m² 以上的工地设 2～3 名专职人员；5 万 m² 以上的大型工地，按不同专业组成安全管理组进行安全监督检查。

总之，安全生产责任制纵向方面是各级人员的安全生产责任制，即从最高管理者、管理者代表到项目负责人（项目经理）、技术负责人（工程师）、专职安全生产管理人员施工员、班组长和岗位人员等各级人员的安全生产责任制。横向方面是各个部门的安全生产责任制，即各职能部门（如安全环保、设备、技术、生产、财务等部门）的安全生产责任制。只有这样，才能建立健全安全生产责任制，做到群防群治。

（2）安全生产许可证制度

国务院自 2004 年 1 月 13 日起公布实施《安全生产许可证条例》，并于 2014 年进行了修正。该条例规定国家对建筑施工企业实施安全生产许可证制度。其目的是为了严格规范安全生产条件，进一步加强安全生产监督管理，防止和减少生产安全事故。

国务院建设主管部门负责中央管理的建筑施工企业安全生产许可证的颁发和管理。其他企业由省、自治区、直辖市人民政府建设主管部门进行颁发和管理，并接受国务院建设主管部门的指导和监督。

施工企业进行生产前，应当依照《安全生产许可证条例》的规定向安全生产许可证颁发管理机关申请领取安全生产许可证。严禁未取得安全生产许可证的建筑施工企业从事建筑施工活动。

安全生产许可证的有效期为 3 年。安全生产许可证有效期满需要延期的，企业应当于期满前 3 个月向原安全生产许可证颁发管理机关办理延期手续。

企业在安全生产许可证有效期内，严格遵守有关安全生产的法律法规，未发生死亡事故的，安全生产许可证有效期届满时，经原安全生产许可证的颁发管理机关同意，不再审查，安全生产许可证有效期延期 3 年。

企业不得转让、冒用安全生产许可证或者使用伪造的安全生产许可证。

（3）安全教育培训制度

施工企业安全生产教育培训一般包括对管理人员、特种作业人员和企业员工的安全教育。

1）管理人员的安全教育

①企业领导的安全教育。主要内容包括：国家有关安全生产的方针、政策、法律法规及有关规章制度；安全生产管理职责、企业安全生产管理知识及安全文化；有关事故案例

及事故应急处理措施等。

②项目经理、技术负责人和技术干部的安全教育。主要内容包括：安全生产方针政策和法律、法规；项目经理部安全生产责任；典型事故案例剖析；本系统安全及其相应的安全技术知识等。

③行政管理干部的安全教育。主要内容包括：安全生产方针、政策和法律、法规；基本的安全技术知识；本职的安全生产责任等。

④企业安全管理人员的安全教育。主要内容包括：国家有关安全生产的方针、政策、法律、法规和安全生产标准；企业安全生产管理、安全技术、职业病知识、安全文件；员工伤亡事故和职业病统计报告及调查处理程序；有关事故案例及事故应急处理措施等。

⑤班组长和安全员的安全教育。主要内容包括：安全生产法律、法规、安全技术及技能、职业病和安全文化的知识；本企业、本班组和工作岗位的危险因素、安全注意事项；本岗位安全生产职责；事故抢救与应急处理措施；典型事故案例等。

2）特种作业人员的安全教育

特种作业是指容易发生事故，对操作者本人、他人的安全健康及设备、设施的安全可能造成重大危害的作业。直接从事特种作业的人，称为特种作业人员。《特种作业人员安全技术培训考核管理规定》已经 2010 年 4 月 26 日国家安全生产监督管理总局局长办公会议审议通过，自 2010 年 7 月 1 日起施行，2015 年 5 月 29 日国家安全监管总局令第 80 号第二次修正。调整后的特种作业范围共 11 个作业类别、51 个工种。这些特种作业具备以下特点：一是独立性。必须有独立的岗位，由专人操作的作业，操作人员必须具备一定的安全生产知识和技能。二是危险性。必须是危险性较大的作业，如果操作不当，容易对作业者本人、他人或物造成伤害，甚至发生重大伤亡事故。三是特殊性。从事特种作业的人员不能很多，总体上讲，每个类别的特种作业人员一般不超过该行业或领域全体从业人员的 30%。

由于特种作业较一般作业的危险性更大，所以，特种作业人员必须经过安全培训和严格考核。对特种作业人员的安全教育应注意以下几点：

① 特种作业人员上岗作业前，必须进行专门的安全技术和操作技能的培训教育，这种培训教育要实行理论教学与操作技术训练相结合的原则，重点放在提高其安全操作技术和预防事故的实际能力上。

② 培训后，经考核合格方可取得操作证，并准许独立作业。

③ 取得操作证的特种作业人员，必须定期进行复审。特种作业操作证每 3 年复审 1 次。

④ 特种作业人员在特种作业操作证有效期内，连续从事本工种 10 年以上，严格遵守有关安全生产法律法规的，经原考核发证机关或者从业所在地考核发证机关同意，特种作业操作证的复审时间可以延长至每 6 年 1 次。

对未经培训考核即从事特种作业的，《建设工程安全生产管理条例》第六十二条规定了对应的行政处罚。造成重大安全事故，构成犯罪的，对直接责任人，依照刑法有关规定追究刑事责任。

3）企业员工的安全教育

企业员工的安全教育主要有新员工上岗前的三级安全教育、改变工艺和变换岗位时的安全教育、经常性安全教育三种形式。

① 新员工上岗前的三级安全教育

三级通常是指进厂、进车间、进班组三级，对建设工程来说，具体指企业（公司）、项目（或工区、工程处、施工队）、班组三级。

企业新员工上岗前必须进行三级安全教育，企业新员工须按规定通过三级安全教育和实际操作训练，并经考核合格后方可上岗。企业新上岗的从业人员，岗前培训时间不得少于 24 学时。

A 企业（公司）级安全教育由企业主管领导负责，企业职业健康安全管理部门会同有关部门组织实施，内容应包括安全生产法律、法规，通用安全技术、职业卫生和安全文化的基本知识，本企业安全生产规章制度及状况、劳动纪律和有关事故案例等内容。

B 项目（或工区、工程处、施工队）级安全教育由项目级负责人组织实施，专职或兼职安全员协助，内容包括工程项目的概况，安全生产状况和规章制度，主要危险因素及安全事项，预防工伤事故和职业病的主要措施，典型事故案例及事故应急处理措施等。

C 班组级安全教育由班组长组织实施，内容包括遵章守纪，岗位安全操作规程，岗位间工作衔接配合的安全生产事项，典型事故及发生事故后应采取的紧急措施，劳动防护用品（用具）的性能及正确使用方法等内容。

② 改变工艺和变换岗位时的安全教育

A 企业（或工程项目）在实施新工艺、新技术或使用新设备、新材料时，必须对有人员进行相应级别的安全教育，要按新的安全操作规程教育和培训参加操作的岗位员工和有关人员，使其了解新工艺、新设备、新产品的安全性能及安全技术，以适应新的岗位作业的安全要求。

B 当组织内部员工发生从一个岗位调到另外一个岗位，或从某工种改变为另一工种，因放长假离岗一年以上重新上岗的情况，企业必须对其进行相应的安全技术培训和教育，以使其掌握现岗位安全生产特点和要求。

③ 经常性安全教育

无论何种教育都不可能是一劳永逸的，安全教育同样如此，必须坚持不懈、经常不断地进行，这就是经常性安全教育。在经常性安全教育中，安全思想、安全态度教育最重要。进行安全思想、安全态度教育，要通过采取多种多样形式的安全教育活动，激发员工搞好安全生产的热情，促使员工重视和真正实现安全生产。经常性安全教育的形式包括每天的班前班后会上说明安全注意事项；安全活动日；安全生产会议；事故现场会；张贴安全生产招贴画、宣传标语及标志等。

（4）安全措施计划制度

安全措施计划制度是指企业进行生产活动时，必须编制安全措施计划，它是企业有计划地改善劳动条件和安全卫生设施，防止工伤事故和职业病的重要措施之一，对企业加强劳动保护、改善劳动条件、保障职工的安全和健康、促进企业生产经营的发展都起着积极作用。

安全措施计划的范围应包括改善劳动条件、防止事故发生、预防职业病和职业中毒等内容，具体包括：

1）安全技术措施

安全技术措施是预防企业员工在工作过程中发生工伤事故的各项措施，包括防护装置、保险装置、信号装置和防爆炸装置等。

2）职业卫生措施

职业卫生措施是预防职业病和改善职业卫生环境的必要措施，其中包括防尘、防毒、防噪声、通风、照明、取暖、降温等措施。

3）辅助用房间及设施

辅助用房间及设施是为了保证生产过程安全卫生所必需的房间及一切设施，包括更衣室、休息室、淋浴室、消毒室、妇女卫生室、厕所和冬季作业取暖室等。

4）安全宣传教育措施

安全宣传教育措施是为了宣传普及有关安全生产法律、法规、基本知识所需要的措施，其主要内容包括安全生产教材、图书、资料，安全生产展览，安全生产规章制度，安全操作方法训练设施，劳动保护和安全技术的研究与实验等。

（5）严重危及施工安全的工艺、设备、材料淘汰制度

严重危及施工安全的工艺、设备、材料是指不符合生产安全要求，极有可能导致生产安全事故发生，致使人民生命和财产遭受重大损失的工艺、设备和材料。

《建设工程安全生产管理条例》第四十五条规定："国家对严重危及施工安全的工艺设备、材料实行淘汰制度。具体目录由国务院建设行政主管部门会同国务院其他有关部门制定并公布。"淘汰制度的实施，一方面有利于保障安全生产；另一方面也体现了优胜劣汰的市场经济规律，有利于提高施工单位的工艺水平，促进设备更新。

对于已经公布的严重危及施工安全的工艺、设备和材料，建设单位和施工单位都应当严格遵守和执行，不得继续使用此类工艺和设备，也不得转让他人使用。

（6）施工起重机械使用登记制度

《建设工程安全生产管理条例》第三十五条规定："施工单位应当自施工起重机械和整体提升脚手架、模板等自升式架设设施验收合格之日起三十日内，向建设行政主管部门或者其他有关部门登记。登记标志应当置于或者附着于该设备的显著位置。"

这是对施工起重机械的使用进行监督和管理的一项重要制度，能够有效防止不合格机械和设施投入使用。同时，还有利于监管部门及时掌握施工起重机械和整体提升脚手架、模板等自升式架设设施的使用情况，以利于监督管理。

施工起重机械使用登记时应当提交施工起重机械有关资料，应包括：

1）生产方面的资料，如设计文件、制造质量证明书、监督检验证书、使用说明书、安装证明等。

2）使用的有关情况资料，如施工单位对于这些机械和设施的管理制度和措施、使用情况、作业人员的情况等。

监管部门应当对登记的施工起重机械建立相关档案，及时更新，加强监管，减少生产安全事故的发生。施工单位应当将标志置于显著位置，便于使用者监督，保证施工起重机械的安全使用。

（7）安全检查制度

1）安全检查的目的。安全检查制度是清除隐患、防止事故、改善劳动条件的重要手段，是企业安全生产管理工作的一项重要内容。通过安全检查可以发现企业及生产过程中

的危险因素，以便有计划地采取措施，保证安全生产。

2）安全检查的方式。检查方式有企业组织的定期安全检查，各级管理人员的日常巡回安全检查，专业性安全检查，季节性安全检查，节假日前后的安全检查，班组自检、互检、交接检查，不定期安全检查等。

3）安全检查的内容。包括查思想、查管理、查隐患、查整改、查伤亡事故处理等。安全检查的重点是检查"三违"和安全责任制的落实。检查后应编写安全检查报告，报告应包括已达标项目，未达标项目，存在问题，原因分析，纠正和预防措施等内容。

4）安全隐患的处理程序。对查出的安全隐患，不能立即整改的，要制定整改计划，定人、定措施、定经费、定完成日期。在未消除安全隐患前，必须采取可靠的防范措施，如有危及人身安全的紧急险情，应立即停工，并应按照"登记—整改—复查—销案"的程序处理安全隐患。

（8）生产安全事故报告和调查处理制度

关于生产安全事故报告和调查处理制度，《中华人民共和国安全生产法》《中华人民共和国建筑法》《建设工程安全生产管理条例》《生产安全事故报告和调查处理条例》《特种设备安全监察条例》等法律法规都对此作出相应规定。

《中华人民共和国安全生产法》第八十三条规定："生产经营单位发生生产安全事故后，事故现场有关人员应当立即报告本单位负责人。单位负责人接到事故报告后，应当迅速采取有效措施，组织抢救，防止事故扩大，减少人员伤亡和财产损失，并按照国家有关规定立即如实报告当地负有安全生产监督管理职责的部门，不得隐瞒不报、谎报或者拖延不报，不得故意破坏事故现场、毁灭有关证据。"

《中华人民共和国建筑法》第五十一条规定："施工中发生事故时，建筑施工企业应当采取紧急措施减少人员伤亡和事故损失，并按照国家有关规定及时向有关部门报告。"

《建设工程安全生产管理条例》第五十条规定："施工单位发生生产安全事故，应当按照国家有关伤亡事故报告和调查处理的规定，及时、如实地向负责安全生产监督管理的部门、建设行政主管部门或者其他有关部门报告。特种设备发生事故的，还应当同时向特种设备安全监督管理部门报告。接到报告的部门应当按照国家有关规定，如实上报。"本条是关于发生伤亡事故时的报告义务的规定。一旦发生安全事故，及时报告有关部门是及时组织抢救的基础，也是认真进行调查分清责任的基础。因此，施工单位在发生安全事故时，不能隐瞒事故情况。

《特种设备安全监察条例》第六十六条规定："特种设备发生事故，事故发生单位应当迅速采取有效措施，组织抢救，防止事故扩大，减少人员伤亡和财产损失，并按照国家有关规定，及时、如实地向负有安全生产监督管理职责的部门和特种设备安全监督管理部门等有关部门报告。不得隐瞒不报、谎报或者拖延不报。"条例规定在特种设备发生事故时，应当同时向特种设备安全监督管理部门报告。这是因为特种设备的事故救援和调查处理专业性、技术性更强，因此，由特种设备安全监督部门组织有关救援和调查处理更方便一些。

2007年6月1日起实施的《生产安全事故报告和调查处理条例》对生产安全事故报告和调查处理制度作了更加明确的规定。

（9）"三同时"制度

　　"三同时"制度是指凡是我国境内新建、改建、扩建的基本建设项目(工程)，技术改建项目(工程)和引进的建设项目，其安全生产设施必须符合国家规定的标准，必须与主体工程同时设计、同时施工、同时投入生产和使用。安全生产设施主要是指安全技术方面的设施、职业卫生方面的设施、生产辅助性设施。

　　《中华人民共和国劳动法》第五十三条规定："新建、改建、扩建工程的劳动安全卫生设施必须与主体工程同时设计、同时施工、同时投入生产和使用。"

　　《中华人民共和国安全生产法》第三十一条规定："生产经营单位新建、改建、扩建工程项目的安全设施，必须与主体工程同时设计、同时施工、同时投入生产和使用。安全设施投资应当纳入建设项目概算。"

　　新建、改建、扩建工程的初步设计要经过行业主管部门、安全生产管理部门、卫生部门和工会的审查，同意后方可进行施工。工程项目完成后，必须经过主管部门、安全生产管理行政部门、卫生部门和工会的竣工检验。建设工程项目投产后，不得将安全设施闲置不用，生产设施必须和安全设施同时使用。

　　(10) 安全预评价制度

　　安全预评价是根据建设项目可行性研究报告内容，分析和预测该建设项目可能存在的危险、有害因素的种类和程度，提出合理可行的安全对策措施及建议。

　　开展安全预评价工作，是贯彻落实"安全第一、预防为主"方针的重要手段，是企业实施科学化、规范化安全管理的工作基础。科学、系统地开展安全评价工作，不仅直接起到了消除危险有害因素、减少事故发生的作用，有利于全面提高企业的安全管理水平，而且有利于系统地、有针对性地加强对不安全状况的治理、改造，最大限度地降低安全生产风险。

　　(11) 工伤和意外伤害保险制度

　　根据2010年12月20日修订后重新公布的《工伤保险条例》规定，工伤保险是属于法定的强制性保险。工伤保险费的征缴按照《社会保险费征缴暂行条例》关于基本养老保险费、基本医疗保险费、失业保险费的征缴规定执行。而自2019年4月23日起实施的新《中华人民共和国建筑法》第四十八条规定："建筑施工企业应当依法为职工参加工伤保险缴纳工伤保险费。鼓励企业为从事危险作业的职工办理意外伤害保险，支付保险费。"修正后的《中华人民共和国建筑法》与修订后的《中华人民共和国社会保险法》和《工伤保险条例》等法律法规的规定保持一致，明确了建筑施工企业作为用人单位，为职工参加工伤保险并交纳工伤保险费是其应尽的法定义务，但为从事危险作业的职工投保意外伤害险并非强制性规定，是否投保意外伤害险由建筑施工企业自主决定。

3. 危险源的识别和风险控制

　　(1) 危险源识别

　　1) 危险源的分类

　　危险源是安全管理的主要对象，在实际生活和生产过程中的危险源是以多种多样的形式存在的。虽然危险源的表现形式不同，但从本质上说，能够造成危害后果的(如伤亡事故、人身健康受损害、物体受破坏和环境污染等)，均可归结为能量的意外释放或约束、限制能量和危险物质措施失控的结果。

　　根据危险源在事故发生发展中的作用，把危险源分为两大类，即第一类危险源和第二类危险源。

　　① 第一类危险源

　　能量和危险物质的存在是危害产生的根本原因，通常把可能发生意外释放的能量（能源或能量载体）或危险物质称作第一类危险源。

　　第一类危险源是事故发生的物理本质，危险性主要表现为导致事故而造成后果的严重程度方面。第一类危险源危险性的大小主要取决于以下几个方面：能量或危险物质的量；能量或危险物质意外释放的强度；意外释放的能量或危险物质的影响范围。

　　② 第二类危险源

　　造成约束、限制能量和危险物质措施失控的各种不安全因素称作第二类危险源。第二类危险源主要体现在设备故障或缺陷（物的不安全状态）、人为失误（人的不安全行为）和管理缺陷等几个方面。

　　事故的发生是两类危险源共同作用的结果，第一类危险源是事故发生的前提，第二类危险源是第一类危险源导致事故的必要条件。在事故的发生和发展过程中，两类危险源相互依存，相辅相成。第一类危险源是事故的主体，决定事故的严重程度，第二类危险源出现的难易，决定事故发生可能性的大小。

　　2）危险源的识别

　　《生产过程危险和有害因素分类与代码》GB/T 13861—2022，适用于各个行业在规划、设计和组织生产时对危险源的预测和预防、伤亡事故的统计分析和应用计算机进行管理。在进行危险源识别时，可参照该标准的分类和编码。

　　3）危险源的识别方法

　　危险源的识别方法有询问交谈、现场观察、查阅有关记录、获取外部信息、工作任务分析、安全检查表、危险与操作性研究、事故树分析、故障树分析等。这些方法各有特点和局限性，往往采用两种或两种以上的方法识别危险源。

　　（2）风险控制

　　1）风险等级评估

　　根据对危险源的识别，评估危险源造成风险的可能性和损失大小，对风险进行分级，结果分为可忽略风险、可容许风险、中度风险、重大风险、不容许风险五个风险等级。通过评估，可对不同等级的风险采取相应的风险控制措施。

　　风险评价是一个持续不断的过程，应持续评审控制措施的充分性。当条件变化时，应对风险重新评估。

　　2）风险控制策划

　　风险评价后，应分别列出所有识别的危险源和重大危险源清单，对已经评价出的不容许风险和重大风险（重大危险源）进行优先排序，由工程技术主管部门的相关人员进行风险控制策划，制定风险控制措施计划或管理方案。对于一般危险源可以通过日常管理程序来实施控制。

　　3）风险控制措施计划

　　不同的组织、不同的工程项目需要根据不同的条件和风险量来选择适合的控制策略和管理方案。在实际应用中，应该根据风险评价所得出的不同风险源和风险量大小（风险水平)选择不同的控制策略。

风险控制措施计划在实施前宜进行评估。评估主要包括以下内容：

① 更改的措施是否使风险降低至可允许水平。

② 是否产生新的危险源。

③ 是否已选定了成本效益最佳的解决方案。

④ 更改的预防措施是否能得以全面落实。

4）风险控制方法

① 第一类危险源控制方法

可以采取消除危险源、限制能量和隔离危险物质、个体防护、应急救援等方法。建设工程可能遇到不可预测的各种自然灾害引发的风险，只能采取预测、预防、应急计划和应急救援等措施，以尽量消除或减少人员伤亡和财产损失。

② 第二类危险源控制方法

可以采取提高各类设施的可靠性以消除或减少故障、增加安全系数、设置安全监控系统、改善作业环境等方法。最重要的是加强员工的安全意识培训和教育，克服不良的操作习惯，严格按章办事，并在生产过程中保持良好的生理和心理状态。

4. 生产安全事故应急预案和事故处理

（1）生产安全事故应急预案

1）生产安全事故应急预案的概念

生产安全事故应急预案是指事先制定的关于生产安全事故发生时进行紧急救援的组织、程序、措施、责任及协调等方面的方案和计划，是对特定的潜在事件和紧急情况发生时所采取措施的计划安排，是应急响应的行动指南。

编制应急预案的目的，是避免紧急情况发生时出现混乱，确保按照合理的响应流程采取适当的救援措施，预防和减少可能随之引发的职业健康安全和环境影响。

2）生产安全事故应急预案的构成

生产安全事故应急预案应形成体系，针对各级各类可能发生的事故和所有危险源制订专项应急预案和现场应急处置方案，并明确事前、事中、事后的各个过程中相关部门和有关人员的职责。生产规模小、危险因素少的施工单位，综合应急预案和专项应急预案可以合并编写。

（2）生产安全事故处理

1）生产安全事故的分类

① 按照安全事故伤害程度分类

根据《企业职工伤亡事故分类》GB 6441—1986 规定，安全事故按伤害程度分为：

A 轻伤，指损失 1 个工作日至 105 个工作日的失能伤害。

B 重伤，指损失工作日等于和超过 105 个工作日的失能伤害，重伤的损失工作日最多不超过 6000 工日。

C 死亡，指损失工作日超过 6000 工日，这是根据我国职工的平均退休年龄和平均寿命计算出来的。

② 按照安全事故类别分类

《企业职工伤亡事故分类》GB 6441—1986 中，将事故类别划分为 20 类，即物体打击、车辆伤害、机械伤害、起重伤害、触电、淹溺、灼烫、火灾、高处坠落、坍塌、冒顶片帮、透水、放炮、瓦斯爆炸、火药爆炸、锅炉爆炸、容器爆炸、其他爆炸、中毒和窒息、其他伤害。

③ 按照安全事故受伤性质分类

受伤性质是指人体受伤的类型，实质上是从医学的角度给予创伤的具体名称，常见的有电伤、挫伤、割伤、擦伤、刺伤、撕脱伤、扭伤、倒塌压埋伤、冲击伤等。

④ 按照生产安全事故造成的人员伤亡或直接经济损失分类

根据 2007 年 4 月 9 日国务院发布的《生产安全事故报告和调查处理条例》第三条规定，按生产安全事故（以下简称事故）造成的人员伤亡或者直接经济损失，事故一般分为以下等级：

A 特别重大事故，是指造成 30 人以上死亡，或者 100 人以上重伤（包括急性工业中毒，下同），或者 1 亿元以上直接经济损失的事故。

B 重大事故，是指造成 10 人以上 30 人以下死亡，或者 50 人以上 100 人以下重伤，或者 5000 万元以上 1 亿元以下直接经济损失的事故。

C 较大事故，是指造成 3 人以上 10 人以下死亡，或者 10 人以上 50 人以下重伤，或者 1000 万元以上 5000 万元以下直接经济损失的事故。

D 一般事故，是指造成 3 人以下死亡，或者 10 人以下重伤，或者 1000 万元以下100 万元以上直接经济损失的事故。

注：本等级划分所称的"以上"包括本数，所称的"以下"不包本数。

2）生产安全事故的处理

① 生产安全事故报告和调查处理的原则

根据相关法律法规的要求，在进行生产安全事故报告和调查处理时，要坚持实事求是、尊重科学的原则。既要及时、准确地查明事故原因，明确事故责任，使责任人受到追究，又要总结经验教训，落实整改和防范措施，防止类似事故再次发生。因此，施工项目一旦发生安全事故，必须实施"四不放过"的原则：

A 事故原因没有查清不放过。

B 责任人员没有受到处理不放过。

C 整改措施没有落实不放过。

D 有关人员没有受到教育不放过。

根据《生产安全事故报告和调查处理条例》等相关规定的要求，事故报告应当及时、准确、完整，任何单位和个人对事故不得迟报、漏报、谎报或者瞒报。

② 生产安全事故报告的要求

A 施工单位事故报告要求

生产安全事故发生后，受伤者或最先发现事故的人员应立即用最快的传递手段，将发生事故的时间、地点、伤亡人数、事故原因等情况，向施工单位负责人报告。施工单位负责人接到报告后，应当在 1h 内向事故发生地县级以上人民政府建设主管部门和有关部门报告。实行施工总承包的建设工程，由总承包单位负责上报事故。

情况紧急时，事故现场有关人员可以直接向事故发生地县级以上人民政府建设主管部门和有关部门报告。

B　建设主管部门事故报告要求

建设主管部门接到事故报告后，应当依照下列规定上报事故情况，并通知安全生产监督管理部门、公安机关、劳动保障行政主管部门、工会和人民检察院。

较大事故、重大事故及特别重大事故逐级上报至国务院建设主管部门。

一般事故逐级上报至省、自治区、直辖市人民政府建设主管部门。

建设主管部门依照规定上报事故情况时，应当同时报告本级人民政府。国务院建设主管部门接到重大事故和特别重大事故的报告后，应当立即报告国务院。

必要时，建设主管部门可以越级上报事故情况。

建设主管部门按照上述规定逐级上报事故情况时，每级上报的时间不得超过 2h。

C　事故报告的内容

事故报告的内容应包括：事故发生的时间、地点和工程项目、有关单位名称；事故的简要经过；事故已经造成或者可能造成的伤亡人数（包括下落不明的人数）和初步估计的直接经济损失；事故的初步原因；事故发生后采取的措施及事故控制情况；事故报告单位或报告人员；其他应当报告的情况。

事故报告后出现新情况，以及事故发生之日起 30 日内伤亡人数发生变化的，应当及时补报。

③　事故调查

根据《生产安全事故报告和调查处理条例》等相关规定的要求，事故调查处理应当坚持实事求是、尊重科学的原则，及时、准确地查清事故经过、事故原因和事故损失，查明事故性质，认定事故责任，总结事故教训，提出整改措施，并对事故责任者依法追究责任。

事故调查报告的内容应包括：事故发生单位概况；事故发生经过和事故救援情况；事故造成的人员伤亡和直接经济损失；事故发生的原因和事故性质；事故责任的认定和对事故责任者的处理建议；事故防范和整改措施。

事故调查报告应当附具有关证据材料，事故调查组成人员应当在事故调查报告上签名。

④　事故处理

A　事故现场处理。事故处理是落实"四不放过"原则的核心环节。当事故发生后，事故发生单位应当严格保护事故现场，做好标识，排除险情，采取有效措施抢救伤员和财产，防止事故蔓延扩大。事故现场是追溯判断发生事故原因和事故责任人责任的客观物质基础。因抢救人员、疏导交通等原则，需要移动现场物件时，应当做出标志，绘制现场简图并做出书面记录。妥善保存现场重要痕迹、物证，有条件的可以拍照或录像。

B　事故登记。施工现场要建立安全事故登记表，作为安全事故档案，对发生事故人员的姓名、性别、年龄、工种等级、负伤时间、伤害程度、负伤部门及情况、简要经过及原因记录归档。

C　事故分析记录。施工现场要有安全事故分析记录，对发生轻伤、重伤、死亡、重大设备事故及未遂事故必须按"四不放过"的原则组织分析，查出主要原因，分清责任，提出防范措施，应吸取的教训要记录清楚。

D　要坚持安全事故月报制度，若当月无事故也要报空表。

五、工程质量管理的基本知识

（一）工程质量与工程质量管理概念和特点

1. 工程质量的概念与特点

建设工程质量简称工程质量，是指工程满足业主需要的、符合国家法律、法规、技术规范标准、设计文件及合同规定的特性综合。建设工程作为一种特殊的产品，除具有一般产品共有的质量特性，如性能、寿命、可靠性、安全性、经济性等满足社会需要的使用价值及其属性外，还具有特定的内涵。建设工程质量的特性主要表现在六个方面：适用性、耐久性、安全性、可靠性、经济性、与环境的协调性等。

建筑工程质量有以下几种特点：

（1）影响因素多。

（2）质量波动大。

（3）质量隐蔽性。

（4）终检的局限性。

（5）评价方法的特殊性。

2. 工程质量管理的概念与特点

工程质量管理，是指为实现工程建设的质量方针、目标，进行质量策划、质量控制、质量保证和质量改造的工作。广义的工程质量管理，泛指建设全过程的质量管理。其管理的范围贯穿于工程建设的决策、勘察、设计、施工的全过程。一般意义的质量管理，指的是工程施工阶段的管理。

工程质量管理的特点：

（1）工程项目的质量特性较多。

（2）工程项目形体庞大，高投入，周期长，牵涉面广，具有风险性。

（3）影响工程项目质量因素多。

（4）工程项目质量管理难度较大。

（5）工程项目质量具有隐蔽性。

3. 工程质量要达到的基本要求

施工质量要达到的最基本要求是：工程实体满足适用性、安全性、经济性、耐久性基础上，满足施工合同要求、设计要求及符合国家和行业标准、规范。

（1）符合设计要求。

（2）符合合同要求。

（3）符合国家规范、标准要求。装饰装修工程施工完成后，按照《建筑工程施工质量验收统一标准》GB 50300—2013、《建筑装饰装修工程质量验收标准》GB 50210—2018及相关专业验收规范验收合格。《建筑装饰装修工程质量验收标准》GB 50210—2018是针对装饰装修工程质量制订的验收标准，该标准对建筑装饰装修工程12个子分部工程中11个子分部及其40个分项工程的施工质量提出要求，是决定装饰装修工程是否能够交付使用的质量验收标准。

4. 施工质量的影响因素及质量管理原则

（1）影响工程质量的因素

1）人员素质

人是生产经营活动的主体，也是工程项目建设的决策者、管理者、操作者，工程建设的全过程，如项目的规划、决策、勘察、设计和施工，都是通过人来完成的。人员的素质，即人的文化水平、技术水平、决策能力、管理能力、组织能力、作业能力、控制能力、身体素质及职业道德等，都将直接和间接地对规划、决策、勘察、设计和施工的质量产生影响，而规划是否合理、决策是否正确、设计是否符合所需要的质量功能、施工能否满足合同、规范、技术标准的需要等，都将对工程质量产生不同程度的影响，所以人员素质是影响工程质量的一个重要因素。因此，建筑行业实行经营资质管理和各类专业从业人员持证上岗制度是保证人员素质的重要管理措施。

2）工程材料

工程材料泛指构成工程实体的各类建筑材料、构配件、半成品等，它是工程建设的物质条件，是工程质量的基础。工程材料选用是否合理、产品是否合格、材质是否经过检验、保管使用是否得当等，都将直接影响建设工程的结构刚度和强度、影响工程外表及观感、影响工程的使用功能、影响工程的使用安全。

3）机械设备

机械设备可分为两类：一是指组成工程实体及配套的工艺设备和各类机具，如电梯、泵机、通风设备等，它们构成了建筑设备安装工程或工业设备安装工程，形成完整的使用功能。二是指施工过程中使用的各类机具设备，包括大型垂直与横向运输设备、各类操作工具、各种施工安全设施、各类测量仪器和计量器具等，简称施工机具设备，它们是施工生产的手段。机具设备对工程质量也有重要影响，工程用机具设备其产品质量优劣，直接影响工程使用功能质量。施工机具设备的类型是否符合工程施工特点，性能是否先进稳定，操作是否方便安全等，都将会影响工程项目的质量。

4）方法

方法是指工艺方法、操作方法和施工方案。在工程施工中，施工方案是否合理、施工工艺是否先进、施工操作是否正确，都将对工程质量产生重大的影响。大力推进采用新技术、新工艺、新方法，不断提高工艺技术水平，是保证工程质量稳定提高的重要因素。

5）环境条件

环境条件是指对工程质量特性起重要作用的环境因素，包括：工程技术环境，如工程地质、水文、气象等；工程作业环境，如施工环境作业面大小、防护设施、通风照明和通信条件等；工程管理环境，主要指工程实施的合同结构与管理关系的确定，组织体制及管理制度等；周边环境，如工程邻近的地下管线、建筑物等。环境条件往往对工程质量产生特定的影响。加强环境管理，改进作业条件，把握好技术环境，辅以必要的措施，是控制环境对质量影响的重要保证。

（2）质量管理原则

1）质量第一。

2）用户至上。

3）预防为主。

4）全员参与。

5）数据说话。

6）不断提高。

（二）装饰装修工程施工质量控制

1. 施工质量控制的基本环节

施工质量控制应贯彻全面、全过程质量管理的思想，运用动态控制原理，进行质量的事前控制、事中控制和事后控制。

（1）事前质量控制

即在正式施工前进行的事前主动质量控制，通过编制施工质量计划，明确质量目标，制定施工方案，设置质量管理点，落实质量责任，分析可能导致质量目标偏离的各种影响因素，针对这些影响因素制定有效的预防措施，防患于未然。

事前质量预控必须充分发挥组织的技术和管理方面的整体优势，把长期形成的先进技术、管理方法和经验智慧，创造性地应用于工程项目。

事前质量预控要求针对质量控制对象的控制目标、活动条件、影响因素进行周密分析，找出薄弱环节，制定有效的控制措施和对策。

（2）事中质量控制

事中质量控制指在施工质量形成过程中，对影响施工质量的各种因素进行全面的动态控制。事中质量控制也称作业活动过程质量控制，包括质量活动主体的自我控制和他人监控的控制方式。自我控制是第一位的，即作业者在作业过程对自己质量活动行为的约束和技术能力的发挥，以完成符合预定质量目标的作业任务；他人监控是指作业者的质量活动过程和结果，接受来自企业内部管理者和企业外部有关方面的检查检验，如工程监理机构、政府质量监督部门等的监控。

事中质量控制的目标是确保工序质量合格，杜绝质量事故发生；控制的关键是坚持质量标准；控制的重点是工序质量、工作质量和质量控制点的控制。

（3）事后质量控制

事后质量控制也称为事后质量把关，以使不合格的工序或最终产品（包括单位工程或整个工程项目）不流入下道工序、不进入市场。事后控制包括对质量活动结果的评价、认定；对工序质量偏差的纠正；对不合格产品进行整改和处理。控制的重点是发现施工质量方面的缺陷，并通过分析提出施工质量的改进措施，使质量处于受控状态。

以上三大环节不是相互孤立和截然分开的，它们共同构成有机的系统过程，实质上也就是质量管理 PDCA 循环的具体化，在每一次滚动循环中不断提高，实现质量管理和质量控制的持续改进。

2. 施工质量控制的一般方法

（1）质量文件审核

1）施工单位的技术资质证明文件和质量保证体系。

2）施工组织设计施工方案及技术措施。

3）有关材料和半成品及构配件的质量检验报告。

4）有关应用新技术、新工艺、新材料的现场试验报告和鉴定报告。

5）反映工序质量动态的统计资料或控制图表。

6）设计变更和图纸修改文件。

7）有关工程质量事故的处理方法。

8）相关方面现场签署的有关技术签证和文件等。

（2）现场质量检查

由施工企业、建设单位、监理单位、设计单位及政府的工程质量监督部门检查。

3. 施工准备阶段的质量控制

（1）施工技术准备工作的质量控制

施工技术准备是指在正式开展施工作业活动前进行的技术准备工作。这类工作内容繁多，主要在室内进行，譬如熟悉施工图纸，组织设计交底和图纸审查及进行工程项目检查验收的项目划分和编号，审核相关质量文件，细化施工技术方案和施工人员、机具的配置方案，编制施工作业技术指导书，绘制各种施工详图（如测量放线图、大样图及配筋、配板、配线图表等），进行必要的技术交底和技术培训。如果施工准备工作出错，必然影响施工进度和作业质量，甚至直接导致质量事故的发生。

技术准备工作的质量控制，包括对上述技术准备工作成果的复核审查，检查这些成果是否符合设计图纸和相关技术规范、规程的要求；依据经过审批的质量计划，审查、完善施工质量控制措施；针对质量控制点，明确质量控制的重点对象和控制方法；尽可能地提高上述工作成果对施工质量的保证程度等。

（2）现场施工准备工作的质量控制

1）计量控制

这是施工质量控制的一项重要基础工作。施工过程中的计量，包括施工生产时的投料计量、施工测量、监测计量以及对项目、产品或过程的测试、检验、分析计量等。开工前要建立和完善施工现场计量管理的规章制度；明确计量控制责任者和配置必要的计量人员；严格按规定对计量器具进行维修和校验；统一计量单位，组织量值传递，保证量值统一，从而保证施工过程中计量的准确。

2）测量控制

工程测量放线是建设工程产品由设计转化为实物的第一步。施工测量质量的好坏，直接决定工程的定位和标高是否正确，并且制约施工过程有关工序的质量。因此，施工单位在开工前应编制测量控制方案，经项目技术负责人批准后实施。对建设单位提供的原始坐标点、基准线和水准点等测量控制点进行复核，并将复核结果上报监理工程师审核，批准后施工单位才能建立施工测量控制网，进行工程定位和标高基准的控制。

3）施工平面图控制

建设单位应按照合同约定并充分考虑施工的实际需要，事先划定并提供施工用地和现场临时设施用地的范围，协调平衡和审查批准各施工单位的施工平面设计。施工单位要严格按照批准的施工平面布置图，科学合理地使用施工场地，正确安装设置施工机械设备和其他临时设施，维护现场施工道路畅通无阻和通信设施完好，合理控制材料的进场与堆放，保持良好的防洪排水能力，保证充分的给水和供电。

建设（监理）单位应会同施工单位制定严格的施工场地管理制度、施工纪律和相应的奖惩措施，严禁乱占场地和擅自断水、断电、断路，及时制止和处理各种违纪行为，并做好施工现场的质量检查记录。

4）工程质量检查验收的项目划分

一个建设工程项目从施工准备开始到竣工交付使用，要经过若干工序、工种的配合施工。施工质量的优劣，取决于各个施工工序、工种的管理水平和操作质量。因此，为了便于控制、检查、评定和监督每个工序和工种的工作质量，就要把整个项目逐级划分为若干个子项目，并分级进行编号，在施工过程中据此来进行质量控制和检查验收。这是进行施工质量控制的一项重要准备工作，应在项目施工开始之前进行。项目划分越合理、明细，越有利于分清质量责任，便于施工人员进行质量自控和检查监督人员检查验收，也有利于质量记录等资料的填写、整理和归档。

根据《建筑工程施工质量验收统一标准》GB 50300—2013 的规定，建筑工程质量验收应逐级划分为单位（子单位）工程、分部（子分部）工程、分项工程和检验批。《建筑装饰装修工程质量验收标准》GB 50210—2018 把建筑装饰装修工程分为 12 个子分部工程及其 44 个分项工程。

4. 施工过程的质量控制

施工过程的作业质量控制，是在工程项目质量实际形成过程中的事中质量控制。

建设工程项目施工是由一系列相互关联、相互制约的作业过程（工序）构成，因此施工质量控制，必须对全部作业过程，即各道工序的作业质量进行控制。从项目管理的立场看，工序作业质量的控制，首先是质量生产者即作业者的自控，在施工生产要素合格的条件下，作业者能力及其发挥的状况是决定作业质量的关键。其次，是来自作业者外部的各种作业质量检查、验收和对质量行为的监督，也是不可缺少的设防和把关的管理措施。

（1）工序施工质量控制

工序是人、材料、机械设备、施工方法和环境因素对工程质量综合起作用的过程，所以对施工过程的质量控制，必须以工序作业质量控制为基础和核心。因此，工序的质量控制是施工阶段质量控制的重点。只有严格控制工序质量，才能确保施工项目的实体质量。工序施工质量控制主要包括工序施工条件质量控制和工序施工效果质量控制。

1）工序施工条件控制

工序施工条件是指从事工序活动的各生产要素质量及生产环境条件。工序施工条件控制就是控制工序活动的各种投入要素质量和环境条件质量。控制的手段主要有：检查、测试、试验、跟踪监督等。控制的依据主要是：设计质量标准、材料质量标准、机械设备技术性能标准、施工工艺标准以及操作规程等。

2）工序施工效果控制

工序施工效果主要反映工序产品的质量特征和特性指标。对工序施工效果的控制就是控制工序产品的质量特征和特性指标达到设计质量标准以及施工质量验收标准的要求。工序施工效果控制属于事后质量控制，其控制的主要途径是：实测获取数据、统计分析所获取的数据、判断认定质量等级和纠正质量偏差。

按有关施工验收规范规定，在装饰装修工程中，幕墙工程的下列工序质量必须进行现场质量检测，合格后才能进行下道工序。

① 铝塑复合板的剥离强度检测。

② 石材的弯曲强度；室内用花岗石的放射性检测。

③ 玻璃幕墙用结构胶的邵氏硬度、标准条件拉伸粘结强度、相容性试验；石材用结构胶强度及石材用密封胶的污染性检测。

④ 建筑幕墙的气密性、水密性、风压变形性能、层间变位性能检测。

⑤ 硅酮结构胶相容性检测。

（2）施工作业质量的自控

1）施工作业质量自控的意义

施工作业质量的自控，从经营层面上说，强调的是作为建筑产品生产者和经营者的施工企业，应全面履行企业的质量责任，向顾客提供质量合格的工程产品；从生产的过程来说，强调施工作业者的岗位质量责任，要向后道工序提供合格的作业成果（中间产品）。同理，供货厂商必须按照供货合同约定的质量标准和要求，对施工材料物资的供应过程实施产品质量自控。因此，施工承包方和供应方在施工阶段是质量自控主体，他们不能因为监控主体的存在和监控责任的实施而减轻或免除其质量责任。《中华人民共和国建筑法》和《建设工程质量管理条例》规定：建筑施工企业对工程的施工质量负责；建筑施工企业必须按照工程设计要求、施工技术标准和合同的约定，对建筑材料、建筑构配件和设备进行检验，不合格的不得使用。

施工方作为工程施工质量的自控主体，既要遵循本企业质量管理体系的要求，也要根据其在所承建的工程项目质量控制系统中的地位和责任，通过具体项目质量计划的编制与实施，有效地实现施工质量的自控目标。

2）施工作业质量自控的程序

施工作业质量的自控过程是由施工作业组织成员进行的，其基本的控制程序包括：作业技术交底、作业活动的实施和作业质量的自检自查、互检互查以及专职管理人员的质量检查等。

① 施工作业技术的交底

技术交底是施工组织设计和施工方案的具体化，施工作业技术交底的内容必须具有可行性和可操作性。从建设工程项目的施工组织设计到分部分项工程的作业计划，在实施之前都必须逐级进行交底，其目的是使管理者的计划和决策意图为实施人员所理解。施工作业交底是最基层的技术和管理交底活动，施工总承包方和工程监理机构都要对施工作业交底进行监督。作业交底的内容包括作业范围、施工依据、作业程序、技术标准和要领、质量目标以及其他与安全、进度、成本、环境等目标管理有关的要求和注意事项。

② 施工作业活动的实施

施工作业活动是由一系列工序所组成的。为了保证工序质量受控，首先要对作业条件进行再确认，即按照作业计划检查作业准备状态是否落实到位，包括对施工程序和作业工艺顺序的检查确认，在此基础上，严格按作业计划的程序、步骤和质量要求展开工序作业活动。

③ 施工作业质量的检验

施工作业的质量检查，贯穿整个施工过程的最基本的质量控制活动，包括施工单位内部的工序作业质量自检、互检、专检和交接检查；以及现场监理机构的旁站检查、平行检测等。施工作业质量检查是施工质量验收的基础，已完检验批及分部分项工程的施工质量，必须在施工单位完成质量自检并确认合格之后，才能报请现场监理机构进行检查验收。

前道工序作业质量经验收合格后，才可进入下道工序施工。未经验收合格的工序，不得进入下道工序施工。

3）施工作业质量自控的要求

工序作业质量是直接形成工程质量的基础，为达到对工序作业质量控制的效果，在加强工序管理和质量目标控制方面应坚持以下要求。

① 预防为主

严格按照施工质量计划的要求，进行各分部分项施工作业的部署。同时，根据施工作业的内容、范围和特点，制定施工作业计划，明确作业质量目标和作业技术要领，认真进行作业技术交底，落实各项作业技术组织措施。

② 重点控制

在施工作业计划中，一方面要认真贯彻实施施工质量计划中的质量控制点的控制措施，另一方面要根据作业活动的实际需要，进一步建立工序作业控制点，深化工序作业的重点控制。

③ 坚持标准

工序作业人员在工序作业过程应严格进行质量自检，通过自检不断改善作业，并创造条件开展作业质量互检，通过互检加强技术与经验的交流。对已完工序作业产品，即检验批或分部分项工程，应严格坚持质量标准。对不合格的施工作业质量，不得进行验收签证，必须按照规定的程序进行处理。

《建筑装饰装修工程质量验收标准》GB 50210—2018是针对装饰装修工程质量制订的验收标准，有条件的施工企业或项目经理部应结合自己的条件编制高于国家标准的企业内控标准或工程项目内控标准，或采用施工承包合同明确规定的更高标准，列入质量计划中，努力提升工程质量水平。

④ 记录完整

施工图纸、质量计划、作业指导书、材料质保书、检验试验及检测报告、质量验收记录等，是形成可追溯性的质量保证依据，也是工程竣工验收所不可缺少的质量控制资料。

因此，对工序作业质量，应有计划、有步骤地按照施工管理规范的要求进行填写记载，做到及时、准确、完整、有效，并具有可追溯性。

4）施工作业质量自控的有效制度

根据实践经验的总结，施工作业质量自控的有效制度有：

① 质量自检制度。

② 质量例会制度。

③ 质量会诊制度。

④ 质量样板制度。

⑤ 质量挂牌制度。

⑥ 每月质量奖评制度等。

（3）施工作业质量的监控

1）施工作业质量的监控主体

我国《建设工程质量管理条例》规定，国家实行建设工程质量监督管理制度。建设单位、监理单位、设计单位及政府的工程质量监督部门，在施工阶段依据法律法规和工程施工承包合同，对施工单位的质量行为和质量状况实施监督控制。

设计单位应当就审查合格的施工图纸设计文件向施工单位作出详细说明；应当参与建设工程质量事故分析，并对因设计造成的质量事故，提出相应的技术处理方案。

建设单位在领取施工许可证或者开工报告前，应当按照国家有关规定办理工程质量监督手续。

作为监控主体之一的项目监理机构，在施工作业实施过程中，根据其监理规划与实施细则，采取现场旁站、巡视、平行检验等形式，对施工作业质量进行监督检查，如发现工程施工不符合工程设计要求、施工技术标准和合同约定的，有权要求建筑施工企业改正。监理机构应进行检查而没有检查或没有按规定进行检查的，给建设单位造成损失时应承担赔偿责任。

必须强调，施工质量的自控主体和监控主体，在施工全过程相互依存、各尽其责，共同推动着施工质量控制过程的展开和最终实现工程项目的质量总目标。

2）现场质量检查

现场质量检查是施工作业质量监控的主要手段。

① 现场质量检查的内容

A　开工前的检查，主要检查是否具备开工条件，开工后是否能保持连续正常施工，能否保证工程质量。

B　工序交接检查，对于重要的工序或对工程质量有重大影响的工序，应严格执行"三检"制度（即自检、互检、专检），未经监理工程师（或建设单位技术负责人）检查认可，不得进行下道工序施工。

C　隐蔽工程的检查，施工中凡是隐蔽工程必须检查认证后方可进行隐蔽掩盖。

D　停工后复工的检查，因客观因素停工或处理质量事故等停工复工时，经检查认可后方能复工。

E　分项、分部工程完工后的检查，应经检查认可，并签署验收记录后，才能进行下一工程项目的施工。

F　成品保护的检查，检查成品有无保护措施以及保护措施是否有效可靠。

② 现场质量检查的方法

A　目测法

目测法即凭借感官进行检查，也称观感质量检验，其手段可概括为"看、摸、敲、照"四个字。

看——就是根据质量标准要求进行外观检查，例如，清水墙面是否洁净，喷涂的密实度和颜色是否良好、均匀，工人的操作是否正常，内墙抹灰的大面及口角是否平直，混凝土外观是否符合要求等。

摸——就是通过触摸手感进行检查、鉴别，例如油漆的光滑度，浆活是否牢固、不掉粉等。

敲——就是运用敲击工具进行音感检查，例如，对地面工程、装饰工程中的水磨石、面砖、石材饰面等，均应进行敲击检查。

照——就是通过人工光源或反射光照射，检查难以看到或光线较暗的部位，例如，管道井、电梯井等内的管线、设备安装质量，装饰顶棚内连接及设备安装质量等。

B　实测法

实测法就是通过实测数据与施工规范、质量标准的要求及允许偏差值进行对照，以此判断质量是否符合要求，其手段可概括为"靠、量、吊、套"四个字。

靠——就是用直尺、塞尺检查诸如墙面、地面、路面等的平整度。

量——就是指用测量工具和计量仪表等检查断面尺寸、轴线、标高、湿度、温度等的偏差，例如，大理石板拼缝尺寸，混凝土坍落度的检测等。

吊——就是利用托线板以及线锤吊线检查垂直度，例如，砌体垂直度检查、门窗的安装等。

套——是以方尺套方，辅以塞尺检查，例如，对阴阳角的方正、踢脚线的平直度、门窗口及构件的对角线检查等。

C　试验法

试验法指通过必要的试验手段对质量进行判断的检验方法，主要包括理化试验和无损检测两种。

3）技术核定与见证取样送检

① 技术核定

在建设工程项目施工过程中，因施工方对施工图纸的某些要求不甚明白，或图纸内部存在某些矛盾，或工程材料调整与代用，改变建筑节点构造、管线位置或走向等，需要通过设计单位明确或确认的，施工方必须以技术核定单的方式向监理工程师提出，报送设计单位核准确认。

② 见证取样送检

为了保证建设工程质量，我国规定对工程所使用的主要材料、半成品、构配件以及施工过程留置的试块、试件等应实行现场见证取样送检。见证人员由建设单位及工程监理机构中有相关专业知识的人员担任；送检的试验室应具备经国家或地方工程检验检测主管部门核准的相关资质；见证取样送检必须严格按执行规定的程序进行，包括取样见证并记录、样本编号、填单、封箱、送试验室、核对、交接、试验检测、报告等。

检测机构应当建立档案管理制度。检测合同、委托单、原始记录、检测报告应当按年度统一编号，编号应当连续，不得随意抽撤、涂改。

（4）隐蔽工程验收与成品质量保护

1）隐蔽工程验收

凡被后续施工所覆盖的施工内容，如地基基础工程、钢筋工程、预埋管线等均属隐蔽工程。加强隐蔽工程质量验收，是施工质量控制的重要环节。其程序要求施工方首先应完成自检并合格，然后填写专用的《隐蔽工程验收单》。验收单所列的验收内容应与已完的隐蔽工程实物相一致，并事先通知监理机构及有关方面，按约定时间进行验收。验收合格的隐蔽工程由各方共同签署验收记录；验收不合格的隐蔽工程应按验收整改意见进行整改后重新验收。严格隐蔽工程验收的程序和记录，对于预防工程质量隐患，提供可追溯质量记录具有重要作用。

2）施工成品质量保护

建设工程项目已完施工的成品保护，目的是避免已完施工成品受到来自后续施工以及其他方面的污染或损坏。已完施工的成品保护问题和相应措施，在工程施工组织设计与计划阶段就应该从施工顺序上进行考虑，防止施工顺序不当或交叉作业造成相互干扰、污染和损坏；成品形成后可采取防护、覆盖、封闭、包裹等相应措施进行保护。

5. 设置施工质量控制点的原则和方法

施工质量控制点的设置是施工质量计划的重要组成内容，施工质量控制点是施工质量控制的重点对象。

（1）质量控制点的设置原则

质量控制点应选择那些技术要求高、施工难度大、对工程质量影响大或是发生质量问题时危害大的对象进行设置。一般选择下列部位或环节作为质量控制点：

1）对工程质量形成过程产生直接影响的关键部位、工序、环节及隐蔽工程。

2）施工过程中的薄弱环节，或者质量不稳定的工序、部位或对象。

3）对下道工序有较大影响的上道工序。

4）采用新技术、新工艺、新材料的部位或环节。

5）施工质量无把握的、施工条件困难的或技术难度大的工序或环节。

6）用户反馈指出的和过去有过返工的不良工序。

一般建筑装饰装修工程质量控制点的设置可参考表5-1。

建筑装饰装修工程质量控制点 表5-1

子分部工程	质量控制点设置
抹灰工程	空鼓、开裂和烂根，平整度、阴阳角垂直、方正度，踢脚板和水泥墙裙出墙厚度，接槎、颜色
门窗工程	合页、螺栓、合页槽，标高、尺寸
顶棚工程	造型位置、标高、尺寸，预留洞孔位置、尺寸，预埋件的位置，顶棚的承载力、平整度和稳定性，顶棚接缝，顶棚和龙骨的结构稳定性、平整度
轻质隔墙工程	龙骨的规格、间距，面板间留缝，自攻螺栓的间距

子分部工程	质量控制点设置
饰面板工程	面层材料洁净、色泽一致性，骨架安装或骨架防锈处理，安装高低差、平整度，孔洞应套割吻合，边缘整齐
饰面砖工程	石材色差、返碱、水渍，骨架安装或骨架防锈处理，安装高低差、平整度
幕墙工程	施工方资质、施工方案和相关人员资格证件，原材料、五金配件、构件及组件，性能检测报告和需复试项目的复试报告，现场检测和复试项目进行见证抽样，构架刚度、位移能力，受力构件用材的壁厚，主要承力和传力的可靠性，立柱的连接方式，断缝处理及防火措施设置
涂饰工程	基层清理，阴阳角偏差，平整度，阴阳角方正度，涂料的遍数，漏底，均匀度、刷纹
裱糊与软包工程	基层起砂、空鼓、裂缝，壁纸裁纸准确度，壁纸裱糊气泡、皱褶、翘边、脱落、死塌
细部工程	木龙骨、衬板防腐防火，龙骨、衬板、面板的含水率，面板花纹、颜色、纹理，面板安装钉子间距，饰面板背面刷乳胶，饰面板变形、污染
建筑地面工程	材料板块尺寸、颜色差异，面层材料色差、返碱、水渍，安装高低差、平整度、空鼓、裂缝，地面砖排板、砖缝不直、宽窄不均匀、勾缝不实

（2）质量控制点的重点控制对象

质量控制点的选择要准确，还要根据对重要质量特性进行重点控制的要求，选择质量控制点的重点部位、重点工序和重点的质量因素作为质量控制点的控制对象，进行重点预控和监控，从而有效地控制和保证施工质量。质量控制点的重点控制对象主要包括以下几个方面：

1）人的行为：某些操作或工序，应以人为重点的控制对象，如高空、高温、水下、易燃易爆、重型构件吊装作业以及操作要求高的工序和技术难度大的工序等，都应从人的生理、心理、技术能力等方面进行控制。

2）材料的质量与性能：这是直接影响工程质量的重要因素，在某些工程中应作为控制的重点。如钢结构工程中使用的高强度螺栓、某些特殊焊接使用的焊条，都应重点控制其材质与性能；又如水泥的质量是直接影响混凝土工程质量的关键因素，施工中就应对进场的水泥质量进行重点控制，必须检查核对其出厂合格证，并按要求进行强度和安定性的复验等。

3）施工方法与关键操作：某些直接影响工程质量的关键操作应作为控制的重点，如预应力钢筋的张拉工艺操作过程及张拉力的控制，是可靠地建立预应力值和保证预应力构件质量的关键过程。同时，那些易对工程质量产生重大影响的施工方法，也应列为控制的重点，如大模板施工中模板的稳定和组装问题、液压滑模施工时支承杆稳定问题、升板法施工中提升量的控制问题等。

4）施工技术参数：如混凝土的外加剂掺量、水灰比，回填土的含水量，砌体的砂浆饱满度，防水混凝土的抗渗等级，建筑物沉降与基坑边坡稳定监测数据，大体积混凝土内外温差及混凝土冬期施工受冻临界强度等技术参数都是应重点控制的质量参数与指标。

5）技术间歇：有些工序之间必须留有必要的技术间歇时间，如砌筑与抹灰之间，应在墙体砌筑后留 5～10d 时间，让墙体充分沉降、稳定、干燥，然后再抹灰，抹灰层干燥后，才能喷白、刷浆；混凝土浇筑与模板拆除之间，应保证混凝土有一定的硬化时间，达到规定拆模强度后方可拆除等。

6）施工顺序：对于某些工序之间必须严格控制先后的施工顺序，如对冷拉的钢筋应当先焊接后冷拉，否则会失去冷强；屋架的安装固定，应采取对角同时施焊方法，否则会由于焊接应力导致校正好的屋架发生倾斜。

7）易发生或常见的质量通病：如混凝土工程的蜂窝、麻面、空洞，墙、地面、屋面工程渗水、漏水、空鼓、起砂、裂缝等，都与工序操作有关，均应事先研究对策，提出预防措施。

8）新技术、新材料及新工艺的应用：由于缺乏经验，施工时应将其作为重点进行控制。

9）产品质量不稳定和不合格率较高的工序：应将其列为重点，认真分析，严格控制。

10）特殊地基或特种结构：对于湿陷性黄土、膨胀土等特殊土地基的处理，以及大跨度结构、高耸结构等技术难度较大的施工环节和重要部位，均应予以特别的重视。

（3）质量控制点的管理

设定了质量控制点，质量控制的目标及工作重点就更加明晰。

首先，要做好施工质量控制点的事前质量预控工作，包括：明确质量控制的目标与控制参数；编制作业指导书和质量控制措施；确定质量检查检验方式及抽样的数量与方法；明确检查结果的判断标准及质量记录与信息反馈要求等。

其次，要向施工作业班组进行认真交底，使每一个控制点上的作业人员明白施工作业规程及质量检验评定标准，掌握施工操作要领。在施工过程中，相关技术管理和质量控制人员要在现场进行重点指导和检查验收。

同时，还要做好施工质量控制点的动态设置和动态跟踪管理。所谓动态设置，是指在工程开工前、设计交底和图纸会审时，可确定项目的一批质量控制点，随着工程的展开、施工条件的变化，随时或定期进行控制点的调整和更新。动态跟踪是应用动态控制原理，落实专人负责跟踪和记录控制点质量控制的状态和效果，并及时向项目管理组织的高层管理者反馈质量控制信息，保持施工质量控制点的受控状态。

对于危险性较大的分部分项工程或特殊施工过程，除按一般过程质量控制的规定执行外，还应由专业技术人员编制专项施工方案或作业指导书，经项目技术负责人审批及监理工程师签字后执行。超过一定规模的危险性较大的分部分项工程，还要组织专家对专项方案进行论证。作业前施工员、技术员做好交底和记录，使操作人员在明确工艺标准、质量要求的基础上进行作业。为保证质量控制点的目标实现，应严格按照三级检查制度进行检查控制。在施工中发现质量控制点有异常时，应立即停止施工，召开分析会，查找原因采取对策予以解决。

施工单位应积极主动地支持、配合监理工程师的工作，应根据现场工程监理机构的要求，对施工作业质量控制点，按照不同的性质和管理要求，细分为"见证点"和"待检点"进行施工质量的监督和检查。凡属"见证点"的施工作业，如重要部位、特种作业、专门工艺等，施工方必须在该项作业开始前24h，书面通知现场监理机构到位旁站，见证施工作业过程；凡属"待检点"的施工作业，如隐蔽工程等，施工方必须在完成施工质量自检的基础上，提前24h通知项目监理机构进行检查验收，然后才能进行隐蔽工程或下道工序的施工。未经过项目监理机构检查验收合格，不得进行隐蔽工程或下道工序的施工。

6. 确定装饰装修施工质量控制点

（1）室内防水工程的施工质量控制点

1）厕浴间的基层（找平层）可采用1：3水泥砂浆找平，厚度20mm抹平压光、坚实平整，不起砂，要求基本干燥；泛水坡度应在2％以上，不得倒坡积水；在地漏边缘向外50mm内排水坡度为5％。

2）浴室墙面的防水层不得低于1800mm。

3）玻纤布的接槎应顺流水方向搭接，搭接宽度应不小于100mm；两层以上玻纤布的防水施工，上、下搭接应错开幅宽的50％。

（2）抹灰工程的施工质量控制点

1）控制点

① 空鼓、开裂和烂根。

② 抹灰面阴阳角垂直、方正度。

③ 踢脚板和墙裙等上口平直度控制。

④ 接槎颜色。

2）预防措施

① 基层应清理干净，抹灰前要浇透水，注意砂浆配合比，使底层砂浆与墙面、楼板粘结牢固；抹灰时应分层分遍压实，施工完后及时浇水养护。

② 抹灰前要认真用托线板、靠尺对抹灰墙面尺寸预测摸底，安排好阴阳角不同两个面的灰层厚度和方正，认真做好灰饼、冲筋；阴阳角处用方尺套方，做到墙面垂直、平顺、阴阳角方正。

③ 踢脚板、墙裙施工操作要仔细，认真吊垂直、拉通线找直找方，抹完灰后用板尺将上口刮平、压实、赶光。

④ 要采用同品种、同强度等级的水泥，严禁混用，防止颜色不均；接槎应避免在块中间，应留在分格条处。

（3）门窗工程的施工质量控制点

1）控制点

① 门窗洞口预留尺寸。

② 合页、螺栓、合页槽。

③ 上下层门窗顺直度，左右门窗安装标高。

2）预防措施

① 砌筑时上下左右拉线找规矩，一般门窗框上皮应低于门窗过梁10～15mm，窗框下皮应比窗台上皮高5mm。

② 合页位置应距门窗上下端宜取立梃高度的1/10；安装合页时，必须按画好的合页位置线开凿合页槽，槽深应比合页厚度大1～2mm；根据合页规格选用合适的木螺钉，木螺钉可用锤打入1/3深后，再拧入。

③ 安装人员必须按照工艺要点施工，安装前先弹线找规矩，做好准备工作后，先安样板，合格后再全面安装。

（4）饰面板（砖）工程的施工质量控制点（石材）

1）控制点

① 石材挑选，色差。

② 骨架安装或骨架防锈处理。

③ 石材安装高低差、平整度。

④ 石材运输、安装过程中磕碰。

2）预防措施

① 石材选样后进行对样，按照选样石材，对进场的石材检验挑选，对于色差较大的应进行更换。

② 严格按照设计要求的骨架固定方式，固定牢固，必要时应做拉拔试验。必须按要求刷防锈漆处理。

③ 安装石材应吊垂直线和拉水平线控制，避免出现高低差。

④ 石材在运输、二次加工、安装过程中注意不要磕碰。

（5）地面石材工程的施工质量控制点

1）控制点

① 基层处理。

② 石材色差，加工尺寸偏差，板厚差。

③ 石材铺装空鼓，裂缝，板块之间高低差。

④ 石材铺装平整度、缺棱掉角，板块之间缝隙不直或出现大小头。

2）预防措施

① 基层在施工前一定要将落地灰等杂物清理干净。

② 石材进场时必须进行检验与样板对照，并对石材每一块进行挑选检查，符合要求的留下，不符合要求的放在一边。

③ 石材铺装时应预铺，符合要求后正式铺装，保证干硬性砂浆的配合比和结合层砂浆的配合比及涂刷时间，保证石材铺装下的砂浆饱满。

④ 石材铺装好后加强保护严禁随意踩踏，铺装时，应用水平尺检查。对缺棱掉角的石材应挑选出来，铺装时应拉线找直，控制板块的安装边平直。

（6）地面面砖工程的施工质量控制点

1）控制点

① 地面砖釉面色差及棱边缺损，面砖规格偏差翘曲。

② 地面砖空鼓、断裂。

③ 地面砖排板、砖缝不直、宽窄不均匀、勾缝不实。

④ 地面出现高低差，平整度。

⑤ 有防水要求的房间地面找坡、管道处套割。

2）预防措施

① 施工前地面砖需要挑选，将颜色、花纹、规格尺寸相同的砖挑选出来备用。

② 地面基层一定要清理干净，地砖在施工前必须提前用清水浸润，保证含水率，地面铺装砂浆时应先将板块试铺后，检查干硬性砂浆的密实度，安装时用橡皮锤敲实，保证不出现空鼓、断裂。

③ 地面铺装时一定要做出灰饼标高，拉线找直，水平尺随时检查平整度。擦缝

要仔细。

④ 有防水要求的房间，按照设计要求找出房间的流水方向找坡；套割仔细。

（7）轻钢龙骨石膏板顶棚工程的施工质量控制点

1）控制点

① 基层清理。

② 吊筋安装与机电管道等相接触点。

③ 龙骨起拱。

④ 施工顺序。

⑤ 板缝处理。

2）预防措施

① 顶棚内基层应将模板、松散混凝土等杂物清理干净。

② 顶棚内的吊筋不能与机电、通风管道和固定件相接触或连接。

③ 按照设计和施工规范要求，需要对顶棚起拱 1/200。

④ 完成主龙骨安装后，机电等设备工程安装测试完毕。

⑤ 石膏板板缝之间应留楔口，表面粘玻璃纤维布。

（8）轻钢龙骨隔断墙工程的施工质量控制点

1）控制点

① 基层弹线。

② 龙骨的间距、大小和强度。

③ 自攻螺栓的间距。

④ 石膏板间留缝。

2）预防措施

① 按照设计图纸进行定位并做预检记录。

② 检查隔墙龙骨的安装间距是否与交底相符合。

③ 自攻螺栓的间距控制在 150mm 左右，要求均匀布置。

④ 板块之间应预留缝隙在 5mm 左右。

（9）涂料工程的施工质量控制点

1）控制点

① 基层清理。

② 墙面阴阳角偏差。

③ 墙面腻子平整度，阴阳角方正度。

④ 涂料的遍数、漏底、均匀度、刷纹等情况。

2）预防措施

① 基层一定要清理干净，有油污的应用 10％的火碱水液清洗，松散的墙面和抹灰应清除，修补牢固。

② 墙面的空鼓、裂缝等应提前修补，保证墙面含水率小于 8％。

③ 涂料的遍数一定要满足设计要求，保证涂刷均匀。

④ 对涂料的稠度必须控制，不能随意加水等。

（10）裱糊工程的施工质量控制点

1）控制点

① 基层起砂、空鼓、裂缝等问题。

② 壁纸裁纸准确度。

③ 壁纸裱糊气泡、皱褶、翘边、脱落等缺陷。

④ 表面质量。

2）预防措施

① 贴壁纸前应对墙面基层用腻子找平，保证墙面的平整度，并且不起灰，基层牢固。

② 壁纸裁纸时应搭设专用的裁纸平台，采用铝尺等专用工具。

③ 裱糊过程中应按照施工规程进行操作，必须润纸的应提前进行，保证质量；刷胶要均匀厚薄一致，滚压均匀。

④ 施工时应注意表面平整，因此先要检查基层的平整度；施工时应戴白手套；接缝要直，接缝一般要求在阴角处。

（11）木护墙、木筒子板细部工程的施工质量控制点

1）控制点

① 木龙骨、衬板防腐防火处理。

② 龙骨、衬板、面板的含水率要求。

③ 面板花纹、颜色，纹理。

④ 面板安装气钉间距，饰面板背面刷乳胶。

⑤ 饰面板变形、污染。

2）预防措施

① 木龙骨、衬板必须提前做防腐、防火处理。

② 龙骨、衬板、面板含水率控制在12%左右。

③ 面板进场时应加强检验，在施工前必须进行挑选，与设计要求的花纹达到一致，在同一墙面、房间要颜色一致。

④ 施工时应按照要求进行施工，注意检查。

⑤ 饰面板进场后，应刷封底漆一遍。

（12）幕墙工程的施工质量控制点

1）控制点

① 审核幕墙工程施工方资质、施工方案和相关人员资格证件。

② 审核幕墙二次设计图纸内容和相关手续。

③ 检查用于幕墙工程各种原材料、五金配件、构件及组件的产品合格证，性能检测报告和需复试项目的复试报告。

④ 对幕墙工程现场检测和复试项目进行见证抽样并送试。

⑤ 检查幕墙的构架刚度及位移能力。

⑥ 检查幕墙主要受力构件用材的壁厚。

⑦ 检查连接幕墙的各种埋件的符合性。

⑧ 检查幕墙各主要承力和传力的可靠性。

⑨ 检查幕墙立柱的连接方式。

⑩ 检查幕墙的间断缝处理及防火措施设置。

2）预防措施

① 要求其施工队伍资质等级、安全生产许可证和特种作业人员资格等上岗证应齐全并有效。施工方案、方法、措施和标准应符合设计和相关规范、规程的有关要求，同时符合和满足施工现场实际需要。

② 分包专业二次深化设计图纸的主要内容、布局形式用材和色调等应符合原设计构思风格的要求。其深化的具体内容（骨架与基体的连接、骨架自身体的连接、各细部节点连接大样、块材规格尺寸、防雷、排水构造等）应符合相关规范、规程的标准要求，并经原设计审核签认，方为有效。

③ 其材质和性能指标及复试内容指标均应符合设计及相关规定的要求。

④ 幕墙及其连接件应有足够的承载能力。刚度和相对主体结构的位移能力（幕墙构架立柱的连接金属角码与其他连接件应采用螺栓连接，并有防松动措施）。

⑤ 幕墙立柱，横梁截面受力部分的壁厚应经计算确定，且铝合金型材不应小于3.0mm，钢型材不应小于3.5mm。单元幕墙连接处和吊挂处的铝合金型材壁厚应通过计算确定，并不得小于5.0mm。

⑥ 主体结构与幕墙连接的各种预埋件（或后置埋件），其数量、规格、位置和防腐处理应符合设计要求。

⑦ 幕墙金属框架与主体结构埋件连接，立柱与横梁连接，幕墙面板的安装必须符合设计要求，且安装必须牢固。

⑧ 幕墙立柱应采用螺栓与角码连接，螺栓直径应经计算，并不小于10mm。不同金属材料接触时应垫绝缘片分隔。

⑨ 幕墙的抗震缝、伸缩缝、沉降缝等的设置应符合设计要求。其处理应保证使用功能和饰面的完整性。

⑩ 幕墙的防火应符合相关设计防火规范的标准要求，并应在楼板处形成防火带，其防火层隔离措施的衬板，应经防腐处理且为厚度不小于1.5mm的钢板（不得采用铝板）；防火层密封材料应采用防火密封胶；防火层与玻璃不应直接接触，且一块玻璃不应跨两个防火分区。

7. 施工成品质量保护

建设工程项目已完施工的成品保护，目的是避免已完施工成品受到来自后续施工以及其他方面的污染或损坏。已完施工的成品保护问题和相应措施，在工程施工组织设计与计划阶段就应从施工顺序上进行考虑，防止施工顺序不当或交叉作业造成相互干扰、污染和损坏；成品形成后可采取防护、覆盖、封闭、包裹等相应措施进行保护。

（1）成品保护的基本要求

1）装饰装修工程施工和保修期间，应对所施工的项目和相关工程进行成品保护；相关专业工程施工时，应对装饰装修工程进行成品保护。

2）装饰装修工程施工组织设计应包含成品保护方案，特殊气候环境应制定专项保护方案。

3）装饰装修工程施工前，各参建单位应制定交叉作业面的施工顺序、配合和成品保护要求。

4）成品保护可采用覆盖、包裹、遮搭、围护、封堵、封闭、隔离等方式。

5）成品保护所用材料应符合国家现行相关材料规范，并符合工序质量要求。宜采用绿色、环保、可再循环使用的材料。注意减少二次污染。

6）成品保护重要部位应设置明显的保护标识。如玻璃幕墙、高档的洁具等。

7）在已完工的装饰面层施工时，应采取防污染措施。

8）成品保护过程中应采取相应的防火措施。

9）有粉尘、喷涂作业时，作业空间的成品应做包裹、覆盖保护。

10）在成品区域进行产生高温的施工作业时，应对成品表面采用隔离防护措施，不得将产生热源的设备或工具直接放置在装饰面层上。如电焊、金属切割机等。

11）施工期间应对成品保护设施进行检查。对有损坏的保护设施应及时进行修复。

12）装饰装修工程竣工验收时，应提供使用手册。内容包括使用方法和注意事项；清洁方法和注意事项；日常维护和保养。

（2）装饰装修工程保护措施

1）一般规定

① 装饰面层不得接触腐蚀性物质。

② 家具、门窗的开启部分安装完成后应采取限位措施。

③ 施工过程中应妥善保护构件保护膜，并在规定的时间内去除（防止日久与饰面粘结而难以清除；去除时，应用手轻撕，切不可用刀铲，防止将其表面划伤影响美观）。

④ 在已完工区域搬运重型、大型物品时，应预先确定搬运路线，搬运路线地面上应铺设满足强度要求的保护层，顶面、墙面应根据搬运物品特性设置相应的防护装置。

⑤ 装饰装修工程已完工的独立空间在清洁后应进行隔离，并采取封闭、通风、加湿、除湿等保护措施。

2）顶棚工程

① 当顶棚内需要安装其他设备时，不得破坏顶棚和龙骨。顶棚内设备需检修的部位，应预留检查口。

② 顶棚工程的封板作业应在顶棚内各设备系统安装施工完毕并通过验收后进行。

3）地面工程

① 地面养护固化期间不应放置重物。

② 在已完工地面上施工时，应采用柔性材料覆盖地面，施工通道或施工架体支承区域应再覆盖一层硬质材料。

③ 临时放置施工机具和设备时，应在底部设置防护减振材料。

④ 每阶踏步完工后，宜安装踏步护角板；梯段完工后应将每阶踏步护角板连成整体。

⑤ 石材地面、饰面砖地面表面清理干净后，应采用柔性透气材质完全覆盖。

⑥ 玻璃地面安装后不得拖拽、放置重物。

⑦ 木地板地面应采取遮光措施避免阳光直射木地板。

⑧ 木地面清洁时应保持干燥，不得使用尖锐的工具和易腐蚀面层的化学清洁剂。

⑨ 胶粘块毯在胶未固化前不应踩踏。

⑩ 不得碾压满铺的地毯。

⑪ 漆膜未达到要求前不得踩踏油漆地面。

⑫ 不得在油漆地面上拖拽物品。

⑬ 严禁 60℃ 以上的热源或尖锐物体触碰塑胶地面。

4）隔墙工程

① 隔墙龙骨施工期间不得在龙骨间隙传递材料和通行，不得对龙骨架和面板施加额外荷载。

② 多孔介质材料在施工前不应开封，当安装完成后不能封板时，应采用塑料薄膜覆盖密封。

5）饰面板（砖）工程

① 饰面板（砖）工程中表面易受污染、碰撞损伤的部位宜先用柔性材料做面层保护，再用硬质材料围护，具体方法及措施应在施工方案中明确。

② 石材、饰面板（砖）安装完工后，粘结层固化前，不得剧烈振动饰面材料。

③ 需现场油漆的木饰面进场后应及时涂刷一遍底漆。

④ 应玻璃饰面、金属饰面设置防撞警示标识。

6）门窗工程

① 已安装门窗框的洞口，不应再用作运料通道。

② 不得在安装完毕的门窗上安放施工架体、悬挂重物。施工人员不得踩踏、碰撞已安装完工的门窗。

③ 应保持门窗玻璃内外保护膜的完整，清理保护膜和污染物时，不得使用利器，不得使用对门窗框、玻璃、配件有腐蚀性的清洁剂。

④ 五金配件应与门扇同时安装，没有限位装置的门应用柔性材料限位并防止碰撞。

⑤ 在旋转门上方作业时，应对旋转门的框体及门扇采取保护措施，不得利用旋转门的框架作为作业平台。自动门的感应器安装后应处于关闭状态。

7）抹灰与涂饰工程

① 应对完工后的抹灰与涂饰工程阳角、突出处用硬质材料围护保护。

② 不同材质的喷涂作业不得同时进行。

8）裱糊与软包工程

① 有粉尘作业时，应对墙纸、壁布及软包饰面采用包裹保护。

② 在已完工的裱糊和软包饰面开凿打洞时，应采取遮盖周边装饰面、接灰、防水等保护措施。

9）细部工程

① 不得在已安装完毕的固定家具台面、隔板上放置物品，抽屉、柜门应处于闭合状态。

② 窗帘盒、窗台板及门窗套安装完工后，应对有可能受到碰撞的部位进行保护。

10）幕墙工程

① 施工设备拆除时应有防止碰撞幕墙的措施。

② 幕墙工程完成后，应在幕墙外侧设围挡围护，并设警示标识。

11）防水工程

① 不得在防水层上剔凿、开洞、钻孔以及进行电气焊等高温作业。

② 严禁重物、带尖物品等直接放置在防水层表面。

(3) 相关专业工程保护措施

1) 装饰装修工程施工过程中不得损坏主体结构、设备系统等其他分部分项工程成品；结构、设备系统施工不得损坏装饰装修工程成品。

2) 不得在设备上方进行施工作业。当确需在设备上方进行施工作业时，应在设备上方覆盖硬质材料进行防护，不得踩踏设备和管线。当设备可能承受荷载或外力撞击时，应采用硬质材料围护，并应设防碰撞标识。施工架体不得搭靠在管道或设备上。

3) 严禁在预应力构件上进行开凿、打孔、焊接等作业；不得对施工完毕的保温墙体擅自开凿孔洞；不得在安装好的托、吊管道上搭设架体或吊挂物品；不得碰撞和踩踏各种管道；不得在地暖铺管区域地面上钻孔、打钉、切割、电气焊等操作施工。

4) 装饰装修工程施工时，卫生器具上不得放置无关物品；风管上不得放置材料及工具。

5) 管道刷漆时应采取措施防止污染装饰层。抹灰、垫层、镶贴等工程施工前，基层内预埋的穿线盒、暗装配电箱、地面暗装插座等应做临时封堵。

6) 当末端装置安装完成后装饰装修工程仍需进行局部调整施工时，应重新检查作业区域内已安装完成的末端装置的保护措施。

7) 电梯轿厢的立面、顶面宜采用硬质板材覆盖；电梯控制面板表面保护膜应至少保留至工程交付；运料电梯的门槛应设置抗压过桥保护；电梯口应做临时挡水台。

(三) 装饰装修施工质量问题的预防与处理

1. 工程质量问题的概念与分类

凡出现工程质量缺陷、工程质量通病、工程质量事故等工程产品质量未达到或满足质量要求，与预期或规定不符，均称为工程质量问题。

工程质量问题的分类：

(1) 工程质量缺陷

工程质量缺陷是指建筑工程施工质量中不符合规定要求的检验项或检验点，按其程度可分为严重缺陷和一般缺陷。严重缺陷是指对结构构件的受力性能或安装使用性能有决定性影响的缺陷；一般缺陷是指对结构构件的受力性能或安装使用性能无决定性影响的缺陷。

(2) 工程质量通病

工程质量通病是指各类影响工程结构、使用功能和外形观感的常见性质量损伤。犹如"多发病"一样，故称质量通病。

(3) 工程质量事故

工程质量事故是指对工程结构安全、使用功能和外形观感影响较大、损失较大的质量损伤。

1) 工程质量事故的分类

工程质量事故的分类方法较多，目前国家根据工程质量事故造成的人员伤亡或者直接经济损失，将工程质量事故分为 4 个等级：

① 特别重大事故，是指造成 30 人以上死亡，或者 100 人以上重伤，或者 1 亿元以上直接经济损失的事故。

② 重大事故，是指造成 10 人以上 30 人以下死亡，或者 50 人以上 100 人以下重伤，或者 5000 万元以上 1 亿元以下直接经济损失的事故。

③ 较大事故，是指造成 3 人以上 10 人以下死亡，或者 10 人以上 50 人以下重伤，或者 1000 万元以上 5000 万元以下直接经济损失的事故。

④ 一般事故，是指造成 3 人以下死亡，或者 10 人以下重伤，或者 100 万元以上 1000 万元以下直接经济损失的事故。

本等级划分所称的"以上"包括本数，所称的"以下"不包括本数。

2）工程质量事故常见的成因

① 违背建设程序。

② 违反法规行为。

③ 地质勘察失误。

④ 设计差错。

⑤ 施工与管理不到位。

⑥ 使用不合格的原材料、制品及设备。

⑦ 自然环境因素。

⑧ 使用不当。

2. 工程质量问题的原因分析

建筑装饰装修工程施工质量问题产生的原因是多方面的，其施工质量缺陷原因分析应针对影响施工质量的五大要素（4M1E：人、机械、材料、施工方法、环境条件），运用排列图、因果图、调查表、分层法、直方图、控制图、散布图、关系图法等统计方法进行分析，确定建筑装饰装修工程施工质量问题产生的原因。主要原因有五方面：

（1）技术原因：在项目实施过程中，由于设计、施工在技术方面的失误而造成的质量问题。

（2）人员原因：施工人员素质参差不齐，缺乏基本理论知识和实践知识，不了解施工工艺及施工验收规范。

（3）管理原因：对施工过程控制不到位，管理体系不完善，管理制度不严密，质量管控不严格等引发的质量问题。

（4）社会、经济原因：是指由于经济因素及社会上存在的弊端和不正之风导致施工中的错误行为而发生的质量问题。如偷工减料或盲目缩短工期和抢工期，盲目降低成本等。

（5）其他原因：指由于其他人为事故或严重自然灾害等引发的工程质量事故。

3. 施工质量问题预防

施工质量问题预防需要建立健全质量管理体系，制定严密的管理制度，严格施工质量管控等。具体来说，施工质量问题可以从常见质量通病入手，深入挖掘和分析可能导致质量问题的原因，抓住影响施工质量的各种因素和施工质量形成过程的各个环节，采取针对性的措施有效预防。

（1）装饰装修常见的质量通病

建筑装饰装修工程常见的施工质量缺陷有空、裂、渗、观感效果差等。装饰装修工程各分部（子分部）、分项工程施工质量缺陷详见表 5-2。

装饰装修工程各分部（子分部）、分项工程施工质量缺陷　　　　表 5-2

序号	分部（子分部）分项工程名称	质量通病
1	地面工程	水泥地面起砂、空鼓、泛水、渗漏等；板块地面、天然石材地面色泽、纹理不协调，泛碱、断裂，地面砖爆裂拱起、板块类地面空鼓等；木、竹地板地面表面不平整、拼缝不严、地板起鼓等
2	抹灰工程	一般抹灰：抹灰层脱层、空鼓，面层：爆灰、裂缝、表面不平整、接搓和抹纹明显等。 装饰抹灰除一般抹灰存在的缺陷外，还存在色差、掉角、脱皮等
3	门窗工程	木门窗：安装不牢固、开关不灵活、关闭不严密、安装留缝大、倒翘等。 金属门窗：划痕、碰伤、漆膜或保护层不连续；框与墙体之间的缝隙封胶不严密；表面不光滑、顺直，有裂纹；扇的橡胶密封条或毛毡密封条脱槽；排水孔不畅通等
4	顶棚工程	顶棚、龙骨和饰面材料安装不牢固。 金属顶棚、龙骨的接缝不均匀，角缝不吻合，表面不平整、翘曲、有锤印；木质吊杆、龙骨不顺直、劈裂、变形。 顶棚内填充的吸声材料无防散落措施。 饰面材料表面不洁净、色泽不一致，有翘曲、裂缝及缺损
5	轻质隔墙工程	墙板材安装不牢固、脱层、翘曲，接缝有裂缝或缺损
6	饰面板（砖）工程	安装（粘贴）不牢固、表面不平整、色泽不一致、裂痕和缺损、石材表面泛碱
7	涂饰工程	泛碱、咬色、流坠、疙瘩、砂眼、刷纹、漏涂、透底、起皮和掉粉
8	裱糊工程	拼接、花饰不垂直，花饰不对称，离缝或亏纸，相邻壁纸（墙布）搭缝，翘边，壁纸（墙布）空鼓，壁纸（墙布）死折，壁纸（墙布）色泽不一致
9	细部工程	橱柜制作与安装工程：变形、翘曲、损坏、面层拼缝不严密。 窗帘盒、窗台板、散热器罩制作与安装工程：窗帘盒安装上口下口不平、两端距窗洞口长度不一致；窗台板水平度偏差大于 2mm，安装不牢固、翘曲；散热器罩翘曲、不平。 木门窗套制作与安装工程：安装不牢固、翘曲，门窗套线条不顺直、接缝不严密、色泽不一致。 护栏和扶手制作与安装工程：护栏安装不牢固、护栏和扶手转角弧度不顺、护栏玻璃选材不当等

（2）施工质量问题预防的具体措施

1）严格依法进行施工管理。严格按照国家相关法规和强制性条文进行施工管理。

2）认真做好设计关。防止因设计引发质量问题。

3）严格施工过程的管理。做好技术交底，严格按照施工工艺施工，严格落实关键工序、关键部位的施工监督、检查和验收制度，严格质量责任追究。

4）把好材料关。从材料订货、进场验收、质量复验、存储使用等环节上，严格材料管理，防止不合格材料的使用。

5）强化从业人员管理。加强从业人员的教育培训，自觉遵守规范、操作规程等。

6）加强施工安全与环境管理。

7）做好不利施工条件和各种灾害的预案。

4. 质量事故的处理程序

对于质量事故，处理的程序为：

（1）防止事故进一步扩大

出现了工程质量事故后，施工单位必须根据事故大小采取必要的防护措施，防止事故进一步扩大，保证安全。

（2）停止相关工序或操作

总监理工程师以《工程质量事故通知单》的形式通知施工单位，立即要求其停止发生质量事故工序及与之相关工序的施工，或停止使用达不到设计标准、使用功能要求的材料、设备。

（3）事故调查

施工单位接到《工程质量事故通知单》后，尽快进行质量事故调查，写出调查报告，上报监理单位与工程部。监理单位和甲方代表应参与质量事故调查。

（4）事故原因分析

总监理工程师根据质量事故调查报告及时组织事故原因分析会，除工程部、设计单位、施工单位外，还应请设计部、财务部、监审部相关人员参加。分析会要查明造成质量事故的原因和责任，责任方必须承担因事故而造成的经济损失，并追究相关责任人的责任。

（5）制定事故处理方案

在质量事故原因分析的基础上，由施工单位技术人员提出事故处理方案报总监理工程师签字认可后报工程部。工程部签署意见并经设计部、财务部、监审部会签后，报设计单位。

（6）实时处理方案

总监理工程师指令施工单位按经批准的处理方案对质量事故进行处理。

（7）事故处理报告

质量事故处理完毕后，总监理工程师组织有关人员对处理的结果进行严格检查、鉴定和验收，并写出《工程质量事故处理报告》报指挥部办公室备案。

5. 质量问题、质量事故处理的基本方法

一般情况下，建筑装饰装修工程施工质量问题出现在工程验收的最小单位——检验批，施工过程中应早发现，并针对具体情况，制定纠正措施，及时采用返工、有资质的检测单位检测鉴定、返修或加固处理等方法进行纠正；通过返修或加固处理仍不能满足安全使用要求的分部工程、单位（子单位）工程，严禁验收。

（1）返修处理

返修处理是最常用的一类处理方案。通常当工程的某个检验批、分项或分部的质量虽

未达到规定的规范、标准或设计要求，存在一定缺陷，但通过修补或更换器具、设备后还可以达到要求，又不影响使用功能和外观要求，在此情况下，可以进行修补处理。

（2）加固处理

加固处理即经过适当的加固补强、修复缺陷，自检合格后重新进行检查验收。

（3）返工处理

当工程质量未达到规定的标准和要求，存在严重质量问题，对结构的使用和安全构成重大影响，且又无法通过修补处理的情况下，可对检验批、分项或分部甚至整个工程做返工处理。

（4）降级处理

降级处理如对已完施工部位，因轴线、标高引测差错而改变设计平面尺寸，若返工损失严重，在不影响使用功能的前提下，可经承发包双方协商验收。

（5）不做处理

某些工程质量问题虽然不符合规定的要求和标准构成质量事故，但视其严重情况，经过分析、论证、法定检测单位鉴定和设计等有关单位认可，对工程或结构使用及安全影响不大，也可不做专门处理。

六、工程成本管理的基本知识

（一）装饰装修工程成本的组成和影响因素

1. 工程造价的基本知识

"工程造价"是伴随着市场经济的不断发展而出现的产物。工程造价即为工程项目的建造所需的费用。从不同的角度衡量，工程造价的含义有三种。

从投资者——业主的角度来定义的工程造价是指进行某项工程建设花费的全部费用，即该工程项目有计划地进行固定资产再生产和形成相应无形资产的一次性费用总和。投资者选定一个投资项目后，为了获取预期的效益，要通过项目评估进行投资决策，然后进行勘察设计招标、工程施工招标、设备采购招标、工程监理招标、生产准备、银行融资直至竣工验收等一系列投资管理活动。整个投资活动过程中所支付的全部费用形成了固定资产投资费用和无形资产，所有这些费用开支构成了工程造价。

我国现行建设项目工程造价的具体构成内容如图 6-1 所示。

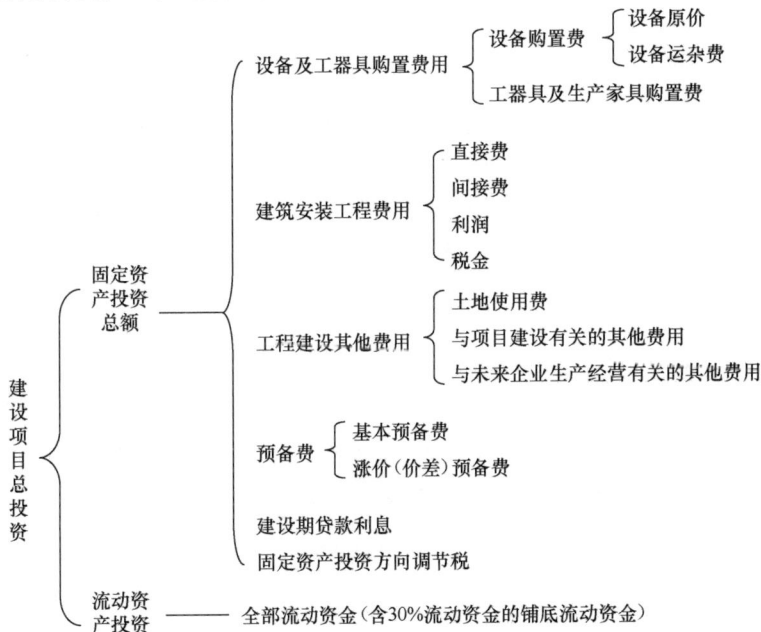

图 6-1　我国现行建设项目总投资及工程造价的构成

从新增固定资产的建设投资来定义的工程造价是指一项建设工程项目预计开支或实际开支的全部固定资产投资费用，包括：建筑工程费、设备购置费、安装工程费及固定资产其他费用。建筑工程费和安装工程费统称建筑安装工程费用。建筑工程费包含土建工程费和装饰装修工程费。

从市场的角度来定义的工程造价就是指工程价格,是建设单位支付给施工单位的全部费用,是建筑安装工程产品作为商品进行交换所需的货币量,又称工程承发包价。工程造价的含义一般均是指该层含义。

根据住房和城乡建设部、财政部印发的《建筑安装工程费用项目组成》(建标〔2013〕44号),我国现行建筑安装工程费用按费用构成要素分为:人工费、材料费、施工机具使用费、企业管理费、利润、规费和税金(图6-2);按工程造价形成划分为:分部分项工程费、措施项目费、其他项目费、规费和税金(图6-3),其中人工费、材料费、施工机具使用费、企业管理费和利润包含在分部分项工程费、措施项目费、其他项目费的综合单价中。

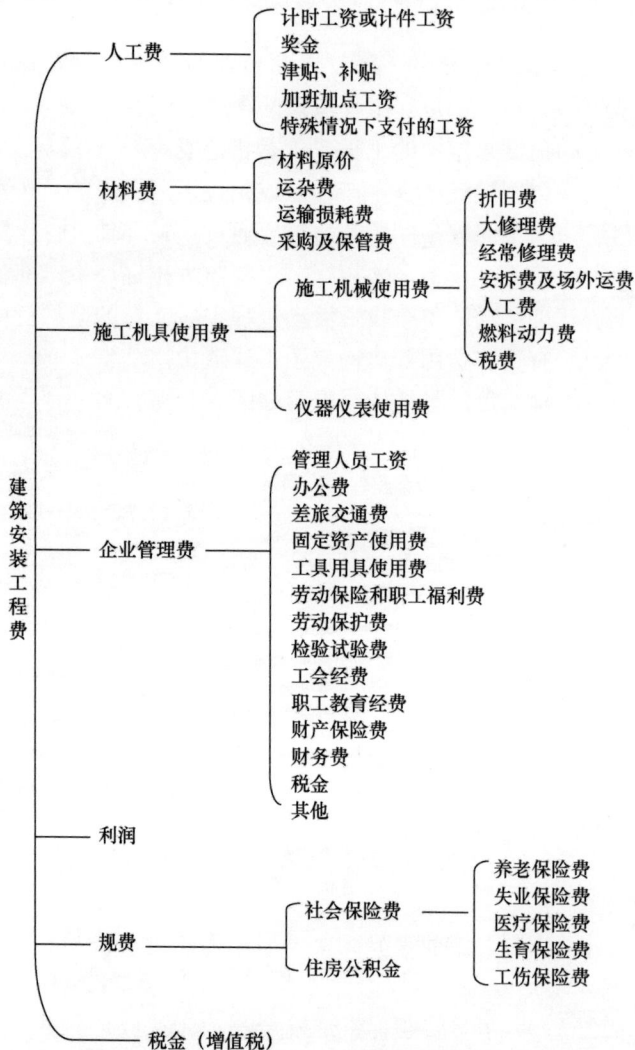

图6-2 工程造价内容的构成要素

各费用构成要素内容如下:

(1) 人工费

人工费是指按工资总额构成规定,支付给从事建筑安装工程施工的生产工人和附属生

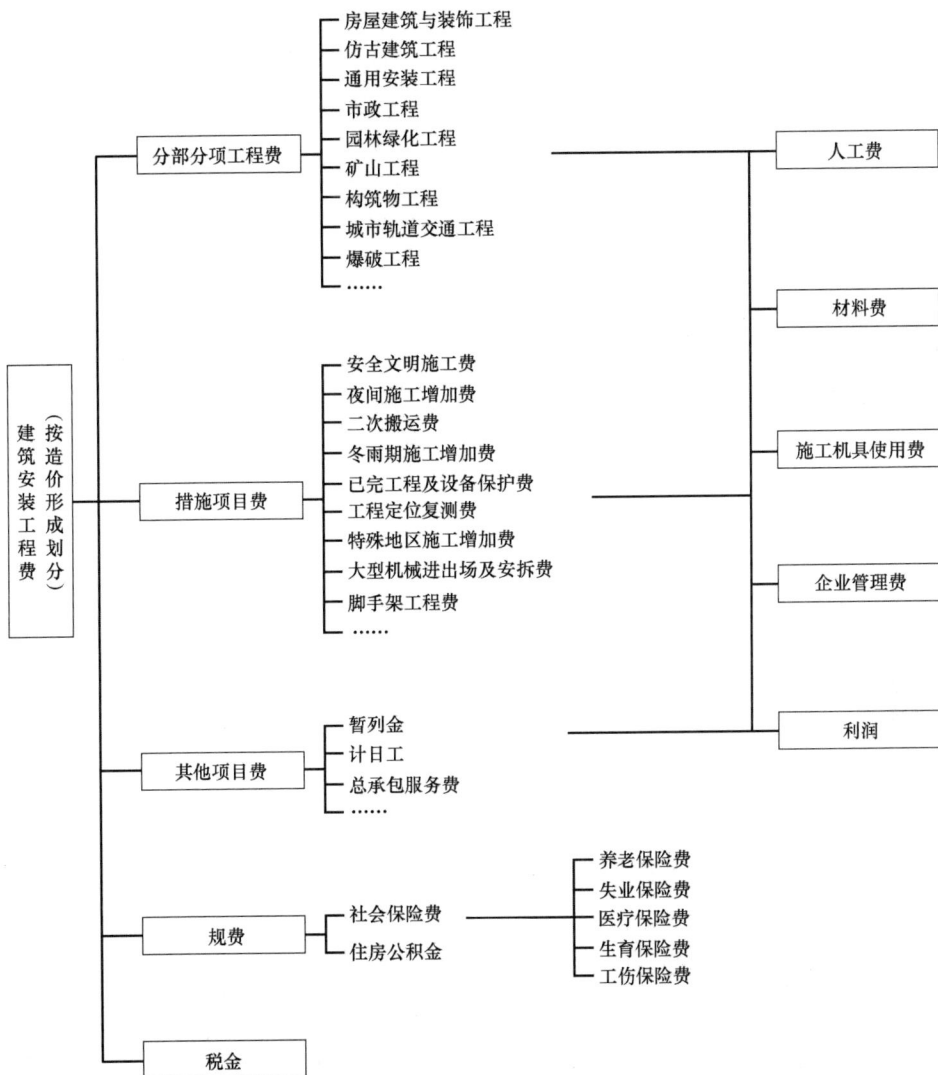

图 6-3　建筑安装工程费用（按造价形成划分）

产单位工人的各项费用。内容包括：

1）计时工资或计件工资：是指按计时工资标准和工作时间或对已做工作按计件单价支付给个人的劳动报酬。

2）奖金：是指对超额劳动和增收节支支付给个人的劳动报酬，如节约奖、劳动竞赛奖等。

3）津贴、补贴：是指为了补偿职工特殊或额外的劳动消耗和因其他特殊原因支付给个人的津贴，以及为了保证职工工资水平不受物价影响支付给个人的物价补贴。如流动施工津贴、特殊地区施工津贴、高温（寒）作业临时津贴、高空津贴等。

4）加班加点工资：是指按规定支付的在法定节假日工作的加班工资和在法定日工作时间外延时工作的加点工资。

5）特殊情况下支付的工资：是指根据国家法律、法规和政策规定，因病、工伤、产假、计划生育假、婚丧假、事假、探亲假、定期休假、停工学习、执行国家或社会义务等原因按计时工资标准或计时工资标准的一定比例支付的工资。

人工费＝∑(工程工日消耗量×日工资单价)

日工资单价是指施工企业平均技术熟练程度的生产工人在每工作日(国家法定工作时间内)按规定从事施工作业应得的日工资总额。

工程计价定额不可只列一个综合工日单价，应根据工程项目技术要求和工种差别适当划分多种日人工单价，确保各分部工程人工费的合理构成。

(2) 材料费

材料费是指施工过程中耗费的原材料、辅助材料、构配件、零件、半成品或成品、工程设备的费用。内容包括：

1) 材料原价：是指材料、工程设备的出厂价格或商家供应价格。

2) 运杂费：是指材料、工程设备自来源地运至工地仓库或指定堆放地点所发生的全部费用。

3) 运输损耗费：是指材料在运输装卸过程中不可避免的损耗。

4) 采购及保管费：是指为组织采购、供应和保管材料、工程设备的过程中所需要的各项费用。包括采购费、仓储费、工地保管费、仓储损耗。

工程设备是指构成或计划构成永久工程一部分的机电设备、金属结构设备、仪器装置及其他类似的设备和装置。

材料费＝∑(材料消耗量×材料单价)

材料单价＝{(材料原价＋运杂费)×[1＋运输损耗率(%)]}×[1＋采购保管费率(%)]

工程设备费＝∑(工程设备量×工程设备单价)

工程设备单价＝(设备原价＋运杂费)×[1＋采购保管费率(%)]

(3) 施工机具使用费

施工机具使用费是指施工作业所发生的施工机械、仪器仪表使用费或其租赁费。

1) 施工机械使用费：以施工机械台班耗用量乘以施工机械台班单价表示，施工机械台班单价应由下列七项费用组成：

① 折旧费：指施工机械在规定的使用年限内，陆续收回其原值的费用。

② 大修理费：指施工机械按规定的大修理间隔台班进行必要的大修理，以恢复其正常功能所需的费用。

③ 经常修理费：指施工机械除大修理以外的各级保养和临时故障排除所需的费用。包括为保障机械正常运转所需替换设备与随机配备工具附具的摊销和维护费用，机械运转中日常保养所需润滑与擦拭的材料费用及机械停滞期间的维护和保养费用等。

④ 安拆费及场外运费：安拆费指施工机械(大型机械除外)在现场进行安装与拆卸所需的人工、材料、机械和试运转费用以及机械辅助设施的折旧、搭设、拆除等费用；场外运费指施工机械整体或分体自停放地点运至施工现场或由一施工地点运至另一施工地点的运输、装卸、辅助材料及架线等费用。

⑤ 人工费：指机上司机(司炉)和其他操作人员的人工费。

⑥ 燃料动力费：指施工机械在运转作业中所消耗的各种燃料及水、电等费用。

⑦ 税费：指施工机械按照国家规定应缴纳的车船使用税、保险费及年检费等。

2）仪器仪表使用费：是指工程施工所需使用的仪器仪表的摊销及维修费用。

施工机械使用费＝∑（施工机械台班消耗量×机械台班单价）

机械台班单价＝台班折旧费＋台班大修费＋台班经常修理费＋

台班安拆费及场外运费＋台班人工费＋

台班燃料动力费＋台班车船税费

工程造价管理机构在确定计价定额中的施工机械使用费时，应根据《建设工程施工机械台班费用编制规则》结合市场调查编制施工机械台班单价。施工企业可以参考工程造价管理机构发布的台班单价，自主确定施工机械使用费的报价，如租赁施工机械，公式为：

施工机械使用费＝∑（施工机械台班消耗量×机械台班租赁单价）

（4）企业管理费

企业管理费是指建筑安装企业组织施工生产和经营管理所需的费用。内容包括：

1）管理人员工资：是指按规定支付给管理人员的计时工资、奖金、津贴补贴、加班加点工资及特殊情况下支付的工资等。

2）办公费：是指企业管理办公用的文具、纸张、账表、印刷、邮电、书报、办公软件、现场监控、会议、水电、烧水和集体取暖降温（包括现场临时宿舍取暖降温）等费用。

3）差旅交通费：是指职工因公出差、调动工作的差旅费、住勤补助费、市内交通费和午餐补助费、职工探亲路费、劳动力招募费、职工退休及退职一次性路费、工伤人员就医路费、工地转移费以及管理部门使用的交通工具的油料、燃料等费用。

4）固定资产使用费：是指管理和试验部门及附属生产单位使用的属于固定资产的房屋、设备、仪器等的折旧、大修、维修或租赁费。

5）工具用具使用费：是指企业施工生产和管理使用的不属于固定资产的工具、器具、家具、交通工具和检验、试验、测绘、消防用具等的购置、维修和摊销费。

6）劳动保险和职工福利费：是指由企业支付的职工退职金、按规定支付给离休干部的经费、集体福利费、夏季防暑降温及冬季取暖补贴、上下班交通补贴等。

7）劳动保护费：是企业按规定发放的劳动保护用品的支出。如工作服、手套、防暑降温饮料以及在有碍身体健康的环境中施工的保健费用等。

8）检验试验费：是指施工企业按照有关标准规定，对建筑以及材料、构件和建筑安装物进行一般鉴定、检查所发生的费用，包括自设试验室进行试验所耗用的材料等费用。不包括新结构、新材料的试验费，对构件做破坏性试验及其他特殊要求检验试验的费用和建设单位委托检测机构进行检测的费用，对此类检测发生的费用，由建设单位在工程建设其他费用中列支。但对施工企业提供的具有合格证明的材料进行检测不合格的，该检测费用由施工企业支付。

9）工会经费：是指企业按《中华人民共和国工会法》规定的全部职工工资总额比例计提的工会经费。

10）职工教育经费：是指按职工工资总额的规定比例计提，企业为职工进行专业技术和职业技能培训，专业技术人员继续教育、职工职业技能鉴定、职业资格认定以及根据需要对职工进行各类文化教育所发生的费用。

11) 财产保险费：是指施工管理用财产、车辆等的保险费用。

12) 财务费：是指企业为施工生产筹集资金或提供预付款担保、履约担保、职工工资支付担保等所发生的各种费用。

13) 税金：是指企业按规定缴纳的房产税、车船使用税、土地使用税、印花税等。

14) 其他：包括技术转让费、技术开发费、投标费、业务招待费、绿化费、广告费、公证费、法律顾问费、审计费、咨询费、保险费等。

企业管理费＝计算基础×企业管理费费率

工程造价管理机构在确定计价定额中企业管理费时，应以定额人工费或（定额人工费＋定额机械费）作为计算基数，其费率根据历年工程造价积累的资料，辅以调查数据确定，列入分部分项工程和措施项目中。

（5）利润

利润是指施工企业完成所承包工程获得的盈利。

1) 施工企业根据企业自身需求并结合建筑市场实际自主确定，列入报价中。

2) 工程造价管理机构在确定计价定额中利润时，应以定额人工费或（定额人工费＋定额机械费）作为计算基数，其费率根据历年工程造价积累的资料，并结合建筑市场实际确定，以单位（单项）工程测算，利润在税前建筑安装工程费的比重可按不低于5%且不高于7%的费率计算。利润应列入分部分项工程和措施项目中。

（6）规费

规费是指按国家法律、法规规定，由省级政府和省级有关权力部门规定必须缴纳或计取的费用。

1) 社会保险费

① 养老保险费：是指企业按照规定标准为职工缴纳的基本养老保险费。

② 失业保险费：是指企业按照规定标准为职工缴纳的失业保险费。

③ 医疗保险费：是指企业按照规定标准为职工缴纳的基本医疗保险费。

④ 生育保险费：是指企业按照规定标准为职工缴纳的生育保险费。

⑤ 工伤保险费：是指企业按照规定标准为职工缴纳的工伤保险费。

2) 住房公积金：是指企业按规定标准为职工缴纳的住房公积金。

社会保险费和住房公积金应以定额人工费为计算基础，根据工程所在地省、自治区、直辖市或行业建设主管部门规定费率计算。

社会保险费和住房公积金＝∑（工程定额人工费×社会保险费和住房公积金费率）

式中，社会保险费和住房公积金费率可以按每万元发承包价的生产工人人工费和管理人员工资含量与工程所在地规定的缴纳标准综合分析取定。

其他应列而未列入的规费，按实际发生计取。

（7）税金

税金是指国家税法规定的应计入建筑安装工程造价内的增值税。

计算公式：

税金＝税前造价×综合税率（%）

2. 工程成本的组成

工程成本则是围绕工程而发生的资源耗费的货币体现，包括了工程生命周期各阶段的资源耗费。工程成本通常用货币单位来衡量。具体而言，工程成本是指施工企业或项目部为取得并完成某项工程所支付的各种费用的总和；是转移到建筑工程项目中的被消耗掉的生产资料价值和该工程施工的劳动者必要的劳动价值及为完成合同目标所支付的各种费用。包括所消耗的原材料、辅助材料、构配件等的费用，周转材料的摊销费或租赁费等，施工机械的使用费或租赁费等，支付给生产工人的工资、奖金、工资性质的津贴等，以及进行施工组织与管理所发生的全部费用支出。由直接成本和间接成本所组成。

直接成本是指施工过程中耗费的构成工程实体或有助于工程实体形成的各项费用支出，是可以直接计入工程对象的费用，按图 6-2 进行分解，包括人工费、材料费、施工机械使用费和施工措施费等。

间接成本是指为施工准备、组织和管理施工生产的全部费用的支出，是非直接用于也无法直接计入工程对象，但为进行工程施工所必须发生的费用，与成本核算对象相关联的全部施工间接支出，包括管理人员工资、办公费、差旅交通费、固定资产使用费、工具用具使用费、财产保险费、检验试验费等，指图 6-2 中的企业管理费和规费。

3. 工程成本的影响因素

影响工程成本的因素很多，主要有政策法规性因素、地区性与市场性因素、设计因素、施工组织因素和编制人员素质因素等五个方面。

（1）政策法规性因素

在整个基本建设过程中，国家和地方主管部门对于基建项目的审查、基本建设程序、投资费用的构成、计取，从土地的购置直到工程建设完成后的竣工验收、交付使用和竣工决算等各项建设工作的开展，都有严格而明确的规定，具有强制的政策法规性。工程成本的编制必须严格遵循国家及地方主管部门的有关政策、法规和制度，按规定的程序进行。

（2）地区性与市场性因素

建筑产品存在于不同地域空间，其产品成本必然受到所在地区时间、空间、自然条件和市场环境的影响。首先，不同地区的物资供应条件、交通运输条件、现场施工条件、技术协作条件，反映到计价定额的单价中，使得各地定额水平不同，亦即编制工程成本各地所采用的定额不尽相同。其次，各地区的地形地貌、地质水文条件不同，也会给工程成本带来较大的影响，即使是同一套设计图纸的建筑物或构筑物，由于所建地区的不同，至少在现场条件处理和基础工程费用上产生较大幅度的差异，使得工程成本不同。第三，在社会主义市场经济条件下，构成建筑实体的各种建筑材料价格经常发生变化，使得建筑产品的成本也随之变化。建筑产品成本受市场因素影响所占比重也越来越大。

（3）设计因素

编制工程成本的基本依据之一是设计图纸。所以，影响建设投资的关键就在于设计。有资料表明，影响项目投资最大的阶段，是约占工程项目建设周期四分之一的技术设计结

185

束前的工作阶段。在初步设计阶段，对地理位置、占地面积、建设标准、建设规模、工艺设备水平，以及建筑结构选型和装饰标准等的确定，对工程成本影响的可能性为 $75\%\sim95\%$。在技术设计阶段，影响工程成本的可能性为 $35\%\sim75\%$。在施工图设计阶段，影响工程成本的可能性为 $5\%\sim35\%$。设计是否经济合理，对工程成本会带来很大影响，一项优秀的设计可以大量节约成本。

（4）施工组织因素

在编制施工预算过程中，组织施工方案中的施工方法、施工进度计划、（劳动力、材料、施工机械等）资源需用量及进场计划、（施工工期、施工质量、施工安全、文明施工、降低成本、环境保护等）施工技术组织措施等，是决定工程成本的重要因素。在施工中采用先进的施工技术，合理运用新的施工工艺，采用新技术、新材料；合理布置施工现场，减少运输总量及临时设施的搭拆；合理布置人力和机械，减少节省资源浪费等，对节约成本有显著的作用。

（5）编制人员素质因素

编制工程成本是一项十分复杂而细致的工作。编制人员除了熟练掌握定额使用方法外，还要熟悉有关工程成本编制的政策、法规、制度和与定额有关的动态信息。编制工程成本涉及的知识面很宽，要具有较全面的专业理论和业务知识，如工程识图、建筑构造、建筑结构、建筑施工、建筑材料、建筑设备及相应的实践经验，还要有建筑经济学、投资经济学等方面的理论知识。要求工程成本编制人员严格遵守行业道德规范，本着公正、实事求是的原则，不高估冒算，不缺项漏算，不重复多算。

（二）装饰装修工程施工成本管理的基本内容和要求

建设工程项目施工成本管理应从工程投标报价开始，直至项目竣工结算完成为止，贯穿于项目实施的全过程。成本作为项目管理的一个关键性目标，包括责任成本目标和计划成本目标，它们的性质和作用不同。前者反映组织对施工成本目标的要求，后者是前者的具体化，把施工成本在组织管理层和项目经理部的运行有机地连接起来。

根据成本运行规律，成本管理责任体系应包括组织管理层和项目经理部。组织管理层的成本管理除生产成本以外，还包括经营管理费用；项目管理层应对生产成本进行管理。组织管理层贯穿于项目投标、实施和结算过程，体现效益中心的管理职能；项目管理层则着眼于执行组织确定的施工成本管理目标，发挥现场生产成本控制中心的管理职能。

施工成本管理就是要在保证工期和质量满足要求的情况下，采取相应管理措施，包括组织措施、经济措施、技术措施、合同措施，把成本控制在计划范围内，并进一步寻求最大程度的成本节约。施工成本管理的任务和环节主要包括：

（1）施工成本预测。

（2）施工成本计划。

（3）施工成本控制。

（4）施工成本核算。

（5）施工成本分析。

（6）施工成本考核。

1. 施工成本预测

施工成本预测就是根据成本信息和施工项目的具体情况，运用一定的专业方法，对未来的成本水平及其可能发展趋势作出科学的估计，其为工程施工前对成本进行的估算。通过成本预测，可以在满足项目业主和本企业要求的前提下，选择成本低、效益好的最佳成本方案，并能够在施工项目成本形成过程中，针对薄弱环节，加强成本控制，克服盲目性，提高预见性。因此，施工成本预测是施工项目成本决策与计划的依据。施工成本预测，通常是对施工项目计划工期内影响其成本变化的各个因素进行分析，比照近期已完工施工项目或将完工施工项目的成本（单位成本），预测这些因素对工程成本中有关项目（成本项目）的影响程度，预测出工程的单位成本或总成本。

2. 施工成本计划

施工成本计划是以货币形式编制施工项目在计划期内的生产费用、成本水平、成本降低率以及为降低成本所采取的主要措施和规划的书面方案，它是建立施工项目成本管理责任制、开展成本控制和核算的基础，它是该项目降低成本的指导文件，是设立目标成本的依据。可以说，成本计划是目标成本的一种形式。

（1）施工成本计划应满足的要求

1）合同规定的项目质量和工期要求。

2）组织对项目成本管理目标的要求。

3）以经济合理的项目实施方案为基础的要求。

4）有关定额及市场价格的要求。

5）类似项目提供的启示。

（2）施工成本计划的编制依据

编制施工成本计划，需要广泛收集相关资料并进行整理，以作为施工成本计划编制的依据。在此基础上，根据有关设计文件、工程承包合同、施工组织设计、施工成本预测资料等，按照施工项目应投入的生产要素，结合各种因素的变化预测和拟采取的各种措施，估算施工项目生产费用支出的总水平，进而提出施工项目的成本计划控制指标，确定目标总成本。目标总成本确定后，应将总目标分解落实到各个机构、班组，便于进行控制的子项目或工序。最后，通过综合平衡，编制完成施工成本计划。

施工成本计划的编制依据包括：

1）投标报价文件。

2）企业定额、施工预算。

3）施工组织设计或施工方案。

4）人工、材料、机械台班的市场价。

5）企业颁布的材料指导价、企业内部机械台班价格、劳动力内部挂牌价格。

6）周转设备内部租赁价格、摊销损耗标准。

7）已签订的工程合同、分包合同（或估价书）。

8）结构件外加工计划和合同。

9）有关财务成本核算制度和财务历史资料。

187

10）施工成本预测资料，拟采取的降低施工成本的措施，其他相关资料。

（3）施工成本计划的具体内容

1）编制说明：指对工程的范围、投标竞争过程及合同条件、承包人对项目经理提出的责任成本目标、施工成本计划编制的指导思想和依据等的具体说明。

2）施工成本计划的指标：施工成本计划的指标应经过科学的分析预测确定，可以采用对比法、因素分析法等方法来进行测定。

一般情况下施工成本计划有以下三类指标：

① 成本计划的数量指标，如：按子项汇总的工程项目计划总成本指标；按分部汇总的各单位工程（或子项目）计划成本指标；按人工、材料、机械等各主要生产要素汇总的计划成本指标。

② 成本计划的质量指标，如施工项目总成本降低率：

设计预算成本计划降低率＝设计预算总成本计划降低额/设计预算总成本；

责任目标成本计划降低率＝责任目标总成本计划降低额/责任目标总成本。

③ 成本计划的效益指标，如工程项目成本降低额：

设计预算成本计划降低额 ＝ 设计预算总成本 － 计划总成本；

责任目标成本计划降低额 ＝ 责任目标总成本 － 计划总成本。

3）按工程量清单列出的单位工程计划成本汇总表，见表 6-1。

单位工程计划成本汇总表　　　　　　　　　　　　　　　　　表 6-1

	清单项目编码	清单项目名称	合同价	计划成本

4）按成本性质划分的单位工程成本汇总表，根据清单项目的造价分析，分别对人工费、材料费、施工机械使用费、措施费、企业管理费和税费进行汇总，形成单位工程成本计划表。

成本计划应在项目实施方案确定和不断优化的前提下进行编制，因为不同的实施方案将导致直接工程费（人工费、材料费、施工机械使用费）、措施费和企业管理费的差异。成本计划的编制是施工成本预控的重要手段。因此，应在工程开工前编制完成，以便将计划成本目标分解落实，为各项成本的执行提供明确的目标、控制手段和管理措施。

3. 施工成本控制

施工成本控制是指在施工过程中，对影响施工成本的各种因素加强管理，并采取各种有效措施，将施工中实际发生的各种消耗和支出严格控制在成本计划范围内。通过随时揭示并及时反馈，严格审查各项费用是否符合标准，计算实际成本和计划成本之间的差异并进行分析，进而采取多种措施，消除施工中的损失浪费现象。

建设工程项目施工成本控制应贯穿于项目从投标阶段开始直至竣工验收的全过程，它是企业全面成本管理的重要环节。施工成本控制可分为事先控制、事中控制（过程控制）和事后控制。在项目的施工过程中，需按动态控制原理对实际施工成本的发生过程进行有效控制。

合同文件和成本计划是成本控制的目标，进度报告和工程变更与索赔资料是成本控制过程中的动态资料。

成本控制的程序体现了动态跟踪控制的原理。成本控制报告可单独编制，也可以根据需要与进度、质量、安全和其他进展报告结合，提出综合进展报告。

4. 施工成本核算

施工成本核算包括两个基本环节：一是按照规定的成本开支范围对施工费用进行归集和分配，计算出施工费用的实际发生额；二是根据成本核算对象，采用适当的方法，计算出该施工项目的总成本和单位成本。

项目的施工成本有"制造成本法"和"完全成本法"两种核算方法。"制造成本法"只将与施工项目直接相关的各项成本和费用计入施工项目成本，而将与项目没有直接关系，却与企业经营期间相关的费用（企业总部的管理费）作为期间费用，从当期收益中一笔冲减，而不再计入施工成本。"完全成本法"是把企业生产经营发生的一切费用全部吸收到产品成本之中。"制造成本法"与"完全成本法"相比较，其优点是：

第一，避免了成本和费用的重复分配，从而简化了成本的计算程序；

第二，反映了项目经理部的成本水平，便于对项目经理部的成本状况进行分析与考核；

第三，剔除了与成本不相关的费用，有利于成本的预测和决策。

施工项目成本的计算程序如下：

（1）承包成本的计算程序：计算工程量→按工程量和人工单价计算人工费→按工程量和材料单价计算材料费→按机械台班和机械使用费单价计算机械使用费→计算直接工程费→按直接工程费的比重或根据对每项措施费的预算计算措施费→按直接费的比重或根据对每项间接成本的预算计算间接成本→将直接成本和间接成本相加形成施工项目总成本。

（2）实际成本的计算程序：归集人工费→归集材料费→归集机械使用费→归集措施费归集间接成本→计算总成本。

施工成本管理需要正确及时地核算施工过程中发生的各项费用，计算施工项目的实际成本。施工项目成本核算所提供的各种成本信息，是成本预测、成本计划、成本控制、成本分析和成本考核等各个环节的依据。

施工成本一般以单位工程为成本核算对象，但也可以按照承包工程项目的规模、工期、结构类型、施工组织和施工现场等情况，结合成本管理要求，灵活划分成本核算对象。施工成本核算的基本内容包括：

1）人工费核算。

2）材料费核算。

3）周转材料费核算。

4）结构件费核算。

5）机械使用费核算。

6）措施费核算。

7）分包工程成本核算。

8）间接费核算。

9) 项目月度施工成本报告编制。

施工成本核算制是明确施工成本核算的原则、范围、程序、方法、内容、责任及要求的制度。项目管理必须实行施工成本核算制，它和项目经理责任制等共同构成了项目管理的运行机制。组织管理层与项目管理层的经济关系、管理责任关系、管理权限关系，以及项目管理组织所承担的责任成本核算的范围、核算业务流程和要求等，都应以制度的形式作出明确的规定。

项目经理部要建立一系列项目业务核算台账和施工成本会计账户，实施全过程的成本核算，具体可分为定期的成本核算和竣工工程成本核算。定期的成本核算，如每天、每周、每月的成本核算等，是竣工工程全面成本核算的基础。

形象进度、产值统计、实际成本归集三同步，即三者的取值范围应是一致的。形象进度表达的工程量、施工产值统计的工程量和实际成本归集所依据的工程量均应是相同的数值。

对竣工工程的成本核算，应区分为竣工工程现场成本和竣工工程完全成本，分别由项目经理部和企业财务部门进行核算分析，其目的在于分别考核项目管理绩效和企业经营效益。

5. 施工成本分析

施工成本分析是在施工成本核算的基础上，对成本的形成过程和影响成本升降的因素进行分析，以寻求进一步降低成本的途径，包括有利偏差的挖掘和不利偏差的纠正。施工成本分析贯穿于施工成本管理的全过程，其是在成本的形成过程中，主要利用施工项目的成本核算资料（成本信息），与目标成本、预算成本以及类似的施工项目的实际成本等进行比较，了解成本的变动情况；同时也要分析主要技术经济指标对成本的影响，系统地研究成本变动的因素，检查成本计划的合理性，并通过成本分析，深入揭示成本变动的规律，寻找降低施工项目成本的途径，以便有效地进行成本控制。成本偏差的控制，分析是关键，纠偏是核心；要针对分析得出的偏差发生原因，采取切实措施，加以纠正。

成本偏差分为局部成本偏差和累计成本偏差。局部成本偏差包括项目的月度（或周、天等）核算成本偏差、专业核算成本偏差以及分部分项作业成本偏差等；累计成本偏差是指已完工程在某一时间点上实际总成本与相应的计划总成本的差异。分析成本偏差的原因，应采取定性和定量相结合的方法。

6. 施工成本考核

施工成本考核是指在施工项目完成后，对施工项目成本形成中的各责任者，按施工项目成本目标责任制的有关规定，将成本的实际指标与计划、定额、预算进行对比和考核，评定施工项目成本计划的完成情况和各责任者的业绩，并以此给予相应的奖励和处罚。通过成本考核，做到有奖有惩，赏罚分明，才能有效地调动每一位员工在各自施工岗位上努力完成目标成本的积极性，为降低施工项目成本和增加企业的积累，作出自己的贡献。

施工成本考核是衡量成本降低的实际成果，也是对成本指标完成情况的总结和评价。成本考核制度包括考核的目的、时间、范围、对象、方式、依据、指标、组织领导、评价与奖惩原则等内容。

以施工成本降低额和施工成本降低率作为成本考核的主要指标，要加强组织管理层对项目管理部的指导，并充分依靠技术人员、管理人员和作业人员的经验和智慧，防止项目管理在企业内部异化为靠少数人承担风险的以包代管模式。成本考核也可分别考核组织管理层和项目经理部。

项目管理组织对项目经理部进行考核与奖惩时，既要防止虚盈实亏，也要避免实际成本归集差错等的影响，使施工成本考核真正做到公平、公正、公开，在此基础上兑现施工成本管理责任制的奖惩或激励措施。

施工成本管理的每一个环节都是相互联系和相互作用的。成本预测是成本决策的前提，成本计划是成本决策所确定目标的具体化。成本计划控制则是对成本计划的实施进行控制和监督，保证决策的成本目标的实现，而成本核算又是对成本计划是否实现的最后检验，它所提供的成本信息又对下一个施工项目成本预测和决策提供基础资料。成本考核是实现成本目标责任制的保证和实现决策目标的重要手段。

（三）装饰装修工程的施工成本控制

1. 施工成本的过程控制方法

施工阶段是控制建设工程项目成本发生的主要阶段，它通过确定成本目标并按计划成本进行施工、资源配置，对施工现场发生的各种成本费用进行有效控制，其具体的控制方法如下。

（1）人工费的控制

人工费的控制实行"量价分离"的方法，将作业用工及零星用工按定额工日的一定比例综合确定用工数量与单价，通过劳务合同进行控制。

1）人工费的影响因素

① 社会平均工资水平。建筑安装工人人工单价必须和社会平均工资水平趋同。社会平均工资水平取决于经济发展水平。由于我国改革开放以来经济迅速增长，社会平均工资也有大幅增长，从而导致人工单价的大幅提高。

② 生产消费指数。生产消费指数的提高会导致人工单价的提高，以减少生活水平的下降，或维持原来的生活水平。生活消费指数的变动取决于物价的变动，尤其取决于生活消费品物价的变动。

③ 劳动力市场供需变化。劳动力市场如果供不应求，人工单价就会提高；供过于求，人工单价就会下降。

④ 政府推行的社会保障和福利政策也会影响人工单价的变动。

⑤ 经会审的施工图，施工定额、施工组织设计等决定人工的消耗量。

2）控制人工费的方法

加强劳动定额管理，提高劳动生产率，降低工程耗用人工工日，是控制人工费支出的主要手段。

① 制定先进合理的企业内部劳动定额，严格执行劳动定额，并将安全生产、文明施

工及零星用工下达到作业队进行控制。全面推行全额计件的劳动管理办法和单项工程集体承包的经济管理办法，以不突破施工图预算人工费指标为控制目标，对各班组实行工资包干制度。认真执行按劳分配的原则，使职工个人所得与劳动贡献相一致，充分调动广大职工的劳动积极性，从根本上杜绝出工不出力的现象。把工程项目的进度、安全、质量等指标与定额管理结合起来，提高劳动者的综合能力，实行奖励制度。

② 提高生产工人的技术水平和作业队的组织管理水平，根据施工进度、技术要求，合理搭配各工种工人的数量，减少和避免无效劳动。不断地改善劳动组织，创造良好的工作环境，改善工人的劳动条件，提高劳动效率。合理调节各工序人数松紧情况，安排劳动力时，尽量做到技术工不做普通工的工作，高级工不做低级工的工作，避免技术上的浪费，既要加快工程进度，又要节约人工费用。

③ 加强职工的技术培训和多种施工作业技能的培训，不断提高职工的业务技术水平和熟练操作程度，培养一专多能的技术工人，提高作业工效。提倡技术革新和推广新技术，提高技术装备水平和工厂化生产水平，提高企业的劳动生产率。

④ 实行弹性需求的劳务管理制度。对施工生产各环节上的业务骨干和基本的施工力量，要保持相对稳定。对短期需要的施工力量，要做好预测、计划管理，通过企业内部的劳务市场及外部协作队伍进行调剂。严格做到项目部的定员随工程进度要求波动，进行弹性管理。要打破行业、工种界限，提倡一专多能，提高劳动力的利用效率。

（2）材料费的控制

材料费控制同样按照"量价分离"原则，控制材料用量和材料价格。

1）材料用量的控制

在保证符合设计要求和质量标准的前提下，合理使用材料，通过定额管理、计量管理等手段有效控制材料物资的消耗，具体方法如下。

① 定额控制。对于有消耗定额的材料，以消耗定额为依据，实行限额发料制度。在规定限额内分期分批领用，超过限额领用的材料，必须先查明原因，经过一定审批手续方可领料。

② 指标控制。对于没有消耗定额的材料，则实行计划管理和按指标控制的办法。根据以往项目的实际耗用情况，结合具体施工项目的内容和要求，制定领用材料指标，以控制发料。超过指标的材料，必须经过一定的审批手续方可领用。

③ 计量控制。准确做好材料物资的收发计量检查和投料计量检查。

④ 包干控制。在材料使用过程中，对部分小型及零星材料（如钢钉、钢丝等）根据工程量计算出所需材料量，将其折算成费用，由作业者包干控制。

2）材料价格的控制

材料价格主要由材料采购部门控制。由于材料价格是由买价、运杂费、运输中的合理损耗等所组成，因此控制材料价格，主要是通过掌握市场信息，应用招标和询价等方式控制材料、设备的采购价格。

施工项目的材料物资，包括构成工程实体的主要材料和结构件，以及有助于工程实体形成的周转使用材料和低值易耗品。从价值角度看，材料物资的价值约占建筑安装工程造价的 60%甚至 70%以上，其重要程度自然是不言而喻。由于材料物资的供应渠道和管理方式各不相同，所以控制的内容和所采取的控制方法也将有所不同。

（3）施工机械使用费的控制

合理选择施工机械设备，合理使用施工机械设备对成本控制具有十分重要的意义，尤其是高层建筑施工。据某些工程实例统计，高层建筑地面以上部分的总费用中，垂直运输机械费用占 6%～10%。由于不同的起重运输机械各有不同的用途和特点，因此在选择起重运输机械时，应根据工程特点和施工条件确定采取何种不同起重运输机械的组合方式。在确定采用何种组合方式时，首先应满足施工需要，同时还要考虑到费用的高低和综合经济效益。

施工机械使用费主要由台班数量和台班单价两方面决定，为有效控制施工机械使用费支出，主要从以下几个方面进行控制。

1）控制台班数量

① 根据施工方案和现场实际，选择适合项目施工特点的施工机械，制定设备需求计划，合理安排施工生产，充分利用现有机械设备，加强内部调配提高机械设备的利用率。

② 保证施工机械设备的作业时间，安排好生产工序的衔接，尽量避免停工窝工，尽量减少施工中所消耗的机械台班数量。

③ 核定设备台班定额产量，实行超产奖励办法，加快施工生产进度，提高机械设备单位时间的生产效率和利用率。

④ 加强设备租赁计划管理，减少不必要的设备闲置和浪费，充分利用社会闲置机械资源。

2）控制台班单价

① 加强现场设备的维修、保养工作，降低大修、经常性修理等各项费用的开支，提高机械设备的完好率，最大限度地提高机械设备的利用率。避免因不当使用造成机械设备的停置。

② 加强机械操作人员的培训工作，不断提高操作技能，提高施工机械台班的生产效率。

③ 加强配件的管理，建立健全配件领发料制度，严格按油料消耗定额控制油料消耗，达到修理有记录，消耗有定额，统计有报表，损耗有分析。通过经常分析总结，提高修理质量，降低配件消耗，减少修理费用的支出。

④ 降低材料成本，严把施工机械配件和工程材料采购关，尽量做到工程项目所进材料质优价廉。

⑤ 成立设备管理领导小组，负责设备调度、检查、维修、评估等具体事宜。对主要部件及其保养情况建立档案，分清责任，便于尽早发现问题，找到解决问题的办法。

（4）施工分包费用的控制

分包工程价格的高低，必然对项目经理部的施工项目成本产生一定的影响。因此，施工项目成本控制的重要工作之一是对分包价格的控制。项目经理部应在确定施工方案的初期就要确定需要分包的工程范围。决定分包范围的因素主要是施工项目的专业性和项目规模。对分包费用的控制，主要是要做好分包工程的询价、订立平等互利的分包合同、建立稳定的分包关系网络、加强施工验收和分包结算等工作。

2. 用价值工程原理控制工程成本

（1）用价值工程控制成本的原理

价值工程（VE），又称价值分析（VA）。价值工程中的"价值"是功能与实现该功能所耗费用（成本）的比值，其表达式为 $V = F/C$，是美国通用电器公司工程师 L. D. Miles 创立的一套独特的工作方法。其目的是在保证同样功能的前提下降低成本，并可用于工程项目成本的事前控制。

（2）价值工程特征

1）目标上着眼于提高价值。

2）方法上通过系统地分析和比较，发现问题、寻求解决办法。

3）活动领域上侧重于在产品的研制与设计阶段开展工作，寻求技术上的突破。

4）组织上开展价值工程活动的全体人员，应有组织、有计划、有步骤地工作。

（3）价值分析的对象

1）选择数量大、应用面广的构配件。

2）选择成本高的工程和构配件。

3）选择结构复杂的工程和构配件。

4）选择体积与质量大的工程和构配件。

5）选择对产品功能提高起关键作用的构配件。

6）选择在使用中维修费用高、耗能量大或使用期的总费用较大的工程和构配件。

7）选择畅销产品，以保持优势，提高竞争力。

8）选择在施工（生产）中容易保证质量的工程和构配件。

9）选择施工（生产）难度大、多花费材料和工时的工程和构配件。

10）选择可利用新材料、新设备、新工艺、新结构及在科研上已有先进成果的工程和构配件。

（4）提高价值的途径

项目成本控制中的价值工程应结合施工，研究设计的技术经济合理性，从功能、成本两个方面探索有无改进的可能性，以提高工程项目的价值系数。

提高价值的途径有 5 条：

1）功能提高，成本不变。

2）功能不变，成本降低。

3）功能提高，成本降低。

4）降低辅助功能，大幅度降低成本。

5）成本稍有提高，大大提高功能。

其中 1）、3）、4）条途径是提高价值，同时也降低成本的途径。应当选择价值系数低、降低成本潜力大的工程作为价值工程的对象，寻求对成本的有效降低。

3. 用赢得值法（挣值法）控制成本

赢得值法是通过分析项目成本目标实施与项目成本目标期望之间的差异，从而判断项目实施的费用、进度绩效的一种方法。到目前为止国际上先进的工程公司已普遍采用赢得值法进行工程项目的费用、进度综合分析控制。

（1）赢得值法的三个基本参数

赢得值主要运用三个成本值进行分析，它们分别是已完成工作预算成本、计划完成工作预算费用和已完成工作实际成本。

1）已完成工作预算成本

已完工作预算费用（BCWP）是指在某一时间已经完成的工作（或部分工作），以批准认可的预算为标准所需要的成本总额。由于业主正是根据这个值为承包商完成的工作量支付相应的成本，也就是承包商获得（挣得）的金额，故称挣得值或挣值。

$$BCWP = 已完成工程量 \times 预算成本单价$$

2）计划完成工作预算成本

计划完成工作预算成本，简称 BCWS，即根据进度计划，在某一时刻应当完成的工作（或部分工作），以预算为标准计算所需要的成本总额。一般来说，除非合同有变更，BCWS 在工作实施过程中应保持不变。

$$BCWS = 计划工程量 \times 预算成本单价$$

3）已完成工作实际成本

已完成工作实际成本，简称 ACWP，即到某一时刻为止，已完成的工作（或部分工作）所实际花费的成本金额。

$$ACWP = 已完工程量 \times 实际成本单价$$

（2）赢得值法的评价指标

在三个成本值的基础上，可以确定挣值法的四个评价指标，它们也都是时间的函数。

1）成本偏差 CV

$$CV = 已完工作预算成本（BCWP） - 已完工作实际成本（ACWP）$$

当 CV 为负值时，即表示项目运行超出预算成本；当 CV 为正值时，表示项目运行节支，实际成本没有超出预算成本。

2）进度偏差 SV

$$SV = 已完工作预算成本（BCWP） - 计划完成工作预算成本（BCWS）$$

当 SV 为负值时，表示进度延误，即实际进度落后于计划进度；当 SV 为正值时，表示进度提前，即实际进度快于计划进度。

3）成本绩效指数 CPI

$$CPI = 已完工作预算成本（BCWP） / 已完工作实际成本（ACWP）$$

当 CPI<1 时，表示超支，即实际费用高于预算成本；当 CPI>1 时，表示节支，即实际费用低于预算成本。

4）进度绩效指数 SPI

$$SPI = 已完工作预算成本（BCWP） / 计划完成工作预算成本（BSWS）$$

当 SPI<1 时，表示进度延误，即实际进度比计划进度滞后；当 SPI>1 时，表示进度提前，即实际进度比计划进度快。

将 BCWP、BCWS、ACWP 的时间序列数相累加，便可形成三个累加数列，把它们绘制在时间—成本坐标内，就形成了三条 S 形曲线，结合起来就能分析出动态的成本和进度状况。

七、常用施工机械机具的性能

（一）垂直运输常用机械机具

1. 吊篮的基本性能与注意事项

（1）基本性能

1）吊篮（图 7-1）沿钢丝绳由提升机带动向上顺升，不手卷钢丝绳，理论上爬升高度无限制。

2）提升机采用多轮压绳绕绳式结构，可靠性高，钢丝绳寿命长。

3）采用具有先进水平的盘式制动电机，制动力矩大，制动可靠。

4）独立设置两根安全钢丝绳，在吊篮上装有安全锁，当吊篮提升系统出现重大故障或工作绳破断而坠落，安全锁自动触发，锁住安全钢丝绳，确保人机安全。

5）可根据用户要求作不同的组合，且便于运输。

6）根据不同的屋面形式，可方便地向屋顶运送。

7）装设漏电保护开关，可选择单、双机操作，配有移动操作盒、外用电源盒及上升限位装置。

8）钢结构采用薄壁矩形钢管，结构紧凑、设计合理。

9）电动吊篮适用于建筑物外墙装修。

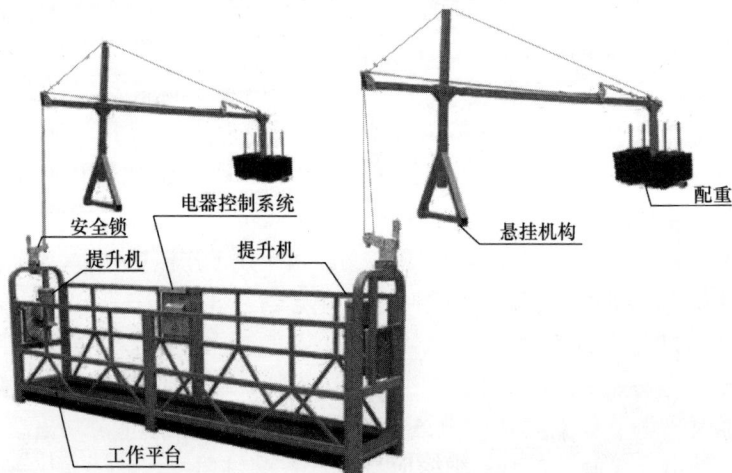

图 7-1　吊篮结构示意图

（2）使用要点与注意事项

1）电动吊篮使用前应检查设备的机械部分和电气部分，钢丝绳、吊钩、限位器等应完好，电气部分应无漏电，接零或接地装置应良好、可靠。

2）使用吊篮人员均应身体健康、精神正常，经过安全技术培训与考核。

3）吊篮屋面悬挂装置安装齐全、可靠；稳定旋转丝杠使前轮离地，但丝杠不得低于螺母上端，支脚垫木不小于 $4cm×20cm×20cm$。

4）电动吊篮应设缓冲器，轨道两端应设挡板。

5）作业开始第一次吊重物时，应在吊离地面 100mm 时停止，检查电动葫芦制动情况，确认完好后方可正式作业，露天作业时，应设防雨措施，保证电机、电控等安全。

6）吊篮严禁超载使用，最大荷载不超过 450kg。

7）工作前必须检查：

① 前 2）、3）项。

② 所有连接件安全、牢固、可靠；无丢失损坏。

③ 提升机穿绳正确，在穿绳和退绳时，务必用手拉紧钢丝绳入绳端，使其处于始终张紧状态；钢丝绳无断股、无死结、无硬弯，每捻距中断丝不得多于四根；钢丝绳下端坠铁安全、离地。注意落地时防止坠绳铁撞到篮体。

④ 安全锁无损坏、卡死；动作灵活，锁绳可靠；严禁将开锁手柄固定于常开位置。

⑤ 电气系统正常，上下动作状态与手柄按钮标识一致，冲顶限位行程开关灵敏可靠，位置正确。务必将输入电源电缆线与篮体结构牢固捆扎，以免电源插头部位直接受拉，导致电源短路或断路。随时锁好电器箱门，防止灰尘和水溅入；随时打开电器箱侧盖，以便出现紧急情况下，能迅速关闭急停开关。

⑥ 每次使用前均应在 2m 高度下空载运行 2～3 次，确认无故障方可使用。

8）每次吊篮运行只能一个人控制，在运行前提醒篮内其他人员并确定上、下方有无障碍物方可进行，下行时特别注意不能碰到坠绳铁。

9）上吊篮工作时必须戴好安全帽，系好安全带，严禁酒后上吊篮工作，禁止在吊篮内抽烟，禁止在篮内用梯子或其他装置取得较高的工作高度。

10）吊篮任一部位有故障均不得使用，应请专业技术人员维修，使用人员不得自行拆、改任何部位。

11）不准将吊篮作为运输工具垂直运输物品。

12）雷、雨、大风（阵风 5 级以上）天气不得使用吊篮，应停置在地面。

13）雨天、喷涂作业和吊篮使用完毕时，应对电机、电器箱、安全锁进行遮盖，下班后切断电源。

14）电动吊篮严禁超载起吊，起吊时，手不得握在绳索与物体之间，吊物上升应严防冲撞。

15）起吊物件应捆扎牢固。电动吊篮吊重物行走时，重物离地面高度不宜超过 1.5m。工作间歇不得将重物悬挂在空中。

16）使用悬挂电气控制开关时，绝缘应良好，滑动自如，人的站立位置后方应有 2m 空地并应正常操作电钮。

17）电动吊篮作业中发生异味、高温等异常情况，应立即停机检查，排除故障后方可继续使用。

18）在起吊中，由于故障造成重物失控下滑时，必须采取紧急措施，向无人处下放重物。

19）在起吊中不得急速升降。

20）电动吊篮在额定载荷制动时，下滑位移量不应大于 80mm，否则，应清除油污或更换制动环。

21）作业完毕后，应停放在指定位置，吊钩升起，并锁好开关箱。

22）操作人员在使用吊篮施工时，不得向外攀爬和向楼内跳跃。

23）按建筑施工安全规模划出安全区，架设安全网。

2. 施工电梯的基本性能与注意事项

（1）基本性能

施工升降机又叫建筑用施工电梯，是建筑中经常使用的载人载货施工机械，由于其独特的箱体结构使其乘坐起来既舒适又安全，施工升降机在工地上通常是配合塔式起重机使用，一般载重量在 1～3t，运行速度为 1～60m/min。施工升降机的种类很多，按运行方式有无对重和有对重两种，按其控制方式分为手动控制式和自动控制式。按需要还可以添加变频装置和 PLC 控制模块，另外还可以添加楼层呼叫装置和平层装置。施工升降机的构造原理、特点：施工升降机为适应桥梁、烟囱等倾斜建筑施工的需要，它根据建筑物外形，将导轨架倾斜安装，而吊笼保持水平，沿倾斜导轨架上下运行。

（2）使用要点与注意事项

1）施工电梯安装后，安全装置要经试验、检测合格后方可操作使用，电梯必须由持证的专业司机操作。

2）电梯底笼周围 2.5m 范围内，必须设置稳固的防护栏杆，各停靠层的过桥和运输通道应平整牢固，出入口的栏杆应安全可靠。

3）电梯每班首次运行时，应空载及满载试运行，将电梯笼升离地面 1m 左右停车、检查制动器灵活性，确认正常后方可投入运行。

4）限速器、制动器等安全装置必须由专人管理，并按规定进行调试检查，保持其灵敏度可靠。

5）电梯笼乘人载物时应使荷载均匀分布，严禁超载使用，严格控制载运重量。

6）电梯运行至最上层和最下层时仍要操纵按钮，严禁以行程限位开关自动碰撞的方法停车。

7）多层施工交叉作业同时使用电梯时，要明确联络信号。风力达 6 级以上应停止使用电梯，并将电梯降到底层。

8）各停靠层通道口处应安装栏杆或安全门，其他周边各处应用栏杆和立网等材料封闭。

9）当电梯未切断总电源开关前，司机不能离开操作岗位。作业完后，将电梯降到底层，各控制开关扳至零位，切断电源，锁好闸箱门和电梯门。

3. 钢丝绳的基本性能与注意事项

（1）基本性能

钢丝绳是由多层钢丝捻成股，再以绳芯为中心，由一定数量股捻绕成螺旋状的绳。在物料搬运机械中，供提升、牵引、拉紧和承载之用。钢丝绳的强度高、自重轻、工作平稳、不易骤然整根折断，工作可靠。

1）施工中常用的钢丝绳分类

常用钢丝绳品种有磷化涂层钢丝绳、镀锌钢丝绳、不锈钢丝绳或涂塑钢丝绳。

按照股绳结构，钢丝绳又分为点接触钢丝绳、线接触钢丝绳和面接触钢丝绳。

2）钢丝绳在施工中的主要应用

钢丝绳在施工中主要应用于塔式起重机、施工电梯、吊篮、井架升降机等，主要用于房屋建筑施工中物料的垂直和水平输送及建筑构件的安装、建筑物外墙装修等。

（2）使用要点与注意事项

1）常用设备吊装时钢丝绳安全系数不小于 6。

2）钢丝绳在使用过程中严禁超负荷使用，不应受冲击力；在捆扎或吊运需物时，要注意不要使钢丝绳直接和物体的快口棱锐角相接触，在它们的接触处要垫以木板、帆布、麻袋或其他衬垫物以防止物件的快口棱角损坏钢丝绳而产生设备和人身事故。

3）钢丝绳在使用过程中，如出现长度不够时，应采用以下连接方法，严格禁止用钢丝绳头穿细钢丝绳的方法接长吊运物件，以免由此而产生的剪切力对钢丝绳结构造成破坏。

4）常用的连接方式是编结绳套。绳套套入心形环上，然后末端用钢丝扎紧，捆扎长度 $\geqslant 15d_{绳}$（绳径），同时不应小于 300mm。当两条钢丝绳对接时，用编结法编结长度也不应小于 $15d_{绳}$，并且不得小于 300mm，强度不得小于钢丝绳破断拉力的 75%。

5）另一种方式是钢丝绳卡。绳卡数目与绳径有关，绳径为 7～16mm 应按 3 个绳卡；绳径为 9～27mm 应按 4 个；绳径为 28～37mm 应按 5 个；绳径为 38～45mm 应按 6 个。绳卡间距不得小于钢丝绳直径的 6～7 倍。连接时，绳卡压板应在钢丝绳长头，即受力端。连接强度不应低于钢丝绳破断拉力的 85%。

6）钢丝绳在使用过程中，特别是钢丝绳在运动中不要和其他物件相摩擦，更不应与钢板的边缘斜拖，以免钢板的棱角割断钢丝绳，直接影响钢丝绳的使用寿命。

7）在高温的物体上使用钢丝绳时，必须采用隔热措施，因为钢丝绳在受到高温后其强度会大大降低。

8）钢丝绳在使用过程中，尤其注意防止钢丝绳与电焊线相接触，因碰电后电弧会对钢丝绳造成损坏和材质损伤，给正常起重吊装留下隐患。

9）钢丝绳穿用的滑车，其边缘不应有破裂和缺口。

10）钢丝绳在卷筒上应能按顺序整齐排列。

11）载荷由多根钢丝绳支承时，应设有各根钢丝绳受力的均衡装置。

12）起升机构不得使用编结接长的钢丝绳。使用其他方法接长钢丝绳时，必须保证接头连接强度不小于钢丝绳破断拉力的 90%。

13）起升高度较大的起重机，宜采用不旋转、无松散倾向的钢丝绳。

14）当吊钩处于工作位置最低点时，钢丝绳在卷筒上的缠绕，除固定绳尾的圈数外，必须不少于 2 圈。

4. 滑轮和滑轮组的基本性能与注意事项

（1）基本性能

1）使用前应检查滑轮的轮槽、轮轴、颊板、吊钩等部分有无裂缝或损伤，滑轮转动是否灵活，润滑是否良好，同时滑轮槽宽应比钢丝绳直径大 1～2.5mm。

2）使用时，应按其标定的允许荷载度使用，严禁超载使用；若滑轮起重量不明，可先进行估算，并经过负载试验后，方可允许用于吊装作业。

3）滑轮的吊钩或吊环应与新起吊物的重心在同一垂直线上，使构件能平稳吊升；如用溜绳歪拉构件，使滑轮组中心歪斜，滑轮组受力将增大，故计算和选用滑轮组时应予以考虑。

4）滑轮使用前后都应刷洗干净，并擦油保养。轮轴经常加油润滑，严防锈蚀和磨损。

5）对高处和起重量较大的吊装作业，不宜用吊钩型滑轮，应使用吊环、链环或吊梁型滑轮，以防脱钩事故的发生。

6）滑轮组的定、动滑轮之间严防过分靠近，一般应保持 1.5～2m 的最小距离。

（2）使用要点与注意事项

1）使用前应检查滑轮的轮槽、轮轴、颊板、吊钩等部分有无裂缝或损伤，滑轮转动是否灵活，润滑是否良好，同时滑轮槽宽应比钢丝绳直径大 1～2.5mm。

2）使用时，应按其标定的允许荷载度使用，严禁超载使用；若滑轮起重量不明，可先进行估算，并经过负载试验后，方允许用于吊装作业。

3）滑轮的吊钩或吊环应与新起吊物的重心在同一垂直线上，使构件能平稳吊升；如用溜绳歪拉构件，使滑轮组中心歪斜，滑轮组受力将增大，故计算和选用滑轮组时应予以考虑。

4）滑轮使用前后都应刷洗干净，并擦油保养，轮轴经常加油润滑，严防锈蚀和磨损。

5）对高处和起重量较大的吊装作业，不宜用吊钩型滑轮，应使用吊环、链环或吊梁型滑轮，以防脱钩事故的发生。

6）滑轮组的定、动滑轮之间严防过分靠近，一般应保持 1.5～2m 的最小距离。

（二）装修施工常用机械机具

1. 常用气动类机具的基本性能与注意事项

（1）空气压缩机

1）基本性能

空气压缩机（图 7-2）又称"气泵"，它以电动机作为原动力，以空气为媒介向气动类机具传递能量，即通过空气压缩机来实现压缩空气、释放高压气体，驱动机具的运转。其使用环境如图 7-3 所示。以空气压缩机作为动力的装修装饰机具有射钉枪、喷枪、风动改锥、手风钻及风动磨光机等。

2）开机前的检查

① 开机前应首先检查润滑油油标油位（图 7-4）是否达到要求，如无油或油位到达下

限，应及时按空气压缩机要求的牌号加入润滑油，防止润滑不良造成故障。

② 接通电源前应首先核对说明书中所要求电源与实际电源是否相同，只有符合要求时才可使用。

③ 空气压缩机运转前需用手转动皮带轮，如转动无障碍，打开放气阀，接通电源使压缩机空转，确认风扇皮带轮转动方向与所示方向一致。正式运转前应检查气压自动开关、安全阀、压力表等控制系统是否开启，自动停机是否正常。确认无误后方可投入使用。

图 7-2　空气压缩机

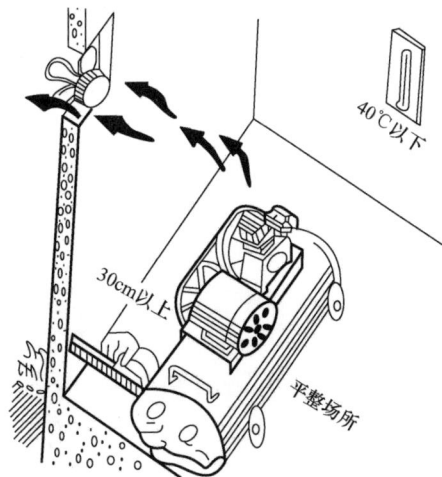

3）使用中的检查

使用中应随时观察压力表的指针变化。当储气罐内压力超过设计压力仍未自动排气时，应停机并将储气罐内气体全部排出，检查安全阀。注意：切勿在压缩机运转时检查。

图 7-3　空气压缩机使用环境示意

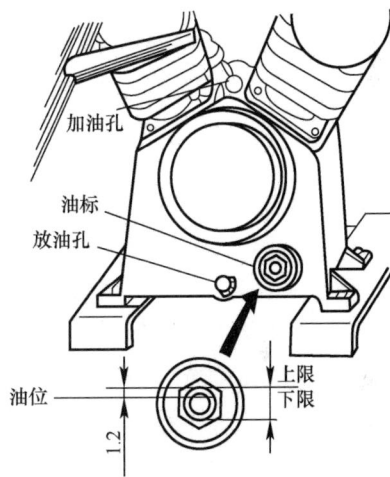

图 7-4　油标油位示意

空气压缩机在正常运转时不得断开电源，如因故障断电时，必须将储气罐中空气排空后再重新启动。

（2）气动射钉枪

1）基本性能

气动射钉枪是与空气压缩机配套使用的气动紧固机具。它的动力源是空气压缩机提供的压缩空气，通过气动元件控制机械和冲击气缸实现撞针往复运动，高速冲击钉夹内的射钉，达到发射射钉紧固木质结构的目的，气动射钉枪外形如图 7-5 所示。

气动射钉枪用于装饰装修工程中在木龙骨或其他木质构件上紧固木质装饰面或纤维板、石膏板、刨花板及各种装饰线条等材料。使用气动射钉枪安全可靠，生产效率高，装饰面不露钉头痕迹，高级装饰板材可最大限度地得到利用，且劳动强度低、携带方便、使用经济、操作简便，是装饰装修工程常用工具。

气动射钉枪射钉的形状有直形、U 形（钉书钉形）和 T 形等几种。与上述几种射钉配套使用的气动射钉枪有气动码钉枪、气动圆头射钉枪和气动 T 形射钉枪。以上几种气动射钉枪工作原理相同，构造类似，使用方法也基本相同，在允许工作压力、射钉类型、每秒发射枚数及钉夹盛钉容量等方面有一定区别，气动码钉枪外形如图 7-6 所示。

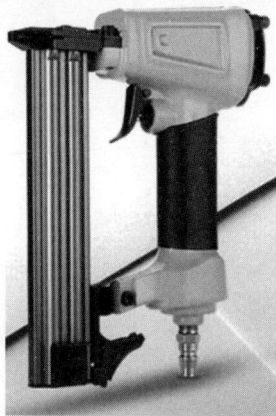

图 7-5　气动射钉枪外形

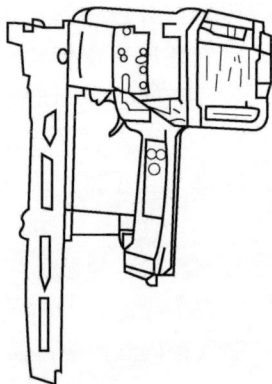

图 7-6　气动码钉枪外形

2）使用要点

① 装钉。一只手握住机身，另一只手水平按下卡钮，并用中指打开钉夹一侧的盖，将钉推入钉夹内，合上钉夹盖，接通空气压缩机。

② 将气动射钉枪枪嘴部位对准、贴住需紧固构件部位，并使枪嘴与紧固面垂直，否则容易出现钉头外露等问题。如果按要求操作仍出现钉头外露的情况，则应先调整空气压缩机气压自动开关，使空气压缩机排气气压满足气动射钉枪工作压力。如非空气压缩机排气压力的问题，则应对气动射钉枪的枪体、连接管进检查，看是否有元件损坏或连接管漏气。

3）注意事项

① 使用前应先检查并确定所有安全装置完整可靠，才能投入使用。使用过程中，操作人员应佩戴护目镜，切勿将枪口对准自己或他人。

② 当停止使用气动射钉枪或需调整、修理气动射钉枪时，应先取下气体连接器，并卸下钉夹内钉子，再进行存放、修理。

③ 气动射钉枪适用于纤维板、石膏板、矿棉装饰板、木质构件的紧固，不可用于水泥、砖、金属等硬面。

④ 气动射钉枪只能使用由空气压缩机提供的、符合钉枪正常工作压力（一般不大于0.8MPa）的动力源，而不能使用其他动力源。

（3）喷枪

1）基本性能

喷枪是装饰装修工程中面层装饰施工常用机具之一，主要用于装饰施工中面层处理，包括清洁面层、面层喷涂、建筑画的喷绘及其他器皿的处理等。

由于工程施工中饰面要求不同，涂料种类不同，工程量大小各异，所以喷枪也有多种类型。按照喷枪的工作效率（出料口尺寸）可分为大型、小型两种；按喷枪的应用范围可分为标准喷枪、加压式喷枪、建筑用喷枪、专用喷枪及清洁喷枪等。

① 标准喷枪。主要用于油漆类或精细类涂料的表面喷涂。因涂料不同，喷涂的要求不同，出料口径不同，可根据实际需要选择。一般对精细料、表面要求光度高的饰面，口径选择应小些，反之应选择较大口径。标准喷枪外形如图 7-7 所示。

② 加压式喷枪。加压式喷枪与标准式喷枪的不同之处在于，其涂料属于高黏度物料，需在装料容器内加压，使涂料顺利喷出。加压式喷枪外形如图 7-8 所示。

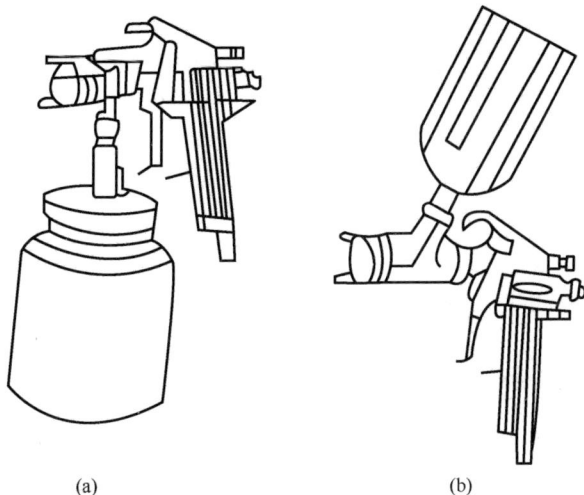

(a)　　　　　　　　(b)

图 7-7　标准喷枪外形
(a) 吸上式；(b) 重力式

③ 建筑用喷枪（喷斗）。主要用于喷涂如珍珠岩等较粗或带颗粒物料的外墙涂料。其出料口径为 20～60mm，可根据物料的要求和工程量的大小随时更换。供料为重力式，直通给料，只有气管一个开关调节阀门。其外形如图 7-9 所示。

④ 专用喷枪。主要以油漆类喷涂为主。美术工艺型用于装饰设计中效果图的喷绘，如图 7-10 所示。

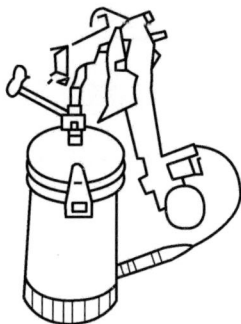

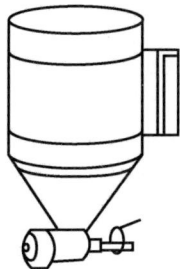

图 7-8　加压式喷枪　　　图 7-9　建筑用喷枪　　　图 7-10　专用喷枪

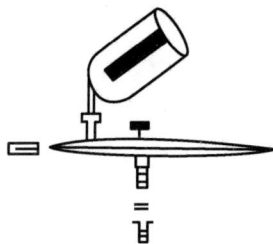

⑤ 清洁喷枪。有清洗枪、吹尘枪等喷枪，它们不是处理表面涂层而是采用高压气流或有机溶剂清洗难以触及部位的污垢。其外形如图 7-11 所示。

2）使用要点与注意事项

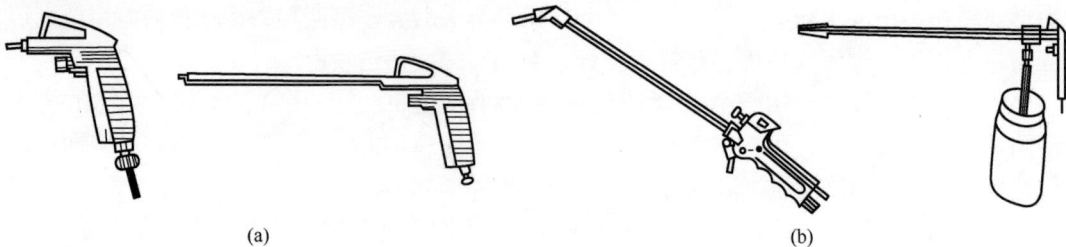

图 7-11　吹尘枪与清洗枪外形

(a) 吹尘枪；(b) 清洗枪

因目前市场上喷枪的规格、型号各不相同，此处只选取具有代表性的喷枪加以说明，其他型号喷枪的使用大同小异。

① 喷枪的空气压力一般为 0.3～0.35MPa，如果压力过大或过小，可调节空气调节旋钮。向右旋转气压减弱，向左旋转气压增强。

② 喷口距附着面一般为 20cm。喷涂距离与涂料黏度有关，涂料加稀释剂与不加稀释剂，喷涂距离有±5cm 的差别。

③ 喷涂面大小的调整，有的用喷射器头部的刻度盘，也有的用喷料面旋钮，原理是相同的。用刻度盘调节：刻度盘上刻度"0"与喷枪头部的刻度线相交，即把气室喷气孔关闭，这时两侧喷气孔中无空气喷出，仅从气室中间有空气喷出，涂料呈柱形；刻度"5"与刻度板线相交，两侧喷气孔有空气喷出，此时喷口喷出的涂料呈椭圆形；刻度"10"与刻度线相交，则可获得更大的喷涂面。用喷涂面调节钮来调节喷出涂料面的大小，顺时针拧动调节钮喷出面变小，逆时针拧动调节钮喷出面变大。

④ 有些喷枪的喷射器头可调节，控制喷雾水平位置喷射或垂直位置喷射。

⑤ 除加压式喷枪之外，喷枪可不用储料罐，而在涂料上升管接上一根软管，软管的另一端插在涂料桶下端，把桶放在较高位置上，不用加料可连续使用较长时间，适用于大面积喷涂工作。

2. 常用电动类机具的基本性能与注意事项

(1) 手电钻

1) 基本性能

手电钻（图 7-12）是装饰作业中最常用的电动工具，用它可以对金属、塑料等进行钻孔作业。根据使用电源种类的不同，手电钻有单相串激电钻、直流电钻、三相交流电钻等，近年来更发展了可变速、可逆转或充电电钻。在形式上也有直头、弯头、双侧柄、枪柄、后托架、环柄等多种形式。

2) 使用要点

① 钻不同直径的孔时，要选择相应规格的钻头。

② 使用的电源要符合电钻标牌规定。

③ 电钻外壳要采取接零或接地保护措施。插上电源插销后，先要用试电笔测试，外壳不带电方可使用。

④ 钻头必须锋利，钻孔时用力要适度，不要过猛。

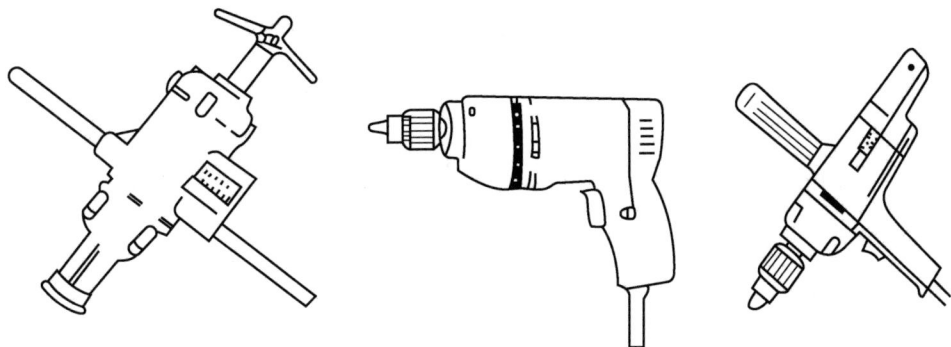

图 7-12　手电钻

⑤ 在使用过程中，当电钻的转速突然降低或停止转动时，应赶快放松开关，切断电源，慢慢拔出钻头。当孔将要钻通时，应适当减轻手臂的压力。

3）注意事项

① 使用电钻时要注意观察电刷火花的大小，若火花过大，应停止使用并进行检查与维修。

② 在有易燃、易爆气体的场合，不能使用电钻。

③ 不要在运行的仪表旁使用电钻，更不能与运行的仪表共用一个电源。

④ 在潮湿的地方使用电钻，必须戴绝缘手套，穿绝缘鞋。

（2）电锤

1）基本性能

电锤（图 7-13）是装饰施工常用机具，它主要用于混凝土等结构表面剔、凿和打孔作业。作冲击钻使用时，则用于门窗、顶棚和设备安装中的钻孔，埋置膨胀螺栓。国产电锤一般使用交流电源。国外已有充电式电源，电锤使用更为方便。

2）使用要点

① 保证使用的电源电压与电锤标牌规定值相符。使用前，电源开关必须处于"断开"位置。电缆长度、线径、完好程度，要保证安全使用要求；如油量不足，应加入同标号机油。

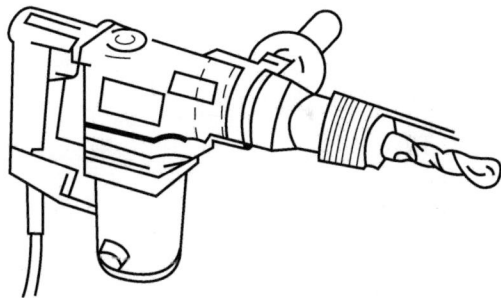

图 7-13　电锤

② 打孔作业时，钻头要垂直工作面，并不允许在孔内摆动；剔凿工作时，扳撬不应用力过猛，如遇钢筋，要设法避开。

3）注意事项

① 电锤为断续工作制，切勿长期连续工作，以免烧坏电机。

② 电锤使用后，要及时保养维修，更换磨损零件，添加性能良好的润滑油。

（3）型材切割机

1）基本性能

型材切割机作为切割类电动机具，具有结构简单、操作方便、功能广泛、易于维修与携带等特点，是现代装饰装修工程施工常用机具之一。其外形如图 7-14 所示。型材切割机用于切割各种钢管、异型钢、角钢、槽钢以及其他型材钢，配以合适的切割片，适宜切割不锈钢、轴承钢、合金钢、淬火钢和铝合金等材料。

目前国产型材切割机大多使用三相电，切割片以 400mm 为主。进口产品一般使用单相电，切割片直径在 300～400mm。

切割片根据型材切割机的型号、轴径以及切割能力选配。更换不同的切割片可加工钢材、混凝土和石材等材料。图 7-15 为加工型材与石材的专用切割片。

图 7-14 型材切割机外形图

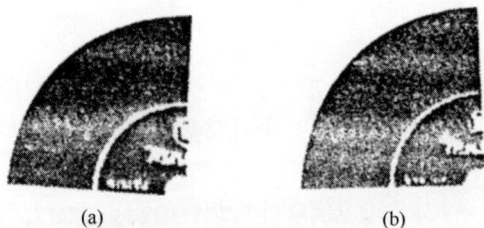

图 7-15 型材切割机专用切割片
(a) 型材专用；(b) 石材专用

2）使用要点

① 工作前应检查电源电压与切割机的额定电压是否相符，机具防护是否安全有效，开关是否灵敏，电动机运转是否正常。

② 工作时应按照工件厚度与形状调整夹钳的位置，将工件平直地靠住导板，并放在所需切割位置上，然后拧紧螺杆，紧固好工件。

③ 切割时，应使材料有一个与切割片同等厚度的刀口，为保证切割精度，应将切割线对准切割片的左边或右边。

④ 若工件需切割出一定角度，则可以用套筒扳手拧松导板固定螺栓，把导板调整到所需角度后，拧紧螺栓即可。

⑤ 要待电动机达到额定转速后再进行切割，严禁带负荷启动电动机。切割时把手应慢慢地放下，当锯片与工件接触时，应平稳、缓慢地向下施加力。

⑥ 切割完毕，关上开关并等切割片完全停下来后，方可将切割片退回到原来的位置。因为切下的部分可能会碰到切割片的边缘而被甩出，这是很危险的。

⑦ 加工较厚工件时，可拧开固定螺栓，将导板向后错一格再将导板紧固。加工较薄工件时，在工件与导板间夹一垫块即可。

⑧ 拆换切割片时，首先要松开处于最低位置的手柄，按下轴的锁定位置，使切割片不能旋转，再用套口扳手松开六角螺栓，取下切割片。装切割片时按其相反的顺序进行。安装时，应使切割片的旋转方向与安全罩上标出的箭头方向一致。

⑨ 如需搬运切割机时，应先将挂钩钩住机臂，锁好后再移动，如图 7-16 所示。

3）注意事项

① 每次使用前必须检查切割片有无裂纹或其他损坏，各个安全装置是否有效，如有问题要及时处理。

② 必须按说明书的要求安装切割片，用套口扳手紧固。切割片的松紧要适当，太紧会损坏切割片，太松有可能发生危险，也会影响加工精度。

③ 工作时必须将调整用具及扳手移开。

④ 若工件需切割出一定角度，则可以用套筒扳手拧松导板固定螺栓，把导板调整到所需角度后，拧紧螺栓即可。

⑤ 要待电动机达到额定转速后再进行切割，严禁带负荷启动电动机。切割时把手应慢慢地放下，当锯片与工件接触时，应平稳、缓慢地向下施加力。

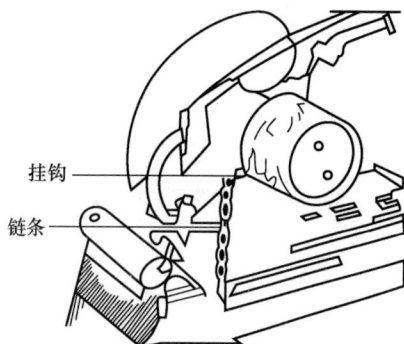

图 7-16　型材切割机挂钩示意图

⑥ 切割完毕，关上开关并等切割片完全停下来后，方可将切割片退回到原来的位置。因为切下的部分可能会碰到切割片的边缘而被甩出，这是很危险的。

⑦ 加工较厚工件时，可拧开固定螺栓，将导板向后错一格再将导板紧固。加工较薄工件时，在工件与导板间夹一垫块即可。

⑧ 拆换切割片时，首先要松开处于最低位置的手柄，按下轴的锁定位置，使切割片不能旋转，再用套口扳手松开六角螺栓，取下切割片。装切割片时按其相反的顺序进行。安装时，应使切割片的旋转方向与安全罩上标出的箭头方向一致。

⑨ 操作时要戴护目镜。在产生大量尘屑的场合，应戴防护面罩。

⑩ 维修或更换切割片一定要切断电源。切割机的盖罩与螺栓不可随便拆除。

（4）木工修边机

1）基本性能

木工修边机是对木制构件的棱角、边框、开槽进行修整的机具。它操作简便，效果好，速度快，适合各种作业面使用，且深度可调，是一种先进的木制构件加工工具。木工修边机的外形如图 7-17 所示。

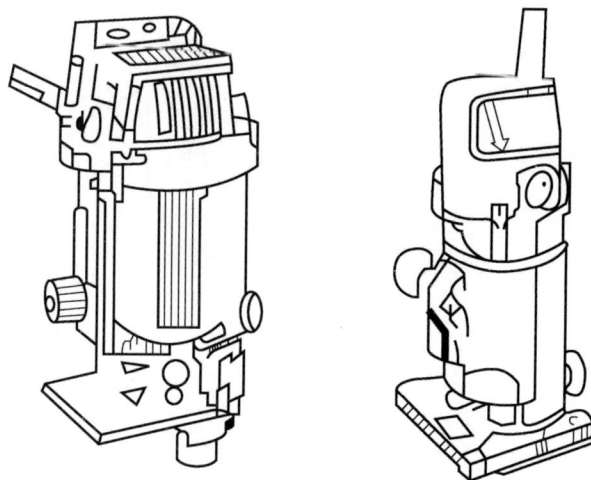

(a)　　　　　　　　　　　　　(b)

图 7-17　木工修边机外形

(a) TR—6 型；(b) TR—6A 型

207

2) 使用要点与注意事项

① 工作前检查所有安全装置,务必完好有效。

② 确认所使用的电源电压与工具铭牌上的额定电压是否相符。

③ 作业中应双手同时握住手柄。双手要远离旋转部件。

④ 闭合开关前要确认刀头没有和工件接触,闭合开关后要检查刀头旋转方向和进给方向。

⑤ 如有异常现象,应立即停机,切断电源,及时检修。

⑥ 电源线应挂在安全的地方,不要随地拖拉或接触油和锋利物件。

3. 常用手动类机具的基本性能与注意事项

(1)手动拉铆枪

1)基本性能

拉铆枪主要有手动拉铆枪、电动拉铆枪和风动拉铆枪三种。电动和风动拉铆枪铆接拉力大,适合于较大型结构件的预制及半成品制作。其结构复杂,维修相对困难,且必须具备气源。在装饰工程施工中最常用的是手动拉铆枪。其外形如图 7-18 所示。

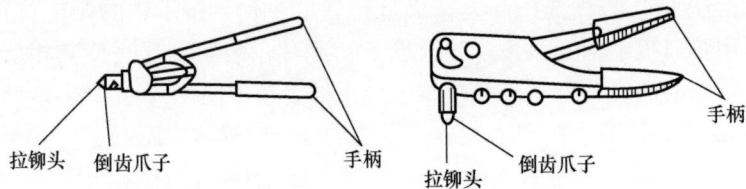

图 7-18 手动拉铆枪

在装饰装修施工中,拉铆枪广泛应用于顶棚、隔断及通风管道等工程的铆接作业。

2)使用要点与注意事项

手动拉铆枪的使用方法如图 7-19 所示。

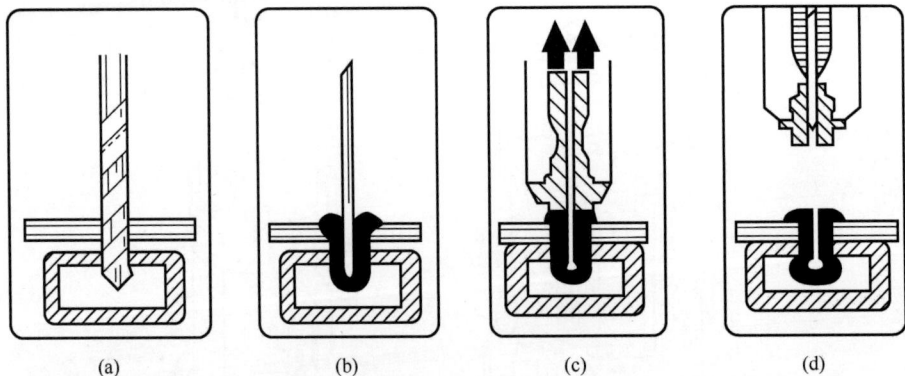

(a) (b) (c) (d)

图 7-19 手动拉铆枪的使用方法

(a)在被铆固构件上打孔;(b)将抽芯式铝铆钉放在孔内;(c)用拉铆枪头套紧铆钉,并反复开合手柄;(d)抽出铆钉芯完成紧固工作。若过紧或过松,可调节拉铆枪头。调节方法是:松开调节螺母,根据需要调节螺套,向外伸长,爪子变紧,反之则变松,调整完毕,拧紧调节螺母

① 拉铆枪头有 $\phi2$、$\phi2.4$、$\phi3$ 三种规格，适合不同直径的铆钉使用。使用时先选定所用的铆钉，根据选定的铆钉尺寸，再选择拉铆枪枪头，将枪头紧固在调节螺套上。选择时，铆钉的长度与铆件的厚度要一致，铆钉轴的断裂强度不得超过拉铆枪的额定拉力，并以钉芯能在孔内活动为宜。

② 将枪头孔口朝上，张开拉杆，将需用的铆钉芯插入枪头孔内，钉芯应能顺利插入。

③ 铆钉头的孔径应与铆钉轴滑动配合。需要紧固的构件必须严格按铆钉直径要求钻孔，所钻孔必须同构件垂直，这样才能取得理想的铆接效果。

④ 操作时将铆钉插入被铆件孔内，以拉铆枪枪头全部套进铆钉芯并垂直支紧被铆工件，压合拉杆，使铆钉膨胀，将工件紧固，此时钉芯断裂。如遇钉芯未断裂可重复动作，切忌强行扭撬，以免损坏机件。

⑤ 对于断裂在枪头内的钉芯，只要把拉铆枪倒过来，钉芯会自动从尾部脱出。

⑥ 在操作过程中，调节螺母、拉铆头可能松动，应经常检查，及时拧紧，否则会影响精度和铆接质量。

（2）手动式墙地砖切割机

1）基本性能

手动式墙地砖切割机作为电动切割机的一种补充，广泛应用于装修装饰施工。它适用于薄形墙地砖的切割，且不需电源，小巧、灵活，使用方便，效率较高。

2）使用要点与注意事项

① 将标尺蝶形螺母拧松，移动可调标尺，让箭头所指标尺的刻度与被切落材料尺寸一致，再拧紧螺母，如图7-20所示。也可直接由标尺上量出要切落材料的尺寸。注意被切落材料的尺寸不宜小于15mm，否则压脚压开困难。

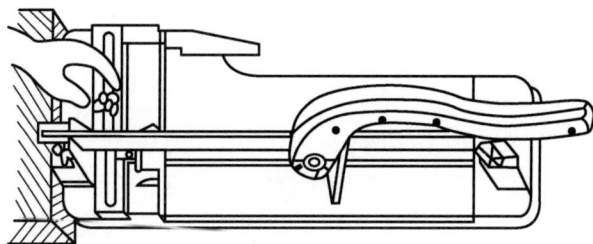

图 7-20　调节标尺刻度

② 应将被切材料正反面都擦干净，一般情况是正面朝上，平放在底板上。让材料的一边靠近标尺，左边顶紧塑料凸台的边缘，还要用左手按紧材料，如图7-21所示。在操

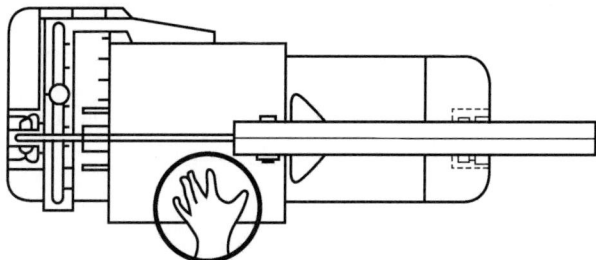

图 7-21　固定被切材料

作时底板左端最好也找一阻挡物顶住,以免在用力时机身滑动。对表面有明显高低花纹的刻花砖,如果正面朝上不好切,可以反面朝上切。

③ 右手提起手柄,让刀轮停放在材料右侧边缘上。为了不漏划右侧边缘,而又不使刀轮滚落,初试用者可在被切材料右边靠近边缘处放置一块厚度相同的材料,如图 7-22 所示。

④ 操作时右手要略向下压,平稳地向前推进,让刀轮在被切材料上从右至左一次性地滚压出一条完整、连续、平直的割线,如图 7-23 所示。然后让刀轮悬空,而让两压脚既紧靠挡块,又原地压在材料上(到此时左手仍不能松动,使压痕线与铁衬条继续重合),最后用右手四指勾住导轨下沿缓缓握紧,直到压脚把材料压断。

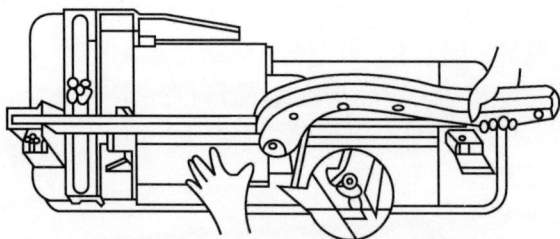

图 7-22 放置厚度相同的辅助材料　　图 7-23 在被切材料上划切割线

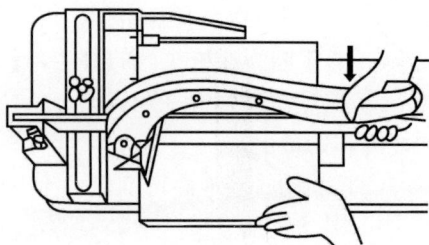

(三)经纬仪、水准仪的使用

1. 经纬仪、水准仪的基本性能与注意事项

(1)激光经纬仪

1)基本性能

激光经纬仪在光学经纬仪上引入半导体激光,通过望远镜发射出来。激光束与望远镜照准轴保持同轴、同焦。因此,除具备光学经纬仪的所有功能外,还有供一条可见的激光束,十分便于室外装饰工程立面放线。激光经纬仪望远镜可绕过支架作盘左盘右测量,保持了经纬仪的测角精度。也可向顶棚方向垂直发射光束,作为一台激光垂准仪用。若配置弯管读数目镜,则可根据竖盘读数对垂直角进行测量。望远镜照准轴精细调成水平后,又可作激光水准仪用。若不使用激光,仪器仍可作光学经纬仪用,如图 7-24 所示。

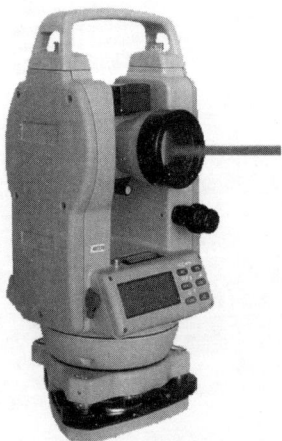

2)使用要点

① 架立三脚架

将三脚架架于测站上,调节架脚的长度,使得三脚架在放置仪器后,操作者的眼睛稍微高于望远镜视轴水平位置的高度,然后将三脚架上的旋手分别锁紧。

② 放置仪器

打开仪器箱,取出仪器放置脚架上,一只手扶住仪器,另

图 7-24 激光经纬仪

一只手将中心螺栓旋入仪器基座的螺孔内，旋紧中心螺栓时不要放松，也不要过紧；同时关上仪器箱。

③ 水平和直线度、角尺测量

A 水平测量：调整仪器底盘上水平泡至三面水平（水平泡居中）后，调整仪器上水平/垂直旋钮至垂直位置后，目视刻度盘里刻度精确在 90°（此时激光束打出来的是一条水平线），后开始测量被测点的水平位置。

B 直线度测量：仪器调整水平后，在被测物体两端测量并调出一条平行于两测量点的直线，后根据现场情况，进行逐点测量；得出直线度数据。

C 角尺测量：仪器在调整水平和对好两点的直线度后，调整仪器上的水平/垂直旋钮至水平位置后看激光刻度盘里面的此时的激光刻度数据，并且把它调整到一个整数（便于操作和记忆，如 60°、65°、90°……），后测量被测物体的相关数据（相对于对直线的两点）。

3）注意事项

激光操作仪是一种精密光学仪器，正确合理的使用和保养对提高仪器的使用寿命、保持仪器的精度有很大作用；以下几点需特别注意：

① 仪器从箱中取出需小心，一手扶住照准部，一手握住三角基座，装箱时同取出时动作相同。

② 仪器装上三脚架，锁紧螺栓要牢靠，以防仪器摔下。

③ 操作仪器时，动作要轻柔平稳，转动仪器锁紧机构不要用力过猛。

④ 使用过程中应避免阳光直晒，以免影响观测精度，遇到下雨时，用伞遮住仪器，以防仪器被雨淋坏。

⑤ 仪器受潮后应将仪器进行干燥处理后再使用。

⑥ 仪器表面清洁应用软毛刷轻轻刷出，如有水汽或油污，可用干净的丝绸、脱脂棉或擦镜纸轻轻擦净，切莫用手触摸光学零件，以防发霉。

⑦ 仪器长期不用时，要定期试用检查，并且要取出电池；箱体内要放适当的干燥剂，干燥剂失效后要立即调换；箱子应放于干燥、清洁、通风良好的室内。

⑧ 仪器应在 -10～45℃ 温度下使用。

（2）自动安平水准仪

1）基本性能

AL132-C 自动安平水准仪主要用于国家二等水准测量，也可用于装饰工程抄平。其采用直接读数形式，直读 0.1mm，估读 0.01mm。可在 -25～45℃ 温度范围内使用，如图 7-25 所示。

2）使用要点与注意事项

① 仪器使用前的准备工作

A 调整好三脚架，使三脚架架头平面基本处于水平位置，其高度应使望远镜与观测者的眼睛基本一致。

图 7-25 自动安平水准仪

B 将仪器安置在三脚架架头上，并用中心螺旋手把将仪器可靠紧固。

C 旋转脚螺旋，使圆水准器气泡居中。

D 观察望远镜目镜，旋转目镜罩，使分划板刻划成像清晰。

E 用仪器上的粗瞄准器瞄准标尺，旋转调焦手轮，使标尺成像清晰，这时眼睛作上、下、左、右的移动，目镜影像与分划板刻线应无任何相对位移，即无视差存在，然后旋转微动手轮，使标尺成像于视场中心。

F 当需要进行角度测量或定位时，仪器务必设置在地面标点的中心上方，把垂球悬挂在三脚架的中心螺旋手把上，使垂球的尖与地面标点相距 20mm 左右，直到垂球对准地面标点，即是定中心于一测点上。

② 仪器读数

水准仪部

A 高度读数

仪器瞄准标尺后，读数时读取水平十字丝在标尺所截的数值，因是正像望远镜，标尺数字在视场内是由下往上增大，读数时读取十字丝以下，最近的整厘米值，并由十字丝截住的厘米间隔估测到毫米。

B 视距读数量测距离

量测距离时，视距丝读取上丝 A1 值和下丝 A2 值，两者读数差乘以 100，即得仪器到标尺的水平距离。

C 量测角度

望远镜照准目标 A，在金属度盘上读数 a，然后转动仪器，使望远镜照准目标 B，在金属度盘上读数 b，则 A、B 两目标对仪器安置点的平角 $\omega = b - a$。

测微器部

D 旋转测微手轮，使分划板水平横丝与水准标尺最近的厘米格值重合，读取标尺读数和测微器读数，两者相加即为所测值。上下读数方法相同。

2. 红外投线仪的基本性能与注意事项

（1）基本性能

自动安平红外激光投线仪是一种新型的光机电一体化仪器，它采用半导体激光器，激光线清晰明亮。仪器小巧，使用方便。可广泛用于室内装饰、顶棚、门窗安装、隔断、管线铺设等建筑施工中，如图 7-26 所示。

仪器可产生五个激光平面（一个水平面和四个正交铅垂面，投射到墙上产生激光线）和一个激光下对点。两个垂直面在顶棚相交产生一个顶棚点。

仪器自动安平范围大，放在较为平整物体上，或装在脚架上调整至水泡居中即可。可转动仪器使激光束到达各个方向。微调仪器，能方便、精确地找准目标。自动报警功能可使仪器在倾斜超出安平范围时激光线闪烁，并报警。整平后迅速恢复出光。自动锁紧装置使仪器在关闭时自动锁紧，打开时自动松开。

图 7-26 自动安平红外激光投线仪

（2）使用要点与注意事项

① 将 3 节 5 号碱性电池装入电池盒内，大致整平仪器。

② 打开开关，电源指示灯亮和水平激光线亮。按 H 键水平激光线熄灭。

③ 按 V1 键，V11 垂直激光线和下对点亮。再按 V1 键，V11 和 V12 垂直激光线和下对点均亮。再按 V1 键，V11 和 V12 垂直激光线和下对点均熄灭。按 V2 键，V21 垂直激光线和下对点亮。

再按 V2 键，V21 和 V22 垂直激光线和下对点均亮。再按 V2 键，V21 和 V22 垂直激光线和下对点均熄灭。

④ 如果仪器倾斜度超过 $\pm 3°$ 时，仪器报警，激光线闪烁。此时应调节基座脚螺旋，使圆水泡居中，这时激光线亮。

⑤ OUTDOOR 键控制激光线的调制。按 OUTDOOR 键打开调制，即可使用探测器在室外使用。再按即关闭调制。

⑥ 如果面板电源指示灯闪烁，表明电池电压不足。此时，应更换新的电池。

八、编制施工组织设计和专项施工方案

（一）专业技能概述

装饰装修工程施工组织设计是规划和指导拟建工程从施工准备到竣工验收全过程施工的技术经济文件。它是施工前的一项重要准备工作，也是施工企业实现生产科学管理的重要手段。

专项施工方案是以分部（分项）工程或专项工程为主要对象编制的施工技术与组织方案，用以具体指导其施工过程。

1. 编制内容

单位工程装饰装修工程施工组织设计的内容一般应包括封面、目录、编制依据、工程概况、施工方案、施工进度计划、施工准备工作及各项资源需要量计划、施工平面图、消防安全文明施工及施工技术质量保证措施、成品保护措施等。根据工程的复杂程度，有些项目可以合并或简单编写。

2. 编制步骤

单位工程装饰装修工程施工组织设计的编制步骤如图 8-1 所示。

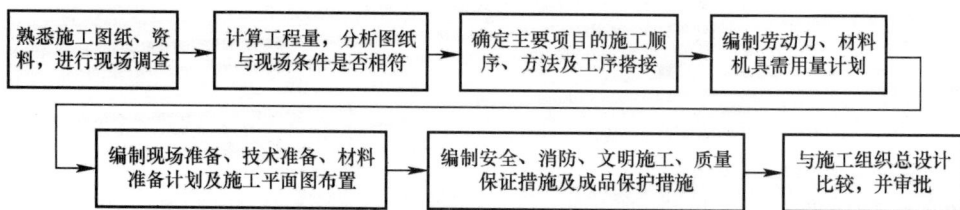

图 8-1 单位工程装饰装修工程施工组织设计的编制步骤

3. 编制技巧

（1）充分熟悉施工图纸，对现场进行考察，切忌闭门造车。

（2）确定主要施工过程，根据图纸分段分层计算工程量。

（3）根据工程量确定主要施工过程的劳动力、机械台班配置计划，从而确定各施工过程的持续时间，编制施工进度计划，并调整优化。

（4）绘制施工现场平面图。

（5）制定相应的技术组织措施。

4. 专业技能要求

（1）掌握单位工程施工组织设计的编制，能够编制小型项目的施工组织设计。

（2）能够编制抹灰、顶棚、地面、涂饰等工程的专项施工方案。

（二）工程案例分析

1. 编制小型项目的涂饰工程施工组织设计

【案例 8-1】

背景：

本工程为某酒吧装修施工工程，位于某市区两条主要道路的相交处，为某一大型休闲娱乐城的一部分。业主要求有一个小舞台，安排几个卡座。入口大门为罗马式，门定做，酒吧内桌、椅、沙发由业主与设计师从家具市场购置。本工程施工总工期确定为 40d。

问题：

编制施工组织设计。

分析与解答：

该案例考核施工组织设计的内容及编制方法。

施工方案的选择

第一：施工总顺序（图 8-2）。

第二：主要项目的施工方法。

主要项目包括：电路管线的敷设、地面基层的处理、混凝土及抹灰面刷乳胶漆工程、木制品清漆工程、顶棚工程、裱糊工程、门窗工程、玻璃安装、地砖工程、木地板工程和木踢脚安装、地毯铺设。

每个项目的施工方法内容较多，不一一列举，以抹灰面刷乳胶漆为例说明。

（1）材料要求

1）涂料：设计规定的乳胶漆，应有产品合格证及使用说明。

2）调腻子用料：滑石粉或大白粉、石膏粉、羧甲基纤维素、聚醋酸乙烯乳液。

3）颜料：各色有机或无机颜料。

（2）主要机具

一般应备有高凳、脚手板、小铁锹、擦布、开刀、胶皮刮板、钢片刮板、腻子托板、扫帚、小桶、大桶、排笔、刷子等。

（3）作业条件

1）墙面应基本干燥，基层含水率不大于 10%。

2）抹灰作业全部完成，过墙管道、洞口、阴阳角等处应提前抹灰、找平、修整，并充分干燥。

3）门窗玻璃安装完毕，湿作业的地面施工完毕，管道设备试压完毕。

4）冬期要求在供暖条件下进行，环境温度不低于 5℃。

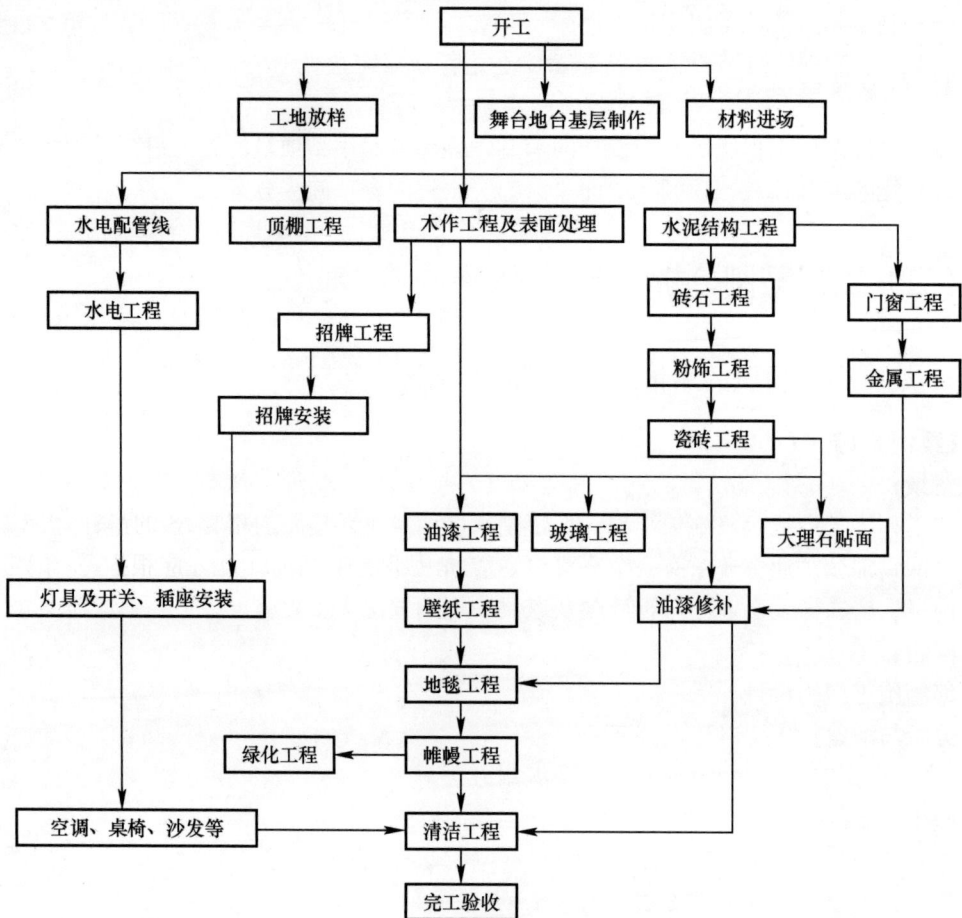

图 8-2　酒吧装饰施工顺序

（4）工艺流程

清理墙面→修补墙面→刮腻子→刷第一遍乳胶漆→刷第二遍乳胶漆→刷第三遍乳胶漆。

2. 编制小型项目顶棚的施工方案

【案例 8-2】

背景：

某市西郊宾馆，共四层，48 间客房，采用纸面石膏板轻钢龙骨顶棚，施工单位及工期都已确定。

问题：

施工单位如何安排顶棚施工？

分析与解答：

本案例主要考核专项工程的施工方案。

（1）施工顺序安排

为了避免和其他工序发生交叉，顶棚工程为 4 层→3 层→2 层→1 层。

（2）顶棚工艺流程

施工准备→弹线→安装吊筋→安装主龙骨→固定边龙骨→安装中龙骨→安装横撑龙骨→安装面板→板缝及周边缝处理→清理验收→刷浆。

（3）安装方法

1）弹线

在顶棚的区域内，根据顶棚设计标高，沿墙面四周弹出安装顶棚的下口标高定位控制线，再根据大样图在顶棚上弹出吊点位置和复核吊点间距。弹线应清晰，位置应准确无误。同时，按顶棚平面图，在混凝土顶板弹出主龙骨的位置。主龙骨应从顶棚中心向两边分，最大间距为1000mm，并标出吊杆的固定点，吊杆的固定点间距为900～1000mm。如遇到梁和管道固定点大于设计和规程要求，应增加吊杆的固定点。

2）安装吊杆

不上人的顶棚，吊杆长度小于1000mm，可以采用ϕ6的吊杆；如果大于1000mm，应采用ϕ8的吊杆。上人的顶棚，吊杆长度小于1000mm，可以采用ϕ8的吊杆；如果大于1000mm，应采用ϕ10的吊杆。吊杆的一端与角码焊接（角码的孔径应根据吊杆和膨胀螺栓的直径确定），另一端为攻丝套出大于100mm的丝杆，或与成品丝杆焊接。制作好的吊杆应做防锈处理，吊杆用膨胀螺栓固定在楼板上。

吊杆应通直，吊杆距主龙骨端部的距离不得大于300mm，当大于300mm时，应增加吊杆。当吊杆与设备相遇时，应调整并增设吊杆。顶棚灯具、风口及检修口等应设附加吊杆。

3）安装主龙骨

一般情况下，主龙骨应吊挂在吊杆上，主龙骨间距为900～1000mm。如大型的造型顶棚，造型部分应用角钢或扁钢焊接成框架，并应与楼板连接牢固。

龙骨间距及断面尺寸应符合设计要求。主龙骨应为轻钢龙骨。上人顶棚一般采用UC50中龙骨，吊点间距为900～1200mm；不上人顶棚一般采用UC38小龙骨，吊点间距为900～1200mm。主龙骨应平行于房间长向安装，同时应起拱，起拱高度为房间跨度的1/300～1/200。主龙骨的悬臂段不应大于300mm，否则应增加吊杆。主龙骨的接长应采用对接，相邻龙骨的对接接头要相互错开。主龙骨安装完毕后应进行调平，全面校正主龙骨的位置及平整度，连接件应错位安装。待平整度满足设计与规范的相应要求后，方可进行次龙骨安装。

4）安装次龙骨和横撑龙骨

次龙骨应紧贴主龙骨安装。次龙骨间距为400mm×600mm。用连接件把次龙骨固定在主龙骨上。墙上应预先标出次龙骨中心线的位置，以便安装饰面板时找到次龙骨的位置。当用自攻螺栓安装板材时，板材接缝处必须安装在宽度不小于40mm的次龙骨上。次龙骨不得搭接。在通风、水电等洞口周围应设附加龙骨，附加龙骨的连接用抽芯铆钉锚固。横撑龙骨应用连接件将其两端连接在通长龙骨上。龙骨之间的连接一般采用连接件连接，有些部位可采用抽芯铆钉连接。顶棚灯具、风口及检修口等应设附加吊杆和补强龙骨。全面校正次龙骨的位置及平整度，连接件应错位安装。

5）安装饰面板

纸面石膏板安装。固定时应在自由状态下固定，防止出现弯棱、凸鼓的现象；还应在棚顶四周封闭的情况下安装固定,防止板面受潮变形。纸面石膏板的长边(即包封边)应沿纵向次龙骨铺设;自攻螺栓至纸面石膏板边的距离,用面纸包封的板边以 10~15mm 为宜;切割的板边以 15~20mm 为宜。自攻螺栓的间距以 150~170mm 为宜,板中螺栓间距不得大于 200mm。螺栓应与板面垂直,已弯曲、变形的螺栓应剔除,并在相隔 50mm 的部位另安螺栓。纸面石膏板与龙骨固定,应从一块板的中间向板的四边进行固定,不得多点同时作业。安装双层石膏板时,面层板与基层板的接缝应错开,不得在一根龙骨上接缝。石膏板的接缝,应按设计要求进行板缝处理。螺栓钉头宜略埋入板面,但不得损坏纸面,钉眼应做防锈处理并用石膏腻子抹平。拌制石膏腻子时,必须用清洁水和清洁容器。

3. 幕墙等危险性较大工程专项施工方案

【案例 8-3】

背景:

某研发中心综合楼工程主楼结构高度为 94.6m,外装修采用石材幕墙和玻璃幕墙,装修高度达到 111.25m。

现主体结构副楼已施工完毕,主楼接近封顶。幕墙施工拟采用钢管脚手架,由于本工程幕墙造型的特殊性,原主体施工时的外防护脚手架无法满足装修要求,因此,幕墙施工脚手架需按照建筑外形重新搭设。

问题:

(1) 该工程应单独编制哪些专项施工方案?

(2) 什么样的脚手架工程属于危险性较大工程?

(3) 该工程的施工方案中,石材幕墙的施工方法及工艺要求有哪些?

分析与解答:

本案例考核对危险性较大工程专项施工方案的编写要求及有关规定。

(1) 本工程主楼幕墙施工高度超过 50m,须编制安全专项施工方案。方案应包括主楼屋面钢结构安装和幕墙安装安全措施;主楼外墙幕墙安装安全措施;副楼外墙幕墙安装安全措施。该方案须经专家论证。

(2) 高度超过 24m 的落地式钢管脚手架、卸料平台和操作平台均属于危险性较大工程。

(3) 石材幕墙(干挂)工艺流程:石材表面处理→石材安装前准备→测量放线基层处理→主龙骨安装→次龙骨安装→石材安装→石材板缝处理→表面清洗。

石材幕墙的施工方法:

1) 石材表面处理

石材表面应干燥,一般含水率应不大于 8%,按防护剂使用说明对石材表面进行防护处理。操作时将石材板的正面朝下平放于两根方木上,用羊毛刷蘸防护剂,均匀涂刷于石材板的背面和四个边的小面,涂刷必须到位,不得漏刷。待第一道涂刷完 24h 后,刷第二道防护剂。第二道刷完 24h 后,将石材板翻成正面朝上,涂刷正面,方法与要求和背面涂刷相同。

2) 石材安装前准备

先对石材板进行挑选，使同一立面或相邻两立面的石材板色泽、花纹一致，挑出色差、纹路相差较大的不用或用于不明显部位。石材板选好进行钻孔、开槽，为保证孔槽的位置准确、垂直，应制作一个定型托架，将石材板放在托架上作业。钻孔时应使钻头与钻孔面垂直，开槽时应使切割片与开槽垂直，确保成孔、槽后准确无误。孔、槽的形状尺寸应按设计要求确定。

3）放线及基层处理

对安装石材的结构表面进行清理。然后吊直、套方、找规矩，弹出垂直线、水平线、标高控制线。根据深化设计的排板、骨架大样图弹出骨架和石材板块的安装位置线，并确定出固定连接件的膨胀螺栓安装位置。核对预埋件的位置和分布是否满足安装要求。

4）干挂石材安装

① 主龙骨安装：主龙骨一般采用竖向安装。材质、规格、型号按设计要求选用。安装时先按主龙骨安装位置线，在结构墙体上用膨胀螺栓或化学锚栓固定角码，通常角码在主龙骨两侧面对面设置。然后将主龙骨卡入角码之间，采用贴角焊与角码焊接牢固。焊接处应刷防锈漆。主龙骨安装时应先临时固定，然后拉通线进行调整，待调平、调正、调垂直后再进行固定或焊接。

② 次龙骨安装：次龙骨的材质、规格、型号、布置间距及与主龙骨的连接方式按设计要求确定。沿高度方向固定在每一道石材的水平接缝处，次龙骨与主龙骨的连接一般采用焊接，也可用螺栓连接。焊缝防腐处理同主龙骨。

③ 石材安装：石材与次龙骨的连接采用 T 形不锈钢专用连接件。不锈钢专用连接件与石材侧边安装槽缝之间，灌注石材胶。连接件的间距宜不大于 600mm。安装时应边安装、边进行调整，保证接缝均匀顺直，表面平整。

5）石材板缝处理

打胶前应在板缝两边的石材上粘贴美纹纸，以防污染石材，美纹纸的边缘要贴齐、贴严，将缝内杂物清理干净，并在缝隙内填入泡沫填充条（棒），填充的泡沫条（棒）固定好，最后用胶枪把嵌缝胶打入缝内，待胶凝固后撕去美纹纸。打胶后一般低于石材表面5mm，呈半圆凹状。嵌缝胶的品种、型号、颜色应按设计要求选用并做相容性试验。在底层石板缝打胶时，注意不要堵塞排水管。

6）清洗

采用柔软的布或棉丝擦拭，对于有胶或其他粘结牢固的污物，可用开刀轻轻铲除，再用专用清洁剂清除干净，必要时进行罩面剂的涂刷以提高观感质量。

【案例8-4】

背景：

某外玻璃幕墙工程，玻璃幕墙外檐高度30m，部分采用构件式玻璃幕墙，部分采用单元式玻璃幕墙。具体做法如下：①一层采用 1500mm×2000mm×12mm 平板浮法玻璃，二层采用 10＋20A＋10 中空钢化玻璃，尺寸为 1500mm×2000mm，安装时在构件框槽底部安放三块长度50mm 的橡胶垫块。②幕墙现场安装时，角码先与主体结构连接，立柱再与角码连接，角码和立柱采用不同金属材料时，每个连接部位布置一个受力螺栓，螺栓直径8mm。玻璃幕墙开启窗的开启角度不宜大于30°，开启距离350mm。

问题:

(1) 一层使用的玻璃是否正确? 说明理由。

(2) 二层玻璃安装时安放的垫块是否妥当? 说明正确做法。

(3) 幕墙现场安装时存在哪些错误?

(4) 指出开启扇安装有什么不妥之处? 写出正确做法。

分析与解答:

(1) 一层使用的玻璃:不正确。

理由:玻璃面积大于 $1.5m^2$,应采用钢化玻璃。

(2) 二层玻璃安装时安放的垫块:不妥当。

正确做法:应放两块,长度应不小于 100mm。

(3) 幕墙现场安装时,立柱应先与角码连接,角码再与主体结构连接。每个连接部位的受力螺栓,至少布置两个,螺栓直径不宜小于 10mm。角码和立柱采用不同金属材料时,都应加绝缘垫片,以防止产生双金属腐蚀。

(4) 开启扇开启距离过大不妥。

正确做法:开启距离要求应不大于 300mm。

九、识读装饰装修工程施工图

（一）专业技能概述

1. 装饰装修工程施工图组成

装饰装修工程施工图是按照装饰装修方案确定的空间尺度、构造做法、材料选用、施工工艺等，并遵照建筑及装饰装修设计规范和制图标准要求编制的用于指导装饰施工生产的技术性文件。

装饰装修工程施工图是按照投影原理及国家绘图标准，用线条、数字、文字、符号及图例绘制的用于指导施工的图样，用来表达空间布置与装饰构造以及造型、选材、饰面、尺度，并准确体现装饰工程构造做法，必要时绘制透视图、轴测图等，以利于识图。

装饰装修工程施工图主要包括：图纸目录、设计说明、材料表、平面系列图纸（平面布置图、楼地面铺装图、家具定位图、顶棚平面布置图等）、立面系列图纸（各房间立面图）、细部节点详图（顶棚、立面、家具、造型等节点详图）、重点放大图（复杂、细节丰富的平面、立面等）以及水电系列图纸。电气施工图：设计说明、平面布置（灯具、插座、开关）、系统图、材料表等。给水排水施工图：设计说明、平面图、系统图等。

（1）装饰装修工程施工图的作用

装饰装修工程施工图是在建筑施工图的基础上绘制出来的，用来表达装饰设计意图、空间布置、装饰构造以及造型、饰面、选材等的图样，并准确体现装饰工程施工构造方法。施工图的作用主要体现在两个方面：一是指导施工；二是便于工程监督、预算、报审等。

（2）装饰装修工程施工图的特点

1）装饰装修工程施工图是在原建筑施工图基础上绘制的，由于设计深度的不同、构造做法的细化，在制图和识图上也存在一定的差别，如图样的组成、细部做法的表达等。

2）装饰装修工程施工图同样需要方案设计和施工图设计两个阶段。两阶段图纸内容、深度、表达各不相同。复杂的装饰装修工程尚需技术设计阶段，以解决专业之间的技术问题和技术配合。

3）为了表达翔实，符合施工要求，装饰装修工程施工图一般将建筑的一部分放大后图示，所用比例较大，因而有建筑局部放大图之说。

4）装饰装修工程施工图材料表示、家具表示存在行业习惯做法，各地大同小异，需要图例或文字说明。

2. 一般装饰装修工程施工图的识读

（1）识读装饰平面布置图

装饰平面图是假想用一个水平剖切面,将建筑物通过门窗洞的位置切开,移去上面的部分所得到的水平正投影图。它是装饰施工图中的主要图样,主要表达装饰材料、家具和设备的平面布置。装饰平面布置图表达的内容通常有:

1) 原建筑主体结构及墙体修改后定位。

2) 各功能空间的家具的形状和位置。

3) 厨房、卫生间的橱柜、操作台、洗手台、浴缸、大便器等形状和位置。

4) 大型家电的形状、位置。

5) 隔断、绿化、装饰构件、装饰小品。

6) 建筑主体结构的开间和进深等尺寸、主要装修尺寸。

7) 装修要求等文字说明。

(2) 识读楼地面铺装图

楼地面铺装图表达的内容通常有:

地面的造型、材料名称和工艺要求。表达各功能空间的地面的铺装形式,注明所选用材料的名称、规格;有特殊要求的还要注明工艺做法和详图。尺寸标注方面,主要标注地面材料拼花造型尺寸、地面的标高。

(3) 识读顶棚平面布置图

顶棚平面布置图表达的内容通常有:

1) 修改后墙体或建筑主体结构。

2) 顶棚造型、灯饰、空调风口、排气扇、消防设施的轮廓线,条块饰面材料的排列方向线。

3) 建筑主体结构的主要轴线、轴号,主要尺寸。

4) 顶棚造型及各类设施的定型定位尺寸、标高。

5) 顶棚的各类设施、各部位的饰面材料、涂料规格、名称、工艺说明。

6) 节点详图索引或剖面、断面等符号。

(4) 识读墙柱面装饰施工图

墙柱面装饰施工图表达的内容通常有:

1) 墙柱面造型的轮廓线、壁灯、装饰件等。

2) 顶棚轮廓线。

3) 墙柱面饰面材料、涂料的名称、规格、颜色、工艺说明等。

4) 尺寸标注:壁饰、装饰线等造型定形尺寸、定位尺寸;楼地面标高、顶棚标高等。

5) 详图索引、剖面、断面等符号标注。

6) 立面图两端墙柱体的定位轴线、编号。

3. 幕墙工程施工图的识读

幕墙工程是由面板与支承结构体系(支承装置与支承结构)组成的、可相对主体有一定位移能力或自身有一定变形能力、不承担主体结构所受作用的建筑外围护墙或装饰性结构。

幕墙是建筑物的外墙围护,不承重,像幕布一样挂上去,故又称为悬挂墙,是现代大型和高层建筑常用的带有装饰效果的轻质墙体。它是由结构框架与镶嵌板材组成,不承担主体结构载荷与作用的建筑围护结构。

构件式幕墙的立柱（或横梁）先安装在建筑主体结构上，再安装横梁（或立柱），立柱和横梁组成框格，面板材料在工厂内加工成单元组件，再固定在立柱和横梁组成的框格上。面板材料单元组件所承受的荷载要通过立柱（或横梁）传递给主体结构。

构件式幕墙分为：

（1）明框幕墙：金属框架的构件显露于面板外表面的框支承幕墙。

（2）隐框幕墙：金属框架的构件完全不显露于面板外表面的框支承幕墙。

（3）半隐框幕墙：金属框架的竖向或横向构件显露于面板外表面的框支承幕墙。

4. 专业技能要求

通过学习和训练，能够正确识读装饰装修工程施工图，参与图纸会审设计变更，实施设计交底。

（二）工程案例分析

1. 装饰装修平面图识读

【案例 9-1】

背景：

图 9-1 为某装饰平面布置图。

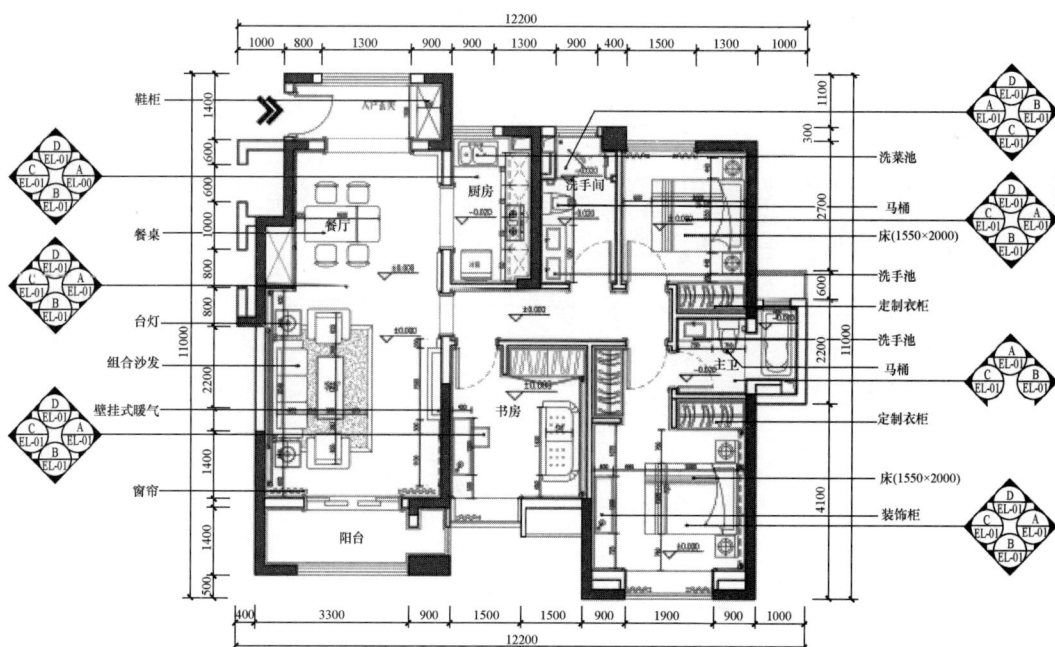

图 9-1　某装饰平面布置图

问题：

(1) 该装饰平面布置图包括哪些内容？

(2) 客餐厅有几个立面？分别在哪个图纸上？

分析与解答：

(1) 装饰平面布置图表达的内容有：

1) 原建筑主体结构。

2) 客厅、餐厅、卧室、厨房等各功能空间的形状和位置。

3) 各功能空间的家具布置及家具尺寸、家具定位。

4) 各功能空间标高。

5) 隔断、绿化、装饰构件、装饰小品。

6) 建筑主体结构的开间和进深等尺寸、主要装修尺寸。

7) 立面索引符号。

(2) 客餐厅立面有 4 个，均在 EL-01 图纸上。

内视符号是为了表达室内立面在平面图中的位置，注明视点位置、方向和图纸编号及所在图纸编号的一种表达方式。内视符号用直径 8~12mm 的细实线圆圈加实心箭头和字母表示，箭头所指方向表示立面投影方向，字母表示立面编号，字母下面数字（或字母）表示所在的图纸编号。如图 9-2、图 9-3 所示，A 表示立面编号、15 表示 A 立面所在图纸的编号、—表示立面在本页图纸上。

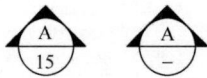

图 9-2　单面内视符号　　　图 9-3　四面内视符号

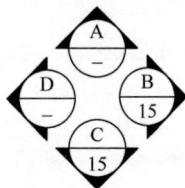

2. 装饰装修顶棚平面图识读

【案例 9-2】

背景：

图 9-4 为某家装顶棚布置图。

问题：

(1) 该顶棚平面布置表达了什么内容？

(2) 客餐厅顶棚形式是什么？宽度是多少？高度是多少？

(3) 客餐厅灯具如何布置？

(4) 顶棚内光带采用什么线绘制？

分析与解答：

(1) 顶棚布置图是以镜像投影法画出的反映顶棚平面形状、灯具位置、材料选用、尺寸标高及构造做法等内容的水平镜像投影图。如图 9-4 所示，客餐厅、入口和主卧采用跌级吊，中间采用线条，厨房、卫生间全部做顶棚，顶棚刷乳胶漆，平面也显示了各房间灯

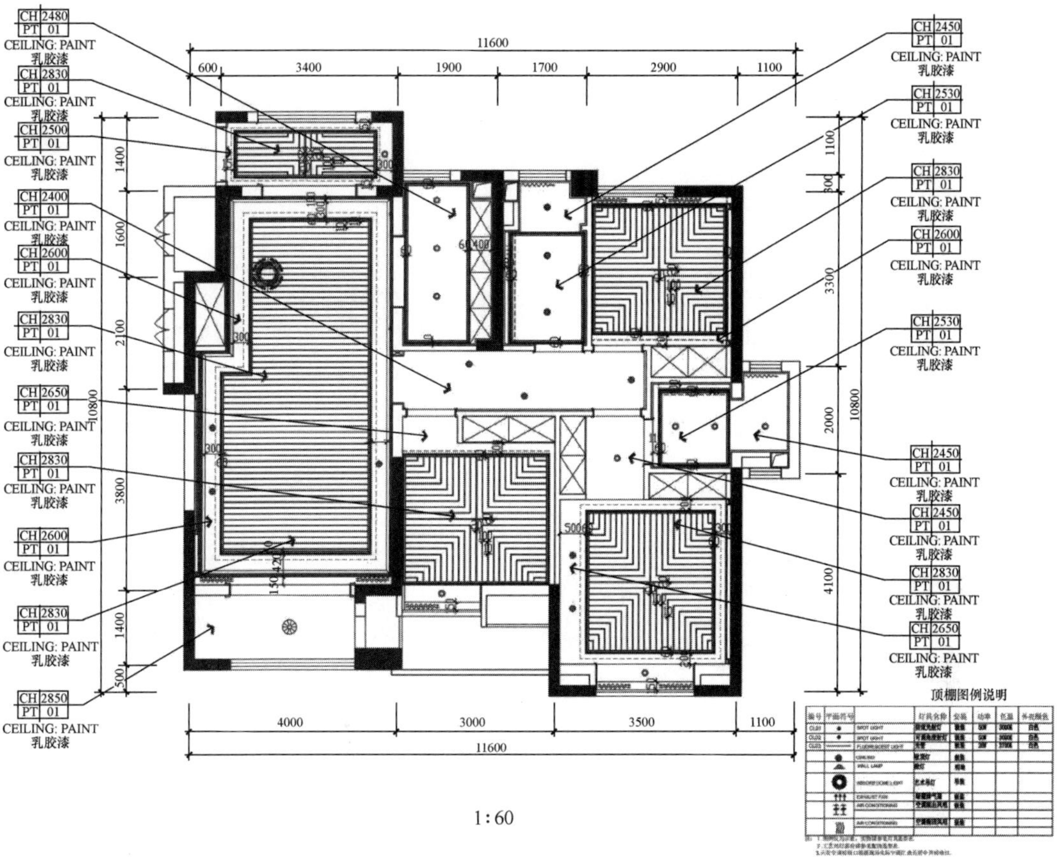

图 9-4　某家装顶棚布置图

具的布置。从图 9-4 中也可看出所有固定家具上均不做顶棚。

（2）客餐厅采用跌级吊的形式，宽度 300mm，高度 270mm。

（3）客餐厅顶棚采用嵌入式光带，在沙发和电视背景上设置 3 个射灯，餐厅采用吊灯，客厅采用无主灯照明。

（4）光带采用虚中实线绘制。

十、编写技术交底文件，实施技术交底

（一）专业技能概述

技术交底是指开工之前由各级技术负责人将有关工程的各项技术要求逐级向下传达，直到施工现场。技术交底的内容包括图纸交底、施工组织设计交底、设计变更交底和分项工程技术交底。

1. 编制内容

（1）图纸交底。使施工人员了解工程的设计特点、构造做法及要求、使用功能等，以便掌握设计关键，按图施工。

（2）施工组织设计交底。使施工人员掌握工程特点、施工方案、任务划分、施工进度、平面布置及各项管理措施等。用先进的技术手段和科学的组织手段完成施工任务。

（3）设计变更交底。将设计变更的结果及时向管理人员和施工人员说明，避免施工差错，便于经济核算。

（4）分项工程技术交底。施工工艺、规范和规程要求、材料使用、质量标准及技术安全措施等。对新技术、新材料、新结构、新工艺、关键部位及特殊要求，要着重交代，必要时做示范。

2. 编制步骤

施工准备情况→主要施工方法→劳动力安排及施工工期→施工质量要求及质量保证措施→环境安全及文明施工等注意事项。

3. 编制技巧

（1）不能偏离施工组织设计的内容。

（2）应根据实施工程具体特点，综合考虑各种因素，便于实施。

（3）技术交底的表达要通俗易懂。

4. 专业技能要求

能够编写顶棚、隔墙、地面、门窗、涂饰等工程施工技术交底文件并实施交底。

（二）工程案例分析

1. 裱糊工程技术交底

【案例 10-1】

背景：

某装饰公司承接了某酒店的装修，需三个月完工。其中室内墙面采用壁纸。

问题：

编制壁纸施工的技术交底。

分析与解答：

该案例考核裱糊工程技术交底的编制内容。

（1）施工准备

1）材料

① PVC 壁纸的质量应符合现行国家标准的规定。

② 壁纸的图案、品种、色彩等应符合设计要求，并应附有产品合格证。

③ 胶粘剂应按壁纸和墙布的品种选配，并应具有防霉、防菌、耐久等性能，如有防火要求则胶粘剂应具有耐高温、不起层性能。

④ 裱糊材料，其产品的环保性能应符合规范的规定。

⑤ 所有进入现场的产品，均应有产品质量保证资料和近期检测报告。

2）主要机具

活动裁纸刀、裁纸案台、直尺、剪刀、钢板刮板、塑料刮板、排笔、板刷、粉线包、干净毛巾、胶用和盛水用塑料桶等。

3）作业条件

① 顶棚喷浆、门窗油漆已完，地面装修已完成，并将面层保护好。

② 水、电及设备、顶墙预留预埋件已完。

③ 裱糊工程基体或基层的含水率：混凝土和抹灰不得大于 8％；木材制品不得大于 12％。直观灰面反白，无湿印，手摸感觉干。

④ 凸出基层表面的设备或附件已临时拆除卸下，待壁纸贴完后，再将部件重新安装复原。

⑤ 较高房间已提前搭设脚手架或准备铝合金折叠梯子，不高房间已提前钉好木马凳。

⑥ 根据基层面及壁纸的具体情况，已选择、准备好施工所需的腻子及胶粘剂。对湿度较大的房间和经常潮湿的表面，已备有防水性能的塑料壁纸和胶粘剂等材料。

⑦ 壁纸的品种、花色、色泽样板已确定。

⑧ 裱糊样板间，经检查鉴定合格可按样板施工。已进行技术交底，强调技术措施和质量标准要求。

（2）操作工艺

1）基层处理

① 将基体或基层表面的污垢、尘土清除干净，基层面不得有飞刺、麻点、砂粒和裂

缝。阴阳角应顺直。

② 旧墙涂料墙面，应打毛处理，并涂表面处理剂，或在基层上涂刷一遍抗碱底漆，并使其表干。

③ 粉化的旧墙面应先除去粉化层，并在刮涂腻子前刷一层界面处理剂。

④ 新建筑物的混凝土抹灰某层墙面刮腻子前涂刷抗碱封闭底漆。

⑤ 石膏板基层，接缝，裂缝应贴加强网布再刮腻子，钉眼等用腻子填平，满刮石膏腻子一遍找平大面，腻子干后用砂纸打磨；再刮第二遍腻子并用砂纸打磨。裱糊壁纸前应先涂刷一层涂料，使其颜色与周围墙面颜色一致。

2）弹线、预拼

① 裱糊第一幅壁纸前，应弹垂直线，作为裱糊时的准线。

② 在底胶干燥后弹画基准线，以保证壁纸裱糊后，横平竖直，图案端正。

③ 弹线时应从墙面阴角处开始，将窄条纸的裁切边留在阴角处，阳角处不得有接缝。

④ 有门窗部位以立边分画为宜，便于褶角贴立边。裱糊前应先预拼试贴，观察接缝效果，确定裁纸尺寸。

3）裁纸

根据裱糊面尺寸和材料规格统筹规划，并考虑修剪量，两端各留出 30～50mm，然后剪出第一段壁纸。有图案的材料，应将图形自墙的上部开始对花。裁纸时尺子压紧壁纸后不得再移动，刀刃紧贴尺边，连续裁割，并编上号，以便按顺序粘贴。裁好的壁纸要卷起平放，不得立放。

4）润纸、闷水（以塑料壁纸为例）

塑料壁纸遇水或胶水自由膨胀，因此，刷胶前必须先将塑料壁纸在水槽中浸泡 2～3min，取出后抖掉余水，静置 20min，若有明水可用毛巾揩掉，然后才能涂胶。闷水的办法还可以用排笔在纸背刷水，刷满均匀，保持 10min 也可达到使其充分膨胀的目的。

5）刷胶粘剂

基层表面与壁纸背面应同时涂胶。刷胶粘剂要求薄而均匀，不裹边，不得漏刷。基层表面的涂刷宽度要比预贴的壁纸宽 20～30mm。阴角处应增刷 1～2 遍胶。

6）裱糊

① 裱糊壁纸时，应先垂直面后水平面，先细部后大面。垂直面先上后下，水平面先高后低。在顶棚上裱糊壁纸，宜沿房间的长边方向裱糊。

② 第一张壁纸裱糊：壁纸对折，将其上半截的边缘靠着垂线成一直线，轻轻压平，并由中间向外用刷子将上半截纸抚平，然后依此贴下半截纸。

③ 拼缝：对于需重叠对花的各类壁纸，应先裱糊对花，然后再用钢尺对齐裁下余边。裁切时，应一次切掉，不得重割。对于可直接对花的壁纸则不应剪裁。

赶压气泡时，对于压延壁纸可用钢板刮刀刮平，对于发泡及复合壁纸则严禁使用钢板刮刀，只可用毛巾、海绵或毛刷赶平。

④ 阴阳角处理：壁纸不得在阳角处拼缝，应包角压实，壁纸包过阳角不小于 20mm。阴角壁纸搭缝时，应先裱糊压在里面的壁纸，再粘贴面层壁纸，搭接面应根据阴角垂直度而定，宽度一般 2～3mm，并应顺光搭接，使拼缝看起来不显眼。

⑤ 遇有基层卸不下来的设备或突出物件时，应将壁纸舒展地裱在基层上，然后剪去

不需要部分，使突出物四周不留缝隙。

⑥ 壁纸与顶棚、挂镜线、踢脚线的交接处应严密顺直。裱糊后，将上下两端多余壁纸切齐，撕去余纸贴实端头。

⑦ 壁纸裱糊后，如有局部翘边、气泡等，应及时修补。

检验方法：观察；拼缝检查距离墙面 1.5m 处正视。

⑧ 壁纸、墙布应粘贴牢固，不得有漏贴、补贴、脱层、空鼓和翘边。

裱糊后的壁纸、墙布表面应平整，色泽应一致，不得有波纹起伏、气泡、裂缝、皱折及斑污，斜视时应无胶痕。

检验方法：观察；手摸检查。

2. 编制面砖工程施工指导书并实施交底

【案例 10-2】

背景：

某住宅楼，平面呈一字形，采用混合结构，建筑面积 $3980m^2$，层数为 6 层。主体结构已完工，现开始进行室内装修，客厅采用 800mm×800mm 的某品牌的地面砖。

问题：

编制面砖工程的技术交底。

分析与解答：

该案例考核面砖工程施工的技术交底内容。

（1）施工准备

1）材料

① 地砖：有出厂合格证及检测报告，品种规格及物理性能符合国家标准及设计要求，外观颜色一致，表面平整、边角整齐，无裂纹、缺棱掉角等缺陷。

② 水泥：硅酸盐水泥、普通硅酸盐水泥，其强度等级不应低于 42.5，严禁不同品种、不同强度等级的水泥混用。水泥进场应有产品合格证和出厂检验报告，进场后应进行取样复试。当对水泥质量有怀疑或水泥出厂超过三个月时，在使用前必须进行复试，并按复试结果使用。

③ 勾缝材料：选用白水泥或专用勾缝材料，其质量应符合现行国家标准的规定。

④ 砂：中砂或粗砂，砂颗粒要求坚硬洁净，筛好备用。

2）主要机具

砂搅拌机、台式砂轮锯、手提云石机、角磨机、橡皮锤、铁锹、手推车、筛子、钢尺、直角尺、靠尺、水平尺等。

3）作业条件

① 室内标高控制线已弹好，大面积施工时应增加测设标高控制桩点，并校核无误。

② 电脑排板与深化设计已完成。

③ 地面垫层及预埋在地面内的各种管线已做完，穿过楼面的套管已安装完，管洞已堵塞密实，并办理完隐检手续。

（2）操作工艺

工艺流程：基层处理→水泥砂浆找平层→测设十字控制线、标高线→排砖、试铺→铺砖→养护→贴踢脚板面砖→勾缝。

1) 基层处理：先把基层上的浮浆、落地灰、杂物等清理干净。

2) 水泥砂浆找平层

① 冲筋：在清理好的基层上洒水湿润。依照标高控制线向下量至找平层上表面，拉水平线做灰饼。然后先在房间四周冲筋，再在中间每隔 1.5m 左右冲筋一道。有泛水的房间按设计要求的坡度找坡，冲筋宜朝地漏方向呈放射状。

② 抹找平层：冲筋后，及时清理冲筋剩余砂浆，再在冲筋之间铺装 1：3 水泥砂浆，一般铺设厚度不小于 20mm，将砂浆刮平、拍实、抹平整，同时检查其标高和泛水坡度是否正确，做好洒水养护。

3) 测设十字控制线、标高线：当找平层强度达到 1.2MPa 时，根据控制线和地砖面层设计标高，在四周墙面、柱面上，弹出面层上皮标高控制线。依照排砖图和地砖的留缝大小，在基层地面弹出十字控制线和分格线。

4) 排砖、试铺：排砖时，垂直于门口方向的地砖对称排列，当试排最后出现非整砖时，应将非整砖与一块整砖尺寸之和平分切割成两块大半砖，对称排在两边。与门口平行的方向，当门口是整砖时，最里侧的一块砖宜大于半砖，当不能满足时，将最里侧非整砖与门口整砖尺寸相加均分在门口和最里侧。根据施工大样图进行试铺，试铺无误后，进行正式铺贴。

5) 铺砖：先在两侧铺两条控制砖，依此拉线，再大面积铺贴。铺贴采用干硬性砂浆，其配比一般为 1：3.0～1：2.5（水泥：砂）。根据砖的大小先铺一段砂浆，并找平拍实，将砖放置在干硬性水泥砂浆上，用橡皮锤将砖敲平后揭起，在干硬性水泥砂浆上浇适量素水泥浆，同时在砖背面刮聚合物水泥膏，再将砖重新铺放在干硬性水泥砂浆上，用橡皮锤按标高控制线、十字控制线和分格线敲压平整，然后向四周铺设，并随时用 2m 靠尺和水平尺检查，确保砖面平整，缝格顺直。

6) 养护：砖面层铺贴完 24h 内应进行洒水养护，夏季气温较高时，应在铺贴完 12h 后浇水养护并覆盖，养护时间不少于 7d。

7) 贴踢脚板面砖：粘贴前砖要浸水阴干，墙面洒水湿润。铺贴时先在两端阴角处各贴一块，然后拉通线控制踢脚砖上口平直和出墙厚度。踢脚砖粘贴用 1：2 聚合物水泥砂浆，将砂浆粘满砖背面并及时粘贴，随之将挤出的砂浆刮掉，面层清理干净。

8) 勾缝：当铺砖面层的砂浆强度达到 1.2MPa 时进行勾缝，用与铺贴砖面层同品种、同强度等级的水泥或白水泥与矿物质颜料调成设计要求颜色的水泥膏或 1：1 水泥砂浆进行勾缝，勾缝清晰、顺直、平整光滑、深浅一致，并低于砖面 0.5～1.0mm。

(3) 质量验收标准

1) 主控项目

① 砖面层材料的品种、规格、颜色、质量必须符合设计要求。

检验方法：观察检查和检查材质合格证明文件及检测报告。

② 面层与下一层的结合（粘结）应牢固，无空鼓。

检验方法：用小锤轻击检查。

2) 一般项目

① 砖面层应洁净，图案清晰，色泽一致，接缝平整，深浅一致，周边顺直。地面砖

无裂纹、无缺棱掉角等缺陷，套割粘贴严密、美观。

检验方法：观察检查。

② 地砖留缝宽度、深度、勾缝材料颜色均应符合设计要求及规范的有关规定。

检验方法：观察和用钢尺检查。

③ 踢脚线表面应洁净，高度一致，结合牢固，出墙厚度一致。

检验方法：观察和用小锤轻击及钢尺检查。

④ 地砖面层坡度应符合设计要求，不倒泛水，无积水；地漏、管根结合处应严密牢固，无渗漏。

检验方法：观察、泼水或坡度尺及蓄水检查。

⑤ 地砖面层的允许偏差和检验方法见表 10-1。

地砖面层允许偏差和检验方法 表 10-1

项目	允许偏差（mm）	检验方法
表面平整度	2.0	用 2m 靠尺及楔形塞尺检查
缝格平直	3.0	拉 5m 线和用钢尺检查
接缝高低差	0.5	尺量及楔形塞尺检查
踢脚线上口平直	3.0	拉 5m 线，不足 5m 拉通线和尺量检查
板块间隙宽度	2.0	尺量检查

十一、施工现场测量放线

（一）专业技能概述

装饰装修施工测量指根据建筑轴网、标高等测量基准点，对建筑装饰装修工程施工现场进行测量，记录测量成果，是绘制建筑装饰装修工程深化设计施工图的依据。装饰装修施工放线指按装饰装修工程深化设计成果的要求，利用专用仪器设备，把装饰装修材料的实际安装位置和尺寸，按 1∶1 的比例标记在建筑装饰装修施工现场，并标注标记测量数据，经验线合格后，作为施工定位、定型的尺寸依据。

1. 建筑装饰装修工程测量放线的流程和要求

（1）建筑装饰装修工程测量放线流程

获取经确认的测量基准点资料→平面和高程扩展控制网测设→施工放线→验线→安装施工。

（2）建筑装饰装修工程测量放线要求

建筑装饰装修工程测量放线作业，按工程类型分为室内装饰装修工程测量放线和建筑幕墙工程测量放线。应编制测量放线技术方案，并满足以下要求：经济合理，技术可行，便于使用；遵循永久、准确、便捷的原则。

建筑装饰装修工程施工放线应先建立施工平面控制网和施工标高控制网。施工平面控制网和施工标高控制网应以首级控制网为基准建立；建筑物施工测量的轴线和高程系统可作为首级控制网。应妥善收集、汇总、整理建筑装饰装修测量放线工作成果，包括测量基准复核报告、测量记录、数字模型（三维点云模型）、施工放线图纸、验线报告等。

测量仪器、测量工具、计量器具应按规定定期检验、校正，并妥善保管。每次测量前应进行校验，填写记录；达不到精度要求的不允许使用。

2. 室内装饰装修工程施工放线

（1）室内装饰装修工程施工放线，可按放线精度要求选择一级精度放线或二级精度放线。

（2）室内装饰装修工程施工放线作业，应制定经济合理、技术可行的施工放线技术方案。

（3）施工放线应以施工放线图为依据；放线图的尺度数据应经确认有效。

施工放线图，是在施工图纸的基础上，对现场建筑结构主体进行整体测量，并依据实际测量结果对施工图纸的内容和尺寸进行纠偏完善后，形成深化设计成果作为施工放线的依据。

（4）施工放线的线型标识，可采用弹墨线、拉通线等形式；施工放线的符号标识应采用模板喷涂标注，准确清晰，便于识别。

线型标识是施工放线过程中的标高线、完成面线等线状标识，符号标识（如基准点、标高、灯具、喷淋等）。在各种标识附近清楚标识用途，便于施工人员识别、区分，指导施工顺利进行。

3. 幕墙施工放线

（1）预埋件施工放线，应符合下列规定：

1）预埋件施工放线前，应测量建筑结构主体施工尺寸，并依据预埋件安装标高和中线间隔尺寸校核偏差，当偏差超出规范允许范围时，应对偏差值如实记录，作为尺寸调整的依据。

幕墙设计一般是以建筑物的轴线为依据，玻璃幕墙的布置应与轴线取得一定的关系。所以应对已完工的土建结构进行测量校核。预埋件安装定位的准确度直接影响幕墙立柱安装的定位尺寸，因此，当预埋件安装定位尺寸超出偏差允许范围时，应将偏差值记录作为安装尺寸调整的依据。

2）建筑结构主体与幕墙同步施工的幕墙工程，应在施工过程中对每层主体结构进行监测，将结构施工尺寸与预埋件安装尺寸进行比较并记录偏差值，对超出允许范围的结构偏差应及时提出。

3）预埋件定位线测定并经校核合格后，应在主体结构悬挑部位及柔性杆件结构设置变形监测点，观测主体结构加载沉降变形、压缩或不同结构差异变形、工序阶段变形等，并进行测控点数据分析，为幕墙安装提供变形控制依据。

（2）幕墙立柱施工放线，应符合下列规定：

1）幕墙立柱施工放线，包括立柱平面定位线、立柱垂直轴线的测设。

2）应先测设幕墙立柱平面定位线，再测设立柱垂直轴线。

3）立柱轴线测设后，应采用经纬仪等仪器进行校核，容许偏差不应大于2mm。

（3）幕墙玻璃安装放线，应符合下列规定：

1）幕墙玻璃安装放线，包括完成面定位线和玻璃分格线的测设。

2）完成面定位线测设后，应结合内控线和外控线进行校核，容许偏差不应大于2mm。

3）玻璃分格线测设后，应结合立柱垂直轴线进行校核，容许偏差不应大于2mm。

（4）钢丝连线的固定点，应符合下列规定：

1）固定点所用材料应无明显塑性变形。

2）固定应牢固、稳定。

4. 施工放线的验线

（1）建筑装饰装修工程施工放线方案中应明确验线的工作程序。

（2）验线的内容，应包括放线范围、放线位置正确性，以及放线误差等。

（3）验线的依据，应符合下列要求：

1）设计文件，以及作为施工放线依据的施工放线图纸。

2）合同约定的内容。

3）国家现行的相关质量验收规范。

4）适用的放线等级精度要求。

（4）验线测量使用的仪器精度等级，不应低于放线测量所使用的仪器等级。

（5）施工放线的验线结果，应采用专用表格记录，并由相关方签字确认。

（二）工程案例分析

轻质隔墙板施工放线

【案例 11-1】

背景：

某快捷酒店为框架结构，共七层，建筑面积 6890m²，该酒店工程为旧楼改造，原非承重墙体已拆除清理，酒店各客房间采用轻质隔墙板隔开。

问题：

（1）本工程施工放线标准有何要求？

（2）本工程施工如何放线？

（3）轻质隔墙板放线有何注意事项？

（4）简述验线依据。

分析与解答：

（1）本工程施工放线的标准要求

1）轻质隔墙板施工放线作业，应制定经济合理、技术可行的施工放线技术方案。

2）施工放线应以施工放线图为依据；放线图的尺度数据应经确认有效。

3）施工放线的线型标识，可采用弹墨线、拉通线等形式；施工放线的符号标识应采用模板喷涂标注，准确清晰，便于识别。

（2）本工程施工放线方法

1）放线前清理墙和顶面、地面、墙面的结合部位，凡凸出墙面的砂浆、钢筋头、混凝土必须剔除干净，使墙板和主体结合部尽量保持平直。

2）反复核对图纸，根据甲方提供的主体墙、柱轴线或轴线跟踪情况，确定安装隔墙板实际位置，确认无误后方可放线。

3）在地面上根据图纸中隔墙轴线首先放出墙的中心线，然后根据墙中线向两边每边移出 50mm 弹线作为安装轻质隔墙板的边线，在墙两边距离边线 100mm 分别弹出墙的控制线，作为检查墙体位置的依据。

4）在地面、墙面根据设计位置，弹好墙边线及门窗洞口边线，须留出抹灰层的位置，依轴线出墙、梁、柱 10～20mm 弹线定位。

5）根据地面上的控制线，用吊垂的方法将地面上的控制线弹到顶面的梁或板上。

6）在与轻质隔墙板相交的柱面或墙面上，按照地面上的控制线用墨线弹出墙体立面上的控制线。

（3）轻质隔墙板放线的注意事项

1）根据图纸要求，在顶板、底板弹出隔墙板的位置线及边控线。

2）画出排板图，做好板顶与楼板底的连接准备工作。

3）地面弹出隔墙板安装位置墨线，按中距 600mm（含板缝 5mm）进行排板，标明门窗洞口尺寸线，门窗洞口非标准板须事先统一加工，在阴角处的补板应切割整齐。

4）在安装隔墙板时，须注意使板材对准预先在顶板和地板上弹好的定位线，并在安装过程中随时用 2m 靠尺及塞尺测量墙面的平整度，用 2m 托线板检查板的垂直度。

5）结构不同的楼层放线后，必须报验甲方，经甲方验证批准同意后，方可进行全面铺开放线，放完一套复查一次，准确后才能放第二套，安装工人安装每组拿一份复印图纸，再查一次，这样可避免返工、浪费人力和物料。

（4）验线依据

1）设计文件，以及作为施工放线依据的施工放线图纸。

2）合同约定的内容。

3）国家现行的相关质量验收规范。

4）适用的放线等级精度要求。

十二、划分施工区段，确定施工顺序

（一）专业技能概述

1. 施工区段及划分原则

施工区段是指工程对象在组织流水施工中所划分的施工区域。其目的就是保证不同施工队组能在不同施工区段上同时进行施工，消灭互等、停歇现象。

划分施工段的基本原则：

（1）施工段的数目要合理。

（2）各施工段的劳动量（或工程量）要大致相等（相差在15%以内）。

（3）要有足够的工作面。

（4）不影响结构的整体性。

（5）以主要施工过程为依据进行划分。

2. 施工顺序及确定要求

施工顺序是指工程开工后各分部分项工程施工的先后顺序。确定施工顺序就是为了按照客观的施工规律组织施工。

建筑装饰工程的施工程序一般有先室外后室内、先室内后室外及室内外同时进行三种情况。应根据工期要求、劳动力配备情况、气候条件、脚手架类型等因素综合考虑。

（1）建筑物基层表面的处理

对新建工程基层的处理一般要使其表面粗糙，以加强装饰面层与基层之间的粘结力。对改造工程或在旧建筑物上进行二次装饰，应对拆除的部位、数量、拆除物的处理办法等做出明确规定，以确保装饰施工质量。

（2）设备安装与装饰工程

先进行设备管线的安装，再进行建筑装饰装修工程的施工，总的规律是预埋＋封闭＋装饰。在预埋阶段，先通风、后水暖管道、再电气线路；封闭阶段，先墙面、后顶面、再地面；装饰阶段，先油漆、后裱糊、再面板。

（3）新建工程的装饰装修，其室外工程根据材料和施工方法的不同，分别采用自下而上（干挂石材）、自上而下（涂料喷涂）。室内装饰装修则有三种方式，有自上而下、自下而上及自中而下再自上而中三种。

确定施工顺序的基本原则

1）符合施工工艺的要求。如顶棚工程必须先固定吊筋，再安装主次龙骨；裱糊工程要先进行基层的处理，再实施裱糊。

2）房间的使用功能和施工方法要协调一致。如卫生间的改造施工顺序一般是：旧物拆除→改上下水管道→改管线→地面找坡＋安装门框……

3）考虑施工组织的要求。如刷油漆和安装玻璃的顺序，可以先安装玻璃后刷油漆，也可先刷油漆后安装玻璃，但从施工组织的角度看，后一种方案比较合理，这样可以避免玻璃被油漆污染。

4）考虑施工质量的要求。如对于装饰抹灰，面层施工前必须检查中层抹灰的质量，合格后进行洒水湿润。

5）考虑施工工期的要求。

6）考虑气候条件。如在冬季或风沙较大地区，必须先安装门窗玻璃，再对室内进行装饰施工，用以保温或防污染。

7）考虑施工的安全因素。如大面积油漆施工应在作业面附近无电焊的条件下进行，防止气体被点燃。

8）设备对施工流向的影响。如外墙进行玻璃幕墙装饰，安装立筋时，如果采用滑架，一般从上往下安装，若采用满堂脚手架，则从下往上安装。

3. 专业技能要求

通过学习和训练，能够确定顶棚、隔墙、门窗、幕墙等工程的施工顺序，并能划分其施工区段。

（二）工程案例分析

1. 一般项目的分部（分项）施工顺序

【案例 12-1】

背景：

某干部培训中心，土建工程已经结束，外立面装饰部分也已完成，进行室内装饰工程。该工程建筑面积 11000m²，框架结构，主楼六层，配楼四层。施工单位在施工组织设计的施工方案中确定了项目管理组织机构和管理人员的职责，明确了施工项目管理目标等，合同规定为 150d。

问题：

（1）施工单位如何安排该工程的施工程序？理由是什么？

（2）该工程室内装饰施工顺序是什么？

（3）该工程如何划分施工区段？

分析与解答：

本案例主要考核施工顺序的合理安排，根据工程特点合理划分施工区段。

（1）该工程由主楼和配楼组成，由于装饰标准较高，工期紧，所以组织两个项目部的平行流水作业。

（2）主楼施工顺序分为底层大堂→二层回廊→各功能室→客房；配楼施工分为客房顶棚→木制作→墙面、地面。

（3）主楼、配楼分别组织施工，主楼共六层，每层一个施工区段，共六个施工区段；

配楼每层一个施工区段，共四个施工区段。

2. 确定顶棚工程施工顺序

【案例 12-2】

背景：

某会议室采用轻钢龙骨顶棚，其施工顺序为：施工准备→弹线→安装吊筋→安装主龙骨→固定边龙骨→安装次龙骨→安装面板→清理验收。

问题：

上述室内顶棚工程施工顺序中有何错误？写出正确的施工顺序。

分析与解答：

本案例主要考核分项工程的施工顺序安排。

轻钢龙骨顶棚的施工顺序为：施工准备→弹线→安装吊筋→安装主龙骨→固定边龙骨→安装中龙骨→安装横撑龙骨→安装面板→裱糊壁纸→清理验收。

3. 确定门窗、幕墙安装施工顺序

【案例 12-3】

背景：

某宾馆为框架结构，共七层，建筑面积 8230m²，南面采用幕墙，北面采用塑料窗，由某装饰施工单位承担安装任务。

问题：

(1) 安装塑料窗的施工顺序是什么？有哪些注意事项？

(2) 幕墙安装的施工顺序？

分析与解答：

本案例主要考核分项工程的施工顺序安排。

(1) 塑料窗安装顺序：洞口周边抹水泥灰浆底糙→检查洞口安装尺寸（包括应留缝隙）→洞口弹门窗位置线→检查预埋件的位置和数量→框子安装连接铁件→立榿子、校正→连接铁件与墙体固定→框边填塞软质材料→注密封膏→验收密封膏注入质量→安装玻璃→安装小五金→清洁。

安装注意事项：

1) 弹窗安装位置线

窗洞口周边的底糙达到强度后，按施工设计图，弹出门窗安装位置线，同时检查洞口内预埋件的位置和数量。如预埋件位置和数量不符合设计要求或没有预埋铁件或防腐木砖，则应在门窗安装线上弹出膨胀螺栓的钻孔位置。钻孔位置应与框子连接铁件位置相对应。

2) 框子安装连接铁件

框子连接铁件的安装位置是从窗框宽度和高度两端向内各标出 150mm，作为第一个连接件的安装点，中间安装点间距不超过 600mm。安装方法是先把连接铁件与框子成 45°角放入框子背面燕尾槽口内，顺时针方向把连接件扳成直角，然后成孔旋进 φ4×15mm 自攻螺栓固定。严禁锤子敲打框子，以防损坏。

3）立樘子

把窗放进洞口安装线上就位，用对拔木楔临时固定。校正正、侧面垂直度、对角线和水平度合格后，将木楔固定牢靠。为防止窗框受木楔挤压变形，木楔应塞在窗角、中竖框、中横框等能受力的部位。框子固定后，应开启窗扇，检查反复开关灵活度。如有问题应及时调整。

塑料窗底、顶框连接件与洞口基体固定同边框固定方法。

用膨胀螺栓固定连接件。一只连接件不宜少于2个螺栓。如洞口是预埋木砖，则用2只螺栓将连接件固定于木砖上。

4）塞缝

窗洞口面层粉刷前，除去安装时临时固定的木楔，在窗周围缝隙内塞入发泡轻质材料（聚氨酯泡沫等），使之形成柔性连接，以适应热胀冷缩。从框底清理灰渣，嵌入密封膏，应填实均匀。连接件与墙面之间的空隙内，也须注满密封膏，其胶液应冒出连接件1～2mm。严禁用水泥砂浆填塞，以免窗框架受振变形。

5）安装小五金

塑料窗安装小五金时，必须先在框架上钻孔，然后用自攻螺栓拧入，严禁直接锤击打入。

6）安装玻璃

对可拆卸的窗扇、推拉窗扇，可先将玻璃装在窗扇上，再把窗扇装在框上。玻璃应由专业玻璃工操作。

7）清洁

窗洞口墙面面层粉刷时，应先在窗框、扇上贴好防污纸，以防止水泥浆污染。局部受水泥浆污染的框、扇，应及时用抹布擦拭干净。玻璃安装后，必须及时擦除玻璃上的胶液等污物，直至光洁明亮。

（2）幕墙安装工艺顺序：搭设脚手架→检验主体结构幕墙面基体→检验、分类堆放幕墙部件→测量放线→清理预埋件→安装连接紧固件→质检→安装立柱（杆）、横杆→安装玻璃→镶嵌密封条及周边收口处理→清扫→验收、交工。

【案例 12-4】

背景：

某培训中心建筑平面呈L形，主楼七层，配楼分别为四层、五层，主配楼之间设有变形缝一道，建筑面积11500m²，主楼大堂的墙面、地面及通道均选用西米黄大理石，由某装饰施工单位承担施工任务。

问题：

（1）该培训中心装饰施工是否需要划分施工段？如何划分？

（2）大堂墙面干挂大理石的施工顺序？

分析与解答：

本案例主要考察施工段的划分原则及分项工程的施工顺序安排。

（1）由于本工程建筑面积较大，工期比较紧，需要划分施工段。主楼和配楼之间设有变形缝，可以作为划分界限，分成两段施工。

（2）墙面干挂大理石的施工顺序见图12-1。

239

```
                        ┌─────────────┐
                        │建筑物基地验收│
                        └──────┬──────┘
┌──────────┐            ┌──────┴──────┐            ┌──────────┐
│板材开箱验收│           │ 四线测量验收 │───────────▶│金属构架制作│
└────┬─────┘            └──────┬──────┘            └────┬─────┘
     │              ┌──────────┤                        │
     ▼              │   ┌──────┴──────┐            ┌────┴─────┐
┌──────────┐        │   │  弹线放样   │───────────▶│构架竖框安装│
│ 块板加工  │────────┘   └──────┬──────┘            └────┬─────┘
└────┬─────┘            ┌──────┴──────┐            ┌────┴─────┐
     │        ┌────────▶│  样板墙验收  │◀──────────│构架横框安装│
     ▼        │         └──────┬──────┘            └────┬─────┘
┌──────────┐  │         ┌──────┴──────┐            ┌────┴─────┐
│编号、打眼、磨角│─┘      │  块板对号安装 │◀──────────│ 构架安装  │
└──────────┘            └──────┬──────┘            └──────────┘
                        ┌──────┴──────┐
                        │ 安装连接挂件 │
                        └──────┬──────┘
                        ┌──────┴──────┐
                        │  安装销钉   │
                        └──────┬──────┘
                        ┌──────┴──────┐            ┌──────────┐
                        │ 块板偏差调整 │───────────▶│ 质量检查  │
                        └──────┬──────┘            └──────────┘
                        ┌──────┴──────┐
                        │ 紧固连接挂件 │
                        └──────┬──────┘
                        ┌──────┴──────┐          ┌──────────────┐
                        │  打胶锚固   │─────────▶│柔性连杆(铜棒)安装│
                        └──────┬──────┘          └──────────────┘
                        ┌──────┴──────┐            ┌──────────┐
                        │ 云石胶嵌缝  │───────────▶│ 接角修整  │
                        └──────┬──────┘            └──────────┘
                        ┌──────┴──────┐            ┌──────────┐
                        │  成品保护   │───────────▶│ 质量评定  │
                        └──────┬──────┘            └──────────┘
                        ┌──────┴──────┐
                        │ 墙面清理、打蜡│
                        └─────────────┘
```

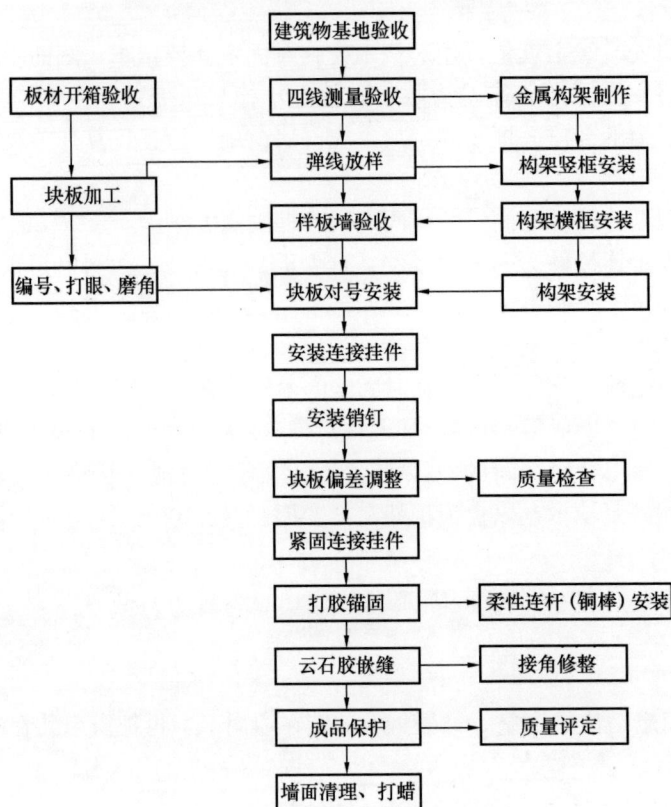

图 12-1 墙面干挂大理石施工顺序

十三、进行资源平衡计算，编制施工进度计划及资源需求计划，控制调整计划

（一）专业技能概述

施工进度计划是在施工方案的基础上，根据规定工期和物资技术供应条件，遵循工程的施工顺序，用图表形式表示各分部分项工程搭接关系及开竣工时间的一种计划安排。

1. 编制内容

控制性施工进度计划是以分部工程作为施工项目划分对象，控制各分部工程的施工时间及它们之间相互配合、搭接关系的一种进度计划。它主要适用于结构较复杂、规模较大、工期较长需跨年度施工的工程，同时还适用于虽然工程规模不大、结构不算复杂，但各种资源（劳动力、材料、机具）没有落实，或者由于装饰设计的部位、材料等可能发生变化以及其他各种情况。

指导性施工进度计划按分项工程或施工过程来划分施工项目，具体确定各施工过程的施工时间及其相互搭接、相互配合的关系。它适用于任务具体明确、施工条件基本落实、各项资源供应正常、施工工期不太长的工程。

编制控制性施工进度计划的工程，当各分部工程的施工条件基本落实之后，在施工之前还应编制各分部工程的指导性施工进度计划。

2. 编制步骤

（1）划分施工项目

施工项目是包括一定工作内容的施工过程，是进度计划的基本组成单元。项目划分的一般要求和方法如下：

1）施工项目的划分。根据施工图纸、施工方案，确定拟建工程可划分成哪些分部分项工程，如油漆工程、顶棚工程、墙面装饰工程等。

2）施工项目划分的粗细。一般对于控制性施工进度计划，其施工项目的划分可以粗一些，通常只列出施工阶段及各施工阶段的分部工程名称；对于指导性施工进度计划，其施工项目的划分可细一些，特别是主导工程和主要分部工程，应尽量做到详细、具体、不漏项，以便于掌握施工进度，起到指导施工的作用。

3）划分施工过程要考虑施工方案和施工机械的要求。

4）计划简明清晰、突出重点。一些次要的施工过程应合并到主要的施工过程中去；对于在同一时间内由同一施工班组施工的过程可以合并，如门窗油漆、家具油漆、墙面油漆等油漆工程均可并为一项。

5）水、电、暖、卫和设备安装等专业工程的划分。水、电、暖、卫和设备安装等专

业工程不必细分具体内容，由各个专业施工队自行编制计划并负责组织施工，而在单位建筑装饰装修工程施工进度计划中只要反映出这些工程与装饰装修工程的配合关系即可。

6）抹灰工程的要求。多层建筑的外墙抹灰工程可能有若干种装饰抹灰的做法，但一般情况下合并为一项；室内的各种抹灰，一般来说，要分别列项。

7）区分直接施工与间接施工。直接在拟建装饰装修工程的工作面上施工的项目，经过适当合并后均应列出。不在现场施工而在拟建装饰装修工程工作面之外完成的项目，如各种构件在场外预制及其运输过程，一般可不必列项，只要在使用前运入施工现场即可。

（2）确定施工顺序

在合理划分施工项目后，还需确定各装饰装修工程施工项目的施工顺序，主要考虑施工工艺的要求、施工组织的安排、施工工期的规定以及气候条件的影响和施工安全技术的要求，使装饰装修工程施工在理想的工期内，质量达到标准要求。

（3）计算工程量

工程量的计算应根据有关资料、图纸、计算规则及相应的施工方法进行确定，若编制计划时已经有预算文件，则可以直接利用预算文件中的有关工程量数据。计算工程量应注意如下问题：

1）工程量的计量单位应与现行装饰装修工程施工定额的计量单位一致。

2）计算所得工程量与施工实际情况相符合。

3）结合施工组织的要求，分区、分段、分层计算工程量，以便组织流水作业层。

4）正确取用预算文件中的工程量。

（4）套用施工定额

施工定额一般有两种形式，即时间定额和产量定额。时间定额和产量定额互为倒数关系，即：

$$H_i = \frac{1}{S_i} \text{ 或 } S_i = \frac{1}{H_i} \qquad (13-1)$$

式中　S_i——某施工过程采用的产量定额（m³/工日、m²/工日、m/工日、kg/工日）；

　　H_i——某施工过程采用的产量定额（工日/m³、工日/m²、工日/m、工日/kg）。

套用国家或当地颁发的定额，有些采用新技术、新工艺、新材料或特殊施工方法的项目，定额中尚未编入，这样可以参考类似项目的定额、经验资料，按实际情况确定。

（5）计算劳动量与机械台班量

一般应按下式计算：

$$P_i = \frac{Q_i}{S_i} \text{ 或 } P_i = Q_i \cdot H_i \qquad (13-2)$$

式中　P_i——完成某施工过程所需要的劳动量（工日）或机械台班量（台班）；

　　Q_i——某施工过程的工程量（m³、m²、m、kg）。

（6）确定各分部分项工程的作业时间

1）经验估算法

当遇到新技术、新材料、新工艺等无定额可循的工种时，为了提高其准确程度，往往采用"三时估计法"，分别是完成该项目的最乐观时间、最悲观时间和最可能时间三种施工时间，然后利用这三种时间，根据下式计算出该施工过程的工作持续时间。

$$m = \frac{a + 4c + b}{6} \tag{13-3}$$

式中　m——该项目的施工持续时间；

　　　a——工作的最乐观时间估计值；

　　　b——工作的最悲观时间估计值；

　　　c——工作的最可能时间估计值。

2）定额计算法

这种方法是根据施工项目需要的劳动量或机械台班量以及配备的劳动人数或机械台班数来确定其工作的延续时间。其计算公式如下：

$$t = \frac{Q}{RSN} = \frac{P}{RN} \tag{13-4}$$

式中　t——某施工过程的持续时间（小时、日、周等）；

　　　Q——某施工过程的工程量（m、m^2、m^3 等）；

　　　P——某施工过程所需的劳动量或机械台班量（工日、台班）；

　　　R——某施工过程所配备的劳动人数或机械台班数（人、台）；

　　　S——产量定额；

　　　N——每天采用的工作班制（1～3 班制）。

3）倒排计划法

此方法是根据规定的工程总工期及施工方式、施工经验，先确定各分部分项工程的施工持续时间，再按各分部分项工程所需的劳动量或机械台班量，计算出每个施工过程的施工班组所需的劳动人数或机械台班数。其计算公式如下：

$$R = \frac{P}{Nt} \tag{13-5}$$

式中　R——某施工过程所配备的劳动人数或机械台班数；

　　　P——某施工过程所需的劳动量或机械台班量；

　　　t——某施工过程的持续时间；

　　　N——每天采用的工作班制。

（7）编制施工进度计划初步方案

在上述各项内容完成以后，可以进行施工计划初步方案的编制。在考虑各施工过程的合理施工顺序的前提下，先安排主导施工过程的施工进度，并尽可能组织流水施工，力求主要工种的施工班组连续施工，其余施工过程尽可能配合主导施工过程，使各施工过程在工艺和工作面允许的条件下，最大限度地合理搭配、配合、穿插、平行施工。

3. 编制技巧

在编制施工进度计划的初始方案后，我们还需根据合同规定、经济效益及施工条件等对施工进度计划进行检查、调整和优化。首先检查工期是否符合要求，资源供应是否均衡，工作队是否连续作业，施工顺序是否合理，各施工过程之间搭接以及技术间歇、组织间歇是否符合实际情况；然后进行调整，直至满足要求；最后编制正式施工进度计划。

（1）施工工期的检查与调整

施工进度计划安排的施工工期首先应满足施工合同的要求，其次应具有较好的经济效果，即安排工期要合理，并非越短越好。当工期不符合要求时应进行必要的调整。

（2）施工顺序的检查与调整

施工进度计划安排的顺序应符合建筑装饰装修工程施工的客观规律，应从技术上、工艺上、组织上检查各个施工过程的安排是否合理，如有不当之处，应予修改或调整。

（3）资源均衡性的检查与调整

施工进度计划的劳动力、机具、材料等的供应与使用，应避免过分集中，尽量做到均衡。

劳动力消耗的均衡与否，可以通过劳动力消耗动态图来分析。

劳动力消耗的均衡性可以用均衡系数来表示，即：

$$K = R_{max}/R \tag{13-6}$$

式中　K——劳动力均衡系数；

R_{max}——施工期间工人的最大需要量；

R——施工期间工人的平均需要量，即每天出工人数与施工时间乘积之和除以总工期。

劳动力均衡系数 K 一般应控制在 2 以下，超过 2 则不正常。K 越接近 1，说明劳动力安排越合理。如果出现劳动力不均衡的现象，可通过调整次要施工过程的施工人数、施工过程的起止时间以及重新安排搭接等方法来实现均衡。

应当指出，建筑装饰装修工程施工过程是一个很复杂的过程，会受各种条件和因素的影响，在施工进度计划的执行过程中，当进度与计划发生偏差时，对施工过程应不断地进行计划—执行—检查—调整＋重新计划，真正达到指导施工的目的，增加计划的实用性。

4. 专业技能要求

通过学习和训练，能够应用横道图方法编制分部（分项）工程施工进度计划；能够进行资源平衡计算，优化进度计划；能够识读施工网络计划，检查和调整进度计划。

（二）工程案例分析

应用横道图方法编制一般单位工程、分部分项工程、专项工程施工进度计划

【案例 13-1】

背景：

某建筑装饰工程墙面抹灰可以分为三个施工段，三个施工过程分别为基层、中层、面层。各有关数据见表 13-1。

基本数据 表 13-1

过程名称	M_i	$Q_总$（m²）	Q_i（m²）	H_i 或 S_i	P_i	R_i	t_i
①	②	③	④	⑤	⑥	⑦	⑧
基层		108		0.98m²/工日		9 人	
中层		1050		0.0849m²		5 人	
面层		1050		0.0627 工日/m²		11 人	

问题：

试编制施工进度计划。

要求：（1）填写表 13-1 中的内容；

（2）按不等节拍组织流水施工，绘制进度计划及劳动力动态曲线。

分析与解答：

考核如何用流水施工的方式编制分部分项工程的施工进度计划。

（1）填写表 13-1 中的内容，填写结果见表 13-2 中。

完成基本数据 表 13-2

过程名称	M_i	$Q_总$（m²）	Q_i（m²）	H_i 或 S_i	P_i	R_i	t_i
①	②	③	④	⑤	⑥	⑦	⑧
基层	3	108	36	0.98m²/工日	36.73	9 人	4
中层	3	1050	350	0.0849m²	29.72	5 人	6
面层	3	1050	350	0.0627 工日/m²	21.95	11 人	2

对于②列，各过程划分的施工段数，根据已知条件，划分为三个施工段。

对于④列，求一个施工段上的工程量。由 $Q_i = Q_总/M_i$ 得：

基层一个段上的工程量为 $108/3 = 36$（m²）；

中层一个段上的工程量为 $1050/3 = 350$（m²）；

面层一个段上的工程量为 $1050/3 = 350$（m²）。

对于⑥列，求一个施工段上的劳动量，有 $P_i = \dfrac{P_i}{S_i} = Q_i \cdot H_i$ 得：

基层一个段上的劳动量为 $36/0.98 = 36.73$（工日）；

中层一个段上的劳动量为 $350/0.0849 = 29.72$（工日）；

面层一个段上的劳动量为 $350/0.0627 = 21.95$（工日）。

对于⑧列，求每个施工过程的流水节拍，$t_i = \dfrac{P_i}{R_i \cdot b_i}$，这里，工作班制在题目中没有提到，因此，工作班制按一班制对待。

基层一个段上的流水节拍为 $36.73/9 = 4d$；

中层一个段上的流水节拍为 $29.72/5 = 6d$；

面层一个段上的流水节拍为 $21.95/11 = 2d$。

（2）按不等节拍流水施工

第一步：求各过程之间的流水步距。

$\because t_基 = 4d < t_中 = 6d$

245

$$\therefore K_{基,中} = t_基 = 4d$$

又 $\because t_中 = 6d > t_面 = 2d$

$$\therefore K_{中,面} = Mt_中 - (M-1) \ t_面 = 3 \times 6 - (3-1) \times 2$$
$$= 18 - 4 = 14 \ (d)$$

第二步：求计算工期。

$$T = \sum K_{i,i+1} + T_N = 4 + 14 + 3 \times 2 = 24 \ (d)$$

第三步：绘制进度计划表，如图 13-1 所示。

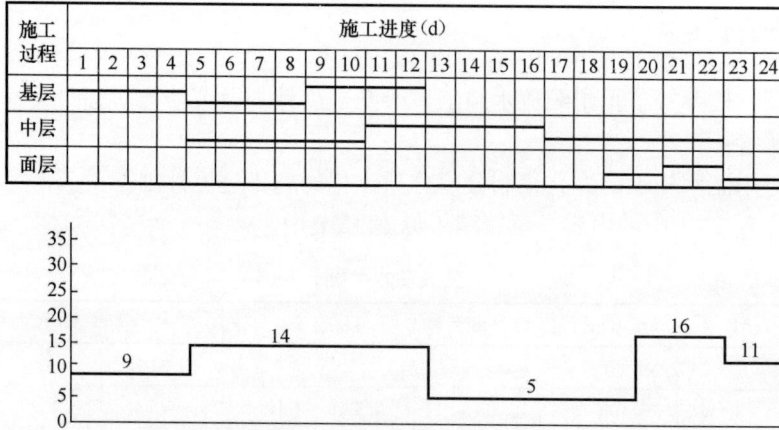

图 13-1　按不等节拍组织流水绘制进度计划及劳动力动态曲线

【案例 13-2】

背景：

某建筑公司承揽了一栋 3 层住宅楼的装饰工程施工，在组织流水施工时划分了三个施工过程，分别是：顶棚、顶墙涂料和铺木地板，施工流向自上向下。其中每层顶棚确定为三周、顶墙涂料定为两周、铺木地板定为一周完成。

问题：

绘制该工程的双代号网络计划图。

分析与解答：

本题综合了双代号网络图的三要素及绘制规则有关知识，解题关键是正确绘制出工程的双代号网络图。

按照各工序逻辑关系绘出双代号网络计划图（图 13-2）。

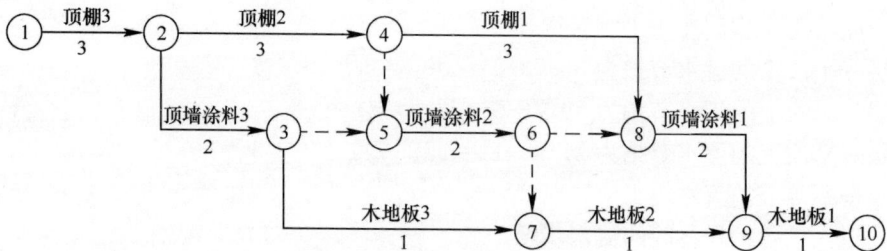

图 13-2　工程的双代号网络计划图

【案例 13-3】

背景：

某单位拟装修一办公楼，图 13-3 是室内装修施工计划横道图。

问题：

根据图 13-3 中的内容计划每周的劳动力需要量，将统计结果填入表 13-3 中相应的位置。

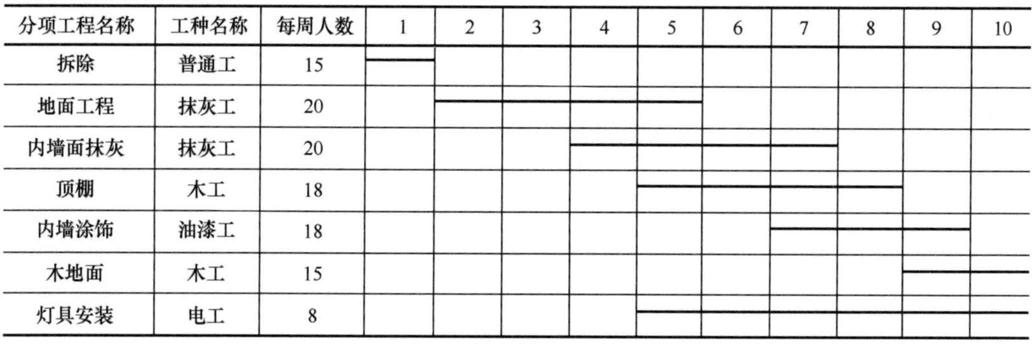

分项工程名称	工种名称	每周人数	1	2	3	4	5	6	7	8	9	10
拆除	普通工	15										
地面工程	抹灰工	20										
内墙面抹灰	抹灰工	20										
顶棚	木工	18										
内墙涂饰	油漆工	18										
木地面	木工	15										
灯具安装	电工	8										

图 13-3　室内装修施工计划横道图

劳动力需要量计划　　　　　　　　　　　　　　　　　表 13-3

序号	工种名称	用工总数	1 周	2 周	3 周	4 周	5 周	6 周	7 周	8 周	9 周	10 周
1	普通工											
2	抹灰工											
3	木工											
4	油漆工											
5	木工											
6	电工											
7	合计											

分析与解答：

本案例考核根据施工进度计划表上用工情况，按工种分别编制劳动力计划。

每周的劳动力需要量见表 13-4。

劳动力需要量计划（单位：人）　　　　　　　　　　表 13-4

序号	工种名称	用工总数	1 周	2 周	3 周	4 周	5 周	6 周	7 周	8 周	9 周	10 周
1	普通工	15	15									
2	抹灰工	160		20	20	40	40	20	20			
3	木工	72					18	18	18	18		
4	油漆工	54							18	18	18	
5	木工	30									15	15
6	电工	48					8	8	8	8	8	8
7	合计	379	15	20	20	40	66	46	64	44	41	23

【案例 13-4】

背景：

图 13-4 是某公司建筑工程前期工程的网络计划，计划工期 14d，其持续时间见表 13-5。工程进行到第 9 天时，A、B、C 工作已经完成，D 工作完成 2d，E 工作完成了 3d。

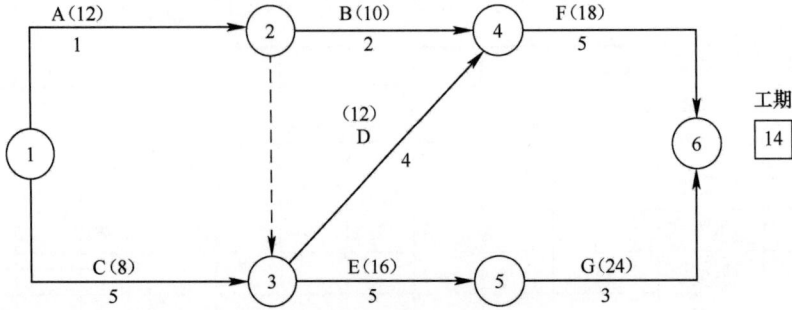

图 13-4 某公司建筑工程的网络计划图

工作持续时间 表 13-5

工作代号	A	B	C	D	E	F	G
工作持续时间（d）	1	2	5	4	5	5	3

问题：

（1）绘制本工程的实际进度前锋线。

（2）如果后续工作按计划进行，试分析 B、D、E 三项工作对计划工期产生了什么影响？

（3）如果要保持工期不变，第 9 天后需压缩哪两项工作？并说明原因。

分析与解答：

施工进度计划的调整依据进度计划检查结果进行。调整施工进度计划的步骤如下：分析进度计划检查结果，确定调整的对象和目标；选择适当的调整方法；编制调整方案；对调整方案进行评价和决策；确定调整后付诸实施的新施工进度计划。

（1）根据第 9 天的进度情况绘制的实际进度前锋线如图 13-5 所示。

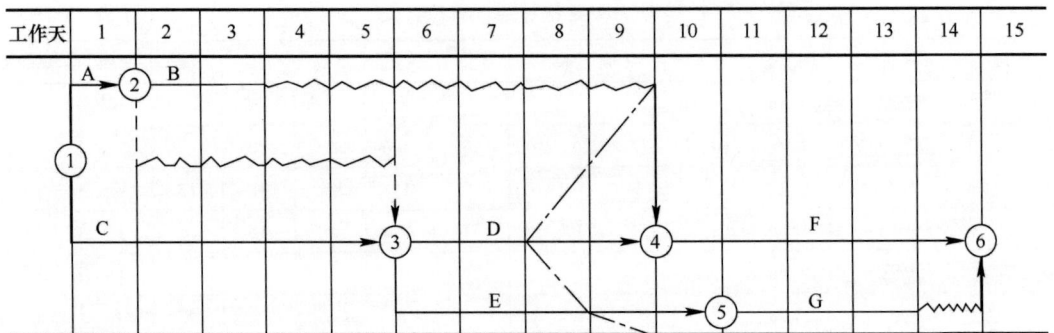

图 13-5 实际进度前锋线

（2）从图 13-5 中可以看出，D、E 工作均未完成计划。D 工作延误 2d，D 工作在关键线路上，所以将工期延长 2d。E 工作也延误 2d，但由于该工作有 1d 时差，所以将工期延长 1d。B 工作按计划完成，所以对工期不会造成影响。

（3）如果要使工期保持 14d 不变，在第 9 天检查之后，应立即组织压缩 G 工作的持续时间 1d 和 F 工作 2d。

十四、进行工程量计算及初步的工程清单计价

（一）专业技能概述

1. 装饰装修工程量计算

（1）工程量的概念

工程量是以规定的计量单位表示的工程数量，是把设计图纸的内容，转化为按清单项目或取费定额的分项工程或按结构构件项目划分的，以物理计量单位（如 m、m² 等）或自然计量单位（如个、套、台、座等）表示的实物数量。工程量是工程量清单计价的重要依据，准确的工程量计算，对工程计价、编制计划、财务管理以及成本计划执行情况的分析都是非常重要的。

工程量主要包括两方面的内容：一是招标人编制工程量清单时，按照《房屋建筑与装饰工程工程量计算规范》GB 50854—2013 附录中的计算规则计算的工程量清单项目的工程量（称清单工程量）；二是投标人投标报价及招标人编制招标控制价时，根据招标人提供的工程量清单项目及工程量，按照企业取费定额或参照省、自治区、直辖市颁发的地区性对应专业计价性定额拆分定额计价项目，并按定额规定的工程量计算规则计算的工程量（称定额工程量）。

（2）工程量计算的主要依据资料

1）经审定的单位工程全套施工图纸（包括设计说明）及图纸会审纪要或竣工图，工程量的数据是从施工图上或竣工图上取定的。

2）建筑装饰工程的计量标准。指《房屋建筑与装饰工程工程量计算规范》GB 50854—2013、企业定额或省、自治区、直辖市颁发的地区性建筑与装饰工程计价性定额。规范和定额中详细地规定了各分部工程对应的各个分项工程工程量计算规则。计算工程量时必须严格按照规范和定额中规定的计算规则、方法、单位进行，它具有一定的权威性和指导性。

3）已审定批准的施工组织设计和施工方案、施工合同。每个工程都有自身的具体情况，施工企业有自身的特点，如外墙石材墙面所用的脚手架有吊篮脚手架、钢管脚手架、挑脚手架、悬空脚手架等不同类型，另有石材的施工方法有干挂、粘贴、挂贴等，这些内容主要从施工组织设计和施工方案中才能体现出来，因此计算工程量之前，必须认真阅读施工组织设计及施工方案。另外，在施工合同中有人工、材料、机械以及其他因素的责任归属和是否调整以及如何调整的条款说明，计量时也必须认真阅读。

4）标准图集及有关计算手册。施工图中引用的有关标准图集，表明了建筑装饰构件具体构造做法、细部尺寸、材料的消耗量，是工程量计算必不可少的。另外，计算工程量时一些常用的技术数据，可从有关部门发行的手册（如铝合金、木材用量手册）中直接查

出，从而可以减轻计算的工作量，提高计算工程量的效率。

5）双方确认工程变更相关的签证、变更等。

（3）工程量计算应遵循的原则

1）熟悉基础资料。熟悉规范、定额、施工图纸、有关标准图集、施工组织设计、施工合同、招标文件等工程量计算的依据。

2）计算项目内容应与清单或定额中相应子目的工程内容一致。

3）计算清单项目工程量遵循计量规范规则，计算计价项目工程量遵循计价定额规则。即计算清单工程量时，必须遵循国家专业工程量计算规范附录中所规定的工程量计算规则，在分析综合单价计算定额工程量时遵循定额规则。

4）工程量计量单位与定额或清单工程量计量单位一致。清单工程量的计算单位是多种多样的，有以体积 m^3、面积 m^2、长度 m、质量 t（或 kg）、件（个或组）计算的。计价定额中大多数用扩大定额（按计算单位的倍数）的方法来计量，如："100m³""100m²""10m"等。

5）工程量计算所用原始数据必须和设计图纸一致。计算工程量必须在熟悉和审查图纸的基础上，严格按照规范或定额规定的工程量计算规则，以施工图纸所标注的尺寸为准进行计算，不得任意加大或缩小各部位尺寸。

6）按图纸，结合建筑物的具体情况确定计算顺序。内装修一般先按装饰分部以门窗、楼地面、墙面、顶棚、油漆等顺序进行计算。门窗工程则按其编号顺序进行计算；楼地面、顶棚、墙面、油漆分层分房间计算，房间可从平面图的左上角开始，自左至右，自上至下，最后转回左上角为止，以顺时针转圈依次进行计算；内墙面也可按轴线采用先横后竖、再自上后下、自左至右的顺序进行计算。对外装修分立面计算。同时考虑按施工方案要求分段，施工方法不同按不同的方法计算。不同的结构类型组成的建筑，按不同结构类型分别计算。

7）由于装饰材料和构件的构造形式多种多样，再加上新材料、新工艺的不断出现，如遇规范或定额内没有的新项目，其工程量要按市场使用的规则进行计量。如软皮面合金边的衣柜门，则分二开或三开门以套计量，而衣柜架体则按个与柜门分开计量。

8）采用统筹法将相关联多次重复使用的数据先计算出来，简化计算。手工计算装饰装修工程工程量时，先计算出多个项目重复使用的线（外墙外边线的长度、内墙净长线的长度）和面（室内地面、楼梯间地面、卫生间地面及门窗洞口的面积），后再按分部列项计算。

与外墙外边线数据相关的项目有勒脚、腰线、外墙装饰、散水、外墙装饰脚手架、外墙内面装饰、外墙内面踢脚线等。

与内墙净长线数据相关的项目有内墙面装饰、内墙踢脚线、内墙装饰脚手架等。

与室内地面、梯间地面、卫生间地面面积相关的项目有楼地面装饰、楼梯装饰、顶棚装饰、顶棚装饰脚手架等。

与门窗洞口面积相关的项目有外墙面装饰、内墙面装饰、门窗、门窗油漆等。

（4）装饰装修工程常用的清单项目及工程量计算规则

1）楼地面工程的清单项目及工程量计算规则见表14-1。

2）墙柱面工程的清单项目及工程量计算规则见表14-2。

3）顶棚工程的清单项目及工程量计算规则见表14-3。

4）油漆工程的清单项目及工程量计算规则见表14-4。

5）其他装饰工程的清单项目及工程量计算规则见表14-5。

6）装饰装修工程的措施项目及工程量计算规则见表14-6。

楼地面工程的清单项目及工程量计算规则　　　　表 14-1

项目编码	项目名称	项目特征	计量单位	工程量计算规则	工程内容
011101001～011101005	整体面层	1. 找平层厚度、砂浆配合比 2. 面层厚度、水泥石子浆配合比 3. 嵌条材料种类、规格 4. 石子材料种类、规格、颜色 5. 颜料种类、颜色 6. 图案要求 7. 磨光、酸洗、打蜡要求	m^2	按设计图示尺寸以面积计算。扣除凸出地面的构筑物、设备基础、室内铁道、地沟等所占面积，不扣除间壁墙及≤0.3m^2柱、垛、附墙烟囱及孔洞所占面积。门洞、空圈、暖气包槽、壁龛开口部分的面积亦不增加	1. 基层清理 2. 抹找平层 3. 抹面层 4. 嵌缝条安装 5. 磨光、酸洗打蜡 6. 材料运输
011101006	平面砂浆找平层	找平层厚度、砂浆配合比	m^2	按设计图示尺寸以面积计算	1. 基层清理 2. 抹找平层 3. 材料运输
011102001～011102003	块料面层	1. 找平层厚度、砂浆配合比 2. 结合层厚度、砂浆配合比 3. 面层材料品种、规格、颜色 4. 嵌缝材料种类 5. 防护层材料种类 6. 酸洗、打蜡要求	m^2	按设计图示尺寸以面积计算。门洞、空圈、暖气包槽、壁龛的开口部分并入相应的工程量内	1. 基层清理 2. 抹找平层 3. 面层铺设、磨边 4. 嵌缝 5. 刷防护材料 6. 酸洗、打蜡 7. 材料运输
011103001～011103004	橡塑面层	1. 粘结层厚度、材料种类 2. 面层材料品种、规格、颜色 3. 压线条种类	m^2	按设计图示尺寸以面积计算。门洞、空圈、暖气包槽、壁龛的开口部分并入相应的工程量内	1. 基层清理 2. 面层铺贴 3. 压缝条装订 4. 材料运输
011104001～011104004	其他材料面层	1. 龙骨材料种类、规格、铺设间距 2. 基层材料种类、规格 3. 面层材料品种、规格、颜色 4. 防护材料种类 5. 粘结材料种类	m^2	按设计图示尺寸以面积计算。门洞、空圈、暖气包槽、壁龛的开口部分并入相应的工程量内	1. 基层清理 2. 龙骨铺设 3. 基层铺设 4. 面层铺贴 5. 刷防护材料 6. 材料运输

项目编码	项目名称	项目特征	计量单位	工程量计算规则	工程内容
011105001～011105007	踢脚线	1. 踢脚线高度 2. 粘贴层厚度、材料种类 3. 面层材料品种、规格、颜色 4. 防护材料种类	1. m² 2. m	1. 以平方米计量，按设计图示长度乘高度以面积计算。 2. 以米计量，按延长米计算	1. 基层清理 2. 底层抹灰 3. 面层铺贴、磨边 4. 擦缝 5. 磨光、酸洗、打蜡 6. 刷防护材料 7. 材料运输
011106001～011106009	楼梯面层	1. 找平层厚度、砂浆配合比 2. 粘结层厚度、材料种类 3. 面层材料品种、规格、颜色 4. 防滑条材料种类、规格 5. 勾缝材料种类 6. 防护材料种类 7. 酸洗、打蜡要求	m²	按设计图示尺寸以楼梯（包括踏步、休息平台及≤500mm的楼梯井）水平投影面积计算。楼梯与楼地面相连时，算至梯口梁内侧边沿；无梯口梁者，算至最上一层踏步边沿加300mm	1. 基层清理 2. 抹找平层 3. 面层铺贴、磨边 4. 贴嵌防滑条 5. 勾缝 6. 刷防护材料 7. 酸洗、打蜡 8. 材料运输
011107001～011107006	台阶装饰	1. 找平层厚度、砂浆配合比 2. 粘结材料种类 3. 面层材料品种、规格、颜色 4. 勾缝材料种类 5. 防滑条材料种类 6. 防护材料种类	m²	按设计图示尺寸以台阶（包括最上层踏步边沿加300mm）水平投影面积计算	1. 基层清理 2. 抹找平层 3. 面层铺贴 4. 贴嵌防滑条 5. 勾缝 6. 刷防护材料 7. 材料运输

注：1. 011101001～011101005整体面层清单项目指水泥砂浆楼地面、现浇水磨石楼地面、细石混凝土楼地面、菱苦土楼地面、自流平楼地面。

2. 011102001～011102003块料面层清单项目指石材楼地面、碎石材楼地面、块料楼地面。

3. 011103001～011103004橡塑面层清单项目指橡胶板楼地面、橡胶板卷材楼地面、塑料板楼地面、塑料卷材楼地面。

4. 011104001～011104004其他材料面层清单项目指地毯楼地面、竹木（复合）地板、金属复合地板、防静电活动地板。

5. 011105001～011105007踢脚线清单项目指水泥砂浆踢脚线、石材踢脚线、块料踢脚线、塑料板踢脚线、木质踢脚线、金属踢脚线、防静电踢脚线。

6. 011106001～011106009楼梯面层清单项目指石材楼梯面层、块料楼梯面层、拼碎块料面层、水泥砂浆楼梯面层、现浇水磨石楼梯面层、地毯楼梯面层、木板楼梯面层、橡胶板楼梯面层、塑料板楼梯面层。

7. 011107001～011107006台阶装饰清单项目指石材台阶面、块料台阶面、拼碎块料台阶面、水泥砂浆台阶面、现浇水磨石台阶面、剁假石台阶面。

墙柱面工程的清单项目及工程量计算规则　　　　表 14-2

项目编码	项目名称	项目特征	计量单位	工程量计算规则	工作内容
011201001~011201003	墙面抹灰	1. 墙体类型 2. 底层厚度、砂浆配合比 3. 面层厚度、砂浆配合比 4. 装饰面材料种类 5. 分格缝宽度、材料种类	m²	按设计图示尺寸以面积计算。扣除墙裙、门窗洞口及单个 0.3m² 以上孔洞所占面积,不扣除踢脚板、挂镜线和墙与构件交接处的面积,洞口侧壁及顶面亦不增加。附墙柱、梁、垛、烟囱侧壁面积并入相应的墙面面积内。 1. 外墙抹灰面积按外墙垂直投影面积计算。 2. 外墙裙抹灰面积按其长度乘以高度计算。 3. 内墙抹灰面积按主墙间的净长乘以高度计算。 ①无墙裙的,高度按室内地面或楼面至顶棚底面计算。 ②有墙裙的,高度按墙裙顶至顶棚底面计算。 ③吊顶顶棚抹灰,高度算至顶棚底。 4. 内墙裙抹灰面积按内墙净长乘以高度计算	1. 基层清理 2. 砂浆制作、运输 3. 底层抹灰 4. 抹面层 5. 抹装饰面 6. 勾分隔缝
011201004	立面砂浆找平层	1. 基层类型 2. 找平层砂浆厚度、配合比	m²	按设计图示尺寸以面积计算。扣除墙裙、门窗洞口及单个 0.3m² 以上孔洞所占面积,不扣除踢脚板、挂镜线和墙与构件交接处的面积,洞口侧壁及顶面亦不增加。附墙柱、梁、垛、烟囱侧壁面积并入相应的墙面面积内。 1. 外墙抹灰面积按外墙垂直投影面积计算。 2. 外墙裙抹灰面积按其长度乘以高度计算。 3. 内墙抹灰面积按主墙间的净长乘以高度计算。 ①无墙裙的,高度按室内地面或楼面至顶棚底面计算。 ②有墙裙的,高度按墙裙顶至顶棚底面计算。 ③吊顶顶棚抹灰,高度算至顶棚底。 4. 内墙裙抹灰面积按内墙净长乘以高度计算	1. 基层清理 2. 砂浆制作、运输 3. 抹灰找平
011202001~011202002	柱、梁面抹灰	1. 柱(梁)体类型 2. 底层厚度、砂浆配合比 3. 面层厚度、砂浆配合比 4. 装饰面材料种类 5. 分格缝宽度、材料种类	m²	1. 柱面抹灰:按设计图示柱断面周长乘以柱的高度以面积计算。 2. 梁面抹灰:按设计图示梁断面周长乘长度以面积计算	1. 基层清理 2. 砂浆制作、运输 3. 底层抹灰 4. 抹面层 5. 勾分隔缝

项目编码	项目名称	项目特征	计量单位	工程量计算规则	工作内容
011202003	柱、梁面砂浆找平层	1. 柱（梁）体类型 2. 找平的砂浆厚度、配合比	m²	1. 柱面抹灰：按设计图示柱断面周长乘以柱的高度以面积计算。 2. 梁面抹灰：按设计图示梁断面周长乘长度以面积计算	1. 基层清理 2. 砂浆制作、运输 3. 抹灰找平
011204001～011204003	墙面块料面层	1. 墙体类型 2. 安装方式 3. 面层材料品种、规格、颜色 4. 缝宽、嵌缝材料种类 5. 防护材料种类 6. 磨光、酸洗、打蜡要求	m²	按镶贴表面积计算	1. 基层清理 2. 砂浆制作、运输 3. 粘结层铺贴 4. 面层安装 5. 嵌缝 6. 刷防护材料 7. 磨光、酸洗、打蜡
011204004	干挂石材钢骨架	1. 骨架种类、规格 2. 防锈漆品种遍数	t	按设计图示以质量计算	1. 骨架制作、运输、安装 2. 刷漆
011205001～011205005	柱（梁）面镶贴块料	1. 柱截面类型、尺寸 2. 安装方式 3. 面层材料品种、规格、颜色 4. 缝宽、嵌缝材料种类 5. 防护材料种类 6. 磨光、酸洗、打蜡要求	m²	按镶贴表面积计算	1. 基层清理 2. 砂浆制作、运输 3. 粘结层铺贴 4. 面层安装 5. 嵌缝 6. 刷防护材料 7. 磨光、酸洗、打蜡
011207001	墙饰面	1. 龙骨材料种类、规格、中距 2. 隔离层材料种类、规格 3. 基层材料种类、规格 4. 面层材料品种、规格、颜色 5. 压条材料种类、规格	m²	按设计图示墙净长乘净高以面积计算。扣除门窗洞口及单个＞0.3m²的孔洞所占面积	1. 基层清理 2. 龙骨制作、运输、安装 3. 钉隔离层 4. 基层铺钉 5. 面层铺贴
011208001	柱（梁）饰面			按设计图示饰面外围尺寸以面积计算。柱帽、柱墩并入相应柱饰面工程量内	

续表

项目编码	项目名称	项目特征	计量单位	工程量计算规则	工作内容
011209001	带骨架幕墙	1. 骨架材料种类、规格、中距 2. 面层材料品种、规格、颜色 3. 面层固定方式 4. 隔离带、框边封闭材料品种、规格 5. 嵌缝、塞口材料种类	m²	按设计图示框外围尺寸以面积计算。与幕墙同种材质的窗所占面积不扣除	1. 骨架制作、运输、安装 2. 面层安装 3. 隔离带、框边封闭 4. 嵌缝、塞口 5. 清洗
011209002	全玻(无框玻璃)幕墙	1. 玻璃品种、规格、颜色 2. 粘结塞口材料种类 3. 固定方式	m²	按设计图示尺寸以面积计算。带肋全玻幕墙按展开面积计算	1. 幕墙安装 2. 嵌缝、塞口 3. 清洗
011210001~ 011210004	隔断	1. 骨架、边框材料种类、规格 2. 隔板材料品种、规格、颜色 3. 嵌缝、塞口材料品种	m²	按设计图示框外围尺寸以面积计算。不扣除单个≤0.3m²的孔洞所占面积；浴厕门的材质与隔断相同时，门的面积并入隔断面积内	1. 骨架及边框制作、运输、安装 2. 隔板制作、运输、安装 3. 嵌缝、塞口 4. 装钉压条

注：1. 011201001~011201003 墙面抹灰清单项目指墙面一般抹灰、墙面装饰抹灰、墙面勾缝。

2. 011202001~011202002 柱(梁)面抹灰清单项目指柱(梁)面一般抹灰、柱(梁)面装饰抹灰。

3. 011204001~011204003 墙面块料面层清单项目指石材墙面、拼碎石材墙面、块料墙面。

4. 011205001~011205005 柱(梁)面镶贴块料清单项目指石材柱面、块料柱面、拼碎块料柱面、石材梁面、块料梁面。

5. 011210001~011210004 隔断清单项目指木隔断、金属隔断、玻璃隔断、塑料隔断。

顶棚工程的清单项目及工程量计算规则 表 14-3

项目编码	项目名称	项目特征	计量单位	工程量计算规则	工程内容
011301001	顶棚抹灰	1. 基层类型 2. 抹灰厚度、材料种类 3. 砂浆配合比	m²	按设计图示尺寸以水平投影面积计算，不扣除间壁墙、垛、柱、附墙烟囱、检查口和管道所占的面积。带梁顶棚的梁两侧抹灰面积并入顶棚面积内，板式楼梯底面抹灰按斜面积计算，锯齿形楼梯底板抹灰按展开面积计算	1. 基层清理 2. 底层抹灰 3. 抹面层

项目编码	项目名称	项目特征	计量单位	工程量计算规则	工作内容
011302001	吊顶顶棚	1. 吊顶形式、吊杆规格、高度 2. 龙骨材料种类、规格、中距 3. 基层材料种类、规格 4. 面层材料品种、规格 5. 防护材料种类	m²	按设计图示尺寸以水平投影面积计算，顶棚面中的灯槽及跌级、锯齿形、吊挂式、藻井式顶棚面积也不展开计算。不扣除间壁墙、检查口、附墙烟囱、附墙垛和管道所占面积。应扣除单个 0.3m² 以上的孔洞及灯饰面积、独立柱及与顶棚相连的窗帘盒所占的面积	1. 基层清理、吊杆安装 2. 龙骨安装 3. 基层板铺贴 4. 面层铺贴 5. 嵌缝 6. 刷防护材料
011302002	格栅吊顶	1. 龙骨材料种类、规格、中距 2. 基层材料种类、规格 3. 面层材料品种、规格 4. 防护材料种类	m²	按设计图示尺寸以水平投影面积计算	1. 基层清理 2. 安装龙骨 3. 基层板铺贴 4. 面层铺贴 5. 刷防护材料
011302003	吊筒吊顶	1. 吊筒形状、规格 2. 吊筒材料种类 3. 防护材料种类			1. 基层清理 2. 吊筒制作安装 3. 刷防护材料
011302004	藤条造型悬挂吊顶	1. 骨架材料种类、规格 2. 面层材料品种、规格			1. 基层清理 2. 龙骨安装 3. 铺贴面层
011302005	织物软雕吊顶				
011302006	网架（装饰）吊顶	网架材料品种、规格			1. 基层清理 2. 网架制作安装
011303001	采光顶棚	1. 骨架类型 2. 固定类型、固定材料品种、规格 3. 面层材料品种、规格 4. 嵌缝、塞口材料种类	m²	按框外围展开面积计算	1. 清理基层 2. 面层制安 3. 嵌缝、塞口 4. 清洗
011304001	灯带（槽）	1. 灯带型式、尺寸 2. 格栅片材料品种、规格 3. 安装固定方式	m²	按设计图示尺寸以框外围面积计算	安装、固定
011304002	送风口、回风口	1. 风口材料品种、规格 2. 安装固定方式 3. 防护材料种类	个	按设计图示数量计算	1. 安装、固定 2. 刷防护材料

257

油漆工程的清单项目及工程量计算规则 表 14-4

项目编码	项目名称	项目特征	计量单位	工程量计算规则	工作内容
011401001~011401002	门油漆	1. 门类型 2. 门代号及洞口尺寸 3. 腻子种类 4. 刮腻子遍数 5. 防护材料种类 6. 油漆品种、刷漆遍数	1. 樘 2. m²	1. 以樘计量,按设计图示数量计量。 2. 以平方米计量,按设计图示洞口尺寸以面积计算	1. 基层清理 2. 刮腻子 3. 刷防护材料、油漆 4. 除锈、基层清理
011402001~011402002	窗油漆	1. 窗类型 2. 窗代号及洞口尺寸 3. 腻子种类 4. 刮腻子遍数 5. 防护材料种类 6. 油漆品种、刷漆遍数	1. 樘 2. m²	1. 以樘计量,按设计图示数量计量。 2. 以平方米计量,按设计图示洞口尺寸以面积计算	1. 基层清理 2. 刮腻子 3. 刷防护材料、油漆 4. 除锈、基层清理
011403001~011403005	木扶手及其他板条、线条油漆	1. 断面尺寸 2. 腻子种类 3. 刮腻子遍数 4. 防护材料种类 5. 油漆品种、刷漆遍数	m	按设计图示尺寸以长度计算	1. 基层清理 2. 刮腻子 3. 刷防护材料、油漆
011404001~011404015	木材面油漆	1. 腻子种类 2. 刮腻子遍数 3. 防护材料种类 4. 油漆品种、刷漆遍数	m²	按设计图示尺寸以面积计算。 1. 木间壁、木隔断、玻璃间壁露明墙筋、木栅栏、木栏杆(带扶手)油漆以单面外围面积计算。 2. 衣柜、壁柜、梁装饰面、零星木装修油漆以油漆部分展开面积计算。 3. 木地板油漆、木地板烫硬蜡面以面积计算	1. 基层清理 2. 刮腻子 3. 刷防护材料、油漆
011405001	金属面油漆	1. 构件名称 2. 腻子种类 3. 刮腻子要求 4. 刷防护材料种类 5. 油漆品种、刷漆遍数	1. t 2. m²	1. 以吨计量,按设计图示尺寸以质量计算。 2. 以平方米计量,按设计展开面积计算	1. 基层清理 2. 刮腻子 3. 刷防护材料、油漆
011406001	抹灰面油漆	1. 基层类型 2. 腻子种类 3. 刮腻子遍数 4. 刷防护材料种类 5. 油漆品种、刷漆遍数 6. 部位	m²	按设计图示尺寸以面积计算	1. 基层清理 2. 刮腻子 3. 刷防护材料、油漆

续表

项目编码	项目名称	项目特征	计量单位	工程量计算规则	工作内容
011407001~011407003	喷刷涂料	1. 基层类型 2. 喷刷涂料部位 3. 腻子种类 4. 刮腻子要求 5. 涂料品种、喷刷遍数	m²	1. 墙面、顶棚喷刷涂料按设计图示尺寸以面积计算。 2. 空花格、栏杆刷涂料按设计图示尺寸以单面外围面积计算	1. 基层清理 2. 刮腻子 3. 刷、喷涂料
011407005	金属构件刷防火涂料	1. 喷刷防火涂料构件名称 2. 防火等级要求 3. 涂料品种、喷刷遍数	1. m² 2. t	1. 以吨计量，按设计图示尺寸以质量计算。 2. 以平方米计量，按设计展开面积计算	1. 基层清理 2. 刷防护材料、油漆
011407006	木材构件喷刷防火涂料		m²	以平方米计量，按设计图示尺寸以面积计算	1. 基层清理 2. 刷防火涂料
011408001~011408002	裱糊	1. 基层类型 2. 裱糊部位 3. 腻子种类 4. 刮腻子遍数 5. 粘结材料种类 6. 防护材料种类 7. 面层材料品种、规格、颜色	m²	按设计图示尺寸以面积计算	1. 基层清理 2. 刮腻子 3. 面层铺粘 4. 刷防护材料

注：1. 011401001~011401002 门油漆清单项目指木门油漆、金属门油漆。

2. 011402001~011402002 窗油漆清单项目指木窗油漆、金属窗油漆。

3. 011403001~011403005 木扶手及其他板条、线条油漆清单项目指木扶手油漆、窗帘盒油漆、封檐板油漆、挂衣板油漆、挂镜线油漆。

4. 011404001~011404015 木材面油漆清单项目指木护墙油漆、窗台板油漆、清水板条顶棚油漆、木方格吊顶顶棚油漆、噪声板墙面油漆、散热器罩油漆、其他木材面油漆、木间壁油漆、木隔断油漆、玻璃间壁露明墙筋油漆、木栅栏木栏杆（带扶手）油漆、衣柜油漆、壁柜油漆、梁装饰面油漆、零星木装修油漆、木地板油漆、木地板烫硬蜡面。

5. 011407001~011407003 喷刷涂料清单项目指墙面喷刷涂料、顶棚喷刷涂料、空花格、栏杆刷涂料。

6. 011408001~011408002 裱糊清单项目指墙纸裱糊、织锦缎裱糊。

其他装饰工程的清单项目及工程量计算规则　　　　表 14-5

项目编码	项目名称	项目特征	计量单位	工程量计算规则	工程内容
011501001~011501020	柜类、货架	1. 台柜规格 2. 材料种类、规格 3. 五金种类、规格 4. 防护材料种类 5. 油漆品种、刷漆遍数	1. 个 2. m 3. m³	1. 以个计量，按设计图示数量计算。 2. 以米计量，按设计图示尺寸以延长米计算。 3. 以立方米计量，按设计图示尺寸以体积计算	1. 台柜制作、运输、安装 2. 刷防护材料、油漆 3. 五金件安装

续表

项目编码	项目名称	项目特征	计量单位	工程量计算规则	工程内容
011502001~ 011502008	压条、装饰线	1. 基层类型 2. 线条材料品种、规格、颜色 3. 防护材料种类 4. 线条安装部位 5. 填充材料种类	m	按设计图示尺寸以长度计算	1. 线条制作、安装 2. 刷防护材料
011503001~ 011503008	扶手、栏杆、栏板	1. 扶手材料种类、规格 2. 栏杆材料种类、规格 3. 栏板材料种类、规格、颜色 4. 固定配件种类 5. 防护材料种类	m	按设计图示以扶手中心线长度（包括弯度长度）计算	1. 制作 2. 运输 3. 安装 4. 刷防护材料

注：1. 011501001~011501020柜类、货架清单项目指柜台、酒柜、衣柜、存包柜、鞋柜、书柜、厨房壁柜、木壁柜、厨房地柜、厨房吊柜、矮柜、吧台背柜、酒吧吊柜、酒吧台、展台、收银台、试衣间、货架、书架、服务台。

2. 011502001~011502008压条、装饰线清单项目指金属装饰线、木质装饰线、石材装饰线、石膏装饰线、镜面装饰线、铝塑装饰线、塑料装饰线、GRC装饰线条。

3. 011503001~011503008扶手、栏杆、栏板清单项目指金属、硬木、塑料扶手、栏杆、栏板、GRC栏杆、金属靠墙扶手、硬木靠墙扶手、塑料靠墙扶手、玻璃栏板。

装饰装修工程的措施项目及工程量计算规则　　　　表 14-6

项目编码	项目名称	项目特征	计量单位	工程量计算规则	工程内容
011701001	综合脚手架	1. 建筑结构形式 2. 檐口高度	m²	按建筑面积计算	1. 场内、场外材料搬运 2. 搭、拆脚手架、斜道、上料平台 3. 安全网的铺设 4. 选择附墙点与主体连接 5. 测试电动装置、安全锁等 6. 拆除脚手架后材料的堆放
011701002	外脚手架	1. 搭设方式 2. 搭设高度 3. 脚手架材质		按所服务对象的垂直投影面积计算	1. 场内、场外材料搬运 2. 搭、拆脚手架、斜道、上料平台 3. 安全网的铺设 4. 拆除脚手架后料的堆放
011701003	里脚手架				
011701004	悬空脚手架	1. 搭设方式 2. 搭设高度 3. 脚手架材质	m²	按搭设的水平投影面积计算	
011701005	挑脚手架		m	按搭设长度乘以搭设层数以延长米计算	
011701006	满堂脚手架	1. 搭设方式 2. 搭设高度 3. 脚手架材质	m²	按搭设的水平投影面积计算	

项目编码	项目名称	项目特征	计量单位	工程量计算规则	工程内容
011701007	整体提升架	1. 搭设方式及启动装置 2. 搭设高度	m²	按所服务对象的垂直投影面积计算	1. 场内、场外材料搬运 2. 搭、拆脚手架、斜道、上料平台 3. 安全网的铺设 4. 选择附墙点与主体连接 5. 测试电动装置、安全锁等 6. 拆除脚手架后材料的堆放
011701008	外装饰吊篮	1. 升降方式及启动装置 2. 搭设高度及吊篮型号			1. 场内、场外材料搬运 2. 吊篮的安装 3. 测试电动装置、安全锁、平衡控制器等 4. 吊篮的拆卸
011703001	垂直运输	1. 建筑物建筑类型及结构形式 2. 地下室建筑面积 3. 建筑物檐口高度、层数	1. m² 2. 天	1. 按建筑面积计算。 2. 按施工工期日历天数计算	1. 垂直运输机械的固定装置、基础制作、安装 2. 行走式垂直运输机械轨道的铺设、拆除、摊销

注：1. 使用综合脚手架时，不再使用外脚手架、里脚手架等单项脚手架；综合脚手架适用于能够按"建筑面积计算规则"计算建筑面积的建筑工程脚手架，不适用于房屋加层、构筑物及附属工程脚手架。

2. 同一建筑物有不同檐高时，按建筑物的不同檐高做纵向分割，分别按不同檐高列清单项目。

3. 整体提升架已包括2m高的防护架体设施。

4. 建筑物的檐口高度是指设计室外地坪至檐口滴水的高度（平屋顶系指屋面板底高度），突出主体建筑物屋顶的电梯机房、楼梯出口间、水箱间、瞭望塔、排烟机房等不计入檐口高度。

5. 垂直运输指施工工程在合理工期内所需垂直运输机械。

2. 装饰装修工程计价

现阶段装饰装修工程计价采用工程量清单计价法。

工程量清单计价是指建设工程在招标投标中，招标人按照国家统一的《房屋建筑与装饰工程工程量计算规范》GB 50854—2013 中的工程量计算规则，提供工程数量（又称工程量清单），并作为招标文件的一部分提供给投标人，由投标人自主完成工程量清单所需的全部费用，包括分部分项工程费、措施项目费、其他项目费和规费、税金。

工程量清单计价可以描述为以招标文件中的工程量清单为基础，根据工程设计、施工或竣工的相关资料，利用相关的计价性定额及国家或省级、行业颁发的计价办法和工程造价信息计算出的工程造价。

其基本方法为：收集编制依据→分析工程量清单中各项目的综合单价→计算分部分项工程费→计算措施项目费→计算其他项目费→计算规费→计算税金→汇总计算单位工程造价→汇总计算单项工程造价→汇总计算建设项目工程造价。

（1）编制工程量清单

工程量清单是载明拟建工程分部分项工程项目、措施项目、其他项目的名称和相应数量以及规费项目、税金项目等内容的明细清单。

工程量清单应统一采用现行《建设工程工程量清单计价规范》GB 50500—2013 规定

的格式进行编制。

分部分项工程量清单和单价措施项目清单必须载明项目编码、项目名称、项目特征、计量单位和工程量五项内容；总价措施项目清单必须载明项目编码、项目名称两项内容，其内容应统一根据《房屋建筑与装饰工程工程量计算规范》GB 50854—2013 附录表中的规定进行编制。

工程量清单的编制方法如下：

1）划分清单项目

工程量清单项目是一个"工程综合实体"项目。其工作内容可能包含若干附属施工工艺，项目名称是对工程实际的分项工程进行整合并以形成工程实体的主导施工过程命名。如"吊顶顶棚"清单项目工作内容包括吊杆安装、龙骨安装、基层板铺贴、面层铺贴等施工工艺。

清单项目应结合拟建工程项目的实际符合《房屋建筑与装饰工程工程量计算规范》GB 50854—2013 附录表中的项目名称，根据其特征要素不同分别进行列项。分部分项工程量清单项目按施工图或竣工图划分，措施清单项目按施工组织设计划分。

2）进行项目编码

项目编码是工程量清单项目名称的阿拉伯数字标识。项目编码采用五级十二位阿拉伯数字表示。一至九位应按《房屋建筑与装饰工程工程量计算规范》GB 50854—2013 附录表中的规定设置，十至十二位编制人可根据拟建工程同一清单项目的不同项目特征分别从001、002、003……依次进行设置，同一招标工程的项目编码不得有重码。

3）描述项目特征

项目特征是指构成该清单项目自身价值的本质特征。项目特征应描述对清单项目的报价有实质性影响的内容。如施工难度（如抹灰基层、顶棚几何形状、顶棚装饰高度、檐高）、材质（如油漆、木材类别）、材料品种规格（如抹灰材料品种及厚度、地砖类型及大小）等。

项目特征的具体内容应结合拟建工程项目的实际，按《房屋建筑与装饰工程工程量计算规范》GB 50854—2013 附录表中规定的清单项目的项目特征要素并考虑影响计价的其他要素进行描述。

4）确定计量单位

分部分项工程清单项目及单价措施项目的计量单位，应按《房屋建筑与装饰工程工程量计算规范》GB 50854—2013 附录表中规定的计量单位确定。规范中有两个或两个以上计量单位的，应结合拟建工程项目的实际情况，选择适宜表现该项目特征并方便计量的单位。

5）计算工程量

工程量指"工程综合实体"的主导施工过程的实物数量。

分部分项工程清单项目及单价措施项目的工程量应按规范附录表中清单项目对应的工程量计算规则计算。数据从施工图或竣工图上取定。工程数量的有效位数：以"t"为单位的，保留小数点后三位数字，第四位四舍五入；以"m^3""m^2""m"为单位的，保留小数点后两位数字，第三位四舍五入；以"个""件""根"为单位的，应取整数。

（2）工程量清单计价

1）计算分部分项工程费

装饰装修分部分项工程费是计算门窗、楼地面、墙柱面、顶棚、油漆涂饰、其他装饰工程等分部分项工程的费用，计价方式是采用综合单价计价。综合单价是指完成一个规定清单项目所需的人工费、材料和工程设备费、施工机具使用费和企业管理费、利润以及一定范围内的风险费用。

分部分项工程费＝$\sum$（分部分项的清单工程量×综合单价）

由于工程量清单项目的划分是以一个综合实体考虑的，一般包含多项工作内容，由不同性质的施工工序（分项工程）组成，如吊顶顶棚工程量清单项目包含的工作内容有基层处理、吊杆安装、龙骨安装、基层板铺贴、面层铺贴、嵌缝、刷防护材料等，而计价项目是按同性质的施工工序（分项工程）列项，其工作内容一般是单一的，因而工程量清单项目的计价要按各内容分别列项计算，要对综合多个不同性质的计价项目进行分析组价。综合单价分析方法步骤如下：

① 列出工程量清单项目应用计价定额计价时所拆分的计价项目；

② 按计价定额所规定的工程量计算规则计算相应计价项目的工程量（称定额工程量）；

③ 套用计价定额中各计价项目对应的人工费、材料和工程设备费、施工机具使用费和企业管理费、利润基准值，填写工程量清单综合单价分析表，分析组合计算出清单项目的综合单价。

综合单价分析表见表14-7。

综合单价中的人工(材料、机械、企业管理、利润)费＝$\sum$各计价项目工程量×计价定额相应项目中的人工(材料、机械、企业管理、利润)费/清单项目在工程量清单中的清单工程量

清单项目综合单价＝人工费＋材料费＋机械费＋企业管理费＋利润

风险费用是指隐含于已标价工程量清单综合单价中，用于化解发承包双方在工程合同中约定内容和范围内的市场价格波动风险的费用。

现行《建设工程工程量清单计价规范》GB 50500—2013中规定，风险费用不得采用无限风险，应采用有限风险，责任互担。该规范对风险费用范围和责任规定如下：

由发包人完全承担的风险：外部风险有法律、法规与政策的变化；省级或行业建设主管部门发布的人工费调整；由政府定价或指导管理的原材料等价格的调整。内部风险有变更类风险——工程变更、项目特征描述不符、工程量清单缺项等。

承包人完全承担的风险：施工技术和管理风险。

承发包双方应有限承担的风险：市场风险（物价变化）、不可抗力、工程量偏差风险。

物价变化时双方共担的风险计取方法：人工费按实际发生的计取；承包人采购的材料和工程设备单价变化超过5%，施工机械台班单价超过10%，超过部分应按价格指数调整法或造价信息差额调整法调差；甲方供材及设备由发包人按实调整，列入工程造价内；工程延误期间物价波动引起的合同价款的调整有利于无过错一方。

承发包双方应有限承担的不可抗力风险计取方法：发包人承担工程本身的损害或工程导致第三人及本单位人的损害；运到场地等待施工的材料或等待安装设备的损害；停工期间现场管理费用（需要时）；工程所需清理、修复费用（结算）；承包人承担事件对本单位人的损害；本单位的施工机械损坏或停工费用。

2) 计算措施项目费

措施项目费是指为完成建设工程施工，发生于该工程施工前和施工过程中的技术、生活、安全、环境保护等方面的费用，分为不宜计量的总价措施项目费和可予计量的单价措施项目费。

① 不宜计量的总价措施项目费的内容包括：安全文明施工费（环境保护费、文明施工费、安全施工费、临时设施费）、夜间施工增加费（因缩短工期）、二次搬运费（因施工场地条件狭小）、冬雨期施工增加费（因缩短工期）等。

不宜计量的总价措施项目费是按一定的基数乘以相应费率进行计算。计费基数应为定额人工费或定额人工费＋定额机械费、综合工日（指分部分项项工程和可计量的措施项目中的综合人工），其费率由各省或地区工程造价管理机构根据各专业工程的特点综合确定。其中，安全文明施工费是不可竞争费。

② 可予计量的单价措施项目费内容包括：脚手架工程费、垂直运输费、超高施工增加费、已完工程保护费等。

可予计量的单价措施项目费的计价方法同分部分项工程的计价方法，采用综合单价计价。

单价措施项目费＝∑（单价措施项目清单工程量×综合单价）

综合单价的分析方法同分部分项工程清单项目的综合单价分析方法。

3) 计算其他项目费

其他项目费内容包括暂列金额、暂估价、计日工、总承包服务费等。

暂列金额由建设单位根据工程特点，按有关计价规定估算，施工过程中由建设单位掌握使用、扣除合同价款调整后如有余额，归建设单位。

暂列金额＝（分部分项工程费＋措施项目费）×费率(％)

暂估价是指招标人在工程量清单中提供用于支付必然发生但暂时不确定价格的材料、工程设备的单价及专业工程（专业性较强，如玻璃幕墙）的金额，包括材料暂估价、工程设备暂估价和专业工程暂估价。

对于必然发生但暂时不确定价格的材料及工程设备，招标人应在招标文件中列出其名称、规格、型号及计量单位、数量、暂估单价、所用项目等内容组成的明细清单。

投标人投标报价时，按所用项目的材料费组入使用项目的综合单价中。

工程结算时，按经确认的数量和单价进行结算。招标人采购的材料和设备费应按合同约定从工程结算款中扣除。若结算金额超过预算定额，其超过部分从暂列金额中支付。

对于建设项目中的某分项工程或单位工程专业性较强（如玻璃幕墙），一般以分包的方式由专业队伍施工。该专业工程的价格，向专业队伍询价或招标报价，只能以暂估价方式列入合同价款中。招标人在招标文件中应列出工程名称、工程内容、暂定金额等内容明细表。投标人投标报价时参照即可。工程结算时，按经确认的工程内容和金额进行结算。

计日工是指在施工过程中，施工企业完成建设单位提出的施工图纸以外的零星项目或工作所需的费用。

计日工由建设单位和施工企业按施工过程中的签证计价。根据工程特点和有关计价依据按消耗的人工工日、材料数量、机械台班数量乘以综合单价方法计算总额。

计日工＝∑（人工工日×综合单价）＋∑（材料数量×综合单价）＋∑（机械台班数量×综合单价）

其中，综合单价内容指除了规费和税金以外的费用。

总承包服务费是指总承包人为配合、协调建设单位进行的专业工程发包，对建设单位自行采购的材料、工程设备等进行保管以及施工现场管理、竣工资料汇总整理等服务所需的费用。

对于发包人进行专业工程发包的总承包工程项目，应计取总承包服务费。招标人在对工程进行分包和自行采购供应材料及设备时，应在招标文件中列出项目名称、项目价值、服务内容、计算基础、费率等内容组成的明细清单。其计算基础和费率按照省级或行业建设主管部门规定进行计算。

投标人一般按服务内容和服务程度以专业工程估算造价的1‰～5‰自主报价。工程结算时按专业工程结算价为基础并按合同约定的价款调整方法结算。

4）计算规费

规费是指按国家法律、法规规定，由省级政府和省级有关权力部门规定施工企业必须缴纳的，应计入建筑安装工程造价的费用，包括社会保险费（养老保险费、失业保险费、医疗保险费、工伤保险费、生育保险费）、住房公积金等。

规费是不可竞争费，按省级政府和有关权力部门规定的方法计算。

社会保险费和住房公积金一般以分部分项工程费和单价措施项目费中的人工费为计算基础，根据工程所在地省、自治区、直辖市或行业建设主管部门规定的费率计算。

5）计算税金

根据财政部、国家税务总局发布的《关于全面推开营业税改征增值税试点的通知》（财税〔2016〕36号）规定，税金指计入建筑安装工程造价内的增值税。

单位工程的增值税以分部分项工程费、措施项目费、其他项目费、规费为基础乘以增值税税率计算。

增值税税率按住房和城乡建设部即时发布规定的建设工程计价依据的增值税税率。

工程量清单项目综合单价分析表　　　　　　　　表14-7

工程名称：　　　　　　　　标段：　　　　　　　　第　页共　页

项目编码		项目名称			计量单位		
清单综合单价组成明细							
定额编号	定额名称	定额单位	数量	单价				合价			
				人工费	材料费	机械费	管理费和利润	人工费	材料费	机械费	管理费和利润
人工单价			小计								
元/工日			未计价材料费								
清单项目综合单价											

	主要材料名称、规格型号	单位	数量	单价	合价	暂定单价	暂估合价
材料费明细							
	其他材料费						
	材料费小计						

3. 装饰装修工程合同价款及其调整

合同价款是发承包双方按有关规定和协议条款约定的各种取费标准计算、在书面合同中约定，用以支付承包人按照合同要求完成工程内容时的价款。合同价款有固定价格（固定单价或总价）、可调价格、成本加酬金三种方式。

实行工程量清单计价的工程应采用可调价格的单价合同。若规模较小，技术难度较低，工期较短，且施工图设计已审核批准的工程可采用固定单价或固定总价合同。

（1）合同价款的约定内容

发承包双方应在合同条款中对下列事项进行约定：

1）预付工程款的数额、支付时间及抵扣方式。

2）安全文明施工措施的支付计划，使用要求等。

3）工程计量与支付工程进度款的方式、数额及时间。

4）工程价款的调整因素、方法、程序、支付及时间。

5）施工索赔与现场签证的程序、金额确认与支付时间。

6）承担计价风险的内容、范围以及超出约定内容、范围的调整办法。

7）工程竣工价款结算编制与核对、支付及时间。

8）工程质量保证（保修）金的数额、预扣方式及时间。

9）违约责任以及发生工程价款争议的解决方法及时间。

10）与履行合同、支付价款有关的其他事项等。

（2）合同价款的调整

合同价款的调整因素有：行政法规和国家有关政策变化；造价管理部门公布的人工、材料价格调整；工程变更；项目特征描述不符；工程量清单缺项；工程量偏差；计日工；不可抗力；提前竣工；误期赔偿；索赔；现场签证；暂列金额；双方合同中约定的其他调整因素。

工程合同价款调整参照原则：合同中已有适用单价的，变更工程按已有单价调整合同价款；合同中已有类似单价的，变更工程按类似单价调整合同价款；合同中没有适用或类似的单价的，由承包商提出变更价格，变更价格经审计部门审定后，再按投标时的下浮率进行下浮后作为变更结算价。

1）工程量的调整

工程量调整范围有清单漏项、计算误差、估算工程量、设计变更等。调整方法如下：

① 采用固定单价或可调价格合同，清单漏项、计算误差、估算工程量等均按实调整。

② 合同约定范围外的设计变更按实调整。

③ 工程施工期间承包人除了完成了合同约定的工作外，还做了其他工作，承包人提出证明，经发包人确认无误后可将费用列入工作项目计价表。

2）综合单价的调整

综合单价调整范围有工程量变更、材料设备价格变化、预算工资单价等政策性调整、项目特征变更、暂定价等。调整方法如下：

① 工程量增减在±15%以内，执行原有的综合单价；超过15%的部分，重新确认单价，增加时其综合单价应予调低，减少时综合单价应予调高；工程量的漏项清单项目的价格确定有三种方法：按照已有价格、参照类似价格、重新确认单价。

② 材料、设备价格涨跌幅度在±5%以内，其价差由承包人承担或受益，超过±5%，超过部分价差由发包人承担或受益。

③ 工资单价变化调整：以工作日数按实调整。

④ 项目变更调整单价：减少一项或几项则直接减去该项子目单价；增加一项或几项则相应增加该项子目单价；项目数量发生变化，则数量按实调整，子目单价不变；某项子目材料规格不变，品牌改变，则只需调整材料价格；规格改变，单价重新确定。

3）施工条件改变造成的额外费用的调整

非承包人原因引起施工条件改变造成的额外费用由发包人承担，延误的工期应顺延。

4）工程赶工或延误的调整

工程赶工时双方应在合同中约定增加赶工的补偿费用。工期延误时遵循保护无过错一方的权益的基本原则进行调整，因发包人原因引起的，则应付工人误工费、机械停滞费、设备租赁费，且若物价变化时，则合同价款调增的应调高，调减的不调整；因承包人原因引起的，合同价款应调高的不调整，调减的予以调整。

5）变更价款的调整

① 变更确定后14d内，变更涉及工程价款调整的，由承包人向发包人提出，经发包人（监理）审核同意后调整合同价款。

② 变更确定后14d内，承包人未提出变更工程价款报告，则发包人可根据所掌握的资料决定是否调整合同价款和调整的具体金额。

③ 重大工程变更涉及工程价款变更，其报告和确认的时限由发、承包双方协商确定。

④ 收到变更工程价款报告一方，应在收到之日起14d内予以确认或者提出协商意见，自变更工程价款报告送达之日起14d内，对方未确认也未提出协商意见时，视为变更工程价款报告已被确认。

⑤ 当分部分项工程量清单项目发生工程量变更所引起的相关措施项目（包括单价及总价措施）发生变化时，按实际进行调增或调减。

4. 装饰装修工程结算

工程结算是指承包方在工程实施过程中，依据承包合同中关于付款条件的规定和已经完成的工程量，按照规定的程序向发包方收取工程价款的一项经济活动。

　　工程结算的方式根据工程性质、规模、资金来源和施工工期,以及承包内容不同,采用定期结算、分段结算、年终结算、竣工后一次结算、目标结算(竣工或完成度)等不同结算方式。

　　(1)结算资料

　　工程结算资料应包括按竣工图(签字盖章认定)为依据和现场签证、工程洽谈记录以及其他有关费用为依据的资料两部分。其内容如下:

　　1)施工合同及附件、协议书。

　　2)设计文件(含图纸会审纪要和设计变更)。

　　3)经审定的施工组织设计、施工方案或专项施工方案(甲方批准的脚手架搭设方案,新技术、新工艺或复杂项目的施工方案,安全防护措施)。

　　4)施工企业规费计取标准、安全文明施工评价得分及措施费费率核定表。

　　5)甲方供材明细(包括规格、供应数量、退还数量、单价、使用部位等)及收货验收签收单,乙方购材材料价格认定单。

　　6)设计变更单、技术核定单。

　　7)与工程结算有关的"发包方通知、指令、会议纪要、往来函件、工程洽商记录"等。

　　8)施工过程中的有关经济签证(如零星用工的数量及单价,增加的零活,因甲方原因造成的返工损失,图纸会审和设计变更没提到的任何实际施工变化等)。

　　9)开、竣工报告及阶段、竣工验收证明。

　　10)经确认的工程量。

　　11)其他有关影响工程造价、工期等资料。

　　(2)工程价款结算

　　工程价款结算是指发包方与承包方之间的商品货币结算,通过结算实现承包方的工程收入,工程价款的支付按工程进度有工程预付款、工程进度款、竣工结算几种方式。工程价款的结算结构如图 14-1 所示。

　　1)工程预付款

　　工程预付款又叫工程备料款,是指在工程开工之前的施工准备阶段,由发包方按年度工程量或合同金额的一定比例(10%～30%)预先支付给施工单位进行材料采购、工程启动等用的流动资金。工程预付款以抵冲工程价款的方式在后期以未施工工程所需主要材料及构配件的耗用额刚好同预付备料款相等为原则进行陆续扣回。

　　2)工程进度款

　　工程进度款是指工程开工之后,按工程实际完成情况定期或分期由发包方拨付已完工程部分的价款。

　　在确认计量结果 14d 内,发包人应按不低于工程价款的 60% 和不高于 90% 向承包人支付工程进度款,按约定时间发包人应扣回预付款,与进度款同期结算。除合同另有约定外,进度款支付申请应包括内容:本周期已完成工程的价款;累计已完成的工程价款;累计已支付的工程价款;本周期已完成计日工金额;应增加和扣减的变更金额;应增加和扣减的索赔金额;应抵扣的工程预付款;应扣减的质量保证金;根据合同应增加和扣减的其他金额;本付款周期实际应支付的工程价款。

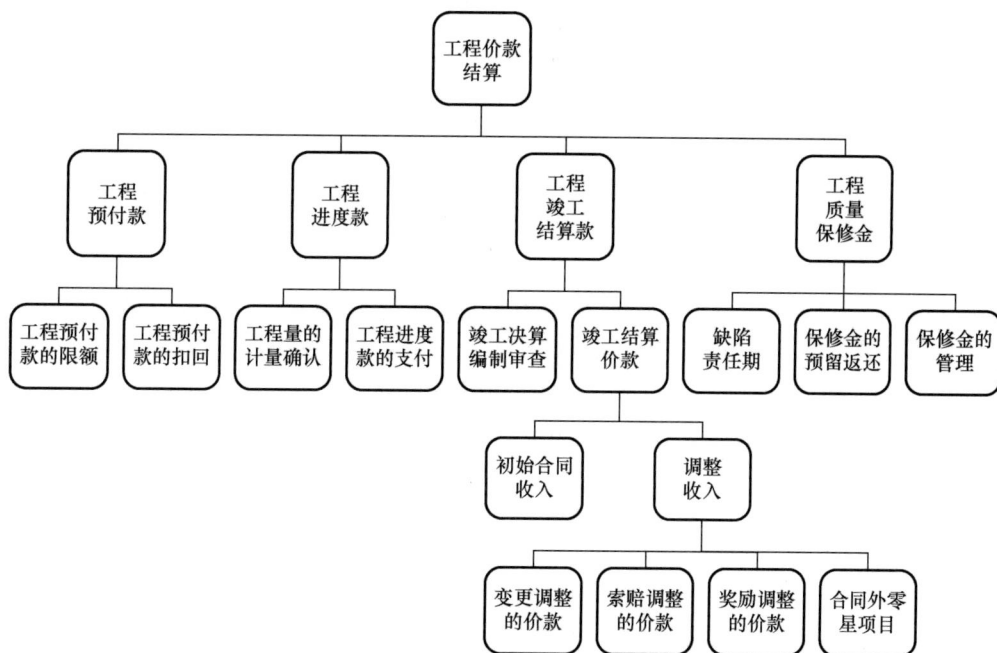

图 14-1　工程价款的结算结构

3）工程质量保修金

工程质量保修金是指建设单位与施工单位在建设工程承包合同中约定或施工单位在工程保修书中承诺，在建筑工程竣工验收交付使用后，从应付的建设工程款中预留的用以维修建筑工程在保修期限和保修范围内出现的质量缺陷的资金。

工程质量保修金比例一般为建设工程款的 3％～5％（具体比例可以在合同中约定）。可约定每月从施工单位的工程款中按相应比例扣留，也可以最后结算时扣留（小工程）。

缺陷责任期满，发包人应当将保修金返还给承包人。

4）工程竣工结算款

工程竣工结算是指施工单位所承包的工程按照合同规定的内容全部竣工并经建设单位和有关部门验收合格后，由施工单位根据施工过程中实际发生的变更情况对原施工图预算或工程合同价进行增减调整修正，再经建设单位审查，重新确定工程造价并作为施工单位向建设单位办理工程价款结算的技术经济文件。

$$竣工结算价＝合同价＋调整价$$

调整价内容主要包括工程量、工料设备价格、增加措施项目费、政策性调整、索赔费用、合同以外零星项目费用以及奖惩费用等。

5. 专业技能要求

通过学习和训练，能够进行装修水电改造计量与计价；能够利用工程量清单计价法分析工程量清单项目的综合单价，编制工程量清单计价表；能够进行工程结算。

（二）工程案例分析

1. 装饰装修分部分项工程计算

【案例 14-1】

背景：

某工程平面图如图 14-2 所示。2 轴柱为构造柱，断面在外墙处为 370mm×240mm，在内墙处为 240mm×240mm；其他部位的柱为框架柱，断面为 600mm×600mm。控制室地面的做法为大理石地面：20mm 厚干混地面砂浆 DSM20 粘结层，铺 20mm 厚 600mm×600mm 大理石板，专用密封剂勾缝，墙角柱角打玻璃胶（房间的外门外开，内门内开）。

问题：

试编制控制室地面工程的工程量清单计价表（按地域预算定额取费）。

分析与解答：

本案例主要考核应用《房屋建筑与装饰工程工程量计算规范》GB 50854—2013 编制楼地面工程量清单，利用地域取费定额分析石材楼地面清单项目综合单价的能力。

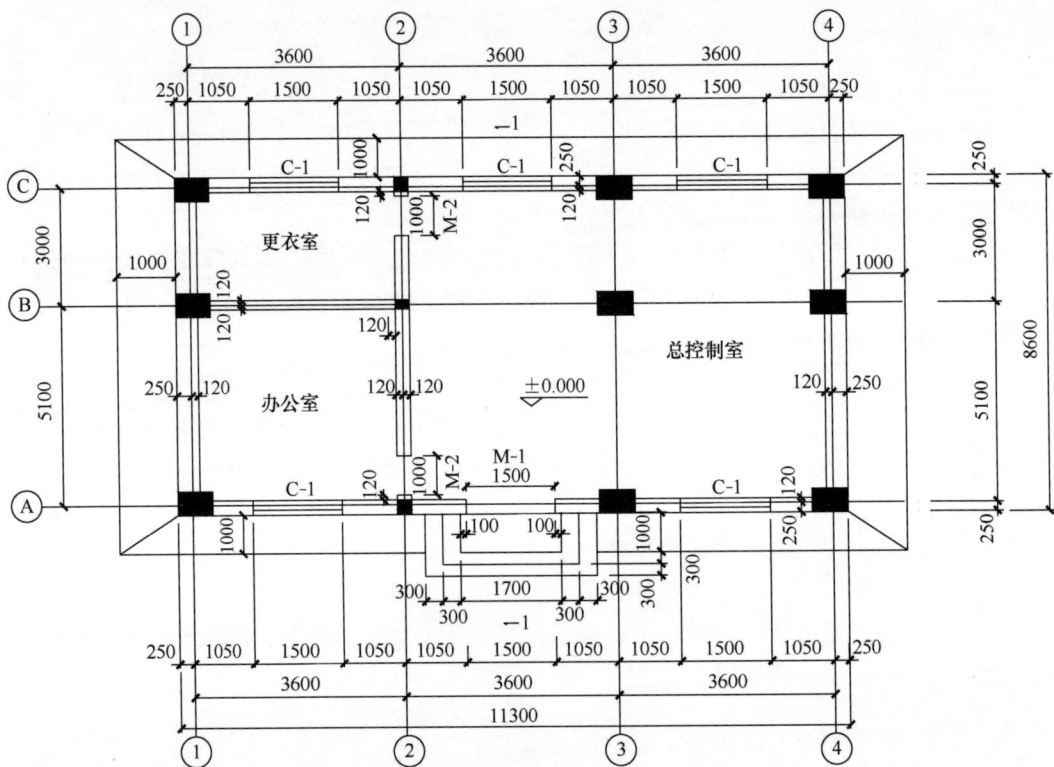

图 14-2　某控制室平面图

（1）列清单项目名称并计算清单工程量

1）清单项目：石材楼地面

2）清单工程量

$S=(2×3.6-0.24)×(5.1+3.0-0.24)-0.6×0.6-0.6×(0.6-0.37)×3-$
$(0.6-0.37)×(0.6-0.37)×2+1.5×0.37+1.0×0.24×2=54.86(m^2)$

（2）编制工程量清单（表14-8）

（3）分析"石材楼地面"清单项目综合单价

1）划分计价项目（3项）：石材楼地面（每块面积0.64m²以内）、石材勾缝、石材打胶

2）计价项目工程量

"石材楼地面""石材勾缝"工程量：同清单工程量54.86（m²）

"石材打胶"工程量：

$(2×3.6-0.24)×2+(5.1+3.0-0.24)×2+(0.6-0.37)×2×3-1.5-1.0×2+$
$0.6×4=29.92(m)$

3）套定额填写综合单价分析表，计算综合单价

把计价项目的取费定额子目号、计量单位、数量和相应人工费、材料费、管理费和利润单价填入表中，其中数量＝计价工程量÷定额单位，然后用数量乘以相应的单价，填入表中的合价栏，再对合价部分进行竖向求和，计算小计，对小计求和，再除以清单工程量计算出综合单价。见表14-9。

"石材楼地面"综合单价＝$(2294.76+11814.76+36.82+534.05)÷54.86=267.60(元/m^2)$

（4）编制工程量清单计价表

在工程量清单基础上填入综合单价，由工程量乘以综合单价计算出合价。见表14-10。

"楼地面"工程量清单　　　　　　　　　　　　　　　　表14-8

序号	项目编码	项目名称	项目特征	计量单位	工程量
1	011102001001	石材楼地面	20mm 厚干混地面砂浆 DSM20 粘结层，20mm 厚 600mm×600mm 大理石板，专用密封剂勾缝，墙角柱角打玻璃胶	m²	54.86

"石材楼地面"清单项目综合单价分析表　　　　　　　表14-9

项目编码	011102001001		项目名称		石材楼地面	计量单位		m²

清单综合单价组成明细

定额编号	定额名称	定额单位	数量	单价				合价			
				人工费	材料费	机械费	管理费和利润	人工费	材料费	机械费	管理费和利润
11-18	石材楼地面(每块面积0.64m²以内)	100m²	0.5486	3511.90	20884.53	67.12	779.02	1926.63	11457.25	36.82	427.43
11-24	石材打胶	100m	0.2992	495.26	159.80	—	108.24	28.50	47.81	—	32.39
11-25	石材勾缝	100m²	0.5486	619.08	564.52	—	135.30	339.63	309.70	—	74.23
人工单价		小计						2294.76	11814.76	36.82	534.05
75元/工日		未计价材料费									
清单项目综合单价								267.60			

"楼地面"工程量清单计价表　　　　　　　　表 14-10

序号	项目编码	项目名称	项目特征	计量单位	工程量	综合单价	合价
1	011102001001	石材楼地面	20mm 厚干混地面砂浆 DSM20 粘结层，20mm 厚 600mm×600mm 大理石板，专用密封剂勾缝，墙角柱角打玻璃胶	m²	54.86	267.60	14680.54
			小计				14680.54

【案例 14-2】

背景：

【案例 14-1】 所示办公室的内墙面高度为 4.5m，无顶棚。M-2 高 2.7m，C-1 高 2.1m（窗台距地面 1.0m），墙柱面做法：素水泥浆一道甩毛；14mm 厚 1：3 水泥砂浆打底扫毛；6mm 厚 1：2.5 水泥砂浆抹面；满刮腻子两遍；刷底漆一遍，白色乳胶漆两遍。

问题：

试编制办公室内墙面工程的工程量清单计价表（按地域预算定额取费）。

分析与解答：

本案例主要考核应用《房屋建筑与装饰工程工程量计算规范》GB 50854—2013 编制墙柱面工程及油漆工程工程量清单，利用地域取费定额分析墙面抹灰及抹灰面油漆清单项目综合单价的能力。

（1）列清单项目名称并计算清单工程量

1）清单项目：墙面一般抹灰、抹灰面油漆

2）清单工程量

墙面一般抹灰、抹灰面油漆工程量相同。

$S=(3.6-0.24+5.1-0.24)\times2\times4.5-1.5\times2.1-1.0\times2.7=68.18(\text{m}^2)$

（2）编制工程量清单（表 14-11）

分部分项工程量清单　　　　　　　　表 14-11

序号	项目编码	项目名称	项目特征	计量单位	工程量
1	011201001001	墙面一般抹灰	砖墙；14mm 厚 1：3 水泥砂浆打底；6mm 厚 1：2.5 水泥砂浆面层	m²	68.18
2	011406001001	抹灰面油漆	满刮腻子两遍；刷底漆一遍，白色乳胶漆两遍	m²	68.18

（3）分析"墙面一般抹灰"清单项目综合单价

1）划分计价项目（1项）：内墙一般抹灰（14＋6）mm

2）计价项目工程量

同清单工程量 68.18m²

3）套定额，填写综合单价分析表，计算综合单价

把计价项目的取费定额子目号、计量单位、数量和相应人工费、材料费、管理费和利润单价填入表中，其中数量＝计价工程量÷定额单位÷清单工程量（清单工程量先除后不

除），然后用数量乘以相应的单价填入表中的合价栏，再对合价部分进行竖向求和，计算小计，对小计求和得综合单价。见表14-12。

"内墙一般抹灰"综合单价＝17.60＋4.23＋0.76＋5.06＝27.65（元/m²）

（4）分析"抹灰面油漆"清单项目综合单价

1）划分计价项目（1项）：内墙面乳胶漆两遍

2）计价项目工程量

同清单工程量68.18m²

3）套定额填写综合单价分析表，计算综合单价

把计价项目的取费定额子目号、计量单位、数量和相应人工费、材料费、管理费和利润单价填入表中，其中数量＝计价工程量÷定额单位÷清单工程量（清单工程量先除后不除），然后用数量乘以相应的单价，填入表中的合价栏，再对合价部分进行竖向求和，计算小计，对小计求和得综合单价。见表14-13。

"内墙一般抹灰"综合单价＝12.7＋5.23＋3.21＝21.14（元/m²）

（5）编制工程量清单计价表

在工程量清单基础上填入综合单价，由工程量乘以综合单价计算出合价，形成综合单价计价表。见表14-14。

"墙面一般抹灰"清单项目综合单价分析表　　　　表 14-12

项目编码	011201001001		项目名称		墙面一般抹灰		计量单位		m²

清单综合单价组成明细

定额编号	定额名称	定额单位	数量	单价				合价			
				人工费	材料费	机械费	管理费和利润	人工费	材料费	机械费	管理费和利润
12-1	内墙一般抹灰（14+6）mm	100m²	0.01	1759.99	423.02	76.20	506.33	17.60	4.23	0.76	5.06
人工单价		小计						17.60	4.23	0.76	5.06
75元/工日		未计价材料费									
清单项目综合单价								27.65			

"抹灰面油漆"清单项目综合单价分析表　　　　表 14-13

项目编码	011406001001		项目名称		抹灰面油漆		计量单位		m²

清单综合单价组成明

定额编号	定额名称	定额单位	数量	单价				合价			
				人工费	材料费	机械费	管理费和利润	人工费	材料费	机械费	管理费和利润
14-199	内墙面乳胶漆两遍	100m²	0.01	1270.41	523.39	—	320.62	12.70	5.23	—	3.21
人工单价		小计						12.70	5.23	—	3.21
75元/工日		未计价材料费									
清单项目综合单价								21.14			

"墙面"工程量清单计价表 表 14-14

序号	项目编码	项目名称	项目特征	计量单位	工程量	综合单价	合价
1	011201001001	墙面一般抹灰	砖墙； 14mm 厚 1∶3 水泥砂浆打底； 6mm 厚 1∶2.5 水泥砂浆面层	m²	68.18	27.65	1885.18
2	011406001001	抹灰面油漆	满刮腻子两遍；刷底漆一遍，白色乳胶漆两遍	m²	68.18	21.14	1441.33
小计							3326.51

【案例 14-3】

背景：

【案例 14-1】 所示控制室顶棚做法如下：

U 形轻钢龙骨双层骨架，主龙骨中距 900~1000mm，次龙骨中距 450mm；9.5mm 厚纸面石膏板。

问题：

试编制控制室顶棚工程的工程量清单计价表（按地域预算定额取费）。

分析与解答：

本案例主要考核应用《房屋建筑与装饰工程工程量计算规范》GB 50854—2013 编制顶棚工程工程量清单，利用地域取费定额分析顶棚清单项目综合单价的能力。

（1）列清单项目名称并计算清单工程量

1）清单项目：顶棚

2）清单工程量

$(2×3.6-0.24)×(8.1-0.24)-0.6×0.6=54.35(m^2)$

（2）编制工程量清单（表 14-15）

"顶棚工程"工程量清单 表 14-15

序号	项目编码	项目名称	项目特征	计量单位	工程量
1	011302001001	顶棚	U 形轻钢龙骨双层骨架，主龙骨中距 900~1000mm，次龙骨中距 450mm；9.5mm 厚纸面石膏板	m²	54.35

（3）分析"顶棚"清单项目综合单价

1）划分计价项目（2 项）：U 形轻钢顶棚龙骨（不上人）450mm×450mm 平面、石膏板顶棚面层

2）计价项目工程量：由于是平面顶棚，两计价项目的工程量同清单工程量 54.35m²

3）套定额填写综合单价分析表，计算综合单价

把计价项目的取费定额子目号、计量单位、数量和相应人工费、材料费、管理费和利润单价填入表中，其中数量＝计价工程量÷定额单位÷清单工程量（清单工程量先除后不除），然后用数量乘以相应的单价，填入表中的合价栏，再对合价部分进行竖向求和，计

算小计，对小计求和得综合单价。见表14-16。

"顶棚"综合单价＝32.79＋43.13＋2.64＋12.54＝91.10（元/m²）

"顶棚"清单项目综合单价分析表　　　　表 14-16

项目编码	011302001001		项目名称		顶棚		计量单位		m²

清单综合单价组成明细

定额编号	定额名称	定额单位	数量	单价				合价			
				人工费	材料费	机械费	管理费和利润	人工费	材料费	机械费	管理费和利润
13-30	U 形轻钢顶棚龙骨（不上人）450mm × 450mm 平面	100m²	0.01	1987.87	2818.16	264.25	626.82	19.88	28.18	2.64	6.27
13-101	石膏板顶棚面层安在 U 形轻钢龙骨上	100m²	0.01	1290.87	1495.19	—	626.82	12.91	14.95	—	6.27
人工单价		小计						32.79	43.13	2.64	12.54
43 元/工日		未计价材料费									
清单项目综合单价								91.10			

（4）编制工程量清单计价表

将综合单价填入表中，再用清单工程量乘以综合单价计算出合价，填入表中，形成计价表，见表14-17。

"顶棚工程"工程量清单计价表　　　　表 14-17

序号	项目编码	项目名称	项目特征	计量单位	工程量	综合单价（元）	合价（元）
1	011302001001	顶棚	U 形轻钢龙骨双层骨架，主龙骨中距 900～1000mm，次龙骨中距 450mm；9.5mm 厚纸面石膏板	m²	54.35	91.10	4951.29
小计							4951.29

2. 装饰装修工程措施项目计算

【案例 14-4】

背景：

【案例 14-3】 所示控制室高度为 7.2m（净高）。

问题：

试编制控制室顶棚装饰工程对应的措施项目清单计价表（按地域预算定额取费）。

分析与解答：

本案例由于顶棚高度超过 3.6m，因而顶棚装饰施工应增列"满堂脚手架"单价措施

275

项目，对应要列取"安全文明施工"总价措施项目。主要考核应用《房屋建筑与装饰工程工程量计算规范》GB 50854—2013 编制顶棚装饰工程措施项目工程量清单，利用地域取费定额分析单价措施清单项目综合单价和计算总价措施项目费用的能力。

（1）编制工程量清单

1）列清单项目名称

单价措施项目：满堂脚手架

总价措施项目：安全文明施工

2）计算"满堂脚手架"清单工程量

$(2 \times 3.6 - 0.24) \times (8.1 - 0.24) = 54.71 (m^2)$

3）编制工程量清单，见表 14-18、表 14-19。

顶棚装饰工程单价措施项目工程量清单　　表 14-18

序号	项目编码	项目名称	项目特征	计量单位	工程量
1	011701006001	满堂脚手架	搭设高度 4.5m	m^2	54.71

顶棚装饰工程总价措施项目清单　　表 14-19

序号	项目编码	项目名称
1	011707001001	安全文明施工

（2）编制工程量清单计价表

1）分析"满堂脚手架"清单项目综合单价

① 划分计价项目（2项）：满堂脚手架（基本层 3.6～5.2m）

满堂脚手架增加层（增加层数＝$(7.2-5.2) \div 1.2 = 1.67$,取 2）

② 计价项目工程量：均同清单工程量 54.71m^2

③ 套定额填写综合单价分析表，计算综合单价

把计价项目的取费定额子目号、计量单位、数量和相应人工费、材料费、管理费和利润单价填入表中，其中数量＝计价工程量÷定额单位÷清单工程量（清单工程量先除后不除），然后用数量乘以相应的单价，填入表中的合价栏，再对合价部分进行竖向求和，计算小计，对小计求和得综合单价。见表 14-20。

"满堂脚手架"综合单价＝$13.07 + 3.8 + 1.9 + 4.99 = 23.76$（元/$m^2$）

2）分析总价措施项目：安全文明施工的费用

安全文明施工费一般以分部分项工程项目和单价措施项目的某项费用或消耗量为基础乘以相应的费率。本地域预算定额是以综合人工为基础乘以相应的费率，列入对应的分部分项工程和单价措施计价项目的基准价中，要通过对清单项目所对应的计价项目进行分析可得。即：

顶棚装饰安全文明施工费＝"顶棚"安全文明施工费＋"满堂脚手架"安全文明施工费

　　　　＝∑"顶棚"对应计价项目的安全文明施工费 × 计价项目的工程数量＋∑"满堂脚手架"对应计价项目的安全文明施工费 × 计价项目的工程数量

（其中，工程数量＝计价项目的工程量÷定额单位）

顶棚装饰安全文明施工费＝145.12（定额子目 13-30 的安全文明施工费基准值）×54.35÷100（100 为定额单位）＋94.26（定额子目 13-101 的安全文明施工费基准值）×54.35÷100（100 为定额单位）＋85.11（定额子目 17-59 的安全文明施工费基准值）×54.71÷100（100 为定额单位）＋18.08（定额子目 17-60 的安全文明施工费基准值）×2（基本层 2 个）×54.71÷100（100 为定额单位）＝196.45（元）

"满堂脚手架"清单项目综合单价分析表　　　表 14-20

项目编码	011701006001		项目名称	满堂脚手架	计量单位	m²

清单综合单价组成明细

定额编号	定额名称	定额单位	数量	单价				合价			
				人工费	材料费	机械费	管理费和利润	人工费	材料费	机械费	管理费和利润
17-59	满堂脚手架（基本（3.6～5.2m）	100m²	0.01	914.05	339.70	143.98	349.74	9.14	3.40	1.44	3.50
17-60	满堂脚手架（增加层 1.2m（2 个）	100m²	0.01	393.00	39.64	45.66	148.62	3.93	0.40	0.46	1.49
人工单价		小计						13.07	3.80	1.90	4.99
43 元/工日		未计价材料费									
清单项目综合单价								23.76			

（3）形成工程量清单计价表

在表 14-18 工程量清单基础上，将综合单价填入表中，再用清单工程量乘以综合单价计算出合价，填入表中，形成单价措施项目清单计价表，见表 14-21。

在表 14-19 工程量清单基础上，填入计算基础，费率和合价，形成总价措施项目计价表，见表 14-22。

顶棚装饰工程单价措施项目清单计价表　　　表 14-21

序号	项目编码	项目名称	项目特征	计量单位	工程量	综合单价（元）	合价（元）
1	011701006001	满堂脚手架	搭设高度 4.5m	m²	54.71	23.76	1299.91
小计							1299.91

顶棚装饰工程总价措施项目清单计价表　　　表 14-22

序号	项目编码	项目名称	计算基础	费率	金额（元）
1	011707001001	安全文明施工	综合人工	11.3	196.45
小计					196.45

3. 装饰装修工程规费和税金计算

【案例 14-5】

背景：

【案例 14-3】~【案例 14-4】所示控制室顶棚装饰工程施工，规费按省级政府和有关部门规定的方法计算，增值税税率为 9%。

问题：

试编制控制室顶棚装饰工程施工的规费和税金项目计价表。

分析与解答：

本案例由于顶棚施工及采取的满堂脚手架相应消耗一定的人工，从而发生相应的规费。由于顶棚施工发生的分部分项工程费和措施项目、规费，要计算相应的税金。主要考核根据省级政府和省级有关部门的规定计算规费，按照国家税务总局的规定计算税金。应用现行《建设工程工程量清单计价规范》GB 50500 规定的格式编制规费、税金项目计价表。

（1）计算规费

本地域预算定额是以综合人工为基础乘以相应的费率计算出规费，列入对应的分部分项工程和单价措施计价项目的基准价中，要通过对清单项目所对应的计价项目进行分析规费。即：

顶棚装饰规费＝"顶棚"规费＋"满堂脚手架"规费

＝∑"顶棚"对应计价项目的规费 × 计价项目的工程数量＋∑"满堂脚手架"对应计价项目的规费 × 计价项目的工程数量

（其中，工程数量＝计价项目的工程量÷定额单位）

顶棚装饰规费＝179.94(定额子目 13-30 的安全文明施工费基准值)×54.35÷100(100 为定额单位)＋116.88(定额子目 13-101 的安全文明施工费基准值)×54.35÷100(100 为定额单位)＋105.53(定额子目 17-59 的安全文明施工费基准值)×54.71÷100(100 为定额单位)＋22.42(定额子目 17-60 的安全文明施工费基准值)×2(基本层 2 个)×54.71÷100(100 为定额单位)＝243.59 （元）

（2）计算税金

顶棚装饰税金＝(顶棚费＋满堂脚手费＋安全文明施工费＋规费)×增值税税率

＝(4951.29＋1299.91＋196.45＋243.59)×9%＝602.21 （元）

（3）控制室顶棚装饰工程施工的规费和税金项目计价表，见表 14-23。

顶棚装饰工程规费、税金项目计价表　　　　表 14-23

序号	项目名称	计算基础	费率	金额（元）
1	规费（含五险一金）	分部分项工程综合人工＋措施项目综合人工	14.01	243.59
2	税金	分部分项工程费＋措施项目费＋规费	9%	602.21
		小计		845.80

4. 工程结算

【案例 14-6】

背景：

某图书馆拟重新铺设广场砖。2021 年 3 月该图书馆与某装修公司签订了工程施工承包合同，合同工期 6 个月。合同中的估算工程量为 6200m²，单价为 490 元/m²（其中：主材选用 50mm 厚天然大理石材板，主材单价为 435 元/m²，由业主直接供应）。有付款条款如下：

（1）开工前承包商向业主提供估算合同总价 10% 的履约保函，业主向承包商支付估算合同总价 10% 的工程预付款。

（2）工程预付款从累计工程进度款超过估算合同价的 50% 后的下一个月起，至工程结束均匀扣回。

（3）业主自第一个月起，每月从承包商的工程款中，按 5% 的比例扣留工程质量保修金。

（4）当累计实际完成工程量超过（或低于）估算工程量的 10% 时，可进行调价，调价系数为 0.9（或 1.1）。

（5）由业主直接供应的装修主材应在发生当月的工程款中扣除，且每月签发付款最低金为 20 万元。

承包商每月实际完成并经签证确认的工程量见表 14-24。

每月实际完成工程量 表 14-24

月份	3	4	5	6	7	8
完成工程量（m²）	1000	1000	1500	1500	2000	500
累计完成工程量（m²）	1000	2000	3500	5000	7000	7500
业主直供主材价格（万元）	30	25	40	50	60	8

问题：

（1）估算合同总价为多少？

（2）工程预付款为多少？工程预付款从哪个月起扣留？每月应扣工程预付款为多少？

（3）每月工程量价款为多少？应签证的工程款为多少？应签发的付款凭证金额为多少？

分析与解答：

本案例给出了处理工程预付款的预付与扣留方法，以及采用估计工程量单价合同情况下合同定价的调整方法等。

（1）估算合同总价为：$490 \times 6200 = 303.8$（万元）

（2）工程预付款计算

1）工程预付款金额为：$303.8 \times 10\% = 30.38$（万元）

2）工程预付款应从 6 月份起扣留。

计算估算合同价的 50%：$303.8 \times 50\% = 151.9$（万元）

起扣工程预付款时的累计应完成的工程量：$151.9 \times 10^4 \div 490 = 3100$（m²）

5月份累计完成的工程量 3500m²,超过 3100m²。从下月的 6 月份起扣。

3) 每月应扣工程预付款为:30.38÷3＝10.127(万元)

(3) 计算

1) 第 1 个月工程量价款为:490×1000＝49(万元)

应签证的工程款为:49×0.95＝46.55(万元)

应签发的付款凭证金额:46.55－30＝16.55 万元＜20 万元,第 1 个月不予签发付款凭证。

2) 第 2 个月工程量价款为:490×1000＝49(万元)

应签证的工程款为:49×0.95＝46.55(万元)

应签发的付款凭证金额为:46.55－25＋16.55＝38.1(万元)

3) 第 3 个月工程量价款为:490×1500＝73.5(万元)

应签证的工程款为:73.5×0.95＝69.825(万元)

应签发的付款凭证金额为:69.825－40＝29.825 万元。

4) 第 4 个月工程量价款为:490×1500＝73.5(万元)

应签证的工程款为:73.5×0.95＝69.825(万元)

应扣工程预付款为:10.127 万元

应签发的付款凭证金额为:69.825－40－10.127＝19.698 万元＜20 万元,第 4 个月不予签发付款凭证。

5) 第 5 个月累计完成工程量为 7000m²,比原估算工程量超出 800m²,超出估算工程量的 10%,超出部分工程量的单价要按调价系数为 0.9 结算。

应按调整后的单价结算的工程量为:7000－6200×(1＋10%)＝180(m²)

第 5 个月工程量价款为:(2000－180)×490＋180×490×0.9＝97.118(万元)

应签证的工程款为:97.118×0.95＝92.2621(万元)

应扣工程预付款为:10.127 万元

应签发的付款凭证金额为:92.2621－60－10.127＋19.698＝41.8331(万元)

6) 第 6 个月完成工程量为 500m²,均为超出估算 10%的工程量,单价要按调价系数为 0.9 结算。

第 6 个月工程量价款为:500×490×0.9＝22.05(万元)

应签证的工程款为:22.05×0.95＝20.9475(万元)

应签发的付款凭证金额为:20.9475－8－10.127＝2.8205(万元)

十五、确定施工质量控制点，参与编制质量控制文件，实施质量交底

（一）专业技能概述

1. 设置施工质量控制点的原则和方法

施工质量控制点的设置是施工质量计划的重要组成内容，施工质量控制点是施工质量控制的重点对象。

（1）质量控制点的设置原则

质量控制点应选择那些技术要求高、施工难度大、对工程质量影响大或是发生质量问题时危害大的对象进行设置。一般选择下列部位或环节作为质量控制点：

1）对工程质量形成过程产生直接影响的关键部位、工序、环节及隐蔽工程。

2）施工过程中的薄弱环节，或者质量不稳定的工序、部位或对象。

3）对下道工序有较大影响的上道工序。

4）采用新技术、新工艺、新材料的部位或环节。

5）施工质量无把握的、施工条件困难的或技术难度大的工序或环节。

6）用户反馈指出的和过去有过返工的不良工序。

（2）质量控制点的重点控制对象

质量控制点的选择要准确，还要根据对重要质量特性进行重点控制的要求，选择质量控制点的重点部位、重点工序和重点的质量因素作为质量控制点的控制对象，进行重点预控和监控，从而有效地控制和保证施工质量。

（3）质量控制点的管理

设定了质量控制点，质量控制的目标及工作重点就更加明晰。

首先，要做好施工质量控制点的事前质量预控工作；其次，要向施工作业班组进行认真交底，使每一个控制点上的作业人员明白施工作业规程及质量检验评定标准，掌握施工操作要领；在施工过程中，相关技术管理和质量控制人员要在现场进行重点指导和检查验收。同时，还要做好施工质量控制点的动态设置和动态跟踪管理。

2. 参与编制质量控制文件，实施质量交底

工程质量控制文件及技术交底是依据住房和城乡建设部《建设工程质量管理条例》的规定和国家有关技术规范、标准和规定编制，要求各项目处按技术文件执行。

工程质量实行终身责任制，各项目部必须配齐具有相关资格的管理人员，落实岗位责任制，施工中不准随意撤换和减少重要岗位人员，人员变更必须报公司有关领导批准，并及时报公司生产技术部和有关部门备案。

各项目部要对照国家有关法规、强制性标准、规范及有关规定,重点培训现场管理人员、施工班组长和操作工人;每个分部工程施工前要进行技术质量交底,让大家明白自己应尽的职责,应掌握的施工程序、施工技术和质量控制标准,以确保施工质量符合有关规定。

3. 专业技能要求

通过学习和训练,能够确定装饰装修工程施工质量控制点,参与编制质量控制点,实施质量交底。

(二) 工程案例分析

确定装饰装修工程施工质量控制点

【案例 15-1】

背景:

华北地区某市一栋别墅装修工程,一层勒脚部分使用中国台湾红石材(花岗岩染色石材)挂砌;内墙客厅使用壁纸(乙烯基)外贴;顶棚为木龙骨石膏板顶棚;卫生间做墙砖到顶。

问题:

(1) 确定室内防水工程的施工质量控制点。

(2) 确定室内裱糊工程的施工质量控制点。

(3) 确定室内顶棚工程的施工质量控制点。

分析与解答:

(1) 室内防水工程的施工质量控制点

1) 厕浴间的基层(找平层)可采用 1:3 水泥砂浆找平,厚度 20mm 抹平压光、坚实平整,不起砂,要求基本干燥;泛水坡度应在 2% 以上,不得倒坡积水;在地漏边缘向外 50mm 内排水坡度为 5%。

2) 浴室墙面的防水层不得低于 1800mm。

3) 玻纤布的接槎应顺流水方向搭接,搭接宽度应不小于 100mm。两层以上玻纤布的防水施工,上、下搭接应错开幅宽的二分之一。

4) 在墙面和地面相交的阴角处、出地面管道根部和地漏周围,应先做防水附加层。

(2) 轻钢龙骨石膏板顶棚工程控制点

1) 基层清理。

2) 吊筋安装与机电管道等相接触点。

3) 龙骨起拱。

4) 施工顺序。

5) 板缝处理。

(3) 裱糊工程施工质量控制点

1) 基层起砂、空鼓、裂缝等问题。

2) 壁纸裁纸准确度。

3）壁纸裱糊气泡、皱褶、翘边、脱落、死塌等缺陷。

4）表面质量。

【案例 15-2】

背景：

某学校对旧教学楼进行外墙和地面改造，外墙采用石材幕墙，地面采用地板砖面层，基层原为混凝土基层。

问题：

（1）石材幕墙施工验收中的主控项目有哪些？请至少写出 5 点。

（2）确定板块地面质量控制点。

（3）板块楼地面施工验收中的主控项目有哪些？

分析与解答：

（1）石材幕墙施工验收中的主控项目

1）石材幕墙工程所用材料的品种、规格、性能和等级。

2）石材幕墙的造型、立面分格、颜色、光泽、花纹和图案。

3）石材孔、槽的数量、深度、位置、尺寸。

4）石材幕墙主体结构上的预埋件和后置埋件的位置、数量及后置埋件的拉拔力。

5）石材幕墙的金属框架立柱与主体结构预埋件的连接、立柱与横梁的连接、连接件与金属框架的连接、连接件与石材面板的连接。

6）金属框架和连接件的防腐处理。

7）石材幕墙的防雷装置必须与主体结构防雷装置可靠连接。

8）石材幕墙的防火、保温、防潮材料的设置。

9）各种结构变形缝、墙角的连接节点。

10）石材表面和板缝的处理。

11）石材幕墙的板缝注胶应饱满、密实、连续、均匀、无气泡，板缝宽度和厚度。

12）石材幕墙应无渗漏。

（2）地面石材控制点

1）基层处理。

2）石材色差，加工尺寸偏差，板厚差。

3）石材铺装空鼓，裂缝，板块之间高低差。

4）石材铺装平整度、缺棱掉角，板块之间缝隙不直或出现大小头。

（3）地面面砖工程的施工质量控制点

1）地面砖釉面色差及棱边缺损，面砖规格偏差翘曲。

2）地面砖空鼓、断裂。

3）地面砖排版、砖缝不直、宽窄不均匀、勾缝不实。

4）地面出现高低差，平整度不够。

5）有防水要求的房间地面找坡、管道处套割。

十六、确定施工安全防范重点，参与编制职业健康安全与环境技术文件，实施安全和环境交底

（一）专业技能概述

1. 确定施工现场各方位安全防范重点

（1）临边洞口的安全防护。

（2）临时用电管理。

（3）防火安全管理。

（4）满堂脚手架作业管理。

（5）高空作业的管理。

（6）电焊作业的管理。

（7）外墙脚手架作业管理。

（8）吊篮作业管理。

（9）吊装起重作业的管理。

2. 参与编制职业健康安全与环境技术文件

（1）编制安全技术措施

施工安全技术措施应具有超前性、针对性、可靠性和可操作性。

一般工程安全技术措施的编制主要考虑：

1）进入施工现场的安全规定。

2）地面及深坑作业的防护。

3）高处及立体交叉作业的防护。

4）施工用电安全。

5）机械设备的安全使用。

6）为确保安全，对于采用新工艺、新材料、新技术和新结构，制定有针对性的、行之有效的专门安全技术措施。

7）预防因自然灾害促成事故的措施。

8）防火防爆措施。

（2）编制专项施工方案

对于达到一定规模的危险性较大的分部分项工程应编制专项施工方案，并附安全验算结果。这些工程包括：基坑支护与降水工程。土方开挖工程；模板工程；起重吊装工程；脚手架工程；拆除、爆破工程；国务院建设行政主管部门或者其他有关部门规定的其他危险性较大的工程。

（3）分部分项工程安全技术交底

安全技术交底是安全制度的重要组成部分，建设工程施工前，施工员应当对工程项目的概况、危险部位和施工技术要求、作业安全注意事项、安全施工的技术要求向施工作业班组、作业人员做出详细说明，并由双方签字确认，以保证施工质量和安全生产。

3. 实施安全和环境交底

（1）安全技术交底的基本要求

1）项目经理部必须实行逐级安全技术交底制度，纵向延伸到班组全体作业人员。

2）技术交底必须具体、明确、针对性强。

3）技术交底的内容应针对分部分项工程施工中给作业人员带来的潜在危害和存在问题。

4）应优先采用新的安全技术措施。

5）应将工程概况、施工方法、施工程序、安全技术措施等向工长、班组长进行详细交底。

6）定期向由两个以上作业队和多工种进行交叉施工的作业队伍进行书面交底。

7）保持书面安全技术交底签字记录。

（2）安全技术交底的主要内容

本工程项目的施工作业特点和危险点；针对危险点的具体预防措施；应注意的安全事项；相应的安全操作规程和标准；发生事故后应及时采取的避难和急救措施。

（二）工程案例分析

【案例 16-1】

背景：

某建筑装饰公司承接某酒店的室内外装饰工程，该工程框架结构，七层，在工程施工过程中发生以下事件：在外用电梯上升过程中，受六层阳台伸出的一根防护栏杆影响，油漆工班长让正在附近脚手架上进行作业的木工王某立即拆除，王某随即进行拆除作业，结果不慎将钢管坠落，击中下方正在贴墙砖的瓦工张某，张某因安全帽被击穿，头部严重受伤，经抢救无效死亡。

问题：

（1）请简要分析这起事故发生的主要原因。

（2）请问该起事故发生后，应该如何进行事故处理？

（3）请简要说明如何有效防止此类事故发生。

分析与解答：

（1）这起事故发生的主要原因是油漆工班长越权指挥木工王某实施拆除作业，木工王某未拒绝油漆工班长的不当指挥。

（2）事故发生后，事故现场有关人员应当立即向施工单位负责人报告；施工单位负责人接到报告后，应当于1h内向事故发生地县级以上人民政府建设主管部门和有关部门报告。

285

（3）为防止高处坠落事故的发生，应在工程施工前对从事高处作业的人员进行安全基本知识、安全注意事项等安全技术交底，施工作业人员进场后，按不同层次（项目部、施工队、班组）进行三级教育工作。

【案例 16-2】

背景：

某住宅楼装饰工程，卫生间、厨房防水采用聚氨酯涂膜防水。聚氨酯底胶的配制采用甲料：乙料：二甲苯＝1：1.5：2 的比例配合搅拌均匀后进行涂布施工。防水施工完毕，工人王某见稀释剂二甲苯虽有剩余但并不多，觉得没有必要再退回给仓库保管员，于是就随手将剩余不多的二甲苯倒在地上。

问题：

（1）工人王某的这种行为正确吗？为什么？

（2）企业建立环境管理体系的步骤是什么？

（3）环境管理方案的作用是什么？其内容包括哪些？

（4）环境方针是一个组织制定环境管理目标与指标的依据和出发点。环境方针的制定要注意哪些问题？

分析与解答：

（1）工人王某的这种行为是错误的。二甲苯为煤焦油和石油经分馏而得到的产品，在一般情况下，很难达到完全分离，二甲苯中会混有苯。二甲苯具有毒性，主要对神经系统有麻醉作用，对皮肤和黏膜有刺激作用。同时，二甲苯易挥发，燃点较低，很容易引起燃烧和爆炸。对环境也会造成污染。

（2）企业建立环境管理体系的步骤是：最高管理者决定；建立完整的组织机构；人员培训；环境评审；体系策划；文件编写；体系试运行；企业内部审核；管理评审。

（3）环境管理方案的作用是保证环境目标和指标的实现。环境管理方案的内容一般可以有：组织的目标、指标的分解落实情况，使各相关层次与职能部门在环境管理方案中与其所承担的目标、指标相对应，并应规定实现目标、指标的职责、方法和时间表等。

（4）环境方针的制定要注意：

1）制定环境方针是最高管理者的选择。

2）环境方针的内容必须包括对遵守法律及其他要求、持续改进和污染预防的承诺，并作为制定与评价环境目标和指标的框架。

3）环境方针应适合组织的规模、行业特点，要有个性。

4）环境方针在管理上要求形成文件，便于员工理解和相关方获取。

十七、识别、分析施工质量缺陷和危险源

（一）专业技能概述

1. 工程质量事故分类

工程质量事故一般分为工程质量不合格、工程质量缺陷、工程质量通病和工程质量事故四种。

（1）工程质量不合格：指工程质量未满足设计、规范、标准的要求。

（2）工程质量缺陷：指不符合规定要求的检验项或检验点，按其程度可分为严重缺陷和一般缺陷。

（3）工程质量通病：指各类影响工程结构、使用功能和外形观感的常见性质量损伤。

（4）工程质量事故：凡是工程质量不合格必须进行返修、加固或报废处理，由此造成直接经济损失低于5000元的称为质量问题；直接经济损失在5000元（含5000元）以上的称为工程质量事故。

建筑工程质量事故一般可按下述不同的方法分类：

（1）按事故发生的时间分类

1）施工期事故。

2）使用期事故。

从国内外大量的统计资料分析，绝大多数质量事故都发生在施工阶段到交工验收前这段时间内。

（2）按事故损失的严重程度分类

1）一般质量事故：凡具备下列条件之一者为一般质量事故。

① 直接经济损失在5000元（含5000元）以上，不满50000元的；

② 影响使用功能和工程结构安全，造成永久质量缺陷的。

2）严重质量事故：

① 直接经济损失在5万元（含5万元）以上，不满10万元的；

② 严重影响使用功能或工程结构安全，存在重大质量隐患的；

③ 事故性质恶劣或造成2人以下重伤的。

3）重大质量事故：

① 工程倒塌或报废；

② 由于质量事故，造成人员死亡或重伤3人以上的；

③ 直接经济损失10万元以上的。

（3）按施工质量事故产生的原因分类

1）技术原因引发的质量事故。

2）管理原因引发的质量事故。

3）社会、经济原因引发的质量事故。

（4）按事故责任分类

1）指导责任事故：如施工技术方案未经分析而贸然组织施工；材料配方失误；违背施工程序指挥施工等。

2）操作责任事故：如工序未执行施工操作规程，无证上岗等。

（5）按事故造成的后果分类

1）未遂事故：凡通过检查所发现的问题，经自行解决处理，未造成经济损失或延误工期的，均属于未遂事故。

2）已遂事故：凡造成经济损失及不良后果者，则构成已遂事故。

（6）按事故性质分类

1）倒塌事故：建筑物整体或局部倒塌。

2）开裂事故：包括砌体或混凝土结构开裂。

3）错位偏差事故：位置错误；结构构件尺寸、位置偏差过大；预埋件、预留洞等错位偏差超过规定等。

4）地基工程事故：地基失稳或变形，斜坡失稳等。

5）基础工程事故：基础错位、变形过大，设备基础振动过大等。

6）结构或构件承载力不足事故：混凝土结构中漏放或少放钢筋；钢结构中杆件连接达不到设计要求等。

7）建筑功能事故：房屋漏水、渗水，隔热或隔声功能达不到设计要求，装饰工程质量达不到标准等。

2. 识别、分析及处理施工质量缺陷和危险源

（1）危险源的分类

1）第一类危险源

通常把可能发生意外释放的能量（能源或能量载体）或危险物质称作第一类危险源。第一类危险源危险性的大小主要取决于以下几个方面：能量或危险物质的量；能量或危险物质意外释放的强度；意外释放的能量或危险物质的影响范围。

2）第二类危险源

造成约束、限制能量和危险物质措施失控的各种不安全因素称作第二类危险源；第二类危险源主要体现在设备故障或缺陷（物的不安全状态）、人为失误（人的不安全行为）和管理缺陷等几个方面。

事故的发生是两类危险源共同作用的结果，第一类危险源是事故发生的前提，第二类危险源是第一类危险源导致事故的必要条件。第一类危险源是事故的主体，决定事故的严重程度，第二类危险源出现的难易，决定事故发生可能性的大小。

（2）危险源识别

1）人的因素。

2）物的因素。

3）环境因素。

4）管理因素。

（3）危险源识别方法

专家调查法：专家调查法是通过向有经验的专家咨询、调查，识别、分析和评价危险源的一类方法；优点是简便、易行，缺点是受专家的知识、经验和占有资料的限制，可能出现遗漏。

安全检查表（SC1）法：安全检查表的内容一般包括分类项目、检查内容及要求、检查以后处理意见等，优点是简单易懂、容易掌握，可以事先组织专家编制检查内容，使安全、检查做到系统化、完整化，缺点是只能做出定性评价。

（二）工程案例分析

1. 实施工程质量事故的分类

【案例 17-1】

背景：

某建筑装饰公司承建某六层住宅楼的改造工程，外墙作业组承担首层外墙砖粘贴任务，分项造价 11 万，外墙施工完成后第 4 天，外墙砖发生大面积脱落，甲方要求重新返工。

问题：

（1）工程质量事故按照事故损失的严重程度分类有哪些？

（2）本案例按照事故损失的严重程度属于哪一类？

分析与解答：

（1）按事故造成损失程度分类

1）一般质量事故是指影响使用功能和工程结构安全的，造成永久质量缺陷的事故，或者直接经济损失在 5000 元以上不满 50000 元的事故。

2）严重质量事故是指事故性质恶劣或造成 2 人以下重伤的事故，或者影响使用功能和工程结构安全的存在重大质量隐患的事故，或者直接经济损失在 50000 元（含 50000 元）以上的事故。

3）重大质量事故是指造成人员死亡或者 3 人以上重伤的，或者工程倒塌或报废的，或者造成直接经济损失 100000 元以上的事故。

（2）本案例中的事故造成直接经济损失 100000 元以上，属于重大质量事故。

2. 识别、分析及处理施工质量缺陷和危险源

【案例 17-2】

背景：

某室内装饰工程施工现场安全检查记录：

（1）在多功能厅，电焊工 1 人在进行装饰钢架安装电焊作业。

（2）无窗全封闭的卡拉 OK 厅，油漆工在进行墙面油漆涂饰施工。

（3）走廊电工安装的临时照明 BL 塑钢线拖在地上。

（4）楼内临时仓库里堆放材料有油漆 30 桶，钢龙骨配件 4 箱等。

（5）施工现场安全资料检查记录

特种人员上岗证记录：架子工 6 人，班组长和兼职安全员向施工班组进行安全作业交底记录，5 月份 1～30 号共有 15d。

问题：

（1）电焊机使用安全要求是什么？电焊工操作时应注意的安全要点是什么？

（2）涂饰施工安全管理控制要点是什么？

（3）临时用电安全管理控制要点是什么？

（4）易燃易爆物品存储管理的控制要点是什么？

（5）安全作业交底应注意什么？

分析与解答：

本案例主要考查知识点为：

（1）掌握电焊工操作时安全管理控制要点。

（2）掌握在封闭环境涂饰施工安全管理控制要点。

（3）掌握临时用电安全管理控制要点。

（4）掌握易燃易爆物品安全管理控制要点。

（5）掌握安全作业交底控制要点。

本案例解答为：

（1）电焊机安全要求包括：

1）安装后应有验收手续。

2）应做保护接零，设有漏电保护器。

3）有二次空载降压保护器或防触电保护器。

4）一次线长度不得超过规定，并应穿管保护。

5）电源应使用自动开关。

6）焊接线接头不得超过 3 处，不得绝缘老化。

7）电焊机有防雨罩。

8）电焊机作业时，应派专业人员看火。

（2）在封闭的施工作业环境下，应有通风（排风）换气装置，油漆工应戴防毒面具等防护用品。

（3）临时用电安全管理要点：

1）临时照明线应用多股铜芯橡皮护套软电缆。

2）临时照明线应架空挂置。

（4）易燃易爆物品应放置在楼外专用易燃品仓库，并配置消防设施，设专人看管。

（5）应补充电工上岗证和电焊工上岗证，每日应进行交底，并有记录。

十八、调查分析施工质量、职业健康安全与环境问题

（一）专业技能概述

1. 工程质量事故处理的依据

处理工程质量事故，必须分析原因，做出正确的处理决策，这就要以充分的、准确的有关资料作为决策基础和依据，进行工程质量事故处理的主要依据有几个方面：

（1）事故调查分析报告，一般包括以下内容：

1）质量事故的情况。

2）事故性质。

3）事故原因。

4）事故评估。

5）设计、施工以及使用单位对事故的意见和要求。

6）事故涉及人员与主要责任者的情况等。

（2）具有法律效力的，得到有关当事各方认可的工程承包合同、设计委托合同、材料或设备购销合同以及监理合同或分包合同等合同文件。

（3）有关的技术文件和档案。

（4）相关的法律法规。

（5）类似工程质量事故处理的资料和经验。

2. 工程质量事故处理的程序

事故处理的程序：事故调查→事故原因分析→事故调查报告→结构可靠性鉴定→确定处理方案→事故处理设计→处理施工→检查验收→结论。

（1）事故调查

1）初步调查：工程情况；事故情况；图纸资料；施工资料等。

2）详细调查：设计情况；地基及基础情况；结构实际情况；荷载情况；建筑物变形观测；裂缝观测等。

3）补充调查：对有怀疑的地基进行补充勘测；测定所用材料的实际性能；建筑物内部缺陷的检查；较长时期的观测等。

（2）事故原因分析

在事故调查的基础上，分清事故的性质、类别及其危害程度，为事故处理提供必要的依据。

1）确定事故原点：事故原点的状况往往反映出事故的直接原因。

2）正确区别同类型事故的不同原因：根据调查的情况，对事故进行认真、全面的分析，找出事故的根本原因。

3）注意事故原因的综合性：要全面估计各种因素对事故的影响，以便采取综合治理措施。

（3）事故调查报告

主要包括工程概况；事故概况；事故是否已作过处理。如事故调查中的实测数据和各种试验数据；事故原因分析，结构可靠性鉴定结论，事故处理的建议等。

（4）结构可靠性鉴定

根据事故调查取得的资料，对结构的安全性、适用性和耐久性进行科学的评定，为事故的处理决策确定方向。可靠性鉴定一般由专门从事建筑物鉴定的机构做出。

（5）确定处理方案

根据事故调查报告、实地勘察结果和事故性质，以及用户的要求确定优化方案。

（6）事故处理设计

注意事项：

1）按照有关设计规范的规定进行。

2）考虑施工的可行性。

3）重视结构环境的不良影响，防止事故再次发生。

（7）事故处理施工

施工应严格按照设计要求和有关的标准、规范的规定进行，并应注意以下事项：把好材料质量关；复查事故实际状况；做好施工组织设计；加强施工检查；确保施工安全。

（8）工程验收和处理效果检验

事故处理工作完成后，应根据规范规定和设计要求进行检查验收。

（9）事故处理结论

3. 工程质量事故处理的原则与要求

（1）事故处理必须具备的条件

1）事故情况清楚。

2）事故性质明确：结构性的还是一般性的问题；表面性的还是实质性的问题；事故处理的迫切程度。

3）事故原因分析准确、全面。

4）事故评价基本一致：各单位的评价应基本达成一致的认识。

5）处理目的和要求明确：恢复外观、防渗堵漏、封闭保护、复位纠偏、减少荷载、结构补强、拆除重建等。

6）事故处理所需资料齐全。

（2）事故处理的注意事项

1）综合治理：注意处理方法的综合应用，以便取得最佳效果。

2）消除事故根源。

3）注意事故处理期的安全：随时可能发生倒塌，要有可靠支持；对需要拆除结构，应制定安全措施；在不卸载进行结构加固时，要注意加固方法的影响。

4）加强事故处理的检查验收：准备阶段开始，对各施工环节进行严格的质量检查验收。

（3）不需要处理的事故

1）不影响结构安全和正常使用：如错位事故。

2）施工质量检验存在问题。

3）不影响后续工程施工和结构安全。

4）利用后期强度：混凝土强度未达设计要求，但相差不多，同时短期内不会满载，可考虑利用混凝土后期强度。

5）通过对原设计进行验算可以满足使用要求：根据实测数据，结合设计要求验算，如能满足要求，经设计单位同意，可不作处理。

4. 职业健康安全

（1）职业健康安全事故的处理

职业健康安全事故分为两大类型，即职业伤害事故与职业病。

职业伤害事故是指因生产过程及工作原因或与其相关的其他原因造成的伤亡事故。

职业病是指因从事接触有毒有害物质或不良环境的工作而造成的急慢性疾病。

（2）职业健康安全事故的处理原则

根据国家法律法规的要求，施工项目一旦发生安全事故，在进行事故处理时必须实施"四不放过"的原则。即：事故原因不清楚不放过；事故责任者和员工没有受到教育不放过；事故责任者没有处理不放过；没有制定防范措施不放过。

（3）职业健康安全事故的处理程序

1）迅速抢救伤员并保护好事故现场。

2）组织调查组。

3）现场勘查。

4）分析事故原因。

5）制定预防措施。

6）写出调查报告。

7）事故的审理和结案。

8）员工伤亡事故登记记录。

（二）工程案例分析

1. 能够执行施工质量问题的调查分析

【案例 18-1】

背景：

某办公楼进行二次装修，该办公楼共 16 层，层高 4m，第 6 层以上为标准层，每层建筑面积 1600m²，施工内容包括原有装饰装修工程拆除、新铺贴地面、抹灰、门窗、顶棚、轻质隔墙、饰面砖、墙面乳胶漆、裱糊与软包、细部工程施工等。在工程施工过程中发现地面空鼓率70%，饰面砖脱落严重、墙面乳胶漆开裂较多等工程质量情况。

问题：

（1）建筑装饰工程质量事故处理的方法是什么？

（2）以上质量情况处理之后，如何验收？

分析与解答：

（1）建筑装饰工程质量事故处理的方法

事故处理方法，应当正确地分析和判断事故产生的原因，通常可以根据质量问题的情况，确定以下几种不同性质的处理方法。

1）返工处理，即推倒重来，重新施工或更换零部件，自检合格后重新进行检查验收。

2）修补处理，即经过适当的加固补强、修复缺陷，自检合格后重新进行检查验收。

3）让步处理，即对质量不合格的施工结果，经设计人的核验，虽没达到设计的质量标准，却尚不影响结构安全和使用功能，经业主同意后可予验收。

4）降级处理，如对已完工部位，因轴线、标高引测差错而改变设计平面尺寸，若返工损失严重，在不影响使用功能的前提下，经承发包双方协商验收。

5）不作处理，对于轻微的施工质量缺陷，如面积小、点数多、程度轻的混凝土蜂窝麻面、露筋等在施工规范允许范围内的缺陷，可通过后续工序进行修复。

（2）建筑装饰工程质量事故处理的验收

1）检查验收

施工单位自检合格报验，按施工验收标准及有关规范的规定进行，结合监理人员的旁站、巡视和平行检验结果，依据质量事故技术处理方案设计要求，通过实际量测确定。

2）必要的鉴定

凡涉及结构承载力等使用安全和其他重要性能的处理工作，均应做相应鉴定。

3）验收结论

验收结论通常有以下几种：

① 事故已排除，可以继续施工。

② 隐患已消除，结构安全有保证。

对短期内难以作出结论的，可提出进一步观测检验意见。对于处理后符合规定的，监理工程师应确认，并应注明责任方主要承担的经济责任。对经处理仍不能满足安全使用要求的分部工程、单位（子单位）工程，应拒绝验收。

2. 能够执行职业健康安全的调查分析

【案例 18-2】

背景：

某建筑装饰公司电焊工胡某，现年45岁，从事本工种工作已20余年，在公司例行组织检查身体时，被查出患有职业性电焊尘肺，且已严重影响到了其呼吸系统的正常机能，公司立即为其办理了住院手续，经过一段时间的住院治疗和休养康复，胡某的症状得到了缓解，出院后，公司为其办理了转岗手续，安排他到后勤从事物业管理工作。

问题：

危险因素是否属于危险源？

建筑施工主要职业危害来自于哪些因素?

对从事接触职业病危害作业的劳动者,企业必须在哪些时候对其进行职业健康检查?

分析与解答:

属于危险源。

建筑施工主要职业危害来自粉尘的危害、生产性毒物的危害、噪声的危害、震动的危害、紫外线的危害和环境条件的危害。

必须在上岗前、在岗期间和离岗时进行健康检查。

3. 能够执行环境问题的调查分析

【案例 18-3】

背景:

某居民小区位于二环路以内,部分住宅采用精装修方案。由于施工工期紧迫,施工单位为赶工期,装修作业每天到 23 时结束。附近居民对此意见很大,纷纷到有关管理部门反映。有关部门对施工单位做出相应处理。

问题:

(1)本案例中施工单位如何整改?

(2)施工现场可以采取哪些措施降低噪声或者转移声源?

分析与解答:

(1)在人口密集区域进行较强噪声施工时,必须严格控制作业时间,一般应避开当日 22 时至次日 6 时的作业。

(2)施工现场可以采取以下措施降低噪声或者转移声源:

1)声源控制。从声源上降低噪声,这是防止噪声污染的最根本的措施。可以尽量采用低噪声设备和工艺代替高噪声设备与加工工艺,或在声源处安装消声器消声。

2)传播途径的控制。可以采用吸声、隔声、消声和减振降噪等方法降低噪声。

3)接收者的防护。让处于噪声环境下的人员使用耳塞、耳罩等防护用品,减少相关人员在噪声环境中的暴露时间,以减轻噪声对人体的危害。

十九、记录施工情况，编制相关工程技术资料

（一）专业技能概述

施工资料是建筑工程在工程施工过程中形成的资料。包括施工管理资料、施工技术资料、进度造价资料、施工物资资料、施工记录、施工试验记录及检测报告、施工质量验收记录、竣工验收资料等八类。工程资料对于工程质量具有否决权，是工程建设及竣工验收的必备条件，是对工程进行检查、维护、管理、使用、改建、扩建的原始依据，是项目管理的一项重要工作，充分体现参建企业自身的综合管理水平。

施工记录是对施工全过程的真实记载。各施工工序应按施工技术标准进行质量控制，每道施工工序完成后，经施工单位自检符合规定后，才能进行下道工序施工。各专业工种之间的相关工序应进行交接检验，并应记录。包括通用记录，如隐蔽工程验收记录、施工检查记录、交接检查记录等；专用记录，如防水工程试水记录、幕墙注胶记录等。

专业技能要求：通过学习和工作实践，施工员在施工过程中要认真做好施工日记的记录，填写各分部分项工程的过程记录及验收记录。

（二）工程案例分析

【案例 19-1】

背景：

某办公楼工程，钢筋混凝土框架结构，建筑面积 12000m²，现结构工程已封顶。二次精装修工程招标选择了装修施工单位。工程承包范围：该工程施工图设计的一般抹灰工程、木门、铝合金窗、轻钢龙骨石膏板顶棚、轻钢龙骨石膏板隔墙、内外墙饰面砖、石材幕墙、天然花岗石及大理石石材地面、涂饰、裱糊与软包、细部工程等。

问题：

（1）施工日志主要记录哪些内容，填写时应注意哪些问题？

（2）什么是技术交底，分项工程技术交底的主要内容有哪些？

（3）举例说明如何填写该工程的施工检查记录？

分析与解答：

（1）施工日志是对施工过程中有关技术管理、质量管理及施工活动的原始记录。其主要内容包括：

1）施工情况记录：施工部位、施工内容、机械使用情况、劳动力情况以及施工中存在问题等。

2）技术、质量、安全工作记录：技术、质量安全活动、检查验收、技术质量安全问题等。

注意事项：

1）应以单位工程为记载对象，从工程开工起到工程竣工止，逐日进行记录。

2）记录日期应连续，当不连续时（如因事停工）应作出说明。

3）记录内容要完整，不能只填出工人数，成了"登工表"。

4）当天事当天记录完，切忌搞"回忆录"。当日的主要施工内容一定要与施工部位相对应。

5）现场应设温度计，专人记录每天的温度和天气情况。

6）应真实记录每一项技术活动（如隐蔽工程验收）的时间，施工日记所填写的日期应与具体的记录表一致。

（2）技术交底是工程开工前，由各级技术负责人将有关工程施工的各项技术要求逐级向下贯彻，直至到班组作业层的工作。

分项工程技术交底的内容：

1）施工前准备：从作业机械、机具、材料和环境（现场环境、技术环境）等方面，明确分项工程的施工准备要求，明确具备什么条件才可以进行施工。

2）施工工艺：明确施工工艺操作流程，并详细说明每道工艺流程的具体施工方法及要求。

3）质量标准：以国家质量验收规范和承包合同约定的不低于验收规范的标准为依据。

4）施工中应注意的问题：针对整个施工过程，从技术、质量、安全、成品保护、材料使用、施工组织、文明施工等方面，明确在具体操作中应注意的细节问题。

（3）施工检查记录的填写示例见表 19-1。

施工检查记录　　　　　　　　　　　表 19-1

工程名称	×××××办公楼	编号	
		检查日期	××年×月×日
检查部位	一层①～⑩	检查项目	室内一般抹灰

检查依据：《建筑装饰装修工程质量验收标准》GB 50210—2018

检查内容：

1）抹灰前基层表面无尘土、污垢、油渍，并洒水湿润；

2）抹灰所用材料的品种和性能符合设计要求；

3）抹灰层与基层之间及各抹灰层之间粘结牢固，抹灰层无脱皮、空鼓，面层无爆灰和裂缝；

4）抹灰层表面光滑、洁净、接槎平整；

5）护角、孔洞、槽、盒周围抹灰表面整齐、光滑；管道后的抹灰表面平整；

6）抹灰层的厚度符合设计要求；

7）抹灰工程质量的允许偏差和检验方法符合规范规定。

检查结论：符合规范及设计要求。

复查结论：
复查人：　　　　　　　　　　　　　　　　　复查日期：

签字栏	施工单位		
	专业技术负责人	专业质检员	专业工长
	×××	×××	×××

填写要求:

1) 按照现行规范要求需进行检查的重要工序。

2) 检查部位:与检验批对应,填写楼层、轴线及标高。

3) 检查依据:有关规范标准、设计文件。

4) 检查内容:依据分部分项工程验收规范。

5) 检查结论:检查部位达到规范和设计要求的程度。

6) 复查结论:对一次检查没有通过的部位,应进行复查,其结论对应检查结论填写。

7) 参加验收人员签字负责,并注明日期。

【案例 19-2】

背景:

某工程为所在地的重点工程,竣工资料列入城建档案馆接收范围。施工总承包单位是某建筑公司,由于该工程幕墙施工难度大、要求高,因此该建筑公司将幕墙工程分包给某装饰公司。工程于 2020 年 10 月 1 日竣工验收,2021 年 1 月 10 日,建筑公司将该工程的施工资料移交建设单位。

问题:

(1) 该工程施工技术竣工档案应由谁上交城建档案馆?

(2) 装饰公司的竣工资料直接交给建设单位是否正确?为什么?

(3) 该工程施工总承包单位和分包方装饰公司在工程档案管理方面的职责是什么?

(4) 该建筑公司移交资料的时间合理吗?为什么?

分析与解答:

(1) 应由建设单位上缴城建档案馆。

(2) 不正确。因为按规定装饰公司的竣工资料应先交给施工总承包单位,由施工总承包单位统一汇总后交建设单位,再由建设单位上交到城建档案馆。

(3) 总承包单位负责收集、汇总各分包单位形成的工程档案,并应及时向建设单位移交。分包单位应将本单位形成的工程文件整理、立卷后及时移交总承包单位。

(4) 不合理。因为对列入城建档案馆接收范围的工程,工程竣工验收后 3 个月内,建设单位向当地城建档案馆移交一套符合规定的工程档案。因此施工单位应在竣工验收 3 个月内,向建设单位移交本单位形成的、符合规定的工程文件。

二十、利用专业软件对工程信息资料进行处理

(一) 专业技能概述

1. 工程信息资料管理

工程信息资料管理是对信息资料的收集、整理、处理、储存、传递与应用等一系列工作的总称。管理信息资料的目的就是通过有组织的信息流通，使决策者能及时、准确地获得相应的信息。

项目的信息资料包括项目经理部在项目管理过程中的各种数据、表格、图纸、文字、音像资料等，在项目实施过程中，应积累以下项目基本信息：

(1) 公共信息：包括法规和部门规章制度，市场信息，自然条件信息。

(2) 单位工程信息：包括工程概况信息，施工记录信息，施工技术资料信息，工程协调信息，工程进度计划及资源计划信息，成本信息，商务信息，质量检查信息，安全文明施工及行政管理信息，交工验收信息。

2. 工程项目文档管理

项目管理信息大部分是以文档资料的形式出现的，因此项目文档资料管理是日常信息管理工作的一项主要内容。它的主要工作包括文档资料传递流程的确定，文档资料登录和编码系统的建立，文档资料的收集积累、加工整理、检索保管、归档保存和提供利用服务等。工程项目文档资料包括各类有关文件，项目信件、设计图纸、合同书、会议纪要、各种报告、通知、记录、鉴证、单据、证明、书函等文字、数值、图表、图片以及音像资料。

3. 专业技能要求

通过学习和工作实践，施工员应能够利用专业软件输入、输出、汇编施工信息资料；利用专业软件加工处理施工信息资料。

(二) 工程案例分析

【案例 20-1】

背景：

某建筑装饰装修工程，建筑面积 12000m²，施工现场项目部采用资料管理专业软件进行施工信息资料管理。

问题：

(1) 工程资料管理软件有哪些特点？

（2）输入、输出、汇编施工信息资料应注意哪些事项？

分析与解答：

（1）工程资料管理软件的特点

1）软件提供了快捷、方便的施工所需各种表格（材料试验记录、施工记录及预检、隐检等）的输入方式。

2）具有完善的施工技术资料数据库的管理功能，可方便地查询、修改、统计汇总。

3）实现了从原始资料录入到信息检索、汇总、维护到后期模板添加、修改、删除等一体化管理。

4）所有表格有 Excel 兼容，方便调整修改，所见即所得地打印输出。

5）软件内置了自动填表功能，工程的相同信息可以很方便地填写，不必重复录入，大大减轻了工作量。公用信息用户可以只进行一次定义，所有新建表格自动填写。软件中增加了 Windows 中没有的特殊符号字体库，弥补了 Windows 系统不能输入建筑特殊符号的缺陷。

6）软件提供的表格多，满足各种用户的需求，同时可以免费升级当地表格库。

7）软件自身内置了国家的最新验收规范和填表说明，查阅方便，而且规范、资料可以自由复制、粘贴。

8）用软件来管理日常的资料，以目录树的形式调用，比较系统化，软件有关键词表格查询，可以瞬间找到所需要的表格，方便查询，大大减轻资料员的工作量，同时提高工程进度，真正为建设单位、监理单位、施工单位带来收益。

（2）输入、输出、汇编施工信息资料注意事项

1）选择合适的专业软件。专业软件运行的软硬件环境；软件安装是否简便，采取 B/S 方式还是客户端；操作界面友好性；数据的导入/导出方式；软件与平时工作的吻合度；能否满足施工现场工程信息资料的输入、输出、汇编等；专业软件是成熟生产还是专门为本公司定制；软件的兼容性、容错能力；软件与其他系统的数据接口，如何保证数据的统一。

2）信息的输入。输入方法除手动输入外，能否用 Excel 等批量导入，能否采取条形码扫描输入；信息输入格式；继承性，减少输入量。

3）信息的输出。输出设备对常用打印设备兼容；能否用 Excel 等批量导出，供其他系统分析使用；信息输出版式，根据用户需要可否自行定制输出版式。

4）信息的汇编。根据需要可对各类信息进行汇总统计；不同数据的关联性，源头数据变化，与之对应的其他数据都应自动更新。

【案例 20-2】

背景：

某建筑装饰装修工程，施工合同约定的施工内容包括：建筑地面、抹灰、门窗、顶棚、轻质隔墙、饰面板（砖）、幕墙、涂饰、裱糊与软包、细部工程等。施工现场采用专业软件对工程信息资料进行管理。

问题：

（1）怎样利用专业软件进行施工资料管理，请举例说明。

（2）怎样利用专业软件进行物资管理，请举例说明。

分析与解答：

（1）装饰装修工程施工资料，包括施工管理资料、施工技术资料、进度造价资料、施工物资资料、施工记录、施工试验记录及检测报告、施工质量验收记录，竣工验收资料等。选择合适的工程资料管理软件能快速地完成工程资料的整理工作。

1）新建工程文件

打开【资料管理软件】，点击【新建】，输入【工程名称】新建一个工程文件。进入新建的工程文件后，显示窗口如图 20-1 所示：

图 20-1　资料管理软件显示窗口

窗口即分为【表格目录区】、【软件工具栏区】、【表格显示区】。

2）表格目录区

工程资料软件分很多版本，因每个省地方工程资料管理规程的不同而不同，根据资料的类别，每一类表格又分为若干详细的工程资料表格，其中检验批表格最多。根据工程的进度及施工现场情况，依次完成工程资料的编制。

3）软件工具栏区

软件工具栏是软件为填写表格而需要的功能按钮，包括工程修改、表格修改、打印、资料管理等功能（图 20-2）。

4）表格显示区

表格显示区，会显示左侧选中的具体表格的内容，把表格的内容呈现出来。在这里可

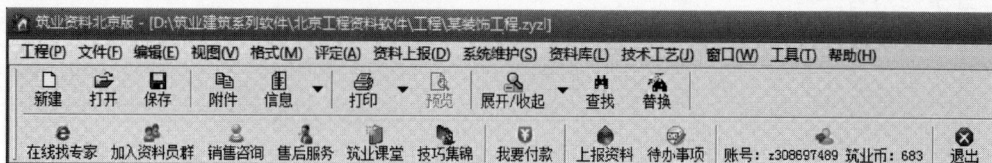

图 20-2 软件工具栏

以完成表格的填写、绘图、表格查找、规范条文、签字等工作；

工程资料表格填写完成后打印，经相关人员签字、盖章后，根据资料管理的要求，进行组卷归档。

(2) 施工现场物资一般包括大五金、小五金、水暖器材、电气材料、管道附件、复合材料、建筑材料、油漆化工材料、机械配件、周转材料、工具等。选择合适的物资管理软件帮助施工员进行标准化、程序化、规范化的管理，以保证质量、缩短工期、降低消耗、提高效益。

打开【物资管理系统】如图 20-3 所示。

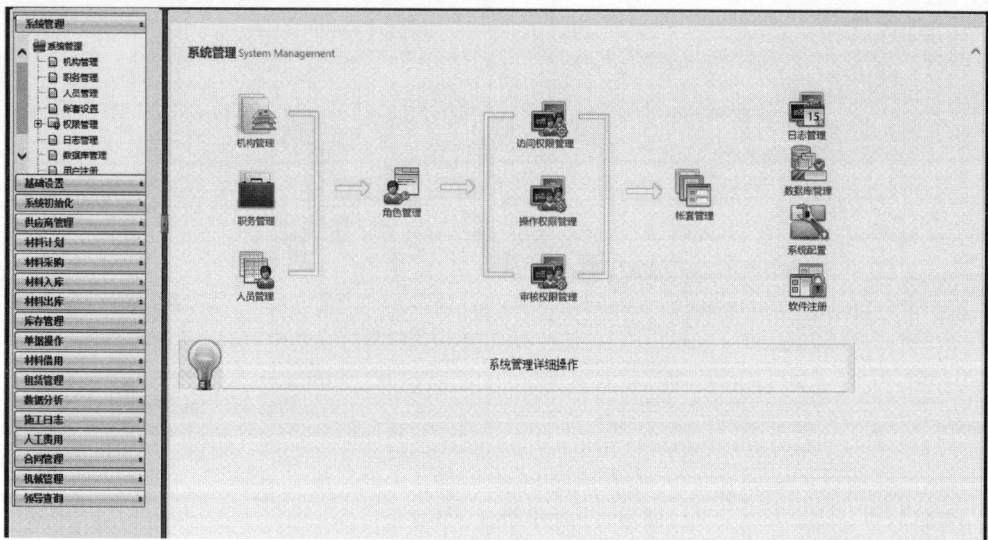

图 20-3 物资管理系统打开界面

物资管理系统一般按先进先出法来进材料计算管理；在图 20-3 能看到：材料计划、采购、入库、出库、库存管理、单据操作、材料借用、租赁管理、数据分析、施工日志、人工费用、合同管理、机械管理等模块，完成现场物资材料的管理工作。首先将材料供应商、各类材料编号标准、项目信息、人员信息、仓库等信息录入系统。

1) 材料计划

根据施工项目，拟订材料计划，形成材料计划单。

计划入库单模板样式（表 20-1）：

计划入库单   表 20-1

供应商：空   材料类别：钢筋--一级类别
单据号：JH00009   开单日期：2010-1-12

产品编号	产品名称	规格	单位	单价	数量	金额	仓库
2 _ 00001	元钢	8	t	4800.0	100.0	480000.0	华帝 1 号仓库
2 _ 00017	三级螺纹钢	6×9	t	4880.0	100.0	488000.0	华帝 1 号仓库
2 _ 00018	圆钢	6.5	t	3750.0	100.0	375000.0	华帝 1 号仓库
合计	—	—	—	—	300.0	1343000.0	—

会计主管   项目负责人：   材料员：   操作员：

2）材料采购

根据材料计划，采购各类材料，形成材料采购单。

3）材料入库

根据采购单（送货单）将材料录入系统中，形成入库单据，从而实现材料的入库管理。

4）材料出库

当某一项目或班组需要物资材料时，即到物资部门领取，物资部门对库存材料实施出库，形成出库单，领取人签字，办理材料出库单（表 20-2）。

材料出库单   表 20-2

领料单位：××领料单位   材料类别：水暖管材-管材
单据号：000002   开单日期：2010-1-13

产品编号	产品名称	规格	单位	单价	数量	金额	仓库
11 _ 000030	UPVC 管	DN100	m	10.8	100.0	1080.0	华帝 1 号仓库
2 _ 00017	三级螺纹钢	6×9	t	4880.0	100.0	488000.0	华帝 1 号仓库
合计：	—	—	—	—	200.0	489080.0	—

负责人：   领料人：   材料员：   操作员：

5）库存管理

物资部门可对项目、仓库、班组进行实时查询，统计各项目、班组材料使用情况，形成数据报表；对仓库中的各类材料进行查询管理，形成数据报表，对材料实施监控；对重点材料将设置预警值，当材料达到库存警戒时，给予警报，提醒采购入库。纵、横交错的查询方式，使得方便统计材料入库量、出库量、库存量，达到节省材料、合理配备的目的。

6）单据操作

对所有操作的单据进行查询、统计管理。

7）其他

除进行材料的入库、出库、库管管理之外，不同项目、班组之间会发生材料借用，当需要借用时，可通过【材料借用】实现借用材料的单据化，方便登记备查。

在【租赁管理】中将租赁的物资办理入库，填写物资相关信息，系统将自动计算租赁费用。

对数据进行分析，对发生的人工费用进行分析，同步对租赁、购买的各类物资合同实现科学管理，从而科学地统计材料使用、损耗、费用等工作。

参 考 文 献

[1]　陈晋楚. 建筑装饰施工员必读［M］. 北京：中国建筑工业出版社，2009.

[2]　朱吉顶. 建筑装饰基本技能实训指导［M］. 北京：中国机械工业出版社，2009.

[3]　北京土木建筑学会. 建筑装饰装修工程施工操作手册［M］. 北京：经济科学出版社，2004.

[4]　中国建筑装饰协会培训中心编写组. 建筑装饰装修职业技能岗位培训教材［M］. 北京：中国建筑工业出版社，2003.

[5]　中国建筑装饰协会. 中国建筑装饰行业年鉴［M］. 北京：中国建筑工业出版社，2002～2004.

[6]　陈晋楚. 建筑装饰装修经理完全手册［M］. 北京：中国建筑工业出版社，2005.

[7]　北京市建筑装饰协会. 建筑装饰施工员［M］. 北京：高等教育出版社，2008.

[8]　中国建筑工程总公司. 建筑装饰装修工程施工工艺标准（第一版）［M］. 北京：中国建筑工业出版社，2003.

[9]　叶刚. 综合实习［M］. 北京：中国建筑工业出版社，2003.

[10]　北京土木建筑学会. 建筑工程技术交底记录（第一版）［M］. 北京：经济科学出版社，2003.

[11]　建筑装饰工程手册编写组. 建筑装饰工程手册（第一版）［M］. 北京：机械工业出版社，2002.

[12]　饶勃. 金属饰面装饰施工手册（第一版）［M］. 北京：中国建筑工业出版社，2005.

[13]　陆化来. 建筑装饰基础技能实训［M］. 北京：高等教育出版社，2002.

[14]　彭纪俊. 装饰工程施工组织设计实例应用手册［M］. 北京：中国建筑工业出版社，2001.

[15]　李亚江. 特殊及难焊材料的焊接（第一版）［M］. 北京：化学工业出版社，2003.

[16]　建筑装饰工程手册编写组. 建筑装饰工程手册（第一版）［M］. 北京：机械工业出版社，2002.

[17]　邵刚. 金工实训（第一版）［M］. 北京：电子工业出版社，2004.

[18]　刘光源. 简明电器安装工手册（第二版）［M］. 北京：机械工业出版社，2001.

[19]　李有安. 刘晓敏. 建筑电气实训指导书（第一版）［M］. 北京：科学出版社，2003.

[20]　陈世霖. 建筑工程设计施工详细图集装饰工程（4）（第一版）［M］. 北京：中国建筑工业出版社，2005.

[21]　王朝熙. 建筑装饰装修施工工艺标准手册［M］. 北京：中国建筑工业出版社，2004.